EUL VERLAG

MARKETING

Herausgegeben von Prof. Dr. Heribert Gierl, Augsburg, Prof. Dr. Roland Helm, Jena, Prof. Dr. Frank Huber, Mainz, und Prof. Dr. Henrik Sattler, Hamburg

Band 31
Jens Tathoff
Markenführung im Spannungsfeld von Stabilität und Anpassung
Lohmar – Köln 2006 • 366 S. • € 54,- (D)
ISBN-13: 978-3-89936-536-8 • ISBN-10: 3-89936-536-4

Band 32
Frank Kressmann
Consumer Subjective Well-Being as a Core Concept in Marketing – Theoretical Basis and Application to the Automotive Sector
Lohmar – Köln 2007 • 428 S. • € 57,- (D) • ISBN 978-3-89936-581-8

Band 33
Michaela Ludl
Warenprobenwirkung – Verhaltenswissenschaftliche Erklärung unter Berücksichtigung einer Käufertypologisierung
Lohmar – Köln 2007 • 236 S. • € 46,- (D) • ISBN 978-3-89936-597-9

Band 34
Johannes Vogel und Frank Huber
Co-Branding – Markenstrategie der Zukunft – Eine empirische Studie der Markeneffekte beim Co-Branding
Lohmar – Köln 2007 • 192 S. • € 44,- (D) • ISBN 978-3-89936-634-1

Band 35
Gordon Kaup
Markenerweiterungsstrategien in der Konsumgüterindustrie
Empirische Untersuchung zur Bedeutung der Unternehmensmarke
Lohmar – Köln 2008 • 282 S. • € 58,- (D) • ISBN 978-3-89936-720-1

Band 36
Guido Frank Grunwald
Die Bewältigung von Produktkrisen – Ein Vergleich von Beschwerde-, Reklamations- und Rückrufsituationen
Lohmar – Köln 2008 • 360 S. • € 64,- (D) • ISBN 978-3-89936-749-2

JOSEF EUL VERLAG

Die Bewältigung von Produktkrisen:
Ein Vergleich von Beschwerde-, Reklamations- und Rückrufsituationen

Inauguraldissertation zur Erlangung des
akademischen Grades eines
Doktors der Wirtschaftswissenschaften
des Fachbereichs Wirtschaftswissenschaften
der Universität Osnabrück

von

Guido Frank Grunwald

Dekan: Prof. Frank Westermann, Ph.D.
Referent: Prof. Dr. Dirk Standop
Korreferent: Prof. Dr. Lothar Knüppel
Tag der mündlichen Prüfung: 28. Mai 2008

Reihe: Marketing · Band 36

Herausgegeben von Prof. Dr. Heribert Gierl, Augsburg, Prof. Dr. Roland Helm, Jena, Prof. Dr. Frank Huber, Mainz, und Prof. Dr. Henrik Sattler, Hamburg

Dr. Guido Frank Grunwald

Die Bewältigung von Produktkrisen

Ein Vergleich von Beschwerde-, Reklamations- und Rückrufsituationen

Mit einem Geleitwort von Prof. Dr. Dirk Standop, Universität Osnabrück

EUL VERLAG

Bibliographische Information der Deutschen Bibliothek

Die Deutsche Bibliothek verzeichnet diese Publikation in der Deutschen Nationalbibliothek; detaillierte bibliographische Daten sind im Internet über **<http://dnb.ddb.de>** abrufbar.

Dissertation, Universität Osnabrück, 2008

ISBN 978-3-89936-749-2
1. Auflage Dezember 2008

JOSEF EUL VERLAG GmbH
Brandsberg 6
53797 Lohmar
Tel.: 0 22 05 / 90 10 6-6
Fax: 0 22 05 / 90 10 6-88
http://www.eul-verlag.de
info@eul-verlag.de

Bei der Herstellung unserer Bücher möchten wir die Umwelt schonen. Dieses Buch ist daher auf säurefreiem, 100% chlorfrei gebleichtem, alterungsbeständigem Papier nach DIN 6738 gedruckt.

Geleitwort

Hintergrund der Arbeit ist die zunehmende Anzahl negativer Kundenreaktionen auf die Poduktpolitik der Anbieter. Der Verfasser spricht summarisch von Produktkrisen, die für die betroffenen Anbieter beträchtliche Gefahren nach sich ziehen können, z.B. schlechte Publizität mit der Folge von Kundenverlusten. Anbieter können diesen Gefahren begegnen, indem sie besondere Bewältigungsstrategien einschlagen, etwa in Form der Kommunikation mit erklärenden oder entschuldigenden Inhalten und/oder durch materielle Kompensationen. Die Art und Weise der Bewältigung von Produktkrisen bildet den Gegenstand der Arbeit.

Der Verfasser vermutet zu Recht die zentrale Rolle der Qualitätsreputation des Anbieters sowohl bei der Entstehung als auch bei der Bewältigung von Produktkrisen. Welche Bewältigungsstrategie in unterschiedlichen Produktkrisen zu empfehlen ist und welche nicht, müsste demnach von besagter Qualitätsreputation abhängen. Folgerichtig stellt sich der Verfasser das Problem, je nach Maßgabe der Qualitätsreputation des Anbieters geeignete Bewältigungsstrategien zu bestimmen.

In der Sprache der betriebswirtschaftlichen Theorie geht es um allgemeinbegrifflich gehaltene Wenn/Dann-Sätze, die im Prozess der Bewältigung von Produktkrisen zur Erklärung unternehmerischen Handelns, zu dessen Prognose sowie schließlich zur Optimierung des Handelns herangezogen werden können.

Der Verfasser versteht es in zugleich anschaulicher und stets wohlbegründeter Weise eben solche Wenn/Dann-Sätze abzuleiten. Dabei betritt er nicht selten Neuland. Die Arbeit stellt deshalb eine beachtliche Bereicherung der wissenschaftlichen Literatur dar. Die Ergebnisse der Arbeit sind geeignet, das unternehmerische Handeln in Produktkrisen zu verbessern. Der Arbeit ist deshalb eine gute Aufnahme und weite Verbreitung zu wünschen.

Osnabrück, im November 2008 Prof. Dr. Dirk Standop

Vorwort

Angesichts einer zunehmenden Sensibilisierung der Käufer für Produktsicherheit, begünstigt durch das Inkrafttreten des Geräte- und Produktsicherheitsgesetzes (GPSG) und die Einführung des Europäischen Schnellwarnsystems für unsichere Produkte (RAPEX), entwickelt sich die öffentliche Anteilnahme an vermeintlichen Qualitätsproblemen für betroffene Anbieter immer häufiger zu wahren Produktkrisen. Sie verlangen Entscheidungen über systematische Gegenmaßnahmen, die auf kommunikativer, immaterieller Basis oder auf kompensatorischer, materieller Basis ablaufen können. Für drei häufig in der Wirtschaftspraxis anzutreffende Formen von Produktkrisen, nämlich Beschwerde-, Reklamations- und Rückrufsituationen, untersucht diese Arbeit, welche Bewältigungsmaßnahme in welcher Krisensituation unter Beachtung von Qualitätsreputation vor der Krise am besten geeignet erscheint, den krisenbedingten Reputationsverfall abzumildern bzw. die Entwicklung sogar umzukehren.

Eine Vielzahl von Personen hat zum Gelingen dieser Arbeit beigetragen. Mein besonderer Dank gilt an dieser Stelle zunächst meinem Doktorvater, Herrn Prof. Dr. Dirk Standop, der durch zahlreiche konstruktive fachliche Ratschläge und seine stete Diskussionsbereitschaft sowie durch seine motivierende Kraft das Entstehen der Arbeit maßgeblich förderte. Auch für sein Vertrauen und die finanzielle Unterstützung meines Forschungsprojektes durch das Fachgebiet Absatz/Marketing des Fachbereichs Wirtschaftswissenschaften der Universität Osnabrück bedanke ich mich sehr bei ihm. Herrn Prof. Dr. Lothar Knüppel danke ich sehr für die Übernahme des Korreferats sowie für Ratschläge hinsichtlich der statistischen Datenanalyse und für Hinweise zur Verbesserung der Druckfassung.

Mein besonderer Dank gebührt weiterhin Herrn PD Dr. Bernd Hempelmann für sein Interesse an speziellen Fragen der Arbeit, seine diesbezügliche Diskussionsbereitschaft und wertvollen Ratschläge. Für das gute und konstruktive Arbeitsklima und ihre vielfältige Unterstützung beim Entstehen der Arbeit bin ich allen meinen Kollegen, insbesondere Herrn Dipl.-Kfm. Kai-Stefan Beinke, Frau Dipl.-Kffr. Jasna Cudic sowie Frau Inge Rieger sehr verbunden. Allen Teilnehmern der Doktorandenseminare in der Zeit von 2004 bis 2007 danke ich für ihre Diskussionsbereitschaft und ihre konstruktiven Hinweise.

Schließlich gebührt ganz besonderer und herzlicher Dank meinen Eltern, insbesondere meiner lieben Mutter, die mich stets mit aller Kraft unterstützt und mir das Rüstzeug für den erfolgreichen Abschluss meiner Doktorarbeit mit auf den Weg gegeben hat. Bei meiner geliebten Ehefrau Carla bedanke ich mich ganz herzlich für ihre große Geduld und Anteilnahme sowie für ihr Verständnis, die wenige verbleibende Freizeit zu teilen. Ihnen widme ich diese Arbeit in Liebe und Dankbarkeit.

Osnabrück, im November 2008 Guido Frank Grunwald

Inhaltsverzeichnis

Abbildungsverzeichnis

Tabellenverzeichnis

1 Einleitung

1.1 Problemhintergrund

Negative Meldungen über Produkte und Anbieter, ob in redaktionellen Beiträgen der Medien oder in Form von negativen Kundenempfehlungen, verbreitet über Weblogs oder Kunden-Foren im Internet, scheinen sich seit jüngerer Zeit zu häufen. In der Literatur hat sich für diese Form der negativen, nicht-kommerziellen und daher von Empfängern häufig als besonders glaubwürdig[1] eingestuften Kommunikation über ein Produkt oder ein Unternehmen über Medien oder persönliche Kommunikation als *negative Publizität* eingebürgert.[2] Das Europäische Verbraucherzentrum zieht Bilanz aus den Meldungen im Rahmen des Europäischen Schnellwarnsystems für unsichere Produkte, kurz RAPEX genannt: Über 1600 Produkte sind von den verschiedenen Mitgliedsstaaten im Jahre 2007 als unsicher gemeldet worden. Das entspricht einer Zunahme gegenüber dem Vorjahr um 53%.[3] Auch das Kraftfahrt-Bundesamt (KBA) bestätigt einen langjährigen Trend steigender Zahlen der von ihr unterstützten Rückrufaktionen.[4] Am 01.05.2004 trat das Geräte- und Produktsicherheitsgesetz (GPSG) in Kraft, das die Anforderungen der Richtlinie 2001/95/EG zur allgemeinen Produktsicherheit in nationales Recht umsetzt. Durch das Gesetz werden Hersteller von Verbraucherprodukten wie zum Beispiel Pkw, Krafträder oder Wohnmobile verpflichtet, dem Kraftfahrt-Bundesamt (KBA) oder anderen Behörden der Europäischen Union (EU) zu melden, wenn von ihren Produkten Gefahren für die Sicherheit und Gesundheit von Personen ausgehen. Zudem müssen sich die Behörden der EU-Mitgliedstaaten bei Gefährdungen gegenseitig unterrichten und Maßnahmen einleiten. Die Veröffentlichung der Namen von beanstandeten Produkten und Unternehmen ist demnach legitim. In der Zunahme solcher Publizitätspflichten und der damit einhergehenden detaillierten Abrufbarkeit von Produktinformationen, insbesondere auch durch Medien, die für deren weitere – mehr oder weniger objektive – Verbreitung sorgen, kann folglich eine Ursache für das verstärkte Aufkommen negativer Publizität erkannt werden.

Dieser Trend zu einer offeneren, intensiveren Verbraucherkommunikation verunsichert derzeit viele Unternehmen, da negative Publizität von ihren Rezipienten, von Käufern wie Nichtkäufern bzw. potentiellen Käufern, Betroffenen wie Nichtbetroffenen, häufig als negatives Qualitätssignal interpretiert wird. In der Folge kommt es zu einem verminderten Vertrauen in die Qualität der Produkte des betroffenen Unternehmens, welches in der Konsequenz Markt-

[1] Vgl. Henthorne, B. H.; Henthorne, T. L. (1994), S. 45. Neben einer hohen Glaubwürdigkeitswirkung wird negativer Publizität vielfach eine hohe Aufmerksamkeitswirkung sowie ein Potential für eine vergleichsweise schnelle Diffusion zugeschrieben.

[2] Vgl. Sherrell, D. L.; Reidenbach, R. E. (1986), S. 39.

[3] Vgl. Pressemitteilung der Europäischen Kommission 160-2008 vom 17.04.08.

[4] Vgl. KBA-Jahresbericht 2006, S. 62.

anteile verliert, in Verruf oder gar in den Bankrott gerät.[5] Die in Zeiten gesättigter Märkte und austauschbarer Produkte bereits als eminent wichtig erkannte Anbieterreputation als erfolgskritisches Unterscheidungsmerkmal von Unternehmen gewinnt damit unter den Bedingungen negativer Publizität weiter an Bedeutung, da sie noch verletzlicher und schützensbedürftiger wird.[6] Unter dem Begriff *Reputation* wird hier das qualitätsbezogene Ansehen eines Anbieters bei relevanten Anspruchsgruppen im Markt, insbesondere bei Käufern und potentiellen Käufern sowie einer allgemeinen Öffentlichkeit, verstanden, in dem sich deren Vertrauen in die Produkt- und Anbieterqualitäten reflektiert.[7]

Für den von negativer Publizität betroffenen Anbieter spitzt sich die Situation oftmals zu einer *Produktkrise* zu. Hierunter wird im Folgenden eine vom Anbieter nicht gewollte, außergewöhnliche Unternehmenssituation mit ambivalentem Ausgang verstanden, die das (die) Produkt(e) des Anbieters zum Gegenstand hat und die aufgrund ihrer nachteiligen Auswirkungen auf dessen Reputation in Verbindung mit einer Vielzahl bereits bzw. möglicherweise betroffener Produkte eine unmittelbare Entscheidung über Gegenmaßnahmen erfordert.[8] Regelmäßig wird dem Anbieter eine (Mit-) Verantwortlichkeit für die Existenz eines Produktproblems öffentlich vorgeworfen, gleichwohl bildet die tatsächliche Verantwortlichkeit des Anbieters eine noch offene, ungeklärte Frage. Konkrete Fälle so verstandener Produktkrisen finden sich in der Wirtschaftspraxis reichlich: Der nicht bestandene Elchtest der Mercedes-Benz A-Klasse im Jahre 1997[9], die durch einen Todesfall ausgelösten Spekulationen über eine verunreinigte Torte des Herstellers Coppenrath & Wiese im Jahre 2003[10], die von der Stiftung Warentest mit der Note „mangelhaft“ als allergieauslösend bewertete Gesichtscreme aus der Pflegeserie der Schauspielerin Uschi Glas im Jahre 2004 einschließlich des sich anschließenden Rechtsstreits im Jahre 2005, der Rückruf von 1100 Fahrzeugen der Marke Smart Fortwo aufgrund eines Montagefehlers im Jahre 2006 oder die ebenfalls im Jahre 2006 angekündigte Serviceaktion für 1230 Pkws der Marken VW New Beatle und VW New Beatle Cabrio zur Überprüfung ihres Kombiinstruments.

Den Untersuchungsgegenstand dieser Arbeit bilden drei spezielle Produktkrisensituationen, die häufig in der Wirtschaftspraxis vorzufinden sind:

---

5 Vgl. Standop, D. (2006), S. 96; Mizerski, R. W. (1982); Hansen, S. W.; Swan, J. E.; Powers, T. L. (1996), S. 272. So ergab eine Studie der Marktforschungsagentur Puls für den deutschen Markt, dass rund die Hälfte aller potenziellen Neuwagenkäufer ihr Vertrauen in die von einer (in der Öffentlichkeit breit diskutierten) Rückrufaktion betroffene Marke als geschädigt ansieht. Vgl. hierzu den Artikel „Rückrufaktionen kratzen am Mercedes-Image“, in: Handelsblatt, 22/06 vom 31.01.2006.

6 Vgl. Eisenegger, M.; Künstle, D. (2003), S. 58; Schwalbach, J. (2000), S. 1; Dean, D. H. (2004), S. 198; Standop, D. (2006), S. 96.

7 Vgl. zum Reputationsbegriff Schwalbach, J. (2000), S. 1; Büschken, J. (1999, 2000); Dean, D. H. (2004), S. 198; Standop, D. (2006), S. 96.

8 Vgl. Krystek, U. (1987), S. 6; Clark, T. (1988), S. 43 ff.; Cezanne, M. (1999).

9 Vgl. Paschek, L. (2000), 70 ff.; Töpfer, A. (1999), S. 253 ff.; Rother, A. (2003); Puchan, H. (2001), S. 42-46.

10 Vgl. Standop, D. (2005), S. 125.

- In *Beschwerdesituationen* konkretisieren sich durch bereits vermehrt eingetretene, öffentlich artikulierte schlechte Konsumerfahrungen in Form von rechtlich bzw. objektiv nicht substantiierter Produktprobleme (ein Mangel oder Schaden am Produkt liegt nicht vor) nicht-physische Produktrisiken[11] bei Benutzern (Käufern) des Produktes.[12] Betroffene Kunden bzw. kundennahe Quellen[13] artikulieren öffentlich vermehrt Probleme mit dem betreffenden Produkt, die ein Anbieter oftmals als unberechtigt, da mit einem gewissen Verdacht nicht ursächlich auf einen Mangel am Produkt zurückzuführen, einstufen würde. In all diesen Fällen liegt eben kein objektiv bzw. rechtlich substantiierter[14] Mangel oder Schaden am Produkt vor, der grundsätzlich einen Garantie- bzw. Gewährleistungsfall auszulösen vermag; die kundenseitige Problemartikulation lässt sich regelmäßig nicht mit „harten Fakten" untermauern. Häufig vorkommende Beispiele bilden etwa negative Testberichte über ein Produkt, die jedoch keinen Mangel am Produkt implizieren sowie massenhafte, an die Öffentlichkeit gerichtete Kundenbeschwerden über derartige Probleme als Ausdruck allgemeinen Unbehagens oder diffusen Missfallens der Produkte, aus denen sich Wünsche nach Rückabwicklungen von Kaufverträgen bzw. Umtauschwünsche abzeichnen.[15]

- In *Reklamationssituationen* konkretisieren sich durch bereits vermehrt vorliegende, öffentlich artikulierte negative Konsumerfahrungen in Form von Mängeln und Mangelschäden an dem betreffenden Produkt zusätzlich zu den in Beschwerdesituationen thematisierten nicht-physischen Risiken nun auch physische Produktrisiken in Form von Sachmängeln und Sachschäden an dem Produkt bei Benutzern (Käufern) des Produktes. Beispiele bilden von Kunden oder kundennahen Quellen öffentlich behauptete Garantie- bzw. Gewährleistungsfälle[16], bei denen der Anbieter mit einer gewissen Wahrscheinlichkeit da-

[11] *Produktrisiken* stehen dabei allgemein für die von Eigenschaften eines Produktes ausgehende Möglichkeit unbeabsichtigter Einbußen bzw. Beeinträchtigungen an *Sachen*, an *Vermögen* oder an der *Person* bei Benutzern oder Dritten. Vgl. Standop, D. (1993), S. 947; Klinger, E. (1998), S. 1 ff.; Hempelmann, B. (1993), S. 1 ff. Gemeint sind im Folgenden ausschließlich negative Produktrisiken im Sinne von Gefahren.

[12] Als Beispiele lassen sich etwa *psychische Risiken* (z.B. allgemeine Unzufriedenheit, Unbehagen mit dem Produkt), *funktionelle Risiken* (z.B. unbequeme Handhabung des Produkts), *finanzielle Risiken* (z.B. ein schlechtes Preis-Leistungs-Verhältnis) und/oder *soziale Risiken* (z.B. mit einem Produktkonsum verbundene mangelnde gesellschaftliche Akzeptanz) anführen.

[13] wie etwa Verbraucherschutzorganisationen, unabhängige Testinstitute

[14] Die im Weiteren verwendete Bezeichnung „rechtlich substantiiert" bzw. „rechtlich relevant" ist nicht im streng juristischen Sinne zu verstehen. Sie dient vielmehr der Abgrenzung solcher Fälle, die prinzipiell, allem Anschein nach, im Rahmen üblicher Garantie- bzw. Gewährleistungszusagen vom Anbieter zu beheben wären von solchen Fällen, bei denen der Anbieter eher im Rahmen der Kulanz, also auf rein freiwilliger Basis, tätig werden könnte. Vgl. zum Begriff der Kulanz: Reinhold, A. (1983), S. 11.

[15] Mit dem Problem massenhafter Rücksendungen konfrontiert, sieht sich der Versandhandel mittlerweile gezwungen, „milden Druck" auf Kunden auszuüben, die aus wenig nachvollziehbaren Gründen überdurchschnittlich viel Ware zurückschicken. Vgl. http://www.swr.de/infomarkt/archiv/ 2003/02/11/ beitrag2.html

[16] Eine *Garantie* ist eine freiwillige, auf einem Vertrag fußende Verpflichtung zur kostenlosen Beseitigung auftretender Mängel der gelieferten Produkte im Rahmen des vereinbarten Umfangs zur Wiederherstellung ihrer beim Verkauf zugesicherten Beschaffenheit. Im Unterschied zur Garantie handelt es sich bei

von ausgehen wird, aufgrund vertraglicher bzw. gesetzlicher Verpflichtung einstehen zu müssen.

- Bei *Rückrufsituationen* besteht aufgrund eines aufgetretenen Mangels bzw. Mangelschadens an dem betreffenden Produkt *und* vermeintlicher Mangelfolgeschäden (Schäden an anderen Rechtsgütern) ein öffentlich geäußerter Verdacht, dass vom Anbieter ausgelieferte Produkte mit besonderen physischen Risiken behaftet sind. Zusätzlich zu den bereits in Beschwerde- und Reklamationssituationen konkretisierten Produktrisiken tritt hier die Möglichkeit von Schäden im Produktumfeld, insbesondere auch von Personenschäden, nicht nur bei Benutzern (Käufern), sondern auch bei Dritten, mit dem Produkt in Kontakt kommenden Personen, deutlich hervor. Um die Verfügung über die mit solchen besonderen Schadensrisiken behafteten Produkte zwecks Elimination der Risiken zurückzubekommen, ist die Entscheidung für einen Produktrückruf bereits gefallen.[17] Ein Rückruf steht im Raume, d.h. er wird öffentlich thematisiert. Als Beispiel lassen sich in der Öffentlichkeit diskutierte Unfälle vorstellen, deren Ursache allem Anschein nach mit dem betreffenden Produkt in Verbindung steht.[18]

Will der Anbieter nachhaltig negative Auswirkungen auf seine Reputation verhindern, wird eine Bewältigung der Krisensituationen erforderlich. Unter einer *Bewältigung* wird im Folgenden allgemein eine Menge von Aktionen verstanden, denen das Ziel der Beseitigung negativer reputationsrelevanter Folgewirkungen einer Produktkrise zum Wiedererreichen mindestens des gleichen positiven Zustandes wie vor dem Krisenfall gemeinsam ist.[19] Speziell geht es bei der Bewältigung um eine Beeinflussung der durch den Krisenfall negativ ausgeprägten reputationsrelevanten Reaktionen der gegenwärtigen und potentiellen Käuferschaft des betreffenden Anbieters, mithin einer allgemeinen, mehr oder weniger von dem Problem betroffenen Öffentlichkeit als *Rezipienten* der negativen Publizität, um das ursprüngliche, vor dem Krisenfall bestandene positive Ausgangsniveau dieser Reaktionen mindestens wieder-

Gewährleistungsverpflichtungen um *gesetzliche* Vereinbarungen, für die die im deutschen Recht vorgesehenen Vorschriften Anwendung finden (vgl. §§ 459 ff. BGB).

17 Vgl. Standop, D. (1995), Sp. 2107. Die Entscheidung, ob zurückgerufen werden soll oder nicht, bildet ein gesondertes Problem, dem hier nicht nachgegangen wird. Ein Ergebnis der Entscheidung liegt mit dem angekündigten Rückruf bereits vor.

18 Vgl. die Ereignisse um den sog. „Elchtest“ der A-Klasse von Daimler-Benz im Jahre 1997. Vgl. Töpfer (1999), S. 253 ff. sowie Rother, A. (2003), S. 103 ff.

19 Vgl. Töpfer (1999), S. 76. Das *Bewältigungsziel* besteht folglich – vereinfacht gesagt – letztlich darin, den krisenbedingten Reputationsverfall abzumildern oder die Entwicklung sogar umzukehren. Insofern lassen sich die auf dieses Ziel gerichteten und im Weiteren ausschließlich betrachteten Maßnahmen gegen solche abgrenzen, die primär das Ziel verfolgen, den mit Produktkrisen, etwa Rückrufsituationen, häufig verbundenen erhöhten Schadens- und Haftungsanfall zu reduzieren. *Standop* bezeichnet die hier gemeinten, auf das Bewältigungsziel gerichteten, Aktionen im Zusammenhang mit Produktrückrufen als *flankierende Maßnahmen*. Vgl. Standop, D. (2005), S. 138; Standop, D. (1993); Standop, D. (1995), Sp. 2106; Klinger, E. (1998), S. 5 ff.; Standop, D. (2005), S. 138. Vgl. zu einer ähnlichen Unterscheidung van Waes, L.; van Wijk, C. (2001), S. 272.

herzustellen bzw. zu übertreffen.[20] Die Bewältigung setzt also den bereits eingetretenen Krisenfall voraus – im Unterschied zu einer Vermeidung (Prävention) von Krisen, um die es hier nicht geht. Die einem Anbieter zur Bewältigung einer Produktkrise zur Verfügung stehenden konkreten Maßnahmen (Aktionen), durch die er bewusst, durch eine entsprechende Anbieterreaktion (nicht durch eine Nicht-Reaktion[21] wie „Schweigen“, „Aussitzen“ usw.), auf die negativ ausgeprägten Rezipientenreaktionen in der Krise Einfluss zu nehmen vermag, werden im Folgenden als *Bewältigungsstrategien* bezeichnet.[22] Sie lassen sich näher durch unterschiedliche *Bewältigungsmerkmale* in jeweils einer Ausprägung beschreiben, so dass eine Bewältigungsstrategie auch als Vektor (Kombination) unterschiedlicher Bewältigungsmerkmalsausprägungen aufgefasst werden kann.

Die Möglichkeiten von Unternehmen, in einer Produktkrise zu reagieren, werden in den Wirtschaftswissenschaften, aber auch in der Publizistik und Kommunikationswissenschaft vielfältig diskutiert.[23] Die zahlreichen in der Wirtschaftspraxis vorzufindenden und in unterschiedlichen Literaturzweigen theoretisch untersuchten Bewältigungsmerkmale als Bestandteile von Bewältigungsstrategien lassen sich im Wesentlichen *drei Gruppen* zuordnen:

- Die der Gruppe der *Logistik* zuzuordnenden Bewältigungsmerkmale stellen im Wesentlichen auf die technische Infrastruktur und organisatorische Ausstattung ab, mit der ein Krisenfall bewältigt wird.[24] Wie wird beispielsweise der Rücklauf fehlerhafter Produkte von den Kunden an den Hersteller organisiert? Erfolgen Rücksendungen direkt an den Hersteller oder werden Händler oder andere Mittler einge-

20 Rezipienten im Sinne der *gegenwärtigen Käuferschaft* mögen sowohl aus *unmittelbar (direkt)* von dem Produktproblem betroffenen Konsumenten als auch aus *mittelbar* von dem Problem Betroffenen bestehen, die zwar das den Gegenstand der negativen Publizität bildende Produkt besitzen, bei denen sich ein Problem (bislang) jedoch nicht manifestiert hat. Rezipienten im Sinne der *potentiellen Käuferschaft* bestehen aus gegenwärtig nicht von dem Problem betroffenen Konsumenten, die jedoch als Zielgruppe im Sinne möglicher zukünftiger Käufer der Produkte des betroffenen Anbieters in Betracht kommen. Die möglicherweise aus der Zugehörigkeit der Rezipienten zu diesen unterschiedlichen Konsumentengruppen resultierende Reaktionsvarianz wird im Folgenden nicht zum Problem erhoben. Betrachtet wird also eine durchschnittliche Rezipientenschaft, die sich realitätsnah aus diesen unterschiedlichen Gruppen zusammensetzt. Hintergrund ist, dass ein Anbieter in einer realen Produktkrisensituation diese Gruppen nicht immer trennscharf zu isolieren vermag, um seine Bewältigungsaktivitäten fokussiert auf sie auszurichten. Eine solche, wie hier vorgenommene, undifferenzierte Betrachtung der Rezipientenschaft ist gerade kennzeichnend für Studien zum Umgang mit Produktkrisen und negativer Publizität. Vgl. Henthorne, B. H.; Henthorne, T. L. (1994), S. 51. Mit den Reaktionen der Benutzer als unmittelbar von einem Produktproblem Betroffenen beschäftigt sich ausführlich die Beschwerdemanagement- und Kundenrückgewinnungsforschung. Vgl. z.B. Hansen, S. W.; Swan, J. E.; Powers, T. L. (1996); Sieben, F. G. (2002), S. 49.

21 Wirkungen einer „Nicht-Reaktion“ untersuchen Menon, G.; Jewell, R. D.; Unnava, H. R. (1999).

22 In der Literatur werden allgemein Anbieterreaktionen zur Vermeidung (Prävention) wie auch zur Bekämpfung bereits eingetretener Krisen häufig summarisch unter dem Begriff "Krisenmanagement“ gefasst. Folglich lassen sich die hier betrachteten Bewältigungsstrategien zur Bewältigung bereits eingetretener Krisen als Teilbereich eines umfassenderen Krisenmanagements begreifen. Vgl. Krystek (1987), S. 106 ff.

23 Vgl. Paschek, L. (2000), S. 65; Kunczik, M. (1995), S. 14-29; Shrivastava, P. (1987), S. 125.

24 Auch lassen sich Vorkehrungen für eine möglichst lückenlose und permanente Produktbeobachtung und Risikoabschätzung diesem Bereich von Bewältigungsmerkmalen zuordnen.

schaltet? Welche Meldewege (etwa Beschwerdehotlines) stehen zur Verfügung? Alles in allem dürften die diesem Bereich zuzuordnenden Merkmale vor allem krisensituationsübergreifend eine wichtige Funktion bei der Unterstützung der im Krisenfall eingesetzten, im Weiteren zu besprechenden, *kommunikativen* und *kompensatorischen* Bewältigungsmerkmale zukommen, womit ihnen ein eher präventiver Charakter bescheinigt werden kann. Krisenpräventive Maßnahmen bleiben jedoch, gemäß der zugrunde gelegten Bewältigungsdefinition, von einer weiteren Betrachtung ausgeschlossen.

- Als *kommunikative Bewältigungsmerkmale* werden im Folgenden solche bezeichnet, die auf rein *immaterieller Basis* (jenseits bzw. anstelle materieller Entschädigungszusagen oder -leistungen) durch eine reine Kommentierung der in den Situationen thematisierten Produktprobleme das Bewältigungsziel zu erreichen trachten.[25]

- *Kompensatorische Bewältigungsmerkmale* sind dagegen (primär) auf das Angebot eines *materiellen* Ausgleichs bzw. einer Gegenleistung im Sinne einer Entschädigung für ein (vermeintliches) Produktproblem ausgerichtet.[26]

In der bisherigen Forschung werden zwar einige kommunikativ und/oder kompensatorisch ausgerichtete Bewältigungsstrategien auf ihre Wirksamkeit hin untersucht. Stark vernachlässigt werden dabei jedoch Aspekte, die die Beziehung kommunikativer und kompensatorischer Bewältigungsmerkmale betreffen.[27] Gerade aus Praxissicht wird dieser Thematik vielfach eine hohe Relevanz beigemessen, ist doch die Ankündigung von Kompensationsleistungen häufig nachgelagert mit (zusätzlichen) Kosten verbunden, die ein Anbieter nur allzu gern vermeiden würde und insofern an Alternativen interessiert ist.[28] Eine vergleichende Analyse hinsichtlich dieser Merkmale variierender Bewältigungsstrategien im Kontext der hier be-

---

[25] Beispiele hierfür bilden eine vom Anbieter gegebene Erklärung für das Zustandekommen eines vermeintlichen, öffentlich thematisierten Produktproblems, die Bekundung von Anteilnahme sowie die Leugnung der Existenz eines Problems.

[26] Ein Beispiel bildet die Ankündigung oder das Versprechen einer Geldzahlung in einer bestimmten Höhe oder eines Produktumtauschs für den Fall, dass bestimmte Bedingungen erfüllt sind. Vgl. zur Unterscheidung kommunikativer und kompensatorischer Bewältigungsmerkmale Mahon, J. F. (2002), S. 419.

[27] *Davidow* weist explizit auf dieses Forschungsdefizit hin. Vgl. Davidow, M. (2003), S. 237 ff. Sowohl die so definierten kommunikativen als auch kompensatorischen Bewältigungsmerkmale lassen sich als *inhaltsbezogene Bewältigungsmerkmale* charakterisieren, da sie auf die vom Anbieter gewählte Thematik als den Gegenstand seiner Bewältigungsaktivitäten abstellen. Es geht um die Frage, was kommuniziert werden soll. Sowohl kommunikative als auch kompensatorische *Inhalte* lassen sich unterschiedlich *formulieren*, was zu einer Unterscheidung von Bewältigungsmerkmalen auf der Formulierungsebene führt. *Formulierungsbezogene Bewältigungsmerkmale* beziehen sich auf die Art und Weise der Argumentation, mit der ein einmal gewählter Bewältigungsinhalt (etwa die Kommentierung bestimmter Produktrisiken) Rezipienten nahe gebracht werden soll. Die Formulierung von Kommunikationsinhalten stellt ein bereits breit und tiefgehend erforschtes Gebiet der Kommunikationsforschung im Allgemeinen und der Werbeforschung im Speziellen dar, die bereits vielfältige Gestaltungsmöglichkeiten hervorgebracht haben, welche im Weiteren unberücksichtigt bleiben. Vgl. etwa die Arbeiten von van Waes, L.; van Wijk, C. (2001); Rother, A. (2003); Konken, A. (2002); Stößlein, M.; Mertens, P. (2004); Wiedemann, P.M. (1994).

[28] Vgl. Garrett, D. E. (1999), S. 26.

trachteten Produktkrisensituationen steht überdies noch aus:[29] Bewältigungsempfehlungen werden in der zahlreich vorhandenen Ratgeber- und praxisorientierten Managementliteratur oft unreflektiert krisensituationsunspezifisch, nahezu allgemeingültig, formuliert, ohne auf zentrale Besonderheiten der jeweiligen Krisensituation abzustellen.[30] Die Tatsache, dass ein ungeschickter Umgang mit der Öffentlichkeit, der aber gerade oftmals aus einer der Situation nicht angemessenen Unternehmensreaktion resultiert, die Lage des in die Krise geratenen Unternehmens noch verschlimmert[31], wie zahlreiche Beispiele aus der Wirtschaftspraxis belegen, verdeutlicht die hohe praktische Relevanz situationsspezifischer Handlungsempfehlungen.[32]

Erste empirische Befunde deuten darauf hin, dass nicht nur unterschiedliche Rezipientenreaktionen auf unterschiedliche Krisensituationen resultieren mögen; zudem steht zu erwarten, dass ein und dieselbe Krisensituation wie auch ein und dieselbe Bewältigungsstrategie im Lichte unterschiedlicher Ausprägungsgrade der *vor der Krise gegebenen Qualitätsreputation* des betroffenen Anbieters zu unterschiedlich ausgeprägten Rezipientenreaktionen führen mögen.[33] Hierunter lässt sich der auf einen Zeitraum vor der Krise bezogene, aufgebaute Ruf bzw. das Ansehen des betreffenden Anbieters bei gegenwärtigen und potentiellen Käufern respektive deren darin reflektiertes Vertrauen hinsichtlich des Angebotes von Produkten einer bestimmten Beschaffenheit (Qualität) verstehen. Eine Art anbieterbezogene spezifische Vor-

---

29 Lediglich einzelne, durch wahrgenommene Service- oder Produktprobleme gestörte, *direkte* Anbieter-Kunden-Beziehungen sind in der Literatur zum Umgang mit kritischen Ereignissen in der Geschäftsbeziehung respektive zum Beschwerdemanagement und zur Kundenrückgewinnung bereits untersucht worden (vgl. etwa die Analysen von Sieben, F. G. (2002); Homburg, C.; Fürst, A.; Sieben, F. (2003), S. 57 67), jedoch nicht im Kontext negativer Publizität und nicht in einer integrierenden, unterschiedliche Krisensituationen vergleichenden, Analyse. *Silvera/Laufer* (2005) zeigen den diesbezüglichen Forschungsbedarf auf: *„The severity construct (..) is typically operationalized by varying the degree of physical harm caused in an accident rather than by reducing consumption utility due to product failure..."* Silvera, D. H.; Laufer, D. (2005), S. 22. Eine der wenigen Ausnahmen einer unterschiedliche Situationen negativer Publizität vergleichenden Analyse bildet die Studie von *Bradford/Garrett* (1995).

30 Vgl. z.B. Haeske, U. (2000). Auf dieses Forschungsdefizit weisen explizit *Tucker/Melewar* hin. Vgl. Tucker, L.; Melewar, T. C. (2005), S. 385.

31 Zu den Kosten von Produktkrisen vgl. Wiedemann, P. M. (1994), S. 3.

32 Solche Empfehlungen sind jedoch nicht im Sinne fallweiser Regelungen zu verstehen, die jedes Detail und jede Unwägbarkeit einer einzelnen Situation einzufangen suchen, was sie für den Einsatz in realen Produktkrisen höchst unpraktikabel machen würde, sondern im Sinne fallgruppenbezogen genereller Regelungen, mit einer Gültigkeit für eine Mehrzahl einer Gruppe zugehöriger, ähnlich gelagerter Krisensituationen, mit denen ein Anbieter so oder so ähnlich regelmäßig konfrontiert sein wird.

33 Vgl. Dean, D. H. (2004); Ahluwalia, R.; Burnkrant, R. E.; Unnava, H. R. (2000); Dawar, N.; Pillutla, M. M. (2000). Die Relevanz der vor der Krise gegebenen Qualitätsreputation des Anbieters im Hinblick auf die Beurteilung gegebener Krisensituationen und Bewältigungsstrategien leitet sich aus der Erfahrungsguteigenschaft der in allen Krisensituationen betrachteten Produkte als Bezugsobjekte der potentiellen Produktprobleme ab, deren tatsächliche Qualität sich aus Rezipientensicht erst (nach dem Kauf) durch Produktkonsum bzw. im Wege von Erfahrungen erschließen lässt. Der vor der Krise gegebenen Qualitätsreputation des Anbieters mag somit aus Nachfragersicht eine Funktion als Qualitätsindikator in den hier betrachteten, durch Qualitätsungewissheit gekennzeichneten Krisensituationen zukommen, die dazu beitragen mag, Transaktionskosten der Nachfrager, die etwa mit einer umfangreichen Informationssuche und Qualitätsinspektion vor dem Produktkonsum verbunden wären, zu senken. Vgl. Spremann, K. (1988), S. 613.

geschichte scheint somit als *Einflussfaktor*[34] in die Beurteilung der Krisensituationen und Bewältigungsstrategien durch Rezipienten einzufließen, die die vom Anbieter intendierte Wirkung seiner Bewältigungsstrategien auf die gegenwärtige und potentielle Käuferschaft als Rezipienten verstärken (begünstigen) oder abschwächen (beeinträchtigen) mag.[35] Insofern hat also ein an der Bewältigung einer gegebenen Produktkrise interessierter Anbieter bei der Wahl seiner Bewältigungsstrategien nicht nur die situationsbezogenen, sondern auch die anbieterbezogenen Rahmenbedingungen im Sinne seiner vor der Krise gegebenen Qualitätsreputation als zentralen Einflussfaktor angemessen zu berücksichtigen.

Theoretisch fundierte und empirisch abgesicherte Empfehlungen über einen krisensituations- und anbietereigenschaftenadäquaten Bewältigungsstrategieeinsatz könnten wiederum Unternehmen in die Lage versetzen, bestehende Entscheidungsunsicherheiten hinsichtlich der Strategiewahl in den bezeichneten Krisensituationen zu reduzieren und damit den Krisen inhärenten Entscheidungs- und Zeitdruck, unter dem oftmals ad hoc wenig zielführende Maßnahmen getroffen werden, abzubauen.

1.2 Problemstellung

Das Ziel dieser Arbeit besteht demzufolge in der Ableitung allgemein gültiger Handlungsempfehlungen in Form von Wenn-Dann-Sätzen für die Bewältigung gegebener Produktkrisen in der Ausprägung von Beschwerde-, Reklamations- sowie Rückrufsituationen. Einem Anbieter stehen für die Bewältigung von Produktkrisen verschiedene *Bewältigungsstrategien* zur Verfügung, die sich als Vektoren (Kombinationen) unterschiedlicher Ausprägungen kommunikativer und kompensatorischer Bewältigungsmerkmale definieren lassen. Der von einer Produktkrise betroffene Anbieter sieht sich folglich mit einem Entscheidungsproblem

[34] Dieser Einflussfaktor lässt sich als *exogen* charakterisieren, da sein Zustandekommen selbst im Rahmen der Analyse nicht weiter erklärt wird.

[35] Demnach scheint die Wirkung der unabhängigen Variablen (Situationsausprägungen, Bewältigungsstrategien) auf die abhängigen Variablen (Rezipientenreaktionen) von der Ausprägung einer weiteren unabhängigen Variablen, nämlich der vor der Krise gegebenen Qualitätsreputation des Anbieters, abzuhängen, was diese präziser als *moderierende Variable* qualifiziert. Vgl. Müller, D. (2006), S. 257. In der Literatur werden neben solch *anbieterbezogenen Einflussfaktoren* auf die Wirkung gegebener Krisensituationen und Bewältigungsstrategien auch *rezipientenbezogene Einflussfaktoren* (wie etwa das Produktinvolvement, allgemeine Beschwerdeeinstellungen, Beschwerde-/Reklamationserfahrungen, soziodemografische Merkmale) untersucht. Da hier stets eine disperse Rezipientenschaft, bestehend aus gegenwärtigen wie potentiellen Käufern, betrachtet wird, kann davon ausgegangen werden, dass sich unterschiedliche *rezipientenbezogene Einflussfaktoren* in der Grundgesamtheit nivellieren werden. Ihnen dürfte somit im Rahmen der Strategiewahl eine untergeordnete Bedeutung zukommen, weshalb solche Faktoren im Weiteren keinen eigenständigen Untersuchungsgegenstand bilden. Die Analyse rezipientenbezogener Einflussfaktoren nimmt zudem bereits einen hohen Stellenwert in einschlägigen Studien der Beschwerdemanagement- und Kundenrückgewinnungsforschung, ein, auf die hier verwiesen wird. Vgl. für einen Überblick über ausgewählte Studien: Sieben, F. G. (2002); Borth, B.-O. (2004); Hennig-Thurau, T. (1998).

konfrontiert: die Bewältigungsstrategien stellen seine Handlungsalternativen dar, über deren Einsatz er in Abhängigkeit von der jeweils vorliegenden Situation respektive der jeweils (situationsabhängig) zu erwartenden Rezipientenreaktionen und unter Berücksichtigung des Wirksamwerdens des in unterschiedlichen Ausprägungen gegebenen Einflussfaktors, der vor der Krise gegebenen Qualitätsreputation des Anbieters, der die Wirkung seiner Strategien begünstigen oder beeinträchtigen mag, befinden muss. Es stellt sich unmittelbar folgende Leitfrage:

- ***In welcher Krisensituation, im Einzelnen also Beschwerdesituation, Reklamationssituation und Rückrufsituation, ist welche gegebene Bewältigungsstrategie bei Vorliegen welcher Ausprägungen der gegebenen Qualitätsreputation des Anbieters vor der Krise im Hinblick auf das angestrebte Bewältigungsziel empfehlenswert?*** Oder negativ formuliert: ***Von welchen gegebenen Bewältigungsstrategien sollte in welchen Situationen bei Vorliegen welcher Ausprägungen des gegebenen Einflussfaktors eher abgeraten werden?***

Da sich Bewältigungsstrategien aus kommunikativen und kompensatorischen Bewältigungsmerkmalen in jeweils unterschiedlichen Ausprägungen zusammensetzen, lässt sich die Leitfrage auf der Ebene der Bewältigungsmerkmale präzisieren:

- ***Welche Eignung weisen gegebene, in bestimmter Weise ausgeprägte kommunikative und kompensatorische Bewältigungsmerkmale in unterschiedlichen Krisensituationen bei Vorliegen welcher Ausprägungen des gegebenen Einflussfaktors im Hinblick auf die Erreichung des zugrunde liegenden Bewältigungsziels auf?***

Eine fundierte Aussprache von Empfehlungen über den Einsatz von Bewältigungsstrategien in Produktkrisen setzt wiederum detaillierte Kenntnis ihrer Ansatzpunkte, nämlich der vermeintlich negativen Reaktionen der Rezipienten und des auf sie einwirkenden Einflussfaktors, zunächst *bei Abwesenheit jedweder Bewältigungsaktivität,* voraus. Wenngleich das negative Vorzeichen der Rezipientenreaktionen in allen drei betrachteten Krisensituationen bereits oben als Gemeinsamkeit herausgestellt wurde, so wird vermutlich das Ausmaß der Rezipientenreaktionen über die drei Situationen variieren.[36] Es stellt sich unmittelbar folgendes *erstes Teilproblem*:

[36] Das Auffinden reputationsrelevanter Arten (Typen) von Rezipientenreaktionen bildet hier kein eigenständiges Teilproblem, das Eingang in die Hypothesensuche findet. Die Selektion grundsätzlich reputationsrelevanter Arten von Rezipientenreaktionen erfolgt im Rahmen einer der Hypothesensuche vorgelagerten Literaturanalyse.

- ***Hinsichtlich welcher der betrachteten Rezipientenreaktionen unterscheiden sich die Produktkrisensituationen in welcher Weise voneinander?***

Die Rezipientenreaktionen werden sich vermutlich wiederum nicht nur situationsabhängig sondern auch je Situation in Abhängigkeit des Wirksamwerdens des betrachteten Einflussfaktors voneinander unterscheiden. Es schließt sich folgendes *zweites Teilproblem* an:

- ***In welcher Weise verändern unterschiedliche Ausprägungsgrade des gegebenen Einflussfaktors die Rezipientenreaktionen auf die gegebenen Produktkrisensituationen?***

Um Bewältigungsempfehlungen ableiten zu können, sind die betrachteten Rezipientenreaktionen auf Produktkrisen erneut, nun *in Anwesenheit von Bewältigungsstrategien,* zu untersuchen. Auf die betrachteten Rezipientenreaktionen in Produktkrisen treffen ausgewählte Bewältigungsstrategien, deren Effekte sich – analog zum ersten Teilproblem – zunächst ohne explizite Berücksichtigung der potentiellen Wirkungen des Einflussfaktors analysieren lassen.[37] Das *dritte Teilproblem* lässt sich wie folgt formulieren:

- ***Wie verändern sich die Rezipientenreaktionen auf die Produktkrisensituationen durch den Einsatz gegebener Bewältigungsstrategien?***

Da der betrachtete Einflussfaktor seine Wirkung auf die Rezipientenreaktionen eben nicht nur bei Abwesenheit von Bewältigungsmaßnahmen durch den Anbieter entfaltet, sondern vermutlich ebenso während des Einsatzes von Bewältigungsstrategien Effekte abgibt, stellt sich – analog zum zweiten Teilproblem – folgende Frage, die das *vierte Teilproblem* ausmacht:

- ***In welcher Weise verändern unterschiedliche Ausprägungsgrade des gegebenen Einflussfaktors die Wirkung von Bewältigungsstrategien auf die betrachteten Rezipientenreaktionen auf Produktkrisensituationen?***

Die vier so hergeleiteten Teilprobleme können als Elemente des in der Leitfrage formulierten komplexen Problems der Bewältigung von Produktkrisen aufgefasst werden, welche unverkennbar aufeinander aufbauen. Mit der Dekomposition in einzelne Teilprobleme und deren separater Analyse werden zwei Zwecke verfolgt: Einerseits kann in ihr ein Mittel zur Kom-

---

[37] Die hier betrachtete Wirkung kann als *Bruttowirkung* bezeichnet werden, da sie sich nur teilweise auf die Bewältigungsstrategien zurückführen lässt; ein weiterer Wirkungsbeitrag wird von dem exogenen Einflussfaktor zu erwarten sein, dessen Effekte in einem weiteren Schritt zu untersuchen sind. Die um etwaige Einflüsse des exogenen Faktors bereinigten Bruttowirkungen lassen sich als *Nettowirkungen* bezeichnen.

plexitätsreduktion gesehen werden, da sie die Struktur des in der Leitfrage aufgeworfenen Problems transparent macht und eine Problemlösung im Sinne der Ableitung von Strategieempfehlungen, die sich insbesondere aus einer übergreifenden Diskussion der einzelnen Teilprobleme ergeben werden, somit begünstigt. Zum anderen soll die isolierte Bearbeitung der einzelnen Teilprobleme zu einem tieferen Verständnis der betrachteten Produktkrisen und Bewältigungsstrategien beitragen, indem sie Ansatzpunkte für Erklärungen ihrer Wirkungsweise bietet.[38]

Die aufgeworfenen Fragen lassen sich im Grundsatz sowohl auf individueller Betrachtungsebene untersuchen, bei der auf die spezifischen Befindlichkeiten einzelner Konsumenten abgestellt wird, bei der die Anbieterreputation als hier betrachtete abhängige Variable ausgedrückt wird bzw. sich niederschlägt in Größen wie etwa der Sympathie für den Anbieter oder der dem Anbieter zugewiesenen Verantwortlichkeit für die Existenz von Produktproblemen.[39] Die Alternative zu einer solchen *Mikro-Analyse* besteht darin, die als abhängige Variable fungierende Anbieterreputation im Sinne einer *Makro-Analyse* von vornherein für den Markt insgesamt als Aggregate vorliegende Maßgrößen abzubilden, etwa durch Marktanteile oder Nachfragen nach der Marke. Für die Untersuchung der aufgeworfenen Fragen wird im Folgenden der erstgenannte Weg einer Mikro-Analyse gewählt.[40] Dabei bleiben zeitliche Wirkungen von Krisen und Bewältigungsstrategien außen vor: Es werden weder mehrere aufeinander folgende, multiple Krisen und Bewältigungsstrategien[41] noch Depoteffekte, also längerfristig wirksame Ausstrahlungseffekte vergangener auf gegenwärtige Krisen[42], bei der Wirkung von Krisensituationen respektive Bewältigungsstrategien untersucht.[43]

---

[38] Die Analyse des Einflussfaktors auf Rezipientenreaktionen bei Abwesenheit bzw. Anwesenheit von Bewältigungsstrategien (Teilprobleme zwei bzw. vier) erfolgt dabei jedoch ausschließlich vor dem Hintergrund des in der Leitfrage formulierten Untersuchungsziels, also nur insoweit als sie für die Ableitung situationsadäquater Bewältigungsstrategien erforderlich ist.

[39] Vgl. Standop, D. (2006), S. 96.

[40] *Dawar* weist auf einen Forschungsbedarf für Mikro-Analysen hinsichtlich des zugrunde liegenden Themas hin. Vgl. Dawar, N. (1998), S. 110.

[41] Vgl. hierzu die Studie von Maxham III, J. G.; Netemeyer, R. G. (2002a).

[42] Vgl. Lyon, L.; Cameron, G. T. (1998, 2004) sowie Coombs, W. T. (2004).

[43] Ein gewisser zeitlicher Aspekt könnte jedoch darin erachtet werden, dass sich reale Produktkrisen in Form einer Beschwerdesituation (Reklamationssituation) im Zeitablauf – etwa bei Ausbleiben adäquater Bewältigungsmaßnahmen – zu einer Reklamationssituation (Rückrufsituation) fortentwickeln (steigern) mögen.

1.3 Gang der Untersuchung

Das *zweite Kapitel* legt die theoretischen Grundlagen der Arbeit. Die Beantwortung der aufgeworfenen Fragen erfordert zunächst ein vertieftes Verständnis der einzelnen Elemente von Produktkrisen und ihrer Bewältigung als Bezugspunkte der zugrunde liegenden Problemstellung, das in *Kapitel 2.1* vermittelt werden soll: Zu diesem Zweck erfolgt in Kapitel 2.1.1 zunächst die Darstellung der *unabhängigen Variablen*, nämlich der zu betrachtenden *Produktkrisen* (Kapitel 2.1.1.1) und *Bewältigungsstrategien* (Kapitel 2.1.1.2). Die Bearbeitung des in der Leitfrage aufgeworfenen Problems erfordert den Einbezug anhand kompensatorischer und kommunikativer Merkmale vergleichbarer Bewältigungsstrategien, die in allen hier betrachteten Krisensituationen grundsätzlich einsetzbare Alternativen darstellen. Das Auffinden von für die Bewältigung aller drei betrachteten Krisensituationen grundsätzlich geeigneter Strategien bildet somit keinen Bestandteil der Hypothesensuche, sondern ist dieser vorgelagert: Nach einem Überblick und einer Systematisierung von Bewältigungsmerkmalen (Kapitel 2.1.1.2.1.1) werden auf der Grundlage einer Literaturanalyse *kompensatorischer* (Kapitel 2.1.1.2.1.2) und *kommunikativer Bewältigungsmerkmale* bzw. -ausprägungen (Kapitel 2.1.1.2.1.3) und einer Selektion von Bewältigungsmerkmalen bzw. -ausprägungen (Kapitel 2.1.1.2.2.1) Bewältigungsstrategien ausgewählt und definiert (Kapitel 2.1.1.2.2.2), die a priori grundsätzlich geeignet scheinen, das Bewältigungsziel in allen drei betrachteten Krisensituationen zu erreichen. Sodann werden in Kapitel 2.1.2 die als Ansatzpunkte für die Bewältigung fungierenden reputationsrelevanten *Rezipientenreaktionen als abhängige Variablen* näher beschrieben. Als Bindeglied zwischen unabhängigen und abhängigen Variablen wird in Kapitel 2.1.3 die vor der Krise bestandene Qualitätsreputation des Anbieters als *Einflussfaktor* allgemein gekennzeichnet, der die Wirkung der unabhängigen auf die abhängigen Variablen potentiell moderiert. Die theoretisch fundierte Erfassung von Beziehungen zwischen den in Kapitel 2.1 betrachteten Elementen von Produktkrisen und ihrer Bewältigung erfolgt durch die Ableitung und Formulierung von Wirkungshypothesen in *Kapitel 2.2,* die sich zu Gruppen zusammenfassen lassen, die mit den in der Problemstellung aufgeworfenen Teilproblemen korrespondieren. Zu unterscheiden sind Hypothesen hinsichtlich der Wirkungen der betrachteten Produktkrisen auf Rezipientenreaktionen (*Hypothesengruppe 1*) in Kapitel 2.2.2.1, hinsichtlich der Wirkungen des betrachteten Einflussfaktors auf Rezipientenreaktionen (*Hypothesengruppe 2*) in Kapitel 2.2.2.2, bezüglich der Wirkung ausgewählter Bewältigungsstrategien auf die betrachteten Rezipientenreaktionen (*Hypothesengruppe 3*) in Kapitel 2.2.2.3 sowie schließlich in Bezug auf die Wirkungen des Einflussfaktors auf die Wirkung ausgewählter Bewältigungsstrategien auf Rezipientenreaktionen (*Hypothesengruppe 4*) in Kapitel 2.2.2.4. Abhängig davon, ob man die von Produktkrisen bzw. Bewältigungsstrategien ausgehenden Wirkungen mit bzw. ohne Berücksichtigung des Einflussfaktors in einer *gegebenen* (gegebenenfalls mehrere Situationen gedanklich zu einer Gruppe zusammengefassten) Krisensituation untersucht oder aber *unterschiedliche* Krisensituationen vergleichend gegenübersteIlt, um Besonderheiten der jeweiligen Krisensituationen aufzudecken, lassen sich Hypothesen zum einen auf *situationsspezifischer Betrachtungsebene* und zum anderen auf *situationsübergreifender Betrachtungsebene* formulieren. Dieser Einteilung folgt die Darstellung jeder einzelnen Hypothesengruppe.

Im *dritten Kapitel* wird die Anlage der empirischen Untersuchung, mithin das Untersuchungsdesign, zur Überprüfung des im zweiten Kapitel theoretisch hergeleiteten Hypothesensystems entwickelt. Nach der Erörterung allgemeiner Aspekte der Datengewinnung in *Kapitel 3.1* folgen in *Kapitel 3.2* spezielle Ausführungen zur Manipulation der unabhängigen Variablen (Kapitel 3.2.1) und Operationalisierung der abhängigen Variablen (Kapitel 3.2.2) sowie zu Skalierungen (Kapitel 3.2.3), zum Aufbau und Umfang des Fragebogens (Kapitel 3.2.4) und zur Stichprobenauswahl (Kapitel 3.2.5).

Die Ergebnisse der empirischen Untersuchung werden im *vierten Kapitel* dokumentiert und im Lichte der zur Hypothesenentwicklung herangezogenen Theorien diskutiert. Dieser in Kapitel 4.2 erfolgenden Darstellung und Interpretation der Ergebnisse der Hypothesentests gehen einige, zur Überprüfung der Voraussetzungen für die Testung der Hypothesen mit spezifischen Methoden durchzuführende, vorbereitende Auswertungen in Kapitel 4.1 voran.

Das *fünfte Kapitel* besteht aus einer Zusammenfassung der zentralen Ergebnisse der Arbeit und einem Ausblick auf mögliche zukünftige Forschungsbereiche.

Den Aufbau der Arbeit in einem Ablaufdiagramm veranschaulicht *Abbildung 1*.

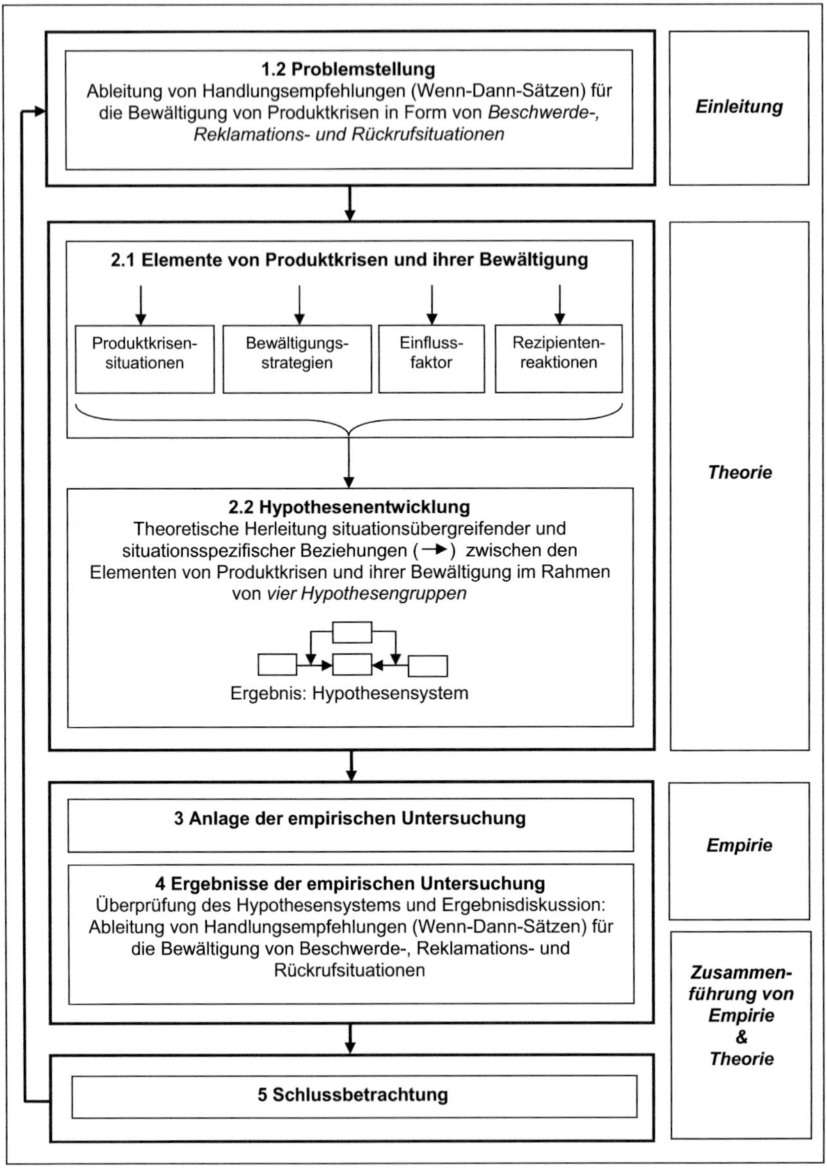

Abb. 1: Der Ablauf der Untersuchung im Überblick Quelle: Eigene Darstellung

2 Theoretische Grundlagen und Forschungsstand

2.1 Darstellung der Elemente von Produktkrisen und ihrer Bewältigung

2.1.1 Produktkrisen und Bewältigungsstrategien als unabhängige Variablen

2.1.1.1 Produktkrisen

2.1.1.1.1 Überblick

Den gemeinsamen Gegenstand der im Folgenden zu betrachtenden Produktkrisensituationen bilden vermehrt (in einer Vielzahl von Fällen) vorliegende schlechte Konsumerfahrungen, die sich in Form von öffentlich behaupteten Problemen mit dem Produkt eines Anbieters manifestieren. In allen Situationen wird dem Anbieter eine (Mit-)Verantwortlichkeit[44] für die Existenz der eingetretenen Probleme vorgeworfen bzw. unterstellt. Das behauptete Produktproblem besteht darin, dass ein intendierter (erwarteter) Erfolg[45] eines Konsumprozesses[46], bei dem das betreffende Produkt im Mittelpunkt steht, (vollständig bzw. teilweise) ausbleibt bzw. ein Konsumprozess (zusätzlich) gar mit erkennbaren Mangelschäden respektive Mangelfolgeschäden beim Benutzer oder Dritten verbunden ist. In den öffentlich artikulierten negativen Produkterfahrungen konkretisieren sich so bestimmte *Produktrisiken.*[47] Die hier betrachteten Produktkrisensituationen lassen sich als abstrakte Beschreibungen einer Vielzahl ähnlich gelagerter, in der Wirtschaftspraxis häufig vorkommender einzelner Krisenfälle auffassen, mit denen ein Anbieter in der einen oder anderen Variante regelmäßig konfrontiert sein wird. Die Krisenhaftigkeit aller Situationen ergibt sich daraus, dass der Anbieter für das thematisierte Produktproblem öffentlich (mit-) verantwortlich gemacht wird, eine Vielzahl von Personen betroffen ist und sich massenhafte negative Rezipientenreaktionen auf die negative Publizität ergeben mögen. Da sich solche Reaktionen letztendlich reputationsschädigend auswirken

---

44 Richins, M. L. (1983) und Folkes, V. (1984) weisen darauf hin, dass unzufriedene Kunden sich umso eher beschweren, je eindeutiger die Ursache der Unzufriedenheit, das Produktproblem, dem Anbieter zugeschrieben wird. In den hier betrachteten Situationen wird davon ausgegangen, dass die wahrgenommene (Mit-)Schuld des Anbieters bereits das Auftreten von an die Öffentlichkeit gerichteten, in Form von negativer Publizität vorliegenden, Beschwerden begünstigt hat.

45 Der Erfolg eines Konsumprozesses lässt sich als erfüllter Grundnutzen bzw. Zusatznutzen eines Produktes fassen. Vgl. Valle, V.; Wallendorf, M. (1977), S. 27.

46 Als Untersuchungsgegenstand im Sinne der vorliegenden Produktkrisensituationen wird im Folgenden ausschließlich das *Ergebnis* eines Konsumprozesses betrachtet, welches den Gegenstand negativer Publizität über einen Anbieter ausmacht. Das Zustandekommen der schlechten Konsumerfahrung, der missratene Konsumprozess selbst, einschließlich potentiell relevanter Einflussfaktoren auf diesen Prozess, wird hier nicht explizit betrachtet. Gleichwohl lassen sich unterschiedliche Ausprägungen dieses Prozesses heranziehen, um die Relevanz der betrachteten Krisensituationen aufzuzeigen.

47 Vgl. hierzu die Definition negativer Ereignisse von *Taylor, S. E.* (1991), S. 67.

können, wird eine unmittelbare Entscheidung über eine Bewältigung erforderlich.[48] Ein Nicht-Einlenken des von solchen Situationen betroffenen Unternehmens wird häufig unweigerlich weitere negative Publizität nach sich ziehen und damit zur Ausbreitung der Krise führen, was die Erreichung existentieller Unternehmensziele und damit letztendlich den Fortbestand des Unternehmens gefährden mag. *Abbildung 2* veranschaulicht den Entstehungsprozess der hier betrachteten Produktkrisen im Zeitablauf.[49]

Die Krisensituationen unterscheiden sich wesentlich im Hinblick auf den *Inhalt* (die Art) und den *Umfang* (das Spektrum) öffentlich thematisierter, durch negative Produkterfahrungen konkretisierter Produktrisiken:

- Der *Inhalt* der artikulierten erfahrenen Produktprobleme reicht von einem rechtlich nicht substantiierten, diffusen Unbehagen oder Missfallen des Produkts als Ausdruck von Unzufriedenheit in der *Beschwerdesituation* bei Fehlen eines rechtlich relevanten Mangels über erfahrene rechtlich relevante Mängel und Mangelschäden an dem betreffenden Produkt selbst in der *Reklamationssituation* bis hin zu ersten (vermeintlichen) Mangelfolgeschäden an anderen Rechtsgütern, insbesondere auch von Personenschäden, in der *Rückrufsituation*, so dass es hier bereits zu einem Produktrückruf gekommen ist.

- Der *Umfang* (das Spektrum) thematisierter konkretisierter Produktrisiken steigt von Beschwerde-, über Reklamations- bis hin zu Rückrufsituationen an: In *Reklamationssituationen* treten neben die in *Beschwerdesituationen* thematisierten primär nichtphysischen (etwa psychischen, sozialen, funktionellen) konkretisierten Produktrisiken nun auch physische Risiken hinzu. In *Rückrufsituationen* konkretisieren sich neben den bereits in Reklamationssituationen thematisierten Risiken zusätzlich spezielle physische Produktrisiken durch den (vermeintlichen) Eintritt von Mangelfolgeschäden und die Ankündigung eines Produktrückrufs.

---

48 Vgl. Dean, D. H. (2004), S. 198.

49 Als *latente Produktrisiken* werden in *Abbildung 2* in Abgrenzung zu konkretisierten Risiken solche bezeichnet, die sich (noch) nicht durch entsprechende negative Konsumerfahrungen von einem Produktproblem Betroffener konkretisiert haben. Sie sind Ausdruck allgemeiner, relativ diffuser, von dem Produkt ausgehender Gefährdungen der Konsumenten.

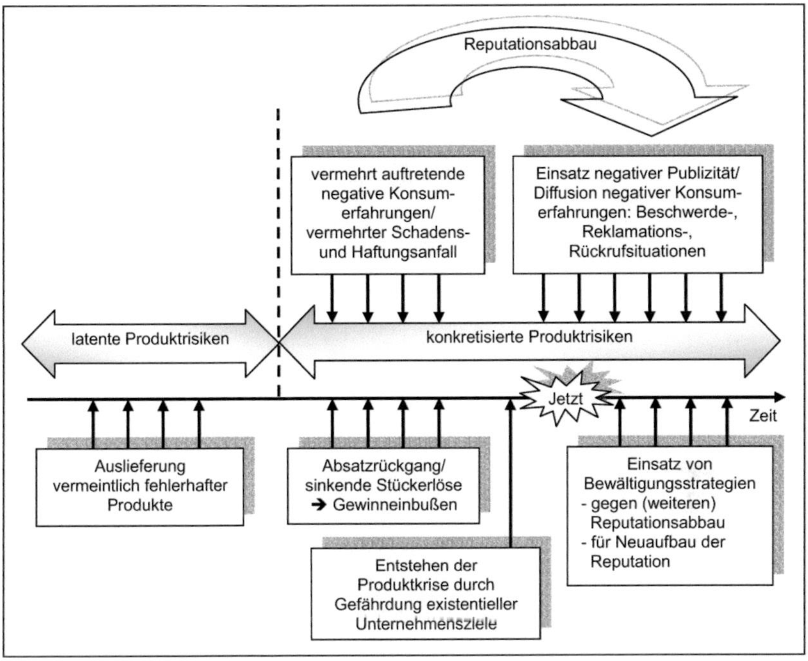

Abb. 2: Entstehung von Produktkrisen im Zeitablauf Quelle: Eigene Darstellung in Anlehnung an Standop, D. (2005), S. 136.

Abbildung 3 fasst die Gemeinsamkeiten und Unterschiede der hier betrachteten Gruppen von Produktkrisensituationen zusammen.

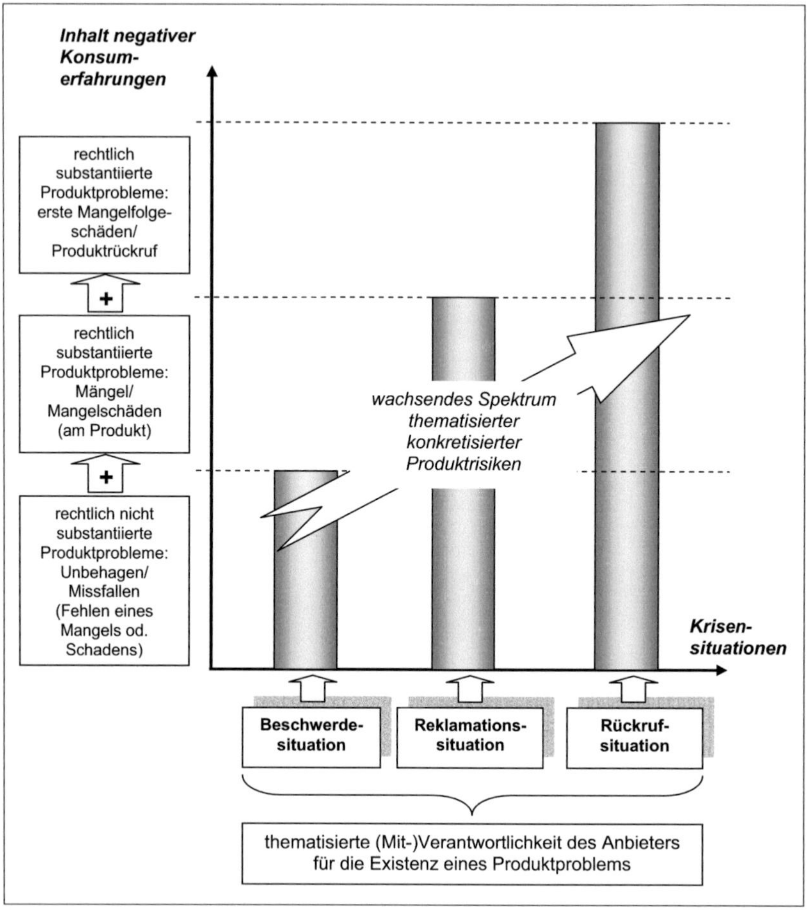

Abb. 3: Gegenstand von Produktkrisensituationen Quelle: Eigene Darstellung

Die in allen Produktkrisensituationen thematisierte bzw. vorgeworfene (Mit-) Verantwortlichkeit des Anbieters mag nicht darüber hinwegtäuschen, dass tatsächlich Kunden bzw. Betroffene das wahrgenommene Problem (mit-) verursacht haben oder die Umstände unvollständig oder inkorrekt geschildert haben, auch wenn explizit in der öffentlichen Diskussion solche kundenseitigen möglichen Problemursachen keine Erwähnung finden.[50] Manche Produktkrisensituationen mögen damit zugleich aufzeigen, welche Informationsdefizite bei Kunden bestehen, wo eindeutig erscheinende Bedienungshinweise offenbar missverstanden

[50] Vgl. Henthorne, B. H.; Henthorne, T. L. (1994), S. 50.

werden, oder wo Partnerunternehmen bei der Leistungserstellung Probleme erzeugen, die dem eigenen Unternehmen zugerechnet werden.[51] Die *tatsächliche* Problemursache bildet in den hier betrachteten Krisensituationen mithin eine noch offene Frage; ob die Produkte tatsächlich (objektiv, technisch) problembehaftet sind oder nicht, bleibt folglich dahingestellt. Es lassen sich auch Fälle denken, in denen die wahre Problemursache möglicherweise nie gefunden werden kann.[52] Die Unterschiede der einzelnen Situationen werden im folgenden Abschnitt näher herausgearbeitet. Im Anschluss an eine allgemeine Kennzeichnung der jeweiligen Situation werden exemplarisch einige typische Produktkrisensituationen skizziert.

2.1.1.1.2 Ausgewählte Produktkrisen

2.1.1.1.2.1 Beschwerdesituationen

2.1.1.1.2.1.1 Allgemeine Kennzeichnung

Unter einer *Beschwerde* wird allgemein die Artikulation der *Unzufriedenheit* eines Kunden mit der von einem Anbieter empfangenen Leistung verstanden.[53] Bei (Un-) Zufriedenheit handelt es sich um ein Nachkaufphänomen, in dem reflektiert wird, wie ein Kunde ein Produkt beurteilt, mit dem er zuvor Erfahrungen gesammelt hat; ein konkretes, selbst erfahrenes Konsumerlebnis wird also vorausgesetzt.[54] Dem in der Literatur zur Erklärung des Beschwerdeverhaltens vorherrschenden[55] *Confirmation/Disconfirmation-Paradigma* folgend wird (Un-)Zufriedenheit als Ergebnis eines komplexen Soll-Ist-Vergleichs verstanden, der mehrere Dimensionen umfasst. Den Maßstab zur Beurteilung der wahrgenommenen Situation (Ist-Größe), der Produktleistung, bilden dabei Erwartungen bzw. Anspruchsniveaus (Soll-Größen).[56] Ein Nichterfüllen der Erwartungen führt zu Unzufriedenheit, Erfüllen bzw. Übertreffen der Erwartungen führt zu Zufriedenheit. Soll-Ist-Differenzen werden als kognitive Dissonanzen erlebt; Unzufriedenheit entsteht, wenn das kognitive System Widersprüchlichkeiten und Unvereinbarkeiten erfährt. Mithin lässt sich Unzufriedenheit als spezielle Form

---

[51] Vgl. Stauss, B.; Seidel, W. (2002), S. 229.

[52] Zu unterschiedlichen Ursachen für Produktrisiken vgl. Hartung, T.; Helten, E. (2001) , S. 549.

[53] Vgl. Stauss, B.; Seidel, W. (2002), S. 48. Abgesehen von Unzufriedenheit als mit Abstand dominierender Beschwerdequelle (vgl. z.B. Richins, M. L. (1985)) mag in Einzelfällen auch eine Intention von Kunden zu Beschwerden führen, den Anbieter – bei Abwesenheit erkennbarer Unzufriedenheit – nachhaltig zu schädigen. Eine solche bösartige Absicht wird jedoch im Folgenden nicht explizit als Beschwerdequelle betrachtet.

[54] Vgl. Stauss, B.; Seidel, W. (2002), S. 55.

[55] Vgl. Erevelles, S.; Leavitt, C. (1992), S. 104.

[56] Für eine umfassende Diskussion des Confirmation/Disconfirmation-Paradigmas vgl. z.B. Homburg, C.; Rudolph, B. (1997), S. 38 f.; siehe auch Oliver, R. L. (1977, 1980, 1989, 1997).

von kognitiver Dissonanz fassen; ein zufriedener Kunde befindet sich in einem psychischen Gleichgewicht.[57]

Die Besonderheit der in dieser Arbeit betrachteten Beschwerdesituationen als spezieller Form von negativer Publizität besteht darin, dass ein Unzufriedenheit und damit potentiell Beschwerden induzierendes kritisches Ereignis, ein von Kunden oder kundennahen Quellen wahrgenommenes Qualitätsproblem mit einem Produkt, zum Gegenstand einer kritischen öffentlichen Diskussion über einen Anbieter geworden ist. Ein eigentlicher Mangel am Produkt in dem hier rechtlich weiter gefassten und nicht streng juristisch gebrauchten Sinne (wie etwa ein technischer Defekt), aus dem sich eventuell Gewährleistungs- oder Garantieansprüche ableiten mögen, liegt offenkundig nicht vor. Folglich scheiden also für eine Charakterisierung eines konkreten Sachverhalts als Beschwerdesituation von vornherein solche Fälle aus, bei denen im Grundsatz ein Garantie- bzw. Gewährleistungsfall vorliegt, jedoch die Garantie- bzw. Gewährleistungsdauer bereits abgelaufen ist.[58] Ebenso fallen (potentielle) Schadensfälle nicht unter die Gruppe der Beschwerdesituationen. Eine juristische Durchsetzbarkeit der Beanstandung steht angesichts des thematisierten Produktproblems nicht zu erwarten oder kann aus Anbietersicht vernachlässigt werden. Regelmäßig handelt es sich um erfahrene Produktprobleme von vergleichsweise objektiv geringem Ausmaß, die primär nicht-physische Produktrisiken offenbaren. Die Wahrscheinlichkeit eines Eintritts physischer (materieller) Risiken jedweder Art mutet, angesichts des thematisierten Produktproblems, als vergleichsweise gering an.

Aus Sicht eines Anbieters ist das in der öffentlichen Berichterstattung thematisierte Kundenproblem keineswegs evident: Das Problem erschließt sich dem Anbieter häufig nicht unmittelbar. Ein betroffener Anbieter hat oftmals Mühe, die von Kunden bzw. Kundengruppen oder kundennahen Quellen (z.B. von Verbraucherschutzverbänden, unabhängigen Testinstituten) vorgetragene, manchmal verschleiernde Argumentation auf sein Produkt zu beziehen bzw. mit konkreten (physikalisch-technischen) Produkteigenschaften zu verbinden. Häufig wird es sich um aus Anbietersicht „unberechtigte“, öffentlich artikulierte Beschwerden handeln, denen ein objektiver Beschwerdegrund fehlt. Die Beschwerdeführer werden vom Anbieter häufig zur Gruppe der „Nörgler“ bzw. „Querulanten“ gerechnet.[59] Bei den als Beschwerdesituationen gekennzeichneten Fällen dürften somit ‚subjektive' Berechtigung der Beschwerde aus Kundensicht und ‚objektive' Berechtigung der Beschwerde aus Anbietersicht

[57] Vgl. Erevelles, S.; Leavitt, C. (1992), S. 104-106 sowie S. 110; Gilly, M. C.; Gelb, B. D. (1982), S. 324; Kroeber-Riel, W.; Weinberg, P. (1996), S. 182 ff. und 386.

[58] Solche Fälle lassen sich jedoch den in Kapitel 2.1.1.1.2.2. erläuterten Reklamationssituationen zuordnen.

[59] Dietze, U. (1997) schätzt den Anteil (direkt beim Anbieter eingehender) in diesem Sinne „unberechtigter“ Beschwerden auf ca. 15%. Büdel, S. (1997) ermittelt in einer Studie aus dem Privatbankenbereich einen Anteil unberechtigter Beschwerden an allen Beschwerden von 62%. Die Relevanz der Kenntnis um den Anteil und Inhalt unberechtigter Beschwerden verdeutlichen Stauss, B.; Seidel, W. (2002), S. 229.

regelmäßig auseinander fallen.[60] Im Folgenden werden exemplarisch einige typische Beschwerdesituationen skizziert.

2.1.1.1.2.1.2 Spezielle Beschwerdesituationen

Den Gegenstand von Beschwerdesituationen bilden Unzufriedenheit und damit potentiell Beschwerden auslösende wahrgenommene Produktprobleme. Unzufriedenheit, als zentrale Beschwerdequelle[61], resultiert, dem *Confirmation/Disconfirmation-Paradigma* folgend, aus einem Zurückbleiben der wahrgenommenen Ist-Leistung des Produkts hinter den Erwartungen (Soll-Größe). Für das Zustandekommen von Unzufriedenheit kommen damit sowohl eine nach dem Kauf von Kunden bzw. Benutzern als relativ zu gering wahrgenommene Ist-Leistung des Produkts bei durchschnittlichen (normalen) Kundenerwartungen als auch relativ zu hohe (übersteigerte) Kundenerwartungen bei durchschnittlicher (normaler) wahrgenommener Ist-Leistung in Betracht.

Für die Bildung von Erwartungen kommt insbesondere der Art und Weise der Produktdarbietung eine entscheidende Rolle zu.[62] In Relation zur Ist-Leistung *übersteigerte Kundenerwartungen* mögen beispielsweise von einer übertriebenen kommunikationspolitischen Unterstützung des Anbieters für das betreffende Produkt herrühren, in der Produkteigenschaften zugesichert werden, die so in Art und/oder Umfang nicht vorhanden sind.[63] Im Mittelpunkt negativer Publizität mag hier die artikulierte negative Konsumerfahrung stehen, dass das Produkt nicht so einzusetzen ist oder die behauptete Wirkung zeigt, wie es vom Anbieter versprochen wurde. Beispielsweise mögen im Wege eines Produktrelaunches neu eingeführte und stark beworbene Produkteigenschaften (z.B. eine neue Reinigungsformel eines Putzmittels, neuartige PC-Prozessoreigenschaften oder der Hinweis auf die Ausstattung von Imprägniersprays mit Nano-Technologie[64]) Kundenerwartungen unbotmäßig in die Höhe treiben, so dass sich bei negativ abweichender Produktleistung Unzufriedenheit (als Quelle von Beschwerden) einstellt, ohne dass rechtlich bzw. objektiv substantiierte Mängel am Produkt angegeben werden können bzw. eine im Vergleich zu Wettbewerbsmarken unterdurchschnittliche Qualität nahe liegt.

---

60 Vgl. Stauss, B.; Seidel, W. (2002), S. 229; Hennig-Thurau, T. (1998), S. 31.

61 Vgl. Richins, M. L. (1985); Gilly, M. C. (1987); Bearden, W. O.; Teel, J. E. (1983); Bearden, W. O.; Mason, J. B. (1984); Crié, D. (2003); Prakash, V. (1991); Maute, M. F.; Forrester Jr., W. R. (1993); Henning-Thurau, T. (1998), S. 7.

62 Vgl. Oliver, R. L.; Winer, R. S. (1987), S. 476.

63 Vgl. Henthorne, , B. H.; Henthorne, T. L. (1994), S. 51 sowie Standop, D. (1993), S. 956.

64 Vgl. zum Einsatz der Nanotechnologie den Artikel „Tanz der Zwerge", in: Wirtschaftswoche Nr. 22 vom 29.5.2006.

Umgekehrt lassen sich Fälle ausmachen, bei denen eine *zu geringe Ist-Leistung* (*absolut oder in Relation zu anderen, vergleichbaren Marken*) empfunden und öffentlich artikuliert wird, ohne dass Anzeichen für gesteigerte Kundenerwartungen vorliegen:

So mag sich bei Kunden bzw. Benutzern (gegebenenfalls noch unterstützt durch entsprechende Pressemeldungen) das Wissen oder die Vermutung einstellen, dass ein Produkt – *absolut gesehen*, ohne auf einen Vergleich mit Referenzprodukten (wie etwa Konkurrenzangeboten) abzustellen – auch in anderer, mehr befriedigender Weise hergestellt werden könnte als mit der sie im Moment konfrontiert sind. Ein praktisches Beispiel bildet die Meldung über einen namhaften Süßwarenhersteller, der bei der Herstellung seiner von vielen Kunden geschätzten Schokoladeerzeugnisse die relativ teure Kakaobutter durch kostengünstigere Zutaten wie Palmöl teilweise ersetzt, ohne dass – seinen Angaben zufolge (und gegebenenfalls sogar wissenschaftlich nachgewiesen) – geschmackliche Veränderungen am Produkt zu befürchten seien.[65] Gleichwohl nehmen Verwender negative geschmackliche Veränderungen wahr und bekunden dies auch öffentlich. Veränderte Rezepturen haben in der Vergangenheit auch bei großen Erfrischungsgetränkeherstellern zu ähnlich negativen Kundenreaktionen geführt, die selbst zum Gegenstand negativer Publizität geworden sind und damit bisweilen starken Druck auf den Anbieter ausgeübt haben.[66]

Auch *im Vergleich zu Konkurrenzprodukten* wahrgenommene artikulierte Defizite eines Produkts bilden einen möglichen Schwerpunkt negativer Publizität. Ein solcher direkter Produktvergleich steht mit regelmäßig veröffentlichten Warentestinformationen der breiten Öffentlichkeit zur Verfügung. Beschwerdesituationen mögen hier in Form negativer Testberichte über ein Produkt bei vergleichsweise wenig objektivierbaren Produkteigenschaften vorliegen, bei denen Geschmacks- und Empfindungsfragen eine große Rolle spielen. So mag etwa das von anderen Kunden, professionellen Testern oder Meinungsführern (‚Experten') im Vergleich zu konkurrierenden, vergleichbaren Marken als wenig zeitgemäß bzw. unmodern beurteilte Design einer Kaffeemaschine der Marke X, der flache einseitige Geschmack eines Weines der Marke Y oder das ambivalente Image eines Kleidungsstückes der Marke Z problematisiert werden. Eine Variante stellen ungünstige Testurteile über ein Produkt bei objektiv messbaren Produkteigenschaften (wie technischer Leistung, Ausstattung, Preis) dar, die jedoch keinen rechtlich substantiierten Mangel am Produkt implizieren. So mag sich etwa in einem vergleichenden Warentest die Funktionalität oder die Haltbarkeit eines Produktes der

---

65 Vgl. Deutscher Bundestag: Drucksache 13/6868 vom 05.02.1997 (http://dip.bundestag.de/btd/13/068/1306868.asc)

66 Vgl. die Ereignisse um die missglückte Einführung der „New Coke" von Coca-Cola im Jahre 1985. Nach massiven Protesten der Verbraucher wurde jedoch kurz darauf die alte Rezeptur unter dem Namen „Coca-Cola Classic" wieder eingeführt. Vgl. Grötker, R. (2006), S. 77.

Marke X als unterhalb derjenigen eines anderen, günstigeren Produktes der Marke Y erwiesen haben.

Durch die so beschriebenen, von einer Vielzahl von Kunden wahrgenommenen bzw. erfahrenen Produktprobleme konkretisieren sich Produktrisiken, die sich in der hier betrachteten Gruppe der Beschwerdesituationen inhaltlich primär auf nicht-physische, also vor allem *psychische, soziale, finanzielle und/oder funktionelle Risiken* beziehen mögen: In der öffentlichen Berichterstattung thematisierte konkretisierte *psychische Produktrisiken* betreffen mit dem Kauf bzw. der Benutzung eines bestimmten Produkts verbundene psychische Gefährdungen der aktuellen bzw. potentiellen Konsumenten bzw. Nutzer. Konkret mag mit der Wahlentscheidung für ein solches Produkt bzw. mit einer Produktbenutzung ein diffuses Gefühl eines Fehlkaufs bzw. Missfallens des Produkts verknüpft sein, ohne dass überhaupt klare Defizite (etwa ein Mangel am Produkt) angegeben werden können. Eine solche Beeinträchtigung des „Seelenfriedens" mag einhergehen mit negativen Eigensanktionen wie etwa Schuldgefühlen oder einer veränderten Selbstwahrnehmung.[67] *Soziale Risiken* mögen in Sanktionen des sozialen Umfelds als Folge der Adoption eines Produktes bestehen. Nach dem Kauf eines Artikels einer vermeintlich prestigeträchtigen Marke stellt sich heraus, dass das eigene Umfeld mit Zurückhaltung reagiert. *Finanzielle Produktrisiken* beziehen sich auf den geldwerten Nachteil, der mit dem Kauf respektive einer Benutzung des Produktes verbunden sein könnte. So mag beispielsweise das Produkt tadellos funktionieren, ein funktionelles Risiko besteht also nicht; im Laufe des Produktkonsums fallen jedoch zusätzlich zum Kaufpreis Kosten an, die im Kaufzeitpunkt nicht vorhersehbar waren, so etwa Kosten für eine spätere erforderliche Wartung.[68] Auch Produkte mit einem als schlecht eingestuften Preis-Leistungs-Verhältnis oder Produkte, die aufgrund (vom Anbieter möglicherweise beabsichtigter) mangelnder Marktübersicht gegebenenfalls zu teuer erworben werden (wie etwa durch eine unübersichtliche Vertragsgestaltung bei Mobiltelefonen oftmals beklagt), bergen ein finanzielles Risiko in sich, da ein potentieller Kauf mit einer Ressourcenverschwendung einhergeht. *Funktionelle Produktrisiken* beziehen sich auf die Unsicherheit eines gegenwärtigen bzw. potentiellen Käufers bzw. Benutzers in Bezug auf die Handhabung, das Ausmaß an Funktionserfüllung sowie den Funktionsumfang eines Produktes und zwar ohne dass damit ein eigentlicher (objektiver, rechtlich substantiierter) Mangel am Produkt bzw. Schäden verbunden wird. Speziell besteht die Gefahr, dass der mit dem Produkt verbundene erhoffte Nutzen nicht erreicht wird.[69] Fälle unbequemer Handhabung finden sich beispielsweise bei Haushalts- und Gartengeräten, elektrischen Bedienelementen etwa von TV-Geräten, Video- und DVD-Recordern sogar bei vorliegenden, leicht verständlichen Gebrauchsanleitungen. In Fällen eingeschränkter Funktionserfüllung erweist sich das Produkt nach dem Kauf für einen bestimmten

[67] Vgl. Mitchell, V.-W. (1992).
[68] Vgl. Grewal, D.; Gotlieb, J.; Moarmorstein, H. (1994), S. 146.
[69] Vgl. Grewal, D.; Gotlieb, J.; Marmorstein, H. (1994), S. 145.

Bearbeitungsvorgang als ungeeignet (ein Mangel liegt jedoch nicht vor), so dass der von der Produktbenutzung erwartete Erfolg nicht oder nur teilweise eintritt (trotz gegebener leichter Bedienbarkeit). Ein eingeschränkter Funktionsumfang könnte sich beispielsweise in einer reduzierten Produktausstattung konkretisieren, die sich einem Käufer/Benutzer erst nach genauer Inspektion der Produktdetails (etwa nach Öffnen der Packung, durch Blick in technische Handbücher, in das Gehäuse eines Computers, Motors usw.) erschließen mag, ohne dass damit ein geringerer Grad an Funktionserfüllung oder eine unhandliche Bedienung einhergehen muss. Das Wissen um das Nichtvorhandensein gewisser (z.B. technischer) Produktdetails (die jedoch für ein reibungsloses Funktionieren des Produktes wohlmöglich gar nicht erforderlich oder erheblich sein mögen) führt hier zu entsprechend negativen Kundenreaktionen, die nun den Inhalt negativer Publizität im Sinne der hier betrachteten Beschwerdesituationen bilden.

2.1.1.1.2.2 Reklamationssituationen

2.1.1.1.2.2.1 Allgemeine Kennzeichnung

Während die Begriffe „Beschwerden" und „Reklamationen" in der Wirtschaftspraxis häufig synonym verwendet werden, handelt es sich bei Reklamationen genau genommen um diejenigen Beschwerden, bei denen Kunden Beanstandungen an Produkten bzw. Dienstleistungen explizit oder implizit mit einer kaufrechtlichen Forderung verbinden, die sich gegebenenfalls juristisch durchsetzen lässt.[70] Dieser Unterscheidung von Beschwerden und Reklamationen wird auch hier gefolgt. Mit Reklamationssituationen werden von Kunden bzw. kundennahen Quellen öffentlich artikulierte, rechtlich substantiierte vermeintliche Probleme in Form von Produktmängeln bzw. Mangelschäden mit einem bestimmten Produkt verbunden, durch die sich neben den in Beschwerdesituationen thematisierten nicht-physischen Risiken nun zusätzlich spezielle physische Produktrisiken konkretisieren. Die Wahrscheinlichkeit für die Existenz (das Auftreten) von Mangelfolgeschäden, etwa Personenschäden, ist allerdings angesichts des beschriebenen Kundenproblems allgemein als sehr gering einzuschätzen.

Das öffentlich thematisierte Kundenproblem weist aus Sicht des Anbieters eine im Vergleich zu den in der Gruppe der Beschwerdesituationen thematisierten Produktproblemen höhere Evidenz auf: der Anbieter wird die kundenseitige Problemartikulation regelmäßig einfacher nachvollziehen können als in der Beschwerdesituation, da sie auf konkrete Produkteigenschaften bezogen werden kann. Aufgrund der tendenziell höheren Evidenz des Kundenprob-

[70] Vgl. Stauss, B.; Seidel, W. (2002), S. 48.

lems im Vergleich zu Problemen der Beschwerdesituationen besteht häufig auch ein Konsens über das Vorliegen (die Existenz) und/oder den Umfang des Kundenproblems oder zumindest lässt sich ein solcher Konsens schneller bzw. einfacher erzielen als in Beschwerdesituationen. Bei den als Reklamationssituationen gekennzeichneten Fällen stimmen somit ‚subjektive' Berechtigung aus Kundensicht und ‚objektive' Berechtigung aus Anbietersicht tendenziell stärker überein als in Beschwerdesituationen.[71]

2.1.1.1.2.2.2 Spezielle Reklamationssituationen

Den Gegenstand typischer Reklamationssituationen stellen von Kunden öffentlich vorgetragene Garantie- bzw. Gewährleistungsfälle in dem hier rechtlich weiter gefassten Sinne dar. Dabei möge es auf eine Geltendmachung des Kundenproblems innerhalb der Garantie- bzw. Gewährleistungsdauer grundsätzlich nicht ankommen. Für das Vorliegen von Reklamationssituationen in dem hier gemeinten Sinne ist vielmehr die Art des Mangels bzw. etwaiger, bereits eingetretener Mangelschäden maßgeblich. Diese müssen prinzipiell geeignet sein, die Inanspruchnahme und Erfüllung realer Garantie- bzw. Gewährleistungsversprechen auszulösen. Durch die Beschreibung erfahrener Mängel bzw. Mangelschäden konkretisieren sich *physische Produktrisiken*, die mit dem Konsum (der Verwendung) des betreffenden Produkts verbunden sind. Konkret mag das Produkt einen Mangel aufweisen, der bei gewöhnlicher Benutzung einen Schaden am Produkt hervorruft. So mag die Beschriftung einer PC-Tastatur bereits nach kurzer Zeit gewöhnlicher Nutzung einem starken Abrieb unterliegen mit der Folge schließlich kaum mehr lesbarer Schriftzeichen (konkretisiertes physisches Risiko verknüpft mit einem funktionellen Risiko). Offenbar wurde eine ungeeignete, leicht lösliche Farbe beim Druck der Schriftzeichen auf die Tasten verwendet.

Beispiele für Reklamationssituationen finden sich in den zahlreich vorhandenen, zumeist unterschiedliche Anbieter und Produkte vergleichenden, Produktausfall-, Garantiestatistiken und Warentests. Laut Pannenstatistik des ADAC gehörten im Jahre 2005 mit 35% aller untersuchten Autos mit Erstzulassung 2000 bis 2005 defekte Autobatterien, defekte Generatoren, gerissene Antriebsriemen, blockierte Anlasser, gelöste Kabel sowie durchgebrannte Sicherungen zu den häufigsten Kundenproblemen.[72] Der jährlich erscheinenden Studie „*Car Tracker*" zufolge gaben im Jahr 2004 17% der Autofahrer Probleme mit der Elektronik ihres Fahrzeugs an. Insgesamt entfallen laut der Repräsentativbefragung 22% der Fehlfunktionen auf elektrische Fensterheber, 19% auf die Zentralverriegelung. Dabei zeigte sich, dass insbeson-

[71] Vgl. Stauss, B.; Seidel, W. (2002), S. 229.
[72] Vgl. ADAC Pannenstatistik 2005 (http://www.weltzeituhr.com/reise/adac-pannenstatist2.shtml).

dere teure Autos besonders störanfällig sind.[73] Eine öffentliche Berichterstattung über solche, vermehrt auftretende erfahrene Produktprobleme unter Nennung des jeweilig betroffenen Anbieters führt sodann zum Vorliegen der hier betrachteten Reklamationssituationen, wenn zudem eine (Mit-) Verantwortlichkeit des Anbieters angeprangert wird und aus Anbietersicht ungünstige, potentiell reputationsschädigende Reaktionen der (potentiellen) Nachfrager vorliegen bzw. drohen.

Das Europäische Verbraucherzentrum Deutschland Kehl (EVZ) veröffentlicht regelmäßig grenzüberschreitende Reklamationsfälle im Internet.[74] Überdies ermöglicht das EVZ Verbrauchern, sich in grenzüberschreitenden Reklamationsfällen, bei denen sie selbst keinen Erfolg hatten, ihr Recht gegenüber einem Händler oder Dienstleister aus einem anderen Land der EU zur Geltung zu bringen, an die beim EVZ angesiedelte Deutsche Verbindungsstelle für Schlichtung zu wenden.[75] Ein Großteil der dort eingehenden Fälle lässt sich als typischer Gegenstand von Reklamationssituationen denken, sofern die bereits erwähnten Bedingungen (angeprangerte Mitverantwortlichkeit des namentlich erwähnten Anbieters, keine Einzelfälle etc.) gegeben sind.[76] Als Themenbereiche werden unter anderem Mängel beim grenzüberschreitenden Warenkauf, Mängel bei einem Messekauf im Ausland sowie Mängel beim Warenkauf im Internet von einem ausländischen Anbieter unterschieden. *Tabellen 1 a-d* zeigen exemplarisch einige solcher Fälle auf, gegliedert nach der Problembeschreibung und der Problemlösung durch die Schlichtungsstelle (Clearingstelle).

---

73 Vgl. die von der Marketingberatung „3hm Automotive“ und dem Lehrstuhl für Allgemeine Betriebswirtschaftslehre und Marketing der Johannes Gutenberg-Universität Mainz durchgeführte „Car-Tracker“-Studie 2004 (http://www.marketing-i.bwl.uni-mainz.de/2lehrstuhl/ MAZ_Presseartikel.GIF)

74 Vgl. http://www.euroinfo-kehl.com.

75 Vgl. die Broschüre „Sie können auch anders! Schlichtung leicht gemacht – in Deutschland und Europa! Ein Leitfaden“ des Europäischen Verbraucherzentrums Kehl (EVZ) / Deutsche Verbindungsstelle für Schlichtung (http://www.euroinfo-kehl.com/DE/broschueren_pdf/ Schlichtung.pdf)

76 Vgl. http://www.euroinfo-kehl.com/d/clearingstelle/ Beispielsfaelle.pdf

Problembeschreibung	Problemlösung durch die Schlichtungsstelle
Ein deutscher Verbraucher erwarb Anfang 2002 bei einem österreichischen Händler ein Paar Langlaufschuhe für 79 €. Kurz nach dem Erwerb und wieder in Deutschland stellte der Verbraucher einen Materialfehler fest. Nach Benachrichtigung durch den Verbraucher reklamierte das Geschäft daraufhin den Fehler beim Hersteller. Der Händler teilte wenig später dem Verbraucher mit, dass der Hersteller von einem Materialfehler ausgeht und der Händler eine Gutschrift erhalten habe. Dem Verbraucher war mit dieser Gutschrift allerdings nicht gedient, denn er ging nicht davon aus, wieder nach Österreich zu diesem Händler zu fahren. Da der Händler auch keinen anderen Schuh besorgen konnte, bat der Verbraucher um Erstattung des Kaufpreises in Form eines Verrechnungsschecks. Mehrere Monate wartete der Verbraucher vergeblich auf den angekündigten Scheck. Der Verbraucher wurde vom Händler stets vertröstet mit der Versicherung schnellster Erledigung. Schließlich wandte sich der Verbraucher an die Clearingstelle Deutschland.	Nach erster Einschätzung der Gewährleistungsrechte zugunsten des Verbrauchers wurde der Fall an die Clearingstelle Österreich zur Intervention bzw. zur Vermittlung eines Schlichtungsverfahrens weitergeleitet. Nach der europäischen Verbrauchsgüterkaufrichtlinie, die auch in Österreich umgesetzt worden war, hatte der Verbraucher zumindest den Anspruch auf Nacherfüllung (Reparatur oder neue Ware) und falls diese fehlschlagen sollte, Anspruch auf Rückabwicklung des Vertrags bzw. Preisminderung. Im vorliegenden Fall wollte der Verbraucher sein Geld zurück, da sich der Händler weder zur Reparatur noch zur Lieferung neuer Schuhe imstande sah. Die Clearingstelle Österreich intervenierte entsprechend und erzielte – ohne, dass es zu einem formellen Schlichtungsverfahren kam – , dass der Händler schließlich den geforderten Betrag an den Verbraucher zurückzahlte.

Tab. 1a: Typische Reklamationsfälle der Deutschen Verbindungsstelle für Schlichtung, Fall 1: Mängel beim Warenkauf – Umtausch von Langlaufschuhen Quelle: www.euroinfo-kehl.com/d/clearingstelle/Beispielsfaelle.pdf

Problembeschreibung	Problemlösung durch die Schlichtungsstelle
Während eines Ferienaufenthaltes in Spanien und einer organisierten „Verkaufsfahrt“ bestellte eine deutsche Verbraucherin Kochtöpfe im Wert von 798 €. Die angegebene Lieferfrist betrug 2 Wochen. Teile dieser Töpfe wurden verspätet in Deutschland geliefert und die Restlieferung angekündigt. Aber schon die bereits erhaltene Ware entsprach nicht der angegebenen Qualität. Die Verbraucherin wollte daher diese Ware unbedingt zurückgeben. Das Unternehmen verlangte allerdings mehrfach mittels Rechnung die umgehende Zahlung des Kaufpreises. Das Unternehmen erklärte, ein Rücktritt sei nicht möglich. Zur Begründung verwies es auf den Ablauf der Widerruffrist von zwei Wochen seit Bestellung. In der Anlage übersandte der Unternehmer der Verbraucherin außerdem eine unvollständige und daher irreführende Kopie des Widerrufgesetztes.	Die Clearingstelle Deutschland klärte die Verbraucherin über Ihr bestehendes Recht zum Widerruf auf und wies auf die Falschauskunft des Unternehmens hin. Dem Unternehmen gegenüber machte die Clearingstelle Deutschland die Ansprüche der Verbraucherin geltend und die Verbraucherin unterließ weitere Zahlungen an das Unternehmen. Das Unternehmen stornierte daraufhin den Kaufvertrag.

Tab. 1b: Typische Reklamationsfälle der Deutschen Verbindungsstelle für Schlichtung, Fall 2: Mängel beim Warenkauf - Kauf von Kochtöpfen während einer organisierten „Verkaufsfahrt“ Quelle: www.euroinfo-kehl.com/d/clearingstelle/Beispielsfaelle.pdf

Problembeschreibung	Problemlösung durch die Schlichtungsstelle
Ein österreichischer Verbraucher informierte sich auf einer Messe in München über ein Softwareprogramm, welches er dann auch telefonisch bei dem Unternehmen mit deutscher und französischer Anschrift bestellte. Das Programm wurde geliefert, war jedoch fehlerhaft. Nach Rücksprache mit dem Verkäufer wurde das Programm zurückgeschickt und die Erstattung des Kaufpreises angekündigt. Das Geld kam allerdings nie an. Der Verkäufer wies nun alle Ansprüche zurück und war in Deutschland nicht mehr erreichbar.	Nach Rücksprache mit der Clearingstelle Österreich wurde der Anspruch erneut über die Clearingstelle Deutschland geltend gemacht und der in Frankreich kontaktierte Vertragspartner nahm unmittelbar die Zahlung an den Verbraucher vor. Die Einschaltung eines Schlichters war daher nicht mehr erforderlich.

Tab. 1c: Typische Reklamationsfälle der Deutschen Verbindungsstelle für Schlichtung, Fall 3: Mängel beim Warenkauf auf einer Messe
Quelle: www.euroinfo-kehl.com/d/ clearingstelle/Beispielsfaelle.pdf

Problembeschreibung	Problemlösung durch die Schlichtungsstelle
Ein dänischer Verbraucher bestellte bei einem deutschen Unternehmen per Internet einen Farbfernseher im Wert von 1.295,99 €, der aber leider defekt beim Verbraucher abgeliefert wurde. Dies konnte der Verbraucher allerdings erst erkennen, nachdem er das Paket öffnete. Der Lieferant war zu diesem Zeitpunkt bereits mit der Unterschrift des Verbrauchers unter der Erklärung, dass er das Paket erhalten habe, wieder abgefahren. Der Verbraucher hielt daraufhin sofort telefonische Rücksprache mit dem Unternehmen, und man versicherte ihm, dass er bei Einreichung einer schriftlichen Beschwerde sein Geld zurückerhalten würde. Nach mehrfacher Rücksprache mit dem Unternehmen wurden die Ansprüche des Verbrauchers schließlich und trotz Transportversicherung abgelehnt. Der Verbraucher bat daraufhin das Clearinghouse seines Landes um Unterstützung, welches wiederum den Fall an die Clearingstelle Deutschland weiterleitete.	Die Schlichtungsstelle Deutschland nahm daraufhin direkten Kontakt mit dem Unternehmen auf und suchte gleichzeitig einen für diese Angelegenheit zuständigen Schlichter. Es stellte sich heraus, dass dieser Fall in den Zuständigkeitsbereich der IHK München gefallen wäre. Als die Schlichtungsstelle das Unternehmen um die Einwilligung zu einem Schlichtungsverfahren bat, wurde der Schlichtungsstelle mitgeteilt, dass die Ansprüche des Verbrauchers beglichen würden, wahlweise durch Lieferung eines neuen Geräts oder aber Rückerstattung des Kaufpreises. Der Verbraucher entschloss sich für eine Rückerstattung des Kaufpreises und diese wurde auch von dem Unternehmen per Überweisung vorgenommen.

Tab. 1d: Typische Reklamationsfälle der Deutschen Verbindungsstelle für Schlichtung, Fall 4: Mängel beim Warenkauf per Internet von einem ausländischen Anbieter - Bestellung eines Farbfernsehers per Internet
Quelle: www.euroinfo-kehl.com/d/ clearingstelle/Beispielsfaelle.pdf

2.1.1.1.2.3 Rückrufsituationen

2.1.1.1.2.3.1 Allgemeine Kennzeichnung

Bei Rückrufsituationen besteht ein öffentlich geäußerter Verdacht, dass vom Anbieter ausgelieferte Produkte eine erhebliche Gefährdung für die Sicherheit und Gesundheit mit dem Produkt in Kontakt kommender Personen darstellen, gestützt auf bereits vorliegende vermeintliche Mangelfolgeschäden, insbesondere auch von Personenschäden, die mit dem Produkt in einen kausalen Zusammenhang gebracht werden. Um die Verfügung über die mit solchen besonderen Schadensrisiken behafteten Produkte zwecks Elimination der Risiken zurückzubekommen, ist die Entscheidung für einen Produktrückruf bereits gefallen. Der Rückruf selbst wie auch die auf spezielle physische (zusätzlich zu den in Beschwerde- und Reklamationssituationen offenbar gewordenen) Produktrisiken hindeutenden erfahrenen Probleme mit dem Produkt machen den Gegenstand der öffentlichen Berichterstattung und Diskussion aus.[77] Dabei wird nicht explizit thematisiert, wie es zu der Rückrufentscheidung gekommen ist. Die Rückrufentscheidung selbst – einschließlich des Grades an Freiwilligkeit des Rückrufes – bildet ein gesondertes Forschungsproblem, dem hier nicht nachgegangen wird.[78]

Das thematisierte Produktproblem weist im Vergleich zu solchen von Beschwerdesituationen eine höhere Evidenz aus Sicht des Anbieters auf. Das Problem wird sogar möglicherweise – wie oftmals in realen Rückrufsituationen der Fall – vom Anbieter selbst erst aufgedeckt, der mit dem Rückruf bereits eine schadensbegrenzende Maßnahme eingeleitet hat, in deren Folge sich negative Publizität über das Produkt und den Anbieter einstellt. Das Problem ist rechtlich relevant. Die Frage der Existenz eines Kundenproblems stellt im Regelfall keinen Konfliktpunkt zwischen Anbieter und Kunde bzw. Betroffenen dar. Da von dem Produkt Gefahren sogar für das Leben von Kunden und unbeteiligten Dritten ausgehen und dieser Gefährdung durch die Ankündigung eines Produktrückrufs Nachdruck verliehen wird, hat die Öffentlichkeit (einschließlich etwaiger Regulierungsinstanzen, Verbraucherschutzverbänden, Medien, Kunden des betroffenen Anbieters wie auch Kunden anderer Anbieter baugleicher Produkte) ein verstärktes Aufklärungsinteresse, das mit einer höheren öffentlichen Anteilnahme an dem Problem wie auch an etwaigen Unternehmensreaktionen einhergehen mag. Betroffene Anbieter stehen unter verstärkter öffentlicher Beobachtung, ein Umstand, den diese oftmals als öffentlichen Druck empfinden. Der dem Anbieter entgegen gerichtete, in diesem Sinne inter-

---

77 Ein verdeckter Rückruf, bei dem der Anlass des Rückrufs gegenüber dem Kunden verborgen bleibt, liegt annahmegemäß nicht vor. Vgl. Standop, D. (1995), Sp. 2107.

78 Insbesondere wird nicht thematisiert bzw. unterschieden, ob der Rückruf vom Anbieter selbst, auf freiwilliger Basis, erfolgt oder durch öffentlichen Druck bzw. von einer Regulierungsinstanz angeordnet wurde.

pretierte öffentliche Druck mag in Rückrufsituationen erheblich über das in Beschwerde- oder Reklamationssituationen gegebene Maß hinausgehen.

2.1.1.1.2.3.2 Spezielle Rückrufsituationen

Standop (2005) skizziert reale Situationen, in denen ein öffentlich, in der Medienberichterstattung, diskutierter Produktrückruf im Raume steht, wobei die Entscheidung für oder gegen den Rückruf bereits gefallen ist.[79] Unterschieden werden Fälle mit *klaren Entscheidungen für einen Rückruf* (der Fall Babynahrung „Super Soja" der Humana GmbH sowie der Fall „nimm 2"-Bonbongläser der August Storck KG), *diskussionswürdige Rückrufe* (der Fall Vioxx von Merck sowie der Fall Tiefkühltorten von Coppenrath & Wiese), *disussionswürdige Unterlassungen von Rückrufen* (der Fall Celebrex von Pfizer sowie der Fall verschiedener bayerischer Hersteller von Fenchel-Kümmel-Tees) und schließlich *klare Entscheidungen für die Unterlassung eines Rückrufes* (der Fall Renault Vel Satis sowie der Fall Theramed Zahncreme von Henkel).

Das Kraftfahrt-Bundesamt (KBA) nimmt eine Einteilung der von ihr überwachten Rückrufaktionen nach der Schwere des Mangels vor. Die Mängel bei den vom KBA als nicht sicher eingestuften Produkte reichen dabei von brechenden oder reißenden Fahrwerkskomponenten, Fehlauslösungen von Airbags, nicht korrekt verriegelten Anhängerkupplungen, fehlerhaften Sicherheitsgurten, elektronischen Motorsteuergeräten, die ungewollte Beschleunigungen hervorrufen, plötzlich berstende oder brechende Räder, blockierende Getriebe bis hin zu versagender Lenkung.[80] *Abbildung 4* zeigt für das Jahr 2003 die Mängelgruppen nicht sicherer Produkte, die sich als typische Gegenstände von Rückrufsituationen denken lassen, sofern zusätzlich dem namentlich erwähnten Anbieter öffentlich eine (Mit-) Verantwortlichkeit für die Existenz solcher Probleme zugewiesen wird, erste Mangelfolgeschäden vorliegen, die sich mit hoher Wahrscheinlichkeit nicht als Einzelfälle erweisen werden und negative Rezipientenreaktionen zu erwarten sind.

[79] Vgl. Standop, D. (2005), S. 123 ff.

[80] Vgl. Jahrespressebericht 2003/2004 des Kraftfahrt-Bundesamtes, S. 7.

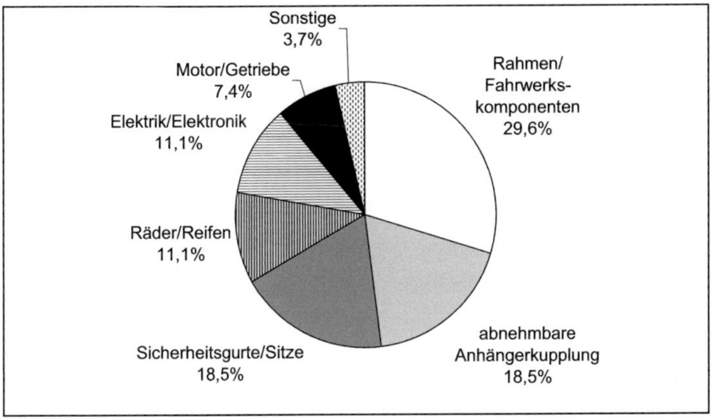

Abb. 4: Mängelgruppen nicht sicherer Produkte 2003
Quelle: KBA Jahresbericht 2003/2004, S. 8.

Das Europäische Verbraucherzentrum (EVZ) veröffentlicht auf seiner Website aktuelle Warnungen vor mit ernsthaften Gesundheitsrisiken behafteten Produkten, die ebenfalls als typische Gegenstände der hier betrachteten Rückrufsituationen angesehen werden können.[81] In den wöchentlich aktualisierten Zusammenstellungen enthalten sind eine Produktbeschreibung (unter Nennung der Produktkategorie und Artikelnummer), eine nähere Beschreibung und eine – häufig durch die Nennung der negativen Konsumerfahrung fundierte – Begründung der von den betreffenden Produkten ausgehenden Produktrisiken sowie Informationen über den eingeleiteten Produktrückruf. Als Produktrisiken werden unterschieden „elektrischer Schlag", „Ersticken/Verschlucken/Strangulieren", „chemisches Risiko", „Feuergefahr", „Hörschaden" sowie „allgemeine Verletzungsgefahren". Ein neben dem Text der Warnung angebrachtes Foto soll dem Rezipienten eine leichtere Identifikation der jeweiligen Produkte ermöglichen. Um diesen Überblick über gefährliche Produkte einer breiteren Öffentlichkeit zugängig zu machen und Verbraucher für das Problem unsicherer Produkte zu sensibilisieren, setzt das EVZ einen Link auf die Internetseite der Generaldirektion Gesundheit und Verbraucherschutz. Einen Auszug aus der wöchentlichen Übersicht des Europäischen Schnellwarnsystems für unsichere Non-Food-Produkte (RAPEX) zeigt *Tabelle 2*.

[81] Vgl. http://www.evz.de/UNIQ116480971903863/doc1018A.html.

The Rapid Alert System for Non-Food Products (RAPEX)
- Weekly overview report of RAPEX notifications -
week 46 - 2006

No. Ref.	Notifying Member States	Product (Click on the photo to enlarge)	Danger	Measures adopted by notifying country
12 0747/06	Germany	Category: LIGHTING EQUIPMENT. FLOOR LAMP. Type/number of model: 167180, EAN 8716963159151. Country of origin: Unknown. 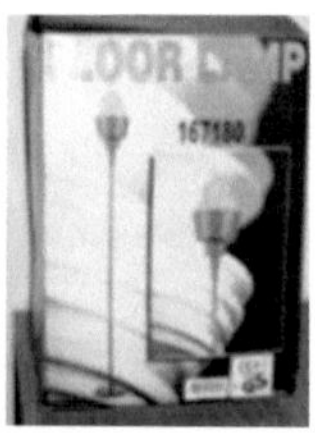	Risk of electric shock and fire. The product poses a risk of electric shock and fire because: - it is not stable due to its dimensions; - the transformer is not adequately secured, which means that it can come into contact with the metal casing of the lamp; - during the voltage stability test, there was a transformer flashover at 3100 V; - instructions for changing the bulb are incomplete; - assembly instructions are only in English. The product does not comply with the Low Voltage Directive and the relevant European standard EN 60598.	Withdrawal from the market and recall from consumers ordered by the authority.
17 0752/06	Finland	Category: ELECTRICAL APPLIANCES. Battery charger for mobile phone "MAXCALL" Type/number of model: KDN100B-15. Country of origin: China. 	Risk of electric shock. This product poses a serious risk of electric shock because there is not sufficient insulation between parts connected to the mains (primary circuit) and parts that can be touched by the user (secondary circuit). In particular: - clearances/creepage distances in transformer T1 between the primary and the secondary windings are less than 4 mm /5 mm; - the secondary circuit is accessible through the output terminal. This product does not comply with the LVD Directive and the relevant European standard EN 60065.	Recall from consumers ordered by the authority.

Tab. 2: Wöchentliche Warnmeldungen im europaweiten Schnellwarnsystem (RAPEX) – Auszug der 46. Woche 2006

Quelle: http://ec.europa.eu/consumers/dyna/rapex/create_rapex.cfm?rx_id=106

2.1.1.2 Bewältigungsstrategien

2.1.1.2.1 Merkmale von Bewältigungsstrategien

2.1.1.2.1.1 Überblick

Bewältigungsmerkmale und -strategien werden in der *Literatur zur Kundenrückgewinnung bzw. zum Beschwerdemanagement* auf der Ebene direkter Kunde-Anbieter-Beziehungen, der persönlichen Kommunikation, in der Regel mit direkt von einem Problem Betroffenen, wie auch in der *Literatur zum Umgang mit Produktkrisen/negativer Publizität bzw. zum Krisenmanagement*, dort auf der Ebene der (medialen) Massenkommunikation, untersucht.[82]

In der *Literatur zum Umgang mit Produktkrisen/negativer Publizität bzw. zum Krisenmanagement* werden Bewältigungsstrategien bislang nur auf vergleichsweise hohem Aggregationsniveau und zudem mit relativ losem situativen Bezug formuliert. Häufig wird eine eindimensionale Unterscheidung von Strategien auf einem Unternehmensreaktionskontinuum (‚Organizational Response Continuum'), abgestuft von keiner Reaktion bzw. Leugnung („no effort" bzw. „denial") bis hin zu einer besonders großzügigen, durch einen nahezu verschwenderischen Einsatz von Unternehmensressourcen gekennzeichneten und vermeintlich kundenfreundlichen Reaktion („super effort"), vorgenommen.[83] In der Mitte des Kontinuums stehen Reaktionen, die die Kundenbelange und -forderungen im Sinne einer Kompromisslösung mehr oder weniger intensiv berücksichtigen. Auf unterschiedliche inhaltliche Ausgestaltungsmöglichkeiten, beispielsweise besonders großzügiger Strategien, wird dabei in den meisten Studien nicht eingegangen. Weitere in der Literatur vorgebrachte Systematisierungsversuche erschöpfen sich zumeist in Aufzählungen der in der Wirtschaftspraxis vorzufindenden und partiell theoretisch untersuchten, hoch aggregierten Strategien.[84] Die in dieser Arbeit verfolgte Systematisierung auf der Ebene von Bewältigungsmerkmalen bzw. -ausprägungen als integrale Bestandteile von Bewältigungsstrategien könnte sich somit als fruchtbar erweisen, da sich so eine Vielzahl potentiell geeigneter Strategien durch Kombination von Merkmalsausprägungen bilden und auf disaggregierter (Merkmals-)Ebene vergleichen lassen. Primär werden in Studien dieses Literaturzweiges für die hier als *Rückrufsituation* bezeichnete Fallgruppe bestimmte Bewältigungsstrategien untersucht, die nachfolgend darzustellen sind.

82 Letztgenannte Form von Bewältigung auf der Ebene einer über (Massen-) Medien vermittelten, indirekten Beziehung zwischen Anbieter und Rezipienten, bestehend aus einer allgemeinen, mehr oder weniger von dem Problem betroffenen Öffentlichkeit, steht bei den im Folgenden zu betrachtenden Bewältigungsstrategien im Vordergrund. Organisatorisch werden sich also Tätigkeiten rund um die Konzipierung und den Einsatz der hier fokussierten Bewältigungsstrategien typischerweise in Abteilungen von Unternehmen wie der Öffentlichkeitsarbeit (Public Relations) und Unternehmenskommunikation verorten lassen. Vgl. Mast, C. (2002).

83 Vgl. Siomkos, G.; Shrivastava, P. (1993), S. 78 f.; Siomkos, G.; Kurzbard, G. (1994), S. 38 f.

84 Vgl. z.B. den Systematisierungsansatz von Benoit, W. L. (1997), S. 179.

Der Fokus der in Studien dieses Literaturzweiges untersuchten Bewältigungsstrategien bzw. -merkmale liegt insgesamt mehr auf kommunikativen als auf kompensatorischen Bewältigungselementen.[85] Als Bewältigungsziel wird in den einschlägigen Studien, übereinstimmend mit dem in dieser Arbeit unterstellten Bewältigungsziel, im Allgemeinen die Wiederherstellung der Anbieterreputation (in unterschiedlichen Facetten) nach einer Produktkrise unterstellt.

Dem Literaturzweig *Kundenrückgewinnung bzw. Beschwerdemanagement* zuzuordnende Studien wählen häufig im Servicesektor gemachte negative Konsumerfahrungen (z.B. eine falsch vorgenommene Kontobuchung, unfreundliches Personal, Verspätungen etwa bei Fluggesellschaften, lange Wartezeiten vor Serviceschaltern, schlechte Kfz-Reparaturen, schlechtes Essen in Restaurants, unbefriedigende Reinigung und Reparatur von Kleidungsstücken) als situative Kontexte für die Ableitung von Bewältigungsstrategien.[86] Die in den einschlägigen Studien dieses Literaturzweiges betrachteten Produktprobleme nähern sich damit inhaltlich den in dieser Arbeit untersuchten *Beschwerde- und Reklamationssituationen* an, die durch ein Ausbleiben von Personenschäden jedweder Art respektive größerer Sachschäden gekennzeichnet sind. Das überwiegend in Studien dieses Literaturzweiges zugrunde gelegte Bewältigungsziel besteht in dem Abbau von Kundenunzufriedenheit bzw. der Wiederherstellung von Kundenzufriedenheit nach schlechten Konsumerfahrungen in Verbindung mit der Erzielung von Beschwerdezufriedenheit. Die abgeleiteten Strategien weisen insgesamt einen vergleichsweise hohen Detaillierungsgrad sowie einen deutlichen Bezug zu den betrachteten situativen Kontexten auf.[87] Bewältigungsaktivitäten nehmen hier oftmals die Form von klärenden Gesprächen (durch Mitarbeiter unterschiedlicher Hierarchiestufen) mit von einem Problem betroffenen Kunden an. Eine Systematisierung der in Studien dieses Literaturzweigs untersuchten Bewältigungsmerkmale erfolgt dabei häufig durch die Unterscheidung in *Prozess- und Ergebnisqualitäten*.[88]

---

[85] Einen Überblick über die in diesem Literaturzweig typischerweise untersuchten Bewältigungsmerkmale bieten u. a. Sherell, D. L.; Reidenbach, R. E. (1986), S. 44; Henthorne, B. H.; Henthorne, T. L. (1994), S. 51 ff.; Schmitt, M.; Hauser, T. (1994), S. 125 ff. sowie Benoit, W. L. (1997), S. 179. Eine Systematisierung der einschlägigen Studien dieses Literaturzweiges nach methodischen Gesichtspunkten findet sich bei Van Heerde, H.; Helsen, K.; Dekimpe, M. G. (2007), S. 231 f.

[86] Einen Überblick über die in diesem Literaturzweig vornehmlich betrachteten unterschiedlichen situativen Kontexte geben u. a. Kelley, S. W.; Hoffman, K. D.; Davis, M. A. (1993), Folkes, V. S. (1984) sowie Smith, A. K.; Bolton, R. N.; Wagner, J. (1999).

[87] Einen umfassenden Überblick über Bewältigungsmerkmale und -strategien dieses Literaturzweiges bieten u. a. Davidow, M. (2003); Borth, B.-O. (2004), S. 98 ff.; Sieben, F. G. (2002), S. 25 ff.; Heckelmann, S. (1997), S. 58 ff.; Jeschke, K. (1995), S. 267 ff.; Hennig-Thurau, T. (1998), S. 19 ff.; Michalski, S. (2002), S. 167 ff.; Büttgen, M. (2003), S. 70 f.; Rutsatz, U. (2002), S. 36 ff.; Kelley, S. W.; Hoffman, K. D.; Davis, M. A. (1993), S. 438 ff.; Blodgett, J. G.; Hill, D. J.; Tax, S. S. (1997), S. 202.

[88] Vgl. zu dieser Unterscheidung Smith, A. K.; Bolton, R. N.; Wagner, J. (1999), S. 358; Hennig-Thurau, T. (1998) S. 20 ff.; Eggert, A. (2002), S. 42 ff.; Borth, B.-O. (2004), S. 113; Donabedian, A. (1980). Neben Prozess- und Ergebnisqualitäten werden als dritte Gruppe zur Unterscheidung von Bewältigungsmerkmalen dieses Literaturzweiges häufig noch die so genannten *Potentialqualitäten* eingeführt. Darunter lassen sich solche unternehmensseitigen Leistungsmerkmale fassen, „die unabhängig von Verlauf und Ergebnis der

Mit *Prozessqualitäten* ist dabei gemeint, *wie,* d.h. auf welche Art und Weise, der Ablauf einer Bewältigung für die (direkt von einem Problem betroffenen) Kunden wahrnehmbar erfolgt. Dieser Kategorie werden zum einen unterschiedliche *Kommunikationsinhalte* (etwa die Erklärung eines Problems oder die Anerkennung von Verantwortung) sowie *Formulierungsvarianten* solcher Inhalte zugeordnet, die einen stark interaktionsbezogenen (interpersonalen) Charakter der hier fokussierten Bewältigungsaktivitäten erkennen lassen. Als Formulierungsvarianten werden etwa Merkmale wie Freundlichkeit und Höflichkeit[89], Zuvorkommendheit und Engagement[90], Mitgefühl[91], Sympathie und Gesprächsatmosphäre[92] auf ihre Wirksamkeit hin untersucht. Den Prozessqualitäten lassen sich weiterhin die *Reaktions- bzw. Bearbeitungsgeschwindigkeit* (z.B. die Dauer einer Beschwerdebearbeitung) sowie der *Grad der Individualität der Bewältigung* (etwa verstanden als das Ausmaß an Bezugnahme auf die konkrete persönliche Problemlage des Kunden bzw. Betroffenen) zuordnen.[93] Die in diesem Forschungszweig betrachteten *Kommunikationsinhalte* bieten vielfältige Ansatzpunkte zur Ableitung potentiell geeigneter Bewältigungsstrategien, weshalb sie in die weitere Diskussion einzubeziehen sind. Die übrigen prozessbezogenen Merkmale werden hier aus Übersichtsgründen angeführt; sie bleiben – der Schwerpunktsetzung dieser Arbeit auf kommunikative und kompensatorische Bewältigungsmerkmale folgend – von einer weiteren Betrachtung ausgeschlossen. *Formulierungsbezogene Merkmale* bilden bereits den Gegenstand zahlreicher anderer Untersuchungen, auf die hier verwiesen wird.[94] Hinsichtlich des Merkmals der *Reaktionsgeschwindigkeit* finden sich in zahlreichen empirischen Untersuchungen nahezu einhellig und situationsunabhängig unkontrovers Belege für die relativ größere Bedeutung einer schnelleren im Unterschied zu einer langsameren, abwartenden Unternehmensreaktion im Hinblick auf die Erreichung des jeweils zugrunde gelegten Bewältigungsziels.[95] Insofern sind von einer Diskussion dieses Merkmals auch kaum fruchtbare neue und kontrovers zu betrachtende Bewältigungsansätze zu erwarten. Der *Grad der Individualität* der Unternehmensreaktion im Sinne einer Bezugnahme auf die besondere persönliche Problemlage einzelner Kunden bzw. Betroffenen scheint vor allem auf die in der Literatur zum Beschwerdema-

---

Beschwerdebearbeitung einen Einfluss auf das Zufriedenheitsurteil des Beschwerdeführers ausüben." (Hennig-Thurau, T. (1998), S. 19.) Im Mittelpunkt stehen dabei weniger inhaltliche als *formale* Aspekte einer Bewältigung im Sinne einer Abwicklungslogistik (vgl. z.B. die Studie von Tax, S. S.; Brown, S. W. (1998)). Potentialqualitäten werden insbesondere situationsübergreifend eine wichtige Funktion bei der Unterstützung der im Krisenfall eingesetzten prozess- und ergebnisbezogenen Bewältigungselemente eingeräumt, womit ihnen ein eher präventiver Charakter bescheinigt werden kann. Krisenpräventive Maßnahmen bleiben jedoch, gemäß der zugrunde gelegten Problemstellung, von einer weiteren Betrachtung ausgeschlossen.

89 Vgl. z. B. Goodwin, C.; Ross, I. (1989).

90 Vgl. z. B. Folkes, V. S. (1984).

91 Vgl. z. B. Parasuraman, A.; Zeithaml, V. A.; Berry, L. L. (1985).

92 Vgl. z. B. Hennig-Thurau, T. (1998), S. 21 f.

93 Vgl. Hennig-Thurau, T. (1998), S. 19 ff.

94 Vgl. etwa die Arbeiten von Scharr, F. (2006); Rother, A. (2003); Landert, C. E. (2003); Konken, A. (2002); Stößlein, M.; Mertens, P. (2004); Wiedemann, P.M. (1994); Cox, A. D.; Cox, D.; Zimet, G. (2006); Seeger, M. W. (2002); Reynolds, B.; Seeger, M. W. (2005); Rethans, A. J.; Hastak, M.(1982).

95 Vgl. etwa hierzu die Studien von Smith, A. K.; Bolton, R. N.; Wagner, J. (1999); Johnston, R. (1995); Boshoff, C. (1999).

nagement bzw. zur Kundenrückgewinnung vorherrschende Bewältigung auf der Ebene direkter und einzelner Anbieter-Kunde-Beziehungen bzw. -Interaktionen begrenzt, dagegen weniger geeignet für die hier fokussierte Bewältigung auf der Ebene der unpersönlichen, (massen-)medialen Kommunikation mit einer Vielzahl mehr oder weniger von einem Problem betroffenen Rezipienten als (potentielle) Kunden.

Im Unterschied zu Prozessqualitäten beziehen sich *Ergebnisqualitäten* dagegen auf das Resultat dessen, *was* (von einem Problem tatsächlich betroffene) Kunden vom Anbieter letztendlich als Ausgleich bzw. Gegenleistung für ihr Problem erhalten. Hiermit nähert sich diese Kategorie den in dieser Arbeit definierten kompensatorischen Bewältigungsmerkmalen an, ist jedoch mit diesen nicht deckungsgleich. In der Literatur wird in diesem Zusammenhang einerseits dem *abstrakten* Vorhandensein einer *Unternehmensreaktion per se* (d.h. ein Unternehmen reagiert oder reagiert nicht, unabhängig von der inhaltlichen Ausgestaltung) eine Bedeutung bei der Bewältigung von Produktkrisen beigemessen.[96] Konkrete Ansatzpunkte für die Formulierung von Bewältigungsstrategien im Sinne dieser Arbeit lassen sich jedoch daraus nicht ableiten. Daneben werden in diesem Literaturzweig auch *konkrete*, auf eine Wiedergutmachung bzw. Kompensation des Problems ausgerichtete Bewältigungsmerkmale den Ergebnisqualitäten zugeordnet. Zumeist handelt es sich hierbei – im Unterschied zu den in dieser Arbeit definierten kompensatorischen Merkmalen – um tatsächlich an Kunden am Ende eines Prozesses gewährte und nicht bloß in Aussicht gestellte (kommunizierte, angekündigte, angebotene oder versprochene) Leistungen des Anbieters. Als Bewältigungsmerkmale werden hier vor allem die *Art der Kompensation* (etwa denkbar in den Ausprägungen *materiell* (tangibel) wie finanzieller Ausgleich, Umtausch, Reparatur, oder *immateriell* (nicht-tangibel) bzw. *symbolisch,* d.h. an Stelle einer materiellen Entschädigung, z.B. in Form einer Entschuldigung durch den Anbieter) sowie das *Ausmaß (die Höhe) der Kompensation* (etwa vorstellbar in den Ausprägungen Teilkompensation, Vollkompensation oder Überkompensation) betrachtet. Abweichend von der in dieser Arbeit zugrunde gelegten Definition von kompensatorischen Merkmalen werden hier also partiell auch immaterielle Elemente (wie eine Entschuldigung durch den Anbieter) einbezogen, die im Rahmen dieser Arbeit jedoch den kommunikativen Bewältigungsmerkmalen zuzuordnen sind. Obgleich dieser (nur marginalen) Unterschiede bieten die Forschungsergebnisse der einschlägigen Studien dieses Literaturzweiges zahlreiche Hinweise auf die relative Eignung unterschiedlicher kompensatorischer Bewältigungsmerkmale im Sinne dieser Arbeit, die sich wiederum bei der Ableitung von Strategien als wertvoll erweisen dürften.

Als Anknüpfungspunkt für die Generierung von Strategien zur Bewältigung von Produktkrisen, bestehend aus kompensatorischen wie kommunikativen Bewältigungselementen, scheint

[96] Vgl. Hennig-Thurau, T. (1998), S. 23 f.

folglich eine, die Analyse von Quellen aus dem Bereich Krisenmanagement/negative Publizität ergänzende, Auswertung der Literatur zu kritischen Ereignissen in der Geschäftsbeziehung bzw. zum Beschwerdemanagement und zur Kundenrückgewinnung lohnenswert: Zum einen finden sich in der Literatur zum Umgang mit negativer Publizität bzw. zum Krisenmanagement kaum nennenswerte kompensatorische Bewältigungsansätze; stattdessen werden zahlreiche kommunikative Inhalte analysiert. Kompensatorische Merkmale werden dagegen sehr ausführlich in der Literatur zum Beschwerdemanagement und zur Kundenrückgewinnung untersucht. Zum anderen lassen sich die in den relevanten Studien zum Beschwerdemanagement bzw. zur Kundenrückgewinnung regelmäßig unterstellten Ziele als komplementär zu dem in dieser Arbeit zugrunde gelegten (höher aggregierten bzw. nachgelagerten) Bewältigungsziel einer Abmilderung des krisenbedingten Reputationsverfalls bzw. einer Rückgewinnung (Verbesserung) von Anbieterreputation nach einer Produktkrise ansehen, worauf in vielen Studien teils explizit, teils implizit hingewiesen wird.[97] Diese Parallele verdeutlicht abermals die Relevanz solcher Studien auch für den Umgang mit negativer Publizität in der Variante der hier betrachteten Produktkrisensituationen. Ziel dieses Kapitels ist es demnach, mögliche Bewältigungsstrategien aus benachbarten Forschungsrichtungen, der *Literatur zum Beschwerdemanagement/zur Kundenrückgewinnung* einerseits sowie zum *Umgang mit Produktkrisen/negativer Publizität* andererseits, anhand unterschiedlicher *inhaltlicher* Bewältigungsmerkmale kommunikativer und kompensatorischer Art (in jeweils unterschiedlichen Ausprägungen) vorzustellen und zu systematisieren, die prinzipiell geeignet scheinen, einen Beitrag zum Erreichen des hier zugrunde gelegten Bewältigungszieles in den zu betrachtenden Produktkrisensituationen zu leisten. Aus der Vielzahl der in der Literatur vorgeschlagenen Bewältigungsmerkmale und -ausprägungen sind sodann in einem nächsten Schritt im Wege eines Auswahlprozesses (Kapitel 2.1.1.2.2.1) einige wenige herauszufiltern, die für die Bewältigung aller drei betrachteten Produktkrisensituationen besonders relevant erscheinen. Durch Kombination eben dieser ausgewählten und potentiell hoch relevanten Bewältigungsmerkmale (in unterschiedlichen Ausprägungen) lassen sich sodann für eine Bewältigung der hier betrachteten Poduktkrisensituationen potentiell geeignete Strategien festlegen (Kapitel 2.1.1.2.2.2).

[97] Vgl. hierzu z.B. die Beiträge von Tax, S. S.; Brown, S. W.; Chandrashekaran, M. (1998) sowie Chandrashekaran, M.; Rotte, K.; Grewal, R.; Tax, S. S. (2004).

2.1.1.2.1.2 Kompensatorische Bewältigungsmerkmale

2.1.1.2.1.2.1 Einführung

Im Hinblick auf die Eignung der Kompensation zur Bewältigung von Produktkrisen liegen in der einschlägigen *Literatur zum Umgang mit Produktkrisen/Krisenmanagement und negativer Publizität* bislang explizit kaum nennenswerte Ergebnisse vor; der Forschungsschwerpunkt liegt hier klar auf der Analyse kommunikativer Bewältigungselemente. Das verwundert umso mehr als verschiedentlich die Kompensation als relevantes Bewältigungsmerkmal in die Kataloge und Typologien von Bewältigungsstrategien dieses Literaturzweiges einbezogen wird.[98] Die überwiegende Mehrheit der einschlägigen Studien der *Beschwerdemanagement- bzw. Kundenrückgewinnungsforschung* stimmt darin überein, dass dem Vorhandensein einer *Kompensation per se* im Hinblick auf die Bewältigung von Produktkrisen eine zentrale Rolle zukommt.[99] Betroffene, die eine Entschädigung für ihr Problem erhalten, sind generell zufriedener (loyaler) und geben insgesamt positivere Anbieterbeurteilungen ab als solche, denen eine Kompensation vorenthalten wird.[100] Zwar werden als Rezipienten von Bewältigungsstrategien in dieser Arbeit nicht speziell und ausschließlich tatsächlich von einem Problem (unmittelbar) Betroffene, wie im Rahmen der Beschwerdemanagement- und Kundenrückgewinnungsliteratur üblich, betrachtet. Gleichwohl bieten die in diesem Forschungszweig gewonnenen Einsichten über die Rolle der Kompensation bei der Bewältigung der dort typischerweise fokussierten Produktkrisen einige Ansatzpunkte für Generalisierungen. So mögen beispielsweise mit dem Angebot einer bestimmten Kompensation spezifische Gerechtigkeitswahrnehmungen der Rezipienten von dem in die Produktkrise geratenen Anbieter bzw. dessen Handlungsweise verknüpft sein, die sich in deren globalen Anbieterbeurteilungen niederschlagen, welche wiederum allgemein als Dimensionen der Reputation des Anbieters, als der hier betrachteten Bewältigungszielvariable, angesehen werden können. Zudem mögen manche Formen von Kompensation die Zuweisung von Schuld bzw. Verantwortlichkeit durch Rezipienten an den Anbieter mehr begünstigen als andere, worauf die Ergebnisse einiger attributionstheoretischer Arbeiten hindeuten. Eine durch die Bewältigung selbst, insbesondere durch eine bestimmte Kompensation, forcierte ungünstigere bzw. stärkere Zuweisung von Verantwortlichkeit für ein Produktproblem mag zu erneuter negativer Publizität führen, welche ein Anbieter als Nebeneffekt seiner Bewältigung nur allzu gerne vermeiden möchte.

---

98 Vgl. Sherell, D. L.; Reidenbach, R. E. (1986), S. 44; Henthorne, B. H.; Henthorne, T. L. (1994), S. 51 ff.; Schmitt, M.; Hauser, T. (1994), S. 125 ff. sowie Benoit, W. L. (1997), S. 179.

99 Vgl. Davidow, M. (2003), S. 236.

100 Vgl. Brown, S. W.; Cowles, D. L.; Tuten, T. L. (1995), S. 41; Bitner, M. J.; Booms, B. H.; Tetreault, M. S. (1990).

Im Hinblick auf die Wirkungen unterschiedlicher *konkreter Gestaltungsvarianten der Kompensation* für einen Bewältigungserfolg (zumeist die Wiederherstellung von Kundenzufriedenheit bzw. den Abbau von Kundenunzufriedenheit nach gemachten negativen Konsumerfahrungen) zeigt die einschlägige empirische Forschung zum *Beschwerdemanagement und zur Kundenrückgewinnung* ein gespaltenes Bild, das es nachfolgend zu skizzieren gilt.[101] In diesem Zusammenhang versprechen auch Forschungsbeiträge wertvolle Einsichten, die die Wirkungen unterschiedlicher Garantieformen auf ausgewählte Rezipientenreaktionen (vor und nach dem Kauf respektive eines Produktproblems) analysieren, da eine für den Produktversagensfall getroffene Kompensationszusage regelmäßig auch einen Bestandteil einer vom Anbieter ausgesprochenen Produktgarantie bildet.[102] *Abbildung 5* zeigt im Überblick die wesentlichen, in der Literatur diskutierten und in der Praxis gebräuchlichen kompensatorischen Merkmale bzw. Elemente von Bewältigungsstrategien, die in den nachfolgenden Abschnitten sukzessive vorzustellen sind. Zunächst wird über Forschungsergebnisse berichtet, die Rückschlüsse auf die Eignung der *Kompensationshöhe* gestatten; dem schließen sich Ausführungen über die Eignung des Merkmals der *Kompensationsart* an.

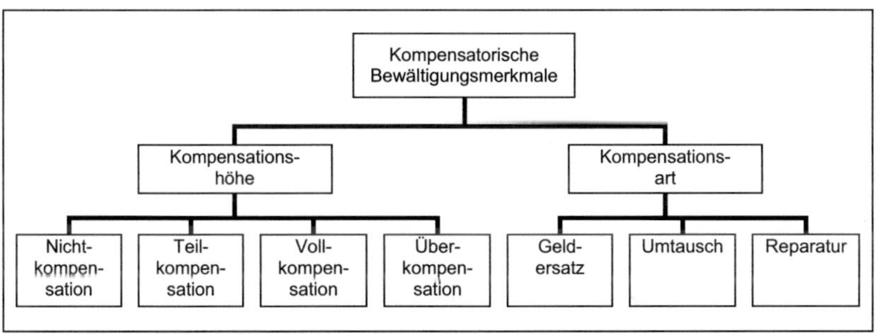

Abb. 5: Kompensatorische Bewältigungsmerkmale im Überblick
Quelle: Eigene Darstellung

[101] Vgl. Kerr, A. H. (2004), S. 35 ff.

[102] Unter einer *Produktgarantie* versteht man im Allgemeinen eine auf einem (mündlichen oder schriftlichen) Vertrag fußende Verpflichtung zur kostenlosen Beseitigung auftretender Mängel der gelieferten Produkte bzw. Leistungen im Rahmen des vereinbarten Umfangs zur Wiederherstellung bzw. Erhaltung ihrer beim Verkauf zugesicherten Beschaffenheit bzw. Eigenschaften. Daraus geht hervor, dass eine Garantie aus *zwei Kernkomponenten* besteht: (1) einem *Leistungsversprechen* (d.h. Lieferung eines Gutes von wohldefinierter Beschaffenheit bzw. die Zusicherung einer oder mehrerer Produkteigenschaften) *und* (2) einem *Wiedergutmachungsanspruch*, der vom Käufer im vereinbarten Umfang und ggf. bei Eintritt bestimmter Bedingungen geltend gemacht werden kann, für den Fall dass das Leistungsversprechen enttäuscht wurde (Garantie als erweiterte Sachmängelhaftung). Der Wiedergutmachungsanspruch des Käufers (Garantieempfängers) korrespondiert folglich mit einer *Kompensationsleistung* des Verkäufers (Garanten, Garantiegebers). Vgl. Reinhold, A. (1983), S. 5.

2.1.1.2.1.2.2 Kompensationshöhe

Unter *Kompensationshöhe* kann die (potentiellen) Kunden in Aussicht gestellte *Höhe* der Wiedergutmachungs- bzw. Entschädigungsleistung eines Anbieters verstanden werden. Ein Anbieter hat hier grundsätzlich die Möglichkeit, Kunden im Vergleich zu einer Situation, in der es kein Produktproblem gegeben hätte, entweder materiell wertmäßig gleich zu stellen (*Vollkompensation*), besser zu stellen (*Überkompensation*) oder schlechter zu stellen (*Teilkompensation*). Während also der Anbieter etwa im Rahmen einer *Vollkompensation* Kunden den vollen Ersatz etwaiger, mit dem Produktproblem in Zusammenhang stehender Kosten zusichert, verspricht er im Falle der *Teilkompensation* eine Entschädigung, die lediglich einen Bruchteil der mit dem Produktproblem zusammenhängenden Kosten deckt (z.B. eine monetäre Entschädigung oder die Möglichkeit, ein neues Produkt zu entsprechend verringertem Kaufpreis zu erwerben) und im Falle der *Überkompensation* einen deutlichen Mehrwert (z.B. eine Erstattungszahlung, die höher liegt als der Kaufpreis des Gutes). Die Ausprägungen des Bewältigungsmerkmals der Kompensationshöhe lassen sich also, im Unterschied zu Ausprägungen der Kompensationsart, aufsteigend entlang eines einfachen eindimensionalen Kontinuums sortieren, das beginnend mit einer Nicht-Kompensation (oder einer nicht spezifizierten Kompensation), über eine Teilkompensation und Vollkompensation bis hin zu einer Überkompensation als höchstem Ausprägungsgrad reicht (vgl. *Abbildung 6*).

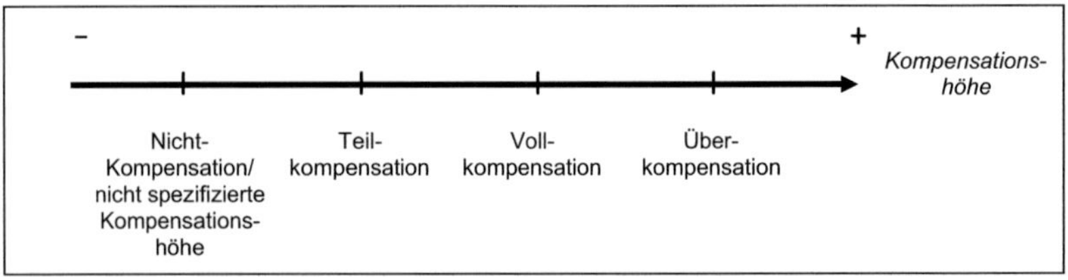

Abb. 6: Das Kompensationshöhenkontinuum Quelle: Eigene Darstellung

Hinsichtlich des Merkmals der *Kompensationshöhe* findet ein Teil von Studien der Literatur zum Beschwerdemanagement bzw. zur Kundenrückgewinnung Anzeichen dafür, dass nur von einer (materiellen) *Voll- oder Überkompensation* – im Unterschied zu einer *Teilkompensation* – positive Bewältigungseffekte (hier vor allem positive Auswirkungen auf die Kundenzufriedenheit mit dem Anbieter bzw. der Bewältigung nach negativen Konsumerfahrungen) ausgehen. In einer experimentellen Studie, in der der Faktor Kompensationshöhe in den Stufen keine Kompensation (finanzieller Verlust), Vollkompensation (Erstattung der angefallenen Ausgaben) und Überkompensation (finanzieller Gewinn) variiert wird, findet *Boshoff* (1997) Anzeichen für einen positiven (linearen) Zusammenhang zwischen der Kompensationshöhe und dem Ausmaß an Kundenzufriedenheit nach negativen Konsumerfahrungen im Servicesektor.[103] Je höher also die vom Anbieter im Rahmen einer Bewältigung gewährte Kompensationshöhe ist, desto höhere Zufriedenheitswerte resultieren. Zu ähnlichen Ergebnissen gelangen auch *Gilly/Hansen* (1985), die einen positiven Effekt der Überkompensation auf die Variablen Zufriedenheit, Wiederkaufabsicht sowie positive Mund-zu-Mund-Kommunikation feststellen.[104] *Gilly/Gelb* (1982) finden durch eine Befragung unter 521 Beschwerdeführern eines Mineralölherstellers mit Tankstellennetz, deren Beschwerden durch das Unternehmen bearbeitet worden waren, bei Problemen, die einen finanziellen Schaden des Kunden zur Folge hatten, einen signifikant positiven Zusammenhang zwischen dem *erstatteten Anteil der von Kunden geforderten Summe* und deren Beschwerdezufriedenheit; eine Teilerstattung vermag demnach offenbar nicht die Wiederherstellung der vor dem Serviceversagen bestandenen Zufriedenheit herbeizuführen. Die *absolute Höhe der geforderten Erstattung* scheint allerdings keinen Einfluss auf die Beschwerdezufriedenheit zu haben.[105] Ebenso stellen *McCollough/Berry/Yadav* (2000) einen positiven Effekt einer Voll- bzw. Überkompensation auf die Kundenzufriedenheit nach einer Bewältigung fest.[106] *Blodgett/Tax* (1993) finden in einer experimentellen Studie im Kontext von Produktfehlern bei Tennisschuhen, bei der sie den Faktor Kompensationshöhe, in den Stufen Vollerstattung (Produktumtausch) und Teilerstattung (40% Preisnachlass auf ein neues Paar Schuhe), manipulieren, Anzeichen dafür, dass nur eine Vollerstattung den gewünschten positiven Effekt auf die Zufriedenheit (Wiederherstellung auf altem Niveau) zu erbringen vermag.[107]

Smith/Bolton/Wagner (1999) decken durch ein Experiment im Restaurant- und Hotelservicekontext einen positiven Zusammenhang zwischen der Kompensationshöhe und Kundenwahrnehmungen von distributiver, also verteilungsbezogener, Gerechtigkeit auf, die sich wiederum positiv auf deren Zufriedenheitsurteile auswirken.[108] Der Einfluss des Ausmaßes an Kompensation auf die besagten Gerechtigkeitswahrnehmungen wird jedoch durch die *Art des vorliegenden Serviceproblems* moderiert, wobei eine Unterscheidung in Prozess- und Ergebnisfehler vorgenommen wird.[109] Während *Ergebnisfehler* für Kunden mit einem finanziellen Verlust verbunden sind (z.B. ein fest gebuchtes Hotelzimmer ist aufgrund einer Überbuchung des Hotels für den Kunden nicht verfügbar) implizieren *Prozessfehler* Verluste, die sich in sozialen bzw. psychischen Kategorien niederschlagen (wie etwa ein erfahrener unfreundlicher Service). Die Autoren stellen (insbesondere für den Restaurantkontext) fest, dass das Bewältigungsmerkmal der materiellen Kompensationshöhe eine größere Wirkung auf die Kunden-

---

103 Vgl. Boshoff, C. (1997), S. 110 ff. Ähnlich auch Boshoff, C. (1998, 1999).
104 Vgl. Gilly, M. C.; Hansen, R. W. (1985) , S. 5 ff.
105 Vgl. Gilly, M. C.; Gelb, B. D. (1982), S. 323 ff.
106 Vgl. McCollough, M. A.; Berry, L. L.; Yadav, M. S. (2000).
107 Vgl. Blodgett, J. G.; Tax, S. S. (1993), S. 100 ff.
108 Vgl. Smith, A. K.; Bolton, R. N.; Wagner, J. (1999), S. 367.
109 Vgl. Smith, A. K.; Bolton, R. N.; Wagner, J. (1999), S. 360.

wahrnehmungen von distributiver Gerechtigkeit bei Vorliegen eines Ergebnisfehlers entfaltet als im Falle eines Prozessfehlers.[110] Neben der Problemart wirkt nach *Smith/Bolton/Wagner* auch das *Ausmaß des Kundenproblems* (etwa die Höhe des finanziellen Verlustes) auf die relative Eignung des Merkmals der Kompensationshöhe zur Bewältigung einer Produkt- bzw. Servicekrise ein. Sie finden Anzeichen für eine abschwächende Wirkung der Höhe der materiellen Kompensation auf die Wahrnehmungen von distributiver Gerechtigkeit bei zunehmendem Problemausmaß. Gestützt wird dieses Ergebnis auf theoretische Überlegungen im Rahmen der *Prospect Theorie*[111] und des *Mental Accounting*[112], aus denen die Autoren folgern, dass die aus einem Produktproblem resultierenden Verluste und die aus einer Bewältigung erwachsenen Gewinne von Kunden erstens separat bewertet werden und zweitens mit einer höheren Gewichtung der infolge eines Kundenproblems erfahrenen Verluste in Relation zu äquivalenten aus einer Bewältigung gezogenen Gewinne.[113]

Mit dem *Ausmaß* des bereits vorliegenden Kundenproblems, der negativen Konsumerfahrung, sprechen die Autoren explizit auch ein für die Unterscheidung der hier betrachteten Produktkrisensituationen zentrales situatives Merkmal an, welches Ansatzpunkte für die Ableitung von Forschungshypothesen über die relative Eignung kompensatorischer Bewältigungsmerkmale verspricht. Zwar lässt sich die *Art* der von *Smith/Bolton/Wagner* (1999) betrachteten Serviceprobleme nicht unmittelbar auf die hier zugrunde gelegten Produktkrisensituationen übertragen; die von *Smith/Bolton/Wagner* als Prozess- und Ergebnisfehler betrachteten Problemkategorien nähern sich jedoch in einigen Inhalten, nämlich insbesondere den thematisierten konkretisierten psychischen Produktrisiken (etwa gekennzeichnet durch das Auftreten kognitiver Dissonanzen) und finanziellen Produktrisiken (etwa bestehend aus der Möglichkeit, finanzielle Einbußen durch Produktschäden oder ein schlechtes Preis-Leistungs-Verhältnis zu erleiden), an die hier betrachteten Produktkrisensituationen an.

Die Ergebnisse eines weiteren Teils von Studien dieses Forschungszweiges deuten auf die Existenz eines so genannten *Recovery Paradoxons* hin, demzufolge Kunden, bei denen eine negative Konsumerfahrung wider Erwarten durch den Einsatz entsprechender – vor allem auf materielle Voll- bzw. Überkompensation[114] ausgerichteter – Bewältigungsstrategien gut behoben wurde, sogar zufriedener und treuer sind sowie insgesamt positivere Anbieterbeurteilungen abgeben als Kunden, die über keine entsprechend negativen Konsumerfahrungen mit dem Anbieter verfügen.[115] Hierzu zählen u. a. die Untersuchungen von *Michel* (2001),

[110] Vgl. Smith, A. K.; Bolton, R. N.; Wagner, J. (1999), S. 367.
[111] Vgl. Kahneman, D.; Tversky, A. (1979); Tversky, A.; Kahneman, D. (1992).
[112] Vgl. Thaler, R. (1985).
[113] Vgl. Smith, A. K.; Bolton, R. N.; Wagner, J. (1999), S. 360 f.
[114] Beispiele hierfür sind etwa geleistete Entschädigungszahlungen an Kunden, die den Wert des Produkts übersteigen oder auch ein Umtausch (vermeintlich) defekter Produkte gegen höherwertige Produkte.
[115] Vgl. abweichend hierzu McCollough, M. A.; Berry, L. L.; Yadav, M. S. (2000).

Miller/Craighead/Karwan (2000), *Smith/Bolton* (1998), *Goodwin/Ross* (1992), *Hart* (1993), *Kelly/Hoffman/Davis* (1993) und *Bitner/Booms/Tetreault* (1990).

Forschungsergebnisse einschlägiger Studien zu *Garantiewirkungen vor dem Kauf* lassen vermuten, dass umfangreiche Kompensationsversprechen eines Anbieters (als Bestandteile einer vor dem Kauf und damit vor Bestehen eines Produktproblems ausgesprochenen Produktgarantie) bei Qualitätsungewissheit der Nachfrager unter bestimmten Voraussetzungen von diesen zum einen als Indikator hoher Produktqualitäten und zum anderen als Mittel zur Reduzierung des wahrgenommenen Kaufrisikos betrachtet werden.[116] Daneben werden in der Literatur *Garantiewirkungen* auch *nach dem Kauf* und zwar insbesondere auch für den im Rahmen dieser Untersuchung zu betrachtenden Fall eines Produktversagens untersucht.[117] Gestützt auf gerechtigkeitstheoretische Überlegungen geben einige Studien in diesem Zusammenhang Hinweise auf positive Effekte umfangreicher Kompensationszusagen nach eingetretenen Produktproblemen. Hiernach vermögen umfassende Garantien (Vollerstattungsgarantien), die Konsumenten für all ihre Kosten und Mühen (z.B. für die Anschaffung eines Ersatzprodukts, Suchkosten, Beschwerdekosten oder sogar Wechselkosten) im Falle des Produktversagens entschädigen, die Gerechtigkeits- bzw. Fairnesswahrnehmungen und damit auch die Präferenzen von Kunden bzw. Betroffenen zu steigern.[118]

Zur Eignung des Merkmals Kompensation in der Ausprägung der *Überkompensation* für die Bewältigung von Produktkrisen fallen dagegen die Empfehlungen anderer Studien wesentlich zurückhaltender aus:

Zum einen liegen mit den Ergebnissen einiger empirischer Studien der Beschwerdemanagement- und Kundenrückgewinnungsforschung Hinweise auf eine lediglich eingeschränkte bzw. abnehmende Wirkung der Überkompensation als Bewältigungsmerkmal vor. Es werden Belege für die Existenz eines so genannten *Plateau-Effekts* angeführt, wonach die Überschreitung eines gewissen Ausmaßes an Kompensation keine wesentliche Wirkung mehr auf den

116 Vgl. Ostrom, A. L.; Iacobucci, D. (1998); Wirtz, J. (1998); Tolle, E. (1994); Nell, M. (1999).

117 Vgl. Kashyap, R. (2001); McCollough, M. A.; Gremler, D. D. (2004); Bies, R. J. (1987).

118 Zudem wird erwartet, dass Konsumenten insbesondere solche Garantien positiv bewerten, die ein Versprechen beinhalten, dass alle Konsumenten vom Anbieter gleich behandelt werden. Vgl. Kashyap, R. (2001), S. 10 ff. Ein Indiz für die vergleichsweise günstige Wirkung einer auf Überkompensation ausgerichteten Bewältigungsstrategie im Hinblick auf die Wiedergewinnung von Reputation nach einer durchlaufenen Produktkrise liefert die von Daimler-Benz im Jahre 1997 als Reaktion auf die in die öffentliche Kritik geratene A-Klasse angekündigte Nachrüstung ihrer Fahrzeuge mit einem zusätzlichen Sicherheitsmerkmal, dem Electronic Stability Program (ESP). Durch den Einbau dieses Programms konnten nicht nur die Fahreigenschaften und der Sicherheitsstandard verbessert werden; es wurde vielmehr auch eine deutliche Wertsteigerung dieser Fahrzeuge realisiert. Vgl. Rother, A. (2002), S. 106. Die mit dem ESP nachgerüsteten Fahrzeuge verfügten nun über eine zusätzliche Sicherheitseigenschaft, für die als Extra ansonsten ein dreistelliger Euro-Betrag zu zahlen gewesen wäre. Vgl. Standop, D. (2005), S. 138.

Abbau z.B. von Kundenunzufriedenheit nach negativen Konsumerfahrungen entfaltet.[119] So gelangt *Garrett* (1999) bezüglich des Einflusses der Höhe der Kompensation auf die Beschwerdezufriedenheit im Rahmen einer empirischen Untersuchung unter 1766 Kunden eines führenden US-amerikanischen Konsumgüterherstellers zu dem Ergebnis, dass die Beschwerdezufriedenheit nicht signifikant von der Höhe der an sie geleisteten Kompensation abhängt.[120] Diese Aussage ist auf eine Bandbreite der Kompensationshöhe zwischen 100% und 300% des Kaufpreises des betrachteten niedrigpreisigen Gutes bezogen. *Garrett* nimmt jedoch an, dass insbesondere für Kompensationshöhen unterhalb von 100% des Kaufpreises ein stärkerer Zusammenhang mit der Beschwerdezufriedenheit gegeben sein dürfte.[121]

Zum anderen wird auch über Ergebnisse eines abträglichen bzw. *negativen Effekts* einer Überkompensation auf das jeweils zugrunde gelegte Bewältigungsziel (etwa die Reduktion von Kundenunzufriedenheit nach negativen Konsumerfahrungen) berichtet. *Estelami/DeMaeyer* (2002) führen Belege für einen negativen Einfluss einer Überkompensation eines Serviceanbieters auf Konsumentenbeurteilungen an.[122] Vereinzelt wird von einigen Autoren auf die Existenz eines dem Recovery Paradoxon entgegen gesetzten Phänomens hingewiesen, das auch als *(doppelter) Abweichungseffekt* bezeichnet wird. Hierbei vergrößert sich die vor dem Einsatz von Bewältigungsstrategien bestandene Kundenunzufriedenheit durch die – vor allem auf (Über-)Kompensation angelegte – Bewältigungsaktivität selbst abermals respektive verschlechtern sich die von Kunden abgegebenen Anbieterbeurteilungen. *Maxham/Netemeyer* (2002) stellen einen solchen Effekt nach dem Eintreten multipler Produktprobleme und multipler unzufriedenstellender Bewältigungsanstrengungen fest.[123]

Negative Effekte einer Überkompensation lassen sich auch aus empirischen Befunden einschlägiger Studien schlussfolgern, die sich mit der Erforschung von Wirkungen von Garantien als Qualitätsindikatoren beschäftigen. Es liegen Anzeichen dafür vor, dass eine auf materielle Überkompensation angelegte Garantiezusage nicht in jedem Falle ein glaubwürdiges Signal darzustellen vermag, welches in der Lage ist, potentiellen Erstkäufern, also etwa auch Rezipienten einer negativen Publizitätssituation (die bislang über keine (negativen) Produkterfahrungen verfügen) eine hohe Qualität von Produkten zu signalisieren.[124] Ein Beispiel hierfür liefert die von *Shimp/Bearden* (1982) postulierte „*too good-to-be-true*"–Hypothese.[125] Es wird davon ausgegangen, dass im Hinblick auf die Kompensationshöhe umfangreiche, auf Über-

[119] Vgl. Davidow, M. (2003), S. 236 ff.; Kerr, A. H. (2004), S. 37. Siehe hierzu auch die Ergebnisse der oben zitierten Studie von Smith/Bolton/Wagner für das untersuchte Hotel-Szenario. Vgl. Smith, A. K.; Bolton, R. N.; Wagner, J. (1999), S. 369.
[120] Vgl. Garrett, D. E. (1999), S. 26 ff.
[121] Vgl. Garrett, D. E. (1999), S. 31 f.
[122] Vgl. Estelami, H.; DeMaeyer, P. (2002), S. 205 ff.
[123] Vgl. Maxham III, J. G.; Netemeyer, R. G. (2002a), S. 57 ff.
[124] Vgl. Shimp, T. A.; Bearden, W. O. (1982); Tolle, E. (1994); Büschken, J. (1999, 2000).
[125] Vgl. Shimp, T. A.; Bearden, W. O. (1982), S. 39.

kompensation angelegte Garantien sogar Skepsis und Misstrauen bei Nachfragern auslösen können, wenn das Garantieversprechen zu deutlich über dem Marktstandard liegt und es sich um einen Anbieter mit einer schlechten oder fehlenden Reputation handelt. Dies bedeutet, dass besonders umfangreiche (auf Überkompensation angelegte) Garantien für Anbieter mit niedriger Reputation nicht unbedingt geeignet scheinen, bei Nachfragern glaubwürdig als Anbieter hoher Qualitäten wahrgenommen zu werden. Ein im Verhältnis zur Reputation zu hohes Garantie- respektive Kompensationsversprechen wirkt inkonsistent und kann sogar Misstrauen unter Nachfragern erzeugen.[126] Dieses Ergebnis lässt sich im Grundsatz auch auf die hier zu untersuchende Situation übertragen, in der ein (vermeintliches) Produktproblem bereits vorliegt und der Anbieter bestimmte hohe Kompensationsleistungen potentiell Betroffenen in Aussicht stellt. Die Ankündigung solcher Leistungen, zumal wenn sie in einer zu anderen potentiell vorhandenen Qualitätssignalen (z.B. der Anbieterreputation) inkonsistenten Beziehung stehen, mag für einen von einer Produktkrise betroffenen Anbieter folglich mit einem ernsthaften Glaubwürdigkeitsproblem verbunden sein. Auch *Boulding/Kirmani* (1993) können zeigen, dass Garantien nur dann glaubwürdige Qualitätssignale darstellen, wenn sie im Hinblick auf die Höhe der versprochenen Kompensationsleistungen (sowie die zugesicherte Garantiedauer) konsistent zur Anbieterreputation sind.[127] Sie schlussfolgern, dass sich für Anbieter hoher Qualität bzw. hoher Reputation umfangreichere (auf eine Überkompensation angelegte) Garantien als Qualitätssignale anbieten, um sich glaubwürdig, konsistent und eindeutig von Trittbrettfahrern abzusetzen. Für Anbieter niedriger Qualität (mit niedriger Reputation) sei es empfehlenswert, konsistent zu ihrem Qualitätsversprechen, Garantien mit einem weniger umfangreichen Kompensationsversprechen anzubieten.

Eine vom Anbieter für den Schadensfall zugesicherte hohe Kompensationsleistung mag jedoch selbst bei Anbietern hoher Reputation mit Glaubwürdigkeitsproblemen behaftet sein, nämlich dann, wenn Rezipienten davon ausgehen werden, dass die Existenz des in die Produktkrise geratenen Unternehmens gefährdet ist, so dass umfangreiche Kompensationsversprechen in absehbarer Zeit nicht mehr einzuhalten sind. Eine hohe, für den Schadensfall zugesicherte Kompensationsleistung mag in einer solchen Situation kein glaubwürdiges Qualitätssignal darstellen und damit auch im Hinblick auf die Bewältigung einer Produktkrise nicht als reputations(rück)bildende Maßnahme in Betracht zu ziehen sein. Im bereits angesprochenen Sinn „zu gut, um wahr zu sein“ misstrauen Rezipienten solch umfangreichen Versprechungen stärker als gewöhnlichen, marktüblichen Zusagen. Probleme einer Überkompensation mögen sich auch aus der Erwartungsbildung von Konsumenten ergeben. Durch eine besonders hohe zugesicherte Kompensationsleistung mögen Kundenerwartungen dermaßen gesteigert werden, dass eine zufrieden stellende Bewältigung (der wiederum im allgemeinen

[126] Vgl. Shimp, T. A.; Bearden, W. O. (1982), S. 39.
[127] Vgl. Boulding, W.; Kirmani, A. (1993), S. 119 f.

eine positive Wirkung auf die Anbieterbeurteilungen von Rezipienten zugeschrieben wird), den Ausführungen zum *Confirmation-Disconfirmation-Paradigma* folgend, tendenziell immer schwieriger wird.[128]

Die zum Teil widersprüchlichen Forschungsergebnisse in Bezug auf die Eignung der *Kompensationshöhe* zur Bewältigung von Produktkrisen lassen sich durch einen umgedreht U-förmigen Verlauf veranschaulichen (vgl. *Abbildung 7*). Der Verlauf deutet auf eine kritische Kompensationshöhe hin, deren Überschreiten einen negativen Effekt auf die Zielvariable (z.B. Kundenzufriedenheit) erwarten lässt.

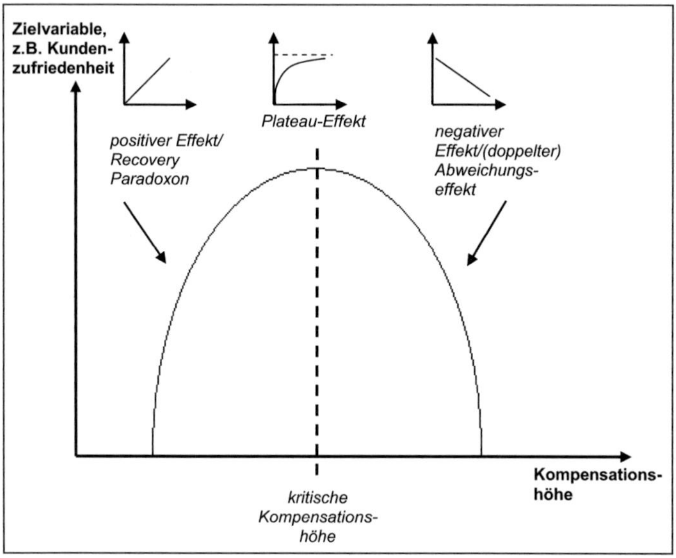

Abb. 7: Zusammenfassung empirischer Befunde zum Zusammenhang von Kompensationshöhe und ausgewählten Bewältigungszielvariablen
Quelle: Eigene Darstellung

[128] Vgl. abweichend hierzu Dawar, N. (1998), S. 115.

2.1.1.2.1.2.3 Kompensationsart

Die *Kompensationsart* bezieht sich auf die Beschaffenheit *materieller* Ausgleichsleistungen eines Anbieters, die im Wesentlichen in Form einer Geldzahlung, eines Produktumtauschs oder einer Reparatur des Produkts erfolgen können.[129] Über die Eignung der *Kompensationsart* im Hinblick auf die Erreichung der in Studien zum Beschwerdemanagement bzw. zur Kundenrückgewinnung betrachteten Bewältigungsziele liegen lediglich vereinzelt empirische Ergebnisse vor. Hinweise geben hierbei insbesondere Studien, die auf *attributionstheoretischen Überlegungen* gründen. Attributionstheoretischen Ansätzen zufolge werden Konsumenten als rationale Verarbeiter von Informationen betrachtet, deren Handeln durch kausale Schlüsse beeinflusst wird. Sie sind bestrebt, nach Gründen für den Erfolg (z.B. eine zufrieden stellende Produktleistung) oder Misserfolg (z.B. das Vorliegen eines Produktproblems) eines Konsumprozesses zu suchen und nehmen eine Zuschreibung (Attribution) dieser Erfolge oder Misserfolge üblicherweise gemäß eines dreidimensionalen Schemas vor:[130] Die *erste Dimension* beschreibt mit der *Lokation* den von Konsumenten attribuierten *Ort* der Ursache(n) für einen Erfolg oder Misserfolg: Werden also beispielsweise die Gründe für ein Produktproblem (eher) *extern* dem Anbieter (Produzenten, Händler/Verkäufer) respektive der Situation bzw. äußeren Umständen oder (eher) *intern* dem Konsumenten selbst zugeschrieben? Die *zweite Dimension* der *Stabilität* bezieht sich auf die *zeitliche Konstanz* der Ursache(n) für einen Erfolg oder Misserfolg: Ist der vermeintliche Grund für ein Produktproblem (eher) *stabiler* (permanenter) Natur, d.h. kann es infolge einer dauerhaft gegebenen und unveränderlichen Problemursache zukünftig erneut zu ähnlichen Problemlagen kommen oder *nicht stabiler* Art, so dass ein Auftreten ähnlicher Probleme in der Zukunft eher unwahrscheinlich ist? Die *dritte Dimension* stellt mit der *Kontrollierbarkeit* auf den Grad der vermuteten Beeinflussbarkeit (durch Konsumenten und/oder Anbieter) der Ursache(n) ab, die für einen Erfolg oder Misserfolg verantwortlich gemacht wird: *Kontrollierbare* Ursachen liegen im Einfluss- bzw. Kontrollbereich des Anbieters und/oder des Kunden; ein vermeintliches Produktproblem hätte also durch eine entsprechende Einflussnahme auf die Problemursache vermieden werden können. *Nicht kontrollierbare* Ursachen entziehen sich dagegen einer anbieter- bzw. kundenseitigen Einflussnahme.

[129] Eine (symbolische, immaterielle) Entschuldigung seitens des Anbieters bildet also kein kompensatorisches Bewältigungsmerkmal im Sinne dieser Arbeit, sondern stellt eine kommunikative Bewältigungsvariante dar, auf die an der entsprechenden Stelle eingegangen wird. Die hier zu betrachtenden Studien zur Beschwerdemanagement- und Kundenrückgewinnungsforschung fassen dagegen vielfach unter der Bezeichnung ‚Kompensation' sowohl materielle als auch immaterielle, im Sinne dieser Arbeit also kommunikative, Elemente. Eine solche vermischende Zuordnung wird dem fundamental unterschiedlichen Charakter dieser beiden Bewältigungsmerkmale jedoch kaum gerecht.

[130] Vgl. Weiner (1985), S. 551 f.; Kelley, H. H. (1972), S. 2 ff.; Erevelles, S.; Leavitt, C. (1992), S. 109; Folkes, V. S. (1988a), S. 548 ff.; Niemeyer, H.-G. (1993), S. 17 ff.; Niemeyer, H.-G.; Stegmüller, B. (1991); Weiner, B. (2000).

Folkes (1984) erkennt in der *Art des Produktproblems* einen wesentlichen Einflussfaktor auf die relative Eignung unterschiedlicher *Arten* von Kompensation für eine (erfolgreiche) Produktkrisenbewältigung.[131] Die Ergebnisse werden durch zwei Untersuchungsdesigns aus dem Bereich der Gastronomie durch Abfrage von Szenarien bei Studenten ermittelt. Die Dimensionen der Stabilität und Lokation beeinflussen, ob Konsumenten einen Preisnachlass bzw. eine Rückerstattung des Kaufpreises oder aber einen Umtausch präferieren. Sofern die Ursache für das Produktproblem von Konsumenten als stabil eingeschätzt wird, so dass ein erneutes Produktversagen in der Zukunft nicht ausgeschlossen werden kann, wird eine Geldzahlung (z.B. eine Kaufpreisrückerstattung) einem Produktumtausch gegen ein einwandfreies Produkt vorgezogen. Zudem werden von Konsumenten sich selbst zugeschriebene (also konsumenteattribuierte) Problemursachen gegenüber solchen, die dem Anbieter zugeschrieben werden (also anbieterattribuierten Ursachen) als weniger stabil erachtet. Folglich werden Geldzahlungen Produktumtäuschen auch vorgezogen sofern die Problemursache im Sinne der Lokations-Dimension dem Anbieter zugeschrieben, also anbieterseitig attribuiert, wird.

Die Auseinandersetzung mit attributionstheoretischen Studien offenbart Ansatzpunkte für die Bewältigung der hier vorliegenden Produktkrisensituationen, bei denen eine vermeintliche *(Mit-)Verantwortlichkeit* des Anbieters öffentlich thematisiert wird. Auch wenn die Ergebnisse der in diesem Zusammenhang angeführten Studien vornehmlich auf direkten, selbst gemachten (eigenen) negativen Konsumerfahrungen mit einem Produkt bzw. Anbieter beruhen, so liegen Anzeichen für die Übertragbarkeit solcher Ergebnisse für die im Rahmen dieser Arbeit unterstellte Beurteilung solch negativer Erfahrungen durch Dritte, die allgemeine Öffentlichkeit, vor.[132] Demgemäß werden Rezipienten dieser Information – vermutlich situationsabhängig – den *Ort* der Ursache für das (vermeintliche) Produktproblem wie auch möglicherweise deren *Stabilität* und *Kontrollierbarkeit* teils eher anbieterseitig, teils eher kundenseitig attribuieren, wobei insbesondere von einer stärker anbieterseitigen Attribution negative Auswirkungen auf die Reputation des betroffenen Anbieters zu befürchten sind: *„Stronger perceptions of external control should lessen crisis responsibility and image damage because the organization could do little or nothing to prevent the crisis. Stronger perceptions of personal control/locus of causality should increase crisis responsibility and image damage because the organization could have acted to prevent the crisis."*[133] Etwaige Bewältigungsmaßnahmen könnten folglich auf die *Beeinflussung der Attributionen* der Rezipienten der negativen Publizität ausgerichtet werden.[134] *Kashyap* (2001) weist darauf hin, dass das Aussprechen von Garantien (und damit auch von Kompensationsleistungen) die Konsumentenattributionen für

---

131 Vgl. Folkes, V. S. (1984), S. 398 ff.
132 Vgl. Folkes, V. S. (1988a), S. 550.
133 Coombs, T. W. (1998), S. 182.
134 Vgl. Folkes, V. S. (1988a), S. 555.

einen Erfolg oder Misserfolg (Produktversagen) des Produkts beeinflussen.[135] Speziell mögen sich durch eine geschickte Wahl der Kompensationsart ungünstige, der Anbieterreputation abträgliche Attributionen der Rezipienten abschwächen bzw. in erwünschte (etwa neutrale bzw. der Reputation förderliche) Attributionen verwandeln lassen. Hier tun sich einige im Hinblick auf die Bewältigung von Produktkrisen zentrale Fragen auf, auf welche die einschlägige Forschung bislang nur unzureichend Antworten zu geben vermag: Ist es der Anbieterreputation in einer gegebenen Produktkrise förderlich oder abträglich, bei vorliegenden, in der öffentlichen Berichterstattung manifestierten, anbieterseitigen Kundenattributionen potentiell Betroffenen eine Geldzahlung respektive einen Produktumtausch in Aussicht zu stellen? Eine Geldzahlung mag gegebenenfalls von (potentiell) Betroffenen präferiert werden, insbesondere wenn die vermeintliche Problemursache als stabil eingeschätzt wird. Doch würde der Anbieter mit der Zusicherung einer solchen Leistung nicht aus Rezipientensicht erwartungskonform handeln und die aus seiner Sicht unerwünschten (stabilen, anbieterseitigen) Attributionen der Rezipienten verstärken bzw. endgültig formieren, womit eine weitere Beeinflussung des Attributionsprozesses tendenziell immer schwieriger wird? So spricht *Folkes* (1988) einer Beeinflussung von Attributionen durch eine Kontrolle des Flusses der auf Rezipienten einwirkenden Informationen lediglich für den Fall eine hohe Wirksamkeit zu, in dem Attributionen von Rezipienten noch nicht abschließend gebildet worden sind.[136] Auf der anderen Seite mögen bestimmte Kompensationsarten in einer durch bestimmte Rezipienten- bzw. Kundenattributionen geprägten Krisensituation gerade bestimmte aus Anbietersicht mehr oder weniger erwünschte bzw. der Erreichung des Bewältigungsziels mehr oder weniger förderliche – Erwartungen und Gerechtigkeitswahrnehmungen von Rezipienten induzieren. Die bereits erwähnten Forschungsergebnisse von *Folkes* (1984) lassen erkennen, dass bestimmte Rezipientenattributionen mit bestimmten Präferenzen hinsichtlich der Kompensationsart einhergehen. Es stellt sich die Frage, ob ein Anbieter, der Betroffenen in einer Krisensituation eine ihren Präferenzen oder Erwartungen nicht konforme Kompensationsleistung zu Teil werden lässt, als unfair oder ungerecht (im Sinne unterschiedlicher Fairness- und Gerechtigkeitskonzepte) beurteilt wird.

Nach *Kashyap* (2001) signalisieren Anbieter durch das Aussprechen einer – wie auch immer spezifizierten – Kompensationszusage ihre Bereitschaft, (zukunftsgerichtet) Verantwortung für ein Produktproblem zu übernehmen. Kompensationsversprechen *in einer bestimmten Art* mögen die Rezipientenbeurteilung des Anbieters hinsichtlich der Zuverlässigkeit des Unternehmens und seiner Produkte erhöhen.[137] Speziell mag das Aussprechen einer auf einen Produktumtausch (im Unterschied zu einer Geldleistung) gerichteten Kompensation verdeutlichen, dass das Unternehmen fest (auch mit Blick auf die Zukunft) von der Leistung seines

[135] Kashyap (2001), S. 1.
[136] Vgl. Folkes, V. S. (1988a), S. 555.
[137] Vgl. Kashyap, R. (2001), S. 10 und 12.

Produktes überzeugt ist. Eine solche Kompensationszusage mag ein glaubwürdiges Qualitätssignal darstellen, da nur ein Hochqualitätsanbieter in der Lage sein wird, die mit einem Produktumtausch verbundenen potentiell zukünftig erneut anfallenden Garantiekosten zu tragen. Ein Anbieter niedriger Qualität, der mit einem erneuten Produktversagen des ausgetauschten Produkts zu rechnen hat, wird hingegen in Erwartung prohibitiv hoher nachgelagerter Garantiekosten im Falle eines Produktumtauschs vermutlich eher eine Geldzahlung als Kompensation anbieten. Insofern mögen Rezipienten anhand der jeweils zugesicherten Kompensationsart auf Anbieter unterschiedlicher Qualitäten selbst nach einem vorliegenden (potentiellen) Produktversagen, einer Produktkrise, schließen können.

Die Entscheidung eines Anbieters über die Ankündigung einer bestimmten Kompensationsart wird jedoch praktisch vor allem vor dem Hintergrund von Kundenbindungsaspekten zu beurteilen sein. Hier mag eben ein Produktumtausch oder eine Reparatur gegenüber einer Rückerstattung des Kaufpreises (oder einer über den Kaufpreis hinausgehenden Entschädigungszahlung) – analog zu einer Verlängerung der Garantiedauer – einem Anbieter die Chance eröffnen, Kunden längerfristig an sich zu binden. Umgekehrt wird die Kompensation in Form einer Geldzahlung, insbesondere bei einer als stabil wahrgenommenen Problemursache, häufig mit einer Beendigung der Geschäftsbeziehung einhergehen. Die Wahl der im Hinblick auf die Erreichung des zugrunde gelegten Bewältigungsziels optimalen Kompensationsart wird in der Wirtschaftspraxis also regelmäßig von solchen Überlegungen überlagert oder sogar dominiert sein, die sich als Nebenbedingungen der Strategiewahl denken lassen.

Zusammenfassend lässt sich festhalten, dass die bisherige Forschung dem Bewältigungsmerkmal der *Kompensation* eine hohe Bedeutung beimisst. Insbesondere die Bedeutung unterschiedlicher Kompensationshöhen für eine Bewältigung unterschiedlicher Produktkrisen stellt ein noch unerforschtes und für die Wirtschaftspraxis höchst relevantes Gebiet dar, dem im Rahmen dieser Arbeit nachzugehen sein wird.[138] Im Ergebnis erweist sich eine Überkompensation im Hinblick auf die Wiederherstellung bzw. Sicherung der Anbieterreputation in Produktkrisen offenbar keineswegs universell vorteilhafter als eine Voll- oder Teilkompensation. Die größtenteils widersprüchlichen Ergebnisse legen es nahe, dass sich nur aus einer situationsspezifischen Betrachtung sinnvolle Handlungsempfehlungen ableiten lassen. Die Analyse unterschiedlicher *Kompensationshöhen* im Kontext unterschiedlicher Produktkrisensituationen lässt somit einige neue Erkenntnisse erwarten.[139] Aus den Ergebnissen der Studie von *Garrett* (1999) leitet sich ein besonderer Forschungsbedarf zur Frage der Existenz eines *Plateau-Effektes* ab, wonach die Überschreitung einer gewissen Kompensationshöhe

[138] Vgl. Davidow (2002, 2003), S. 239.

[139] Auch *Davidow* (2003) weist auf den diesbezüglich bestehenden Forschungsbedarf hin.

keinen wesentlichen Beitrag zur Erreichung des Bewältigungsziels mehr zu erbringen vermag.[140]

Die bisherigen Ergebnisse zur Eignung unterschiedlicher *Kompensationsarten* zur Bewältigung von Produktkrisen deuten darauf hin, dass Geldzahlungen gegenüber Produktumtäuschen oder Reparaturen von Konsumenten als Entschädigungsleistungen präferiert werden, sofern mit ähnlichen Problemlagen zukünftig erneut gerechnet wird. Grundsätzlich signalisiert jedoch ein Anbieter durch die Ankündigung eines Produktumtausches oder einer Reparatur im Unterschied zu einer Geldleistung einen höheren Problemlösungs- und Bindungswillen an bestehende Geschäftsbeziehungen. Hieraus wiederum lassen sich relativ günstigere Effekte solcher Kompensationsankündigungen auf die Anbieterreputation in Produktkrisen deduzieren. Zu untersuchen bliebe insofern die Beziehung zwischen dem *Signalgehalt* einer bestimmten Kompensationsart einerseits und den individuellen *Konsumentenpräferenzen* für eine bestimmte Kompensationsart andererseits mit Blick auf die Reputationswirkungen. Auch hier verspricht eine nach unterschiedlichen Krisensituationen differenzierte Analyse tiefere Einsichten. Die Wahl der Kompensationsart orientiert sich allerdings in der Wirtschaftspraxis häufig stark an Kundenbindungsüberlegungen, wonach unabhängig von der jeweils vorliegenden Krisensituation im Zweifel einem Produktumtausch oder einer Reparatur gegenüber einer Zahlung Vorrang eingeräumt wird. Die folgenden Ausführungen konzentrieren sich auf die Kommentierung des öffentlich thematisierten Produktproblems, die *kommunikativen Bewältigungsmerkmale bzw. -elemente.*

2.1.1.2.1.3 Kommunikative Bewältigungsmerkmale

2.1.1.2.1.3.1 Einführung

Mit *kommunikativen Bewältigungsmerkmalen* sind solche Inhalte von Bewältigungsstrategien gemeint, die sich (jenseits materieller Entschädigungszusagen) auf die Kommentierung des den Gegenstand der negativen Publizität bildenden Produktproblems beziehen. Sie mögen anstelle kompensatorischer Bewältigungselemente eingesetzt werden und damit einen symbolischen[141] Gehalt aufweisen, da sie insoweit stellvertretend für eine Kompensationszusage stehen mögen, oder aber neben kompensatorischen Elementen einen zusätzlichen Bestandteil von Krisenbewältigungsstrategien bilden. Einem Anbieter stehen verschiedene Ausgestaltungsmöglichkeiten so verstandener kommunikativer Bewältigungsmerkmale zur Verfügung, die nachfolgend darzulegen sind, von denen jedoch nur einige wenige Eingang in die ein-

[140] Vgl. Garrett, D. E. (1999), S. 26 ff.
[141] Vgl. Coombs, T. W. (1998), S. 178; Mahon, J. F. (2002), S. 419.

schlägige Forschung zum Beschwerdemanagement bzw. zur Kundenrückgewinnung gefunden haben. Umfassendere Hinweise finden sich dagegen in Studien zum Umgang mit Produktkrisen und negativer Publizität, auf die hier vor allem Bezug genommen wird. Analog zu der vorgenommenen Unterscheidung der kompensatorischen Bewältigungsmerkmale in mehr oder weniger freigiebige bzw. aus Anbietersicht großzügige Bewältigungsvarianten lassen sich auch die kommunikativen Bewältigungsmerkmale nach dem *Grad ihres Zugeständnisses* im Hinblick auf die in den Produktkrisensituationen jeweils öffentlich thematisierten Vorwürfe (Existenz eines Produktproblems, Mitverantwortlichkeit des Anbieters für die Existenz des jeweiligen Produktproblems) in primär Vorwürfen und Kundenanliegen *entgegenkommende bzw.* diese *zubilligende* einerseits und *Vorwürfe bzw. Anliegen* primär *abwehrende* Bewältigungsmerkmale andererseits unterteilen. Bezogen auf die Inhalte der vorliegenden Krisensituationen hat ein Anbieter grundsätzlich die Möglichkeit, *zum einen Verantwortlichkeit* für die Existenz der in den Krisensituationen thematisierten Produktprobleme zu bekunden (einzuräumen) oder nicht einzuräumen bzw. zu bestreiten. *Zum anderen* mag ein Anbieter die *Problemexistenz* in seiner Stellungnahme anerkennen oder aber eine solche negieren. Durch Kreuzung dieser beiden Dimensionen, des Grades an Einräumung von Verantwortlichkeit für das thematisierte Produktproblem einerseits und des Grades an Anerkennung der Problemexistenz andererseits, in jeweils zwei Ausprägungsgraden, resultieren *vier Gruppen unterschiedlicher kommunikativer Strategieausrichtungen* mit jeweils einer Mehrzahl zuzuordnender kommunikativer Bewältigungsmerkmale bzw. -ausprägungen, die im Weiteren vorzustellen sind. *Abbildung 8* fasst die durch Kreuzung dieser beiden Dimensionen in jeweils zwei Ausprägungen resultierenden vier alternativen kommunikativen Ausrichtungen von Bewältigungsstrategien zusammen. Zunächst werden Ansatzpunkte offensiver Kommentierungen der öffentlichen Vorwürfe in den beiden Varianten erörtert; sodann wird auf Aspekte einer (stark bzw. schwach) defensiven Stellungnahme öffentlich thematisierter Produktprobleme eingegangen.[142]

[142] Einen umfassenden Überblick über kommunikative Bewältigungsmerkmale mit zahlreichen Beispielen aus der Wirtschaftspraxis bieten u. a. Coombs, T. W. (1998); Benoit, W. L. (1997); Burns, D. J.; Perkins, D. (1996); Tadeschi, J. T.; Reiss, M. (1981).

Anerkennung der Problemexistenz / Einräumung von Verantwortlichkeit	ja	nein
ja	stark offensiv: ***Eingeständnis***	schwach offensiv: ***Rechtfertigung***
nein	schwach defensiv: ***Ausrede***	stark defensiv: ***Leugnung***

Abb. 8: Kommunikative Bewältigungsmerkmale im Überblick
Quelle: Eigene Darstellung

2.1.1.2.1.3.2 Offensive Kommunikation

2.1.1.2.1.3.2.1 Stark offensive Kommunikation: Eingeständnis

Bei einer *Eingeständnis-Strategie* (engl. *concession*) räumt der Anbieter öffentlich (explizit oder implizit) ein, in der Vergangenheit Fehler gemacht zu haben, die zu den in der Berichterstattung angeprangerten Produktproblemen geführt haben, deren Existenz er zugleich anerkennt, bzw. Maßnahmen unterlassen hat, die ein Aufkommen der als existent erachteten Probleme hätten verhindern können.[143]

Positive Wirkungen solcher Strategieinhalte im Hinblick auf die Bewältigung der hier betrachteten Produktkrisen mögen sich insbesondere aus dem Überraschungsmoment respektive der Unerwartetheit solcher betont freigiebiger Haltungen aus Rezipientensicht ergeben. Ein Unternehmen mag durch einen solchen Schritt signalisieren, dass es seine (potentiellen) Kunden in deren Belangen ernst nimmt, was wiederum günstig auf die Beurteilung weiterer, gegebenenfalls noch hinzutretender Bewältigungselemente ausstrahlen mag. Auf der anderen Seite bindet sich der Anbieter durch die Anerkennung von Verantwortlichkeit häufig zu einer – wie auch immer im Einzelfall gearteten – Kompensationszusage. Rezipienten werden also unter Umständen in einem vergleichsweise höheren Maße eine Kompensation des Anbieters erwarten als in dem Fall, wo sich der Anbieter entweder zur Existenz eines (vermeintlichen) Problems und seiner Verantwortlichkeit gar nicht äußert oder aber diese explizit in Zweifel

[143] Vgl. Bradford, J. L.; Garrett, D. E. (1995), S. 878, 890.

zieht. Auch mögen im Einzelfall rechtliche Ansprüche auf Kompensation abgeleitet werden können.[144]

Ein konkretes Beispiel für eine Eingeständnis-Strategie bildet eine vom Anbieter öffentlich ausgesprochene *Entschuldigung* für ein thematisiertes Produktproblem.[145] Auch wenn der Anbieter hiermit explizit keine Verantwortlichkeit für einen in der Vergangenheit liegenden Fehler einräumt, so setzen Rezipienten die Entschuldigung für etwaige Unannehmlichkeiten jedoch häufig gleich mit einer kausalen Verantwortlichkeit für die Existenz des Problems, eine Wirkung, die aus Anbietersicht oftmals eben gerade nicht intendiert ist.[146] Folkes (1984) kann zeigen, dass Kunden im Falle externer, dem Anbieter zugeschriebener Produktprobleme eher eine Entschuldigung und eine materielle Entschädigung (dort in Form eines Preisnachlasses) erwarten als im Falle interner (kundenseitiger) Ursachenattribution.[147] Durch eine Entschuldigung mag aber, neben der Betonung kausaler Verantwortlichkeit, auch ein positives Signal gesetzt werden, welches das Gewicht der durch die Produktkrisensituation gegebenen negativen Informationen abzumildern vermag. Im Hinblick auf die Bewältigung von Produktkrisen wird Entschuldigungen vor allem eine flankierende Funktion zugesprochen, die darin liegt, dass sie vor allem andere, insbesondere kompensatorische, Bewältigungselemente in deren Wirkung unterstützt.[148]

Ein anderer, wie die Entschuldigung, implizit auf die Einräumung von Verantwortlichkeit für ein thematisiertes Produktproblem ausgerichteter Strategieinhalt besteht darin, *zukunftsgerichtet Verantwortung* für das öffentlich thematisierte Produktproblem zu bekunden. Eine solche Verantwortungsbekundung kann zum einen abstrakt erfolgen, d.h. losgelöst von der Ankündigung spezifischer Maßnahmen: *Als kundenorientiertes Unternehmen übernehmen wir für etwaige nachteilige Folgen und im Hinblick auf die Vermeidung zukünftiger Probleme die Verantwortung.* Zum anderen besteht die Möglichkeit, konkrete Maßnahmen bekannt zu machen, die auf eine Abmilderung etwaiger negativer Folgen des Produktproblems bzw. das Abstellen oder Überprüfen etwaiger vermeintlicher (nicht notwendigerweise anbieterseitiger) Problemquellen hinwirken mögen, wodurch ein Anbieter implizit Verantwortungsbereitschaft signalisieren mag. In der Literatur wird in diesem Zusammenhang häufig auch die Aussprache von Verhaltensempfehlungen angeführt. Bei Rückrufsituationen mag eine solche Empfehlung in Erläuterungen zu einer adäquaten Verwendungsweise oder in Hinweisen auf andere Einsatzmöglichkeiten des Produkts bestehen, welche eine höhere Nutzenstiftung für den Kunden erwarten lassen. Die zukunftsgerichtete Übernahme bzw. Bekundung von Verant-

[144] Vgl. Coombs, W. T. (1998), S. 188.
[145] Vgl. Tedeschi, J. T.; Reiss, M. (1981), S. 296 f.
[146] Vgl. Jorgensen, B. K. (1996), S. 348; Coombs, W. T. (1998), S. 188.
[147] Vgl. Folkes, V. S. (1984), S. 398.
[148] Vgl. Folkes, V. S.; Kotsos (1986), S. 79; Miller, J. L.; Craighead, C. W.; Karwan, K. R. (2000), S. 395; Goodwin, C.; Ross, I. (1992), S. 149 ff; Blodgett, J. G.; Hill, D. J.; Tax, S. S. (1997), S. 185 ff.

wortung ist logisch streng zu trennen von einer vergangenheitsbezogenen Übernahme von (Mit-) Verantwortlichkeit für ein bestehendes Problem, welche Kausalität zum Ausdruck bringt.[149] In der Wahrnehmung von Rezipienten vermengt sich jedoch die zukunftsgerichtete Bekundung von Verantwortung häufig mit einer vergangenheitsbezogenen Übernahme von (Mit-) Verantwortlichkeit bzw. Schuld für die Existenz von Produktproblemen. Insofern mögen auch aus einer rein zukunftsgerichteten Übernahme von Verantwortung in gleicher Weise aus Anbietersicht unerwünschte, potentiell reputationsschädliche Verantwortlichkeitszuweisungen resultieren.[150]

2.1.1.2.1.3.2.2 Schwach offensive Kommunikation: Rechtfertigung

Der Inhalt von *Strategien der Rechtfertigung* (engl. *justification*) besteht darin, dass der Anbieter zwar Verantwortlichkeit für das öffentlich diskutierte Kundenanliegen einräumt, der Sachverhalt jedoch nicht als Problem anerkannt wird.[151] Der Tenor dieser Strategievariante könnte dabei wie folgt lauten: *Wir als Anbieter sind für den angeprangerten Vorfall verantwortlich, ein Problem liegt jedoch keineswegs vor.*[152] So könnte ein von einer Produktkrise betroffener Anbieter das vermeintliche „Problem" näher oder anders (als in der öffentlichen Berichterstattung) erläutern bzw. etwaige Ursachen für die Wahrnehmung des Kundenanliegens als Problem aufklären.

Durch eine auf *Aufklärung* bedachte Stellungnahme mag der Anbieter, etwa über die Erzielung von Einsicht und Verständnis, letztlich das Vertrauen der Rezipienten (wieder)gewinnen. So können Bitner/Booms/Tetreault (1990) einen positiven Einfluss einer gegebenen Erklärung des Problemhergangs auf die Kundenzufriedenheit nachweisen, sogar in dem Fall, dass der Anbieter eine gewünschte Dienstleistung überhaupt nicht erbringen kann.[153] Baer/Hill (1994) stellen im Rahmen einer empirischen Untersuchung zum Beschwerdemanagement fest, dass eine schriftliche, vom Anbieter gegebene *Erklärung* des Zustandekommens eines Kundenproblems die bei Konsumenten vorherrschende Meinung zu reduzieren vermag, der Anbieter habe Kontrolle über die Problemursache gehabt und hätte das Auftreten des Problems verhindern können. Die Abschwächung solcher, durch ungünstige Attributionen geprägte Meinungen führt im Ergebnis schließlich zu steigenden Zufriedenheitswerten.[154] Die Strategie der Erklärung oder Aufklärung etwaiger Produktprobleme dient nicht zuletzt dazu,

[149] Vgl. Tedeschi, J. T.; Reiss, M. (1981), S. 275 f.
[150] Vgl. Dean, D. H. (2004), S. 196.
[151] Vgl. Tedeschi, J. T.; Reiss, M. (1981), S. 287; Ahluwalia, R.; Burnkrant, R. E.; Unnava, H. R. (2000), S. 210; Coombs, W. T. (1998), S. 180.
[152] Vgl. Shaver, K. G. (1985), S. 163.
[153] Vgl. Bitner, M. J.; Booms, B. H.; Tetreault, M. S. (1990), S. 71 ff.
[154] Vgl. Baer, R.; Hill, D. J. (1994), S. 143 ff.

einer verzerrten Berichterstattung oder als überzogen angesehenen Problemeinschätzungen in der veröffentlichten Meinung entgegen zu wirken bzw. vorzubeugen. Wie auch bei der Eingeständnis-Strategie so ergibt sich jedoch auch hier das Problem, dass der Anbieter durch die (vorschnelle) Einräumung von Verantwortlichkeit Kundenerwartungen an eine kompensatorische Problemlösung schüren mag, die unter Umständen nur schwer zu erfüllen sein werden.

2.1.1.2.1.3.3 Defensive Kommunikation

2.1.1.2.1.3.3.1 Schwach defensive Kommunikation: Ausrede

Bei der in der Wirtschaftspraxis häufig angewandten *Strategie der Ausrede* (engl. *excuse*) wird eine Leugnung von Verantwortlichkeit verknüpft mit einer grundsätzlichen Anerkennung des Vorliegens eines Problems. Der Tenor dieser Strategie könnte etwa wie folgt lauten: *Es gibt zwar ein Problem, dieses Problem ist jedoch durch außerhalb der Einflusssphäre des Unternehmens liegende Faktoren (etwa des Verwendungsverhaltens der Konsumenten, durch äußere, nicht kontrollierbare Umstände oder eine Verkettung beider Faktoren) herbeigeführt worden.* In der Literatur wird hier insbesondere die Abweisung von Verantwortlichkeit, entweder in einfacher Form ohne Zuweisung an andere Parteien, oder in Form einer Überwälzung von Verantwortlichkeit bzw. Schuld an andere Parteien diskutiert.[155] Ein Anbieter mag eine ihm öffentlich zugewiesene (vorgehaltene) Verantwortlichkeit abweisen möglicherweise auf Grund mangelnder und kaum gegen ihn zu erbringender Beweise bzw. einer wenig stichhaltigen öffentlichen Diskussion. Er könnte etwa behaupten, dass er ein ihm vorgehaltenes Qualitätsversprechen auf seine in die Kritik geratenen Produkte in der angegebenen Art nie ausgesprochen hat und somit für etwaige wahrgenommene Mängel nicht verantwortlich sei.[156]

Durch eine solche Kommentierung des Grades an ihm vorgeworfener Verantwortlichkeit für ein thematisiertes Produktproblem mag ein Anbieter den *Attributionsprozess* von Rezipienten gezielt zu beeinflussen, um auf ein für ihn günstiges Ergebnis dieses Prozesses hinzuwirken.[157] Erwünscht sein mag aus Anbietersicht insbesondere ein Attributionsergebnis, das gekennzeichnet ist durch eine (vollständige bzw. teilweise) *externe* (der Ort der Problemursache ist nicht oder nicht nur beim Anbieter zu suchen), *instabile* (das Problem wird sich in der vor-

[155] Vgl. Bradford, J. L.; Garrett, D. E. (1995); Shaver, K. G. (1985), S. 216; Ein Beispiel für eine solche Vorgehensweise findet sich in dem Ölverseuchungsskandal der Firma Exxon-Valdez. So machte der Vorstand der Exxon Öl-Gesellschaft die lokalen Behörden und die Küstenwache für die zeitlichen Verzögerungen bei der Säuberung der Verschmutzungen verantwortlich. Vgl. Tucker, L.; Melewar, T. C. (2005), S. 385.

[156] Vgl. Tedeschi, J. T.; Reiss, M. (1981), S. 286.

[157] Der *Attributionsprozess* lässt sich als Interpretationsvorgang definieren, durch den ein Individuum sozialen Ereignissen und Handlungen Gründe bzw. Ursachen zuschreibt. Vgl. Frey, D.; Greif, S. (1994), S. 122.

liegenden Form mit hoher Wahrscheinlichkeit nicht nochmals wiederholen) und *nicht-kontrollierbare* (das Auftreten des Problems hätte durch den Anbieter nicht verhindert werden können) Ursachenattribution von Rezipienten.[158] Die Strategie der Ausrede stellt im Unterschied zur Strategie der Rechtfertigung zudem ein probates Mittel dar, um Handlungsspielräume bei der Ankündigung etwaiger Kompensationsleistungen zu bewahren. Durch Leugnen von Verantwortlichkeit bei gleichzeitiger Anerkennung des Problems kann sich ein Anbieter möglicherweise die ungeklärte Faktenlage der Krisensituation hinsichtlich der Frage tatsächlicher Verantwortlichkeit zunutze machen, ohne an Glaubwürdigkeit einzubüßen.[159] Etwas anderes würde sich in Situationen ergeben, in denen die Frage der Verantwortlichkeit als geklärt gilt: *„As perceptions of crisis responsibility strengthen, the threat of image damage should strengthen, meaning crisis managers need to utilize more accomodative strategies. (..) Defensive strategies, such as denial or minimizing, logically become less effective as organizations are viewed as more responsible for the crisis."*[160]

Die Vorteile von Strategien der Ausrede bzw. Rechtfertigung ergeben sich analog zu den Vorteilen *zweiseitiger Kommunikation*[161] aus attributionstheoretischen Überlegungen: So wird einem Anbieter, der neben seinen Vorzügen, etwa völlig unverschuldet in eine Krise geraten zu sein, auch rollendiskrepant etwaige Nachteile seines Produktes respektive die Möglichkeit einer Problemexistenz einräumt, die Disposition „Ehrlichkeit" attribuiert, weshalb seine Strategie für glaubwürdiger gehalten wird.[162] Umgekehrt mögen einseitig ausgerichtete, ausschließlich auf die Nennung von Vorteilen (etwa einer fehlenden Problemexistenz und Verantwortlichkeit) ausgerichtete Strategien bei Rezipienten Reaktanz auslösen oder verstärken, vor allem dann, wenn Rezipienten glauben, dass ihnen wichtige Informationen vorenthalten werden.[163] Dies wiederum mag die intendierte Persuasionswirkung der Kommunikationsstrategie einschränken oder gar umkehren.[164]

Die Eignung einer teilweise Vorwürfe anerkennenden und teilweise Vorwürfe abwehrenden Strategie im Sinne einer ambivalenten Unternehmensreaktion nach Art der Strategien der Ausrede bzw. Rechtfertigung sehen Dawar/Pillutla (2000) ebenso wie die einer eindeutigen (unzweifelhaften) Abwehrhaltung begrenzt auf den Fall vorliegender hoher Erwartungen an

---

[158] Vgl. Coombs, W. T. (1998), S. 182.

[159] Vgl. Dean, D. H. (2004), S. 198.

[160] Coombs, W. T. (1998), S. 180.

[161] Vgl. hierzu die Ausführungen zur zweiseitigen Argumentation bei Westerhoff, N. (2006), S. 49 ff. sowie die dort angegebene Literatur.

[162] Vgl. Golden, L. L.; Alpert, M. I. (1987), S. 18 ff.

[163] *Reaktanz* bezeichnet eine Motivation von Rezipienten, welche eine Bedrohung oder Einschränkung ihrer Verhaltensfreiheit wahrnehmen, die sie veranlasst, sich der erwarteten Einengung zu widersetzen oder nach erfolgter Einengung ihre Freiheit zurückzugewinnen. Vgl. Kroeber-Riel, W.; Weinberg, P. (1996), S. 206.

[164] Vgl. Jones, R. A.; Brehm, J. W. (1970), S. 47 ff.; Kroeber-Riel, W.; Weinberg, P. (1996), S. 207.

die Marke.[165] Hohe *Konsumentenerwartungen* mögen hier gewissermaßen eine erwartungskonforme Auslegung des die Krisensituation konstituierenden Sachverhalts bewirken.

Um die potentiell aus der Ambivalenz einer Strategie der Ausrede erwachsenen Nachteile zu überwinden, wird im Rahmen der Bewältigung realer Produktkrisen häufig das im Grundsatz vom Anbieter in seiner Existenz anerkannte Kunden- bzw. Produktproblem mit dessen *Abwertung* verbunden.[166] Im Hinblick auf eine Reduktion der Bedeutung der (im Grundsatz explizit oder implizit als existent anerkannten) Produktprobleme stehen dem Anbieter unterschiedliche Ansätze zur Verfügung: Es könnten beispielsweise Hinweise gegeben werden, dass Konkurrenzunternehmen die gleiche Technologie oder die gleichen Rohstoffe verwenden, dass die vorliegenden Informationen zwar korrekt, aber im Hinblick auf den Produktgebrauch unerheblich und daher nicht aussagekräftig bzw. zu vernachlässigen sind oder dass das Problem statistisch nicht signifikant ist, demzufolge also nur sehr wenige ähnlich gelagerte Problemfälle existieren. So vermag in der Studie von Folkes/Kotsos (1986) der vom Anbieter gegebene Hinweis, es liegen nur sehr wenige Problemfälle der gleichen Art vor (sog. Konsensusinformation), eine kundengerichtete (externe) Attribution der Problemursache zu begünstigen.[167] Ahluwahlia/Burnkrant/Unnava (2000) leiten in ihrer experimentellen Studie Empfehlungen über den Einsatz alternativer Kommunikationsinhalte zur Bewältigung einer Produktkrise in Abhängigkeit unterschiedlicher Ausprägungsgrade der Markenbindung von Konsumenten ab.[168] Die Autoren empfehlen bei Vorliegen stark markengebundener Konsumenten (die von sich aus nach Gegenargumenten gegen negative Produktinformationen suchen) eine Strategie, die die Relevanz der negativen Informationen (den Informationswert) abzuschwächen sucht. So könnte der Anbieter geltend machen, dass sich die in die Kritik geratene Marke hinsichtlich der betreffenden Produkteigenschaft nicht von anderen konkurrierenden Marken unterscheidet, da dieselbe Technologie zugrunde liegt. Dagegen sei im Falle schwach markengebundener Konsumenten (die nicht von sich selbst aus nach Gegenargumenten suchen) eine Strategie geeignet, die Konsumenten gezielt mit Gegenargumenten gegen die negativen Informationen versorgt. Unter Gegenargumenten verstehen Ahluwahlia/Burnkrant/Unnava solche Informationen, die die Gültigkeit (Validität) und Zuverlässigkeit (Reliabilität) sowie die Vollständigkeit der negativen Information in Frage stellen.

---

165 Vgl. Dawar, N.; Pillutla, M. M. (2000), S. 219.
166 Vgl. Shaver, K. G. (1985), S. 164.
167 Vgl. Folkes, V. S.; Kotsos, B. (1986), S. 74 ff. *Konsensusinformationen* sind Hintergrundinformationen darüber, wie einzigartig ein Effekt in sozialer Hinsicht wahrgenommen werden kann. Ein niedriger (hoher) Konsensus liegt vor, wenn der Effekt nur von wenigen (vielen) Personen beobachtet werden kann. Vgl. Niemeyer, H.-G. (1993), S. 41.
168 Vgl. Ahluwalia, R.; Burnkrant, R. E.; Unnava, H. R. (2000), S. 211 f.

2.1.1.2.1.3.3.2 Stark defensive Kommunikation: Leugnung

Bei Anwendung einer Strategie der *Leugnung* bzw. des *Dementi* (engl. *denial*) wird die Existenz des öffentlich thematisierten Produktproblems per se samt Verantwortlichkeit des Anbieters negiert. Dabei mögen Rezipienten bereits aus der Leugnung der Existenz des Problems als solcher auf die Nichtanerkennung von Verantwortlichkeit schließen, ohne dass der Anbieter in seiner Stellungnahme explizit Verantwortlichkeit bestritten hat. Die Eignung einer einseitig auf Negierung der Existenz von Produktproblemen bei gleichzeitiger (impliziter oder expliziter) Abweisung bzw. Überwälzung von Verantwortlichkeit für das Bestehen eines Produktproblems abzielenden Strategie wird im Hinblick auf die Bewältigung von Produktkrisen in der einschlägigen Forschung insgesamt als wenig günstig beurteilt. So messen die empirischen Analysen zum Beschwerdemanagement von Boshoff/Leong (1998) sowie von Conlon/Murray (1996) wie auch zum Umgang mit negativer Publizität von Bradford/Garrett (1995) einer auf Anerkennung der öffentlichen Vorwürfe (insbesondere hinsichtlich der Verantwortlichkeit für die Existenz eines Produktproblems) abzielenden Kommunikationsstrategie einen deutlich höheren Erfolgsbeitrag im Hinblick auf die Bewältigung von Produktkrisen bei als einer Verantwortlichkeit abwehrenden Haltung.[169] Bradford/Garrett (1995) untersuchen fünf verschiedene Kommunikationsinhalte auf ihre Eignung in vier verschiedenen Produktkrisensituationen, welche im Hinblick auf den Ort der Ursache (Konsument vs. Anbieter) und die Kontrollierbarkeit eines Produktproblems durch den Anbieter variieren.[170] Einige der von Bradford/Garrett betrachteten Situationen nähern sich inhaltlich an die hier unter anderem betrachtete Fallgruppe der Rückrufsituationen an: Den Gegenstand aller betrachteten Fälle bildet ein Medikament, das im Verdacht steht, den Tod eines jungen Mannes verursacht zu haben und damit explizit auf die Existenz physischer Produktrisiken schweren Ausmaßes in Form von Personenschäden aufmerksam macht. Als Kommunikationsstrategien werden unterschieden (a) die Nicht-Reaktion, (b) die Leugnung der Existenz sowie der Verantwortlichkeit für ein vermeintliches Produktproblem, (c) die Anerkennung der Existenz eines Problems verbunden mit einer Leugnung von Verantwortlichkeit und Kontrollierbarkeit der Problemursache, (d) die Anerkennung der Existenz eines Problems sowie von Verantwortlichkeit und Kontrollierbarkeit verbunden mit dem Hinweis auf überzogene bzw. falsche Bewertungsmaßstäbe in der öffentlichen Diskussion sowie schließlich (e) die vollständige Anerkennung eines Problems, von Verantwortlichkeit und Kontrollierbarkeit sowie der in der öffentlichen Diskussion angewandten Bewertungsmaßstäbe. Im Ergebnis erweist sich die letztgenannte Strategie in nahezu allen betrachteten Situationen im Hinblick auf die Wiederherstellung der Anbieterreputation in einer Produktkrise als die optimale Strategie; ein Nicht-Reagieren stellt sich in allen Situationen als suboptimal heraus. Jorgensen (1996) untersucht die Strategien der

169 Vgl. Boshoff, C.; Leong, J. (1998), S. 24 ff.; Conlon, D. E.; Murray, N. M. (1996), S. 1040; Bradford, J. L.; Garrett, D. E. (1995), S. 883 f.

170 Vgl. Bradford, J. L.; Garrett, D. E. (1995), S. 884 f.

Leugnung auf der einen und der Übernahme von Verantwortung in Verbindung mit einer Entschuldigung auf der anderen Seite. Es zeigt sich, dass die letztgenannte Strategie dazu führt, dass der Anbieter von Rezipienten zwar stärker für den Fehler verantwortlich gemacht wird, die Verärgerung über den Fehler allerdings geringer und die Sympathiebekundungen höher ausfallen.[171]

Da eine einseitige Leugnung der Existenz von Produktproblemen häufig mit Glaubwürdigkeitszweifeln einhergeht[172], wird die Leugnung der Problemexistenz oftmals verknüpft mit dem Anführen von *Gegenargumenten* gegen die negativen Produktinformationen bzw. für das Nicht-Vorliegen eines Problems, indem z.B. die Glaubwürdigkeit von Quellen oder Fakten angezweifelt wird oder Hinweise auf fehlende bzw. nicht-valide Daten vorgebracht werden.[173] Alternativ mag die Leugnung der Existenz eines Problems verbunden werden mit einer Fokusverlagerung auf andere Probleme (etwa andere Risiken oder andere Risikoquellen), die in der öffentlichen Diskussion derzeit keine Rolle spielen. Häufig werden im Rahmen eines *Issue-Managements*[174] bislang (noch) nicht thematisierte Aspekte eines potentiellen Kundenanliegens aufgegriffen und zu einem Problem erhoben, für welches gerade das hinsichtlich eines anderen Problemaspektes in die Schlagzeilen geratene Produkt bzw. Unternehmen – im Unterschied zu etwaigen Konkurrenzprodukten bzw. -unternehmen – einen Lösungsansatz bereitzuhalten verspricht. Durch Aussendung einer solchen, neuartigen Information wird versucht, von dem eigentlichen, bislang thematisierten Problem, abzulenken bzw. dieses zu überlagern. Eine Alternative besteht darin, die in der öffentlichen Diskussion des Produktproblems anklingenden *Bewertungsmaßstäbe* von Kunden bzw. kundennaher Quellen (Testinstitute, Medien, Verbraucherschutzorganisationen etc.) und damit die Legitimität der Kritik bzw. die Legitimation der die öffentlichen Vorwürfe prägenden Akteure anzuzweifeln. Speziell mag ein Hinweis auf eine unfaire Argumentation gegeben werden, etwa dergestalt, dass ähnliche Problemfälle bei Konkurrenzunternehmen in der Vergangenheit milder bewertet worden sind.[175] Alternativ mag der Anbieter die Kompetenz oder den Status der Beschwerdeführer in Zweifel ziehen.[176]

---

171 Vgl. Jorgensen, B. K. (1996), S. 349.

172 Vgl. Siegrist, M. (2001), S. 14.

173 So betonte der Hersteller Coca-Cola im Rahmen seiner Produktkrise 1999 in Belgien, dass seine Produkte frei seien von unerwünschten Substanzen und das Abfüllsystem keinerlei Probleme verursachen würde. Der Hersteller betonte so die eigene Performanz. Vgl. Siegrist, M. (2001), S. 45.

174 Unter *Issues* sind grundsätzlich konflikthaltige Themen zu verstehen, die zum Gegenstand öffentlicher Diskussionen in den Medien werden können. Die kommunikationswissenschaftliche Methodik des „Issues Management" bezeichnet die systematische Beobachtung, Analyse und strategische Beeinflussung öffentlicher Kommunikation im Sinne der Reputation eines Unternehmens.

175 Vgl. Bradford, J. L.; Garrett, D. E. (1995), S. 878, 890.

176 Vgl. Tedeschi, J. T.; Reiss, M. (1981), S. 294.

2.1.1.2.2 Festlegung von Bewältigungsstrategien

2.1.1.2.2.1 Auswahl von Bewältigungsmerkmalen und -ausprägungen

Grundsätzlich ist eine Kombination jeder der angeführten offensiven und defensiven kommunikativen Bewältigungsmerkmalsausprägungen mit jeder der angeführten Ausprägungen der nach Art und Umfang (Höhe) unterschiedenen kompensatorischen Merkmale denkbar. Aus der in der Literaturanalyse vorgenommenen primär *isolierten Betrachtung* einzelner *kompensatorischer* (Kapitel 2.1.1.2.1.2) *und kommunikativer Merkmale* (Kapitel 2.1.1.2.1.3) resultiert bereits eine *Vorselektion* von Bewältigungsmerkmalen:

Die Analyse *kommunikativer Bewältigungsmerkmale* zeigt, dass von einer einseitig auf Leugnung von Verantwortlichkeit und Problemexistenz abzielenden Strategie infolge ihres provokativen und unglaubwürdigen Charakters eher abzuraten ist. Wird jedoch die Leugnung der Problemexistenz mit einer Abschwächung der Relevanz des Problems verbunden, so lassen sich günstigere Rezipientenreaktionen erwarten. Einer uneingeschränkten, stark offensiven Anerkennung der Problemexistenz und Einräumung von Verantwortlichkeit im Sinne der Eingeständnis-Strategie wird in einschlägigen Untersuchungen eine vergleichsweise höhere Bewältigungswirkung beigemessen. Hierbei ergeben sich jedoch zwei Probleme: Zum einen bindet sich der Anbieter hiermit häufig zu einer bestimmten Kompensationsleistung bzw. werden die Erwartungen der Kunden an eine solche Leistung oftmals unbotmäßig gesteigert. Hierdurch verliert der Anbieter Freiheitsgrade bei einer gegebenenfalls zu einem späteren Zeitpunkt erfolgenden Ankündigung von Kompensationsleistungen. Zum anderen mag der Anbieter bei Wahl einer solchen Strategie in Produktkrisensituationen, denen es an manifesten Produktproblemen mangelt, auch in eine Glaubwürdigkeitsfalle geraten.

Zwischen diesen beiden Extrempositionen, der Leugnung auf der einen und dem Eingeständnis auf der anderen Seite, stehen ambivalente Strategien, die entweder Verantwortlichkeit leugnen bei gleichzeitiger Anerkennung der Existenz eines Problems (Ausrede) oder aber die Problemexistenz negieren bei gleichzeitiger Übernahme von Verantwortlichkeit (Rechtfertigung). Der Einsatz ambivalenter Strategien scheint vor allem für den Fall geeignet, dass sich die Rezipientenschaft des Anbieters vorwiegend aus stark markengebundenen Konsumenten zusammensetzt, die aus eigener Motivation heraus nach Gegenargumenten gegen die öffentlichen Vorwürfe suchen. Der Verzicht auf die Einräumung von Verantwortlichkeit im Sinne der Strategie der Ausrede stellt im Unterschied zur Strategie der Rechtfertigung ein probates Mittel dar, um Handlungsspielräume bei der Ankündigung etwaiger Kompensationsleistungen zu bewahren.

Ein Anbieter wird in den hier betrachteten Produktkrisensituationen, in denen die Frage der tatsächlichen Verantwortlichkeit für das Vorliegen eines Produktproblems noch nicht geklärt ist, vor allem auf eine (vorschnelle) Einräumung von Verantwortlichkeit verzichten wollen, um entsprechende Freiheitsgrade bei der Ankündigung etwaiger Kompensationsleistungen zu bewahren. Er wird sich diese ungeklärte Faktenlage zunutze machen, indem er defensiv Verantwortlichkeit leugnet oder zu dieser Frage schweigt, da aus einem offensiven Eingeständnis von Verantwortlichkeit oftmals unerwünschte (rechtliche) Ansprüche[177] auf Kompensation abgeleitet werden könnten bzw. sich hohe Bewältigungserwartungen bei Rezipienten formieren, die unter Umständen nur schwer zu erfüllen sein werden: *„The inappropriate response exploits the ambiguity of this situation and attempts to shift the blame for the event to another company."*[178] Aus diesem Grund wird auf eine Testung der Wirkungen unterschiedlicher (stark vs. schwach) offensiver Strategieelemente im Rahmen dieser Arbeit zugunsten einer umfangreicheren Analyse defensiver kommunikativer Merkmale verzichtet. Um etwaige relative Effekte der im Weiteren noch näher einzugrenzenden defensiven kommunikativen Merkmale testbar zu machen, wird eine stark offensive kommunikative Bewältigungsstrategie als Gegenpol im Sinne einer Referenzstrategie in die Analyse einbezogen.

Die Diskussion *kompensatorischer Bewältigungsmerkmale* lässt ein deutliches Forschungsdefizit hinsichtlich der Frage der für die Bewältigung von Produktkrisen geeigneten *Kompensationshöhe* erkennen.[179] Die bislang vorliegenden, größtenteils widersprüchlichen, Ergebnisse legen nahe, dass sich nur aus einer situationsspezifischen Betrachtung sinnvolle Handlungsempfehlungen zu dieser Frage ableiten lassen. Im Hinblick auf die Erreichung des Bewältigungsziels wird offenbar einer Überkompensation keineswegs universell ein höherer Stellenwert beigemessen als einer Voll- oder Teilkompensation. Eine Analyse des Plateau-Effektes bedingt, dass als Ausprägungen der Kompensationshöhe die Vollkompensation und die Überkompensation bei der Festlegung von Bewältigungsstrategien berücksichtigt werden. Zur Frage der im Hinblick auf die Erreichung des Bewältigungsziels geeigneten *Kompensationsart* liegen bereits vermehrt empirische Studien vor, auf die bereits an anderer Stelle verwiesen wurde. Da von einer Analyse der Effekte unterschiedlicher Kompensationsarten insofern kaum nennenswerte Erkenntniszuwächse zu erwarten sind, wird auf eine Analyse unterschiedlicher Ausprägungsgrade der Kompensationsart verzichtet und strategieübergreifend eine Kompensationsart als gegeben unterstellt. Die Wahl der Kompensationsart orientiert sich in der Wirtschaftspraxis häufig, wie bereits erwähnt, stark an Kundenbindungsüberlegungen, wonach im Zweifel einem Produktumtausch oder einer Reparatur gegenüber einer Zahlung Vorrang eingeräumt werden wird. Realitätsnah wird infolgedessen bei der Bildung von Stra-

[177] Vgl. Coombs, T. W. (1998), S. 188: *"The apology admits guilt and opens an organization to legal liability...".*

[178] Dean, D. H. (2004), S. 198.

[179] Davidow, M. (2003) zeigt den diesbezüglich bestehenden Forschungsbedarf auf.

tegien die Kompensationsart ausschließlich in der Ausprägung *Produktumtausch* berücksichtigt.

Aus der Kombination der nach dieser Vorselektion verbleibenden Bewältigungsmerkmale in jeweils einer Ausprägung lassen sich Bewältigungsstrategien bilden. Im weiteren Auswahlprozess gilt es nun die Frage zu klären, ob primär *reine*, d.h. lediglich aus einem Bewältigungselement (z.B. einer Leugnung oder einer Überkompensation) bestehende, Strategien oder aber *gemischte*, d.h. aus unterschiedlichen (kommunikativen wie kompensatorischen) Bewältigungsmerkmalen zusammengesetzte, Strategien betrachtet werden sollen. Die Frage, ob in diesem Sinne gemischte oder reine Strategien gebildet werden, wirkt auf den weiteren Auswahlprozess ein, da nur im Falle einer Betrachtung gemischter Strategien etwaige ungünstige Wirkungskombinationen der Strategieelemente zu berücksichtigen sind, was wiederum die Strategieauswahl tendenziell erschwert.

In der Wirtschaftspraxis kommen in ein und derselben Bewältigungsstrategie regelmäßig gleichzeitig unterschiedliche kommunikative *und* kompensatorische Bewältigungselemente zum Einsatz.[180] Ein wesentlicher Vorteil *gemischter Strategien* im Unterschied zu *reinen Strategien* kann im Hinblick auf die Bewältigung von Produktkrisen darin gesehen werden, dass sie potentiell positive Wirkungen auf eine größere Anzahl *disperser* Rezipienten (mit unterschiedlichen Dispositionen), wie in dieser Arbeit unterstellt, entfalten mögen. Für unterschiedliche Rezipienten mögen nämlich unterschiedliche Aspekte (Bewältigungsmerkmale) in ein und derselben gemischten Bewältigungsstrategie bedeutsam sein, auf welche sie (gegebenenfalls positiv) reagieren. Nach dem so genannten *Bestätigungsfehler* (engl. *‚confirmatory bias'*) nehmen sie selektiv lediglich solche Bewältigungsmerkmale wahr, die konform sind zu ihren Dispositionen (wie etwa bereits gebildeten Einstellungen, Erfahrungen, Erwartungen, Interessen, persönlicher Relevanz etc.): *„It may be that complainants selectively perceive the information present in an account, focusing only on whatever confirms their beliefs. (..) This might be seen as a natural outgrowth of research suggesting that people tend to search for confirming rather than disconfirming information."*[181] *Conlon/Murray* (1996) betonen den empirischen Forschungsbedarf für *„gemischte"*, aus mehreren inhaltlich unterschiedlichen Bewältigungsmerkmalen zusammengesetzte, *Bewältigungsstrategien*, eine Forschungslücke, die im Hinblick auf die hier zugrunde gelegten Produktkrisensituationen bislang durch keine der seitdem erschienenen einschlägigen Beiträge geschlossen werden konnte.[182] Diesem Umstand wird im Folgenden bei der Bildung von Bewältigungsstrategien Rechnung getragen, welche realitätsnah aus einer Mehrzahl verschiedener kommunikativer respektive kompensatorischer Bewältigungselemente zu komponieren sind.

[180] Vgl. Conlon, D. E.; Murray, N. M. (1996), S. 1051 f.
[181] Conlon, D. E.; Murray, N. M. (1996), S. 1052; siehe auch Dawar, N.; Pillutla, M. M. (2000), S. 217.
[182] Vgl. Conlon, D. E.; Murray, N. M. (1996), S. 1052.

Da von einer selektiven Wahrnehmung einzelner Elemente gemischter Bewältigungsstrategien nach Art des Bestätigungsfehlers jedoch nicht universell für alle Rezipienten ausgegangen werden kann, demzufolge Strategien auch holistisch wahrgenommen und beurteilt werden, ist bei der Bildung gemischter Strategien darauf zu achten, dass die eine Strategie konstituierenden Bewältigungselemente in einem ausgewogenen Verhältnis zueinander stehen. Die enthaltenen Bewältigungselemente bzw. -merkmale sollten *widerspruchsfrei* bzw. *inhaltlich konsistent* sein. Auf Probleme inkonsistenter Strategien im Zusammenhang mit der Bewältigung von Produktkrisen weisen insbesondere *Dean* (2004)[183], *Dawar/Pillutla* (2000)[184] sowie *Conlon/Murray* (1996)[185] hin. Die dort diskutierten Probleme konzentrieren sich auf aus Unternehmenssicht unerwünschte Nebeneffekte inhaltlich inkonsistenter Strategien, die im Wesentlichen in einer *mangelnden* oder *eingeschränkten Glaubwürdigkeit* solcher Strategien im Vergleich zu inhaltlich eindeutigen Strategien bestehen sowie in einer aus der Mehrdeutigkeit resultierenden *übermäßigen Gewichtung* der durch die Krisensituation gegebenen *negativen Informationen* respektive einer *Abschwächung* der in der Strategie enthaltenen *positiven Informationen.* Bei der Auswahl von Bewältigungsmerkmalen zur Bildung von Strategien ist folglich darauf zu achten, dass die ausgewählten Merkmale sich in ihren Wirkungen nicht (zu sehr) gegenseitig behindern oder abschwächen und so dem Bewältigungsziel zuwiderlaufen.

Was jedoch im Einzelfall eine Bewältigungsstrategie ambivalent bzw. widersprüchlich macht, lässt sich kaum allgemeinverbindlich rezipienten- und situationsübergreifend angeben. Allgemein mögen Inkonsistenzen sowohl aus mehreren, untereinander disharmonischen *kommunikativen Bewältigungsmerkmalen*, aus untereinander unpassenden *kompensatorischen Merkmalen,* oder aus dem Zusammenspiel divergenter *kommunikativer und kompensatorischer Merkmale* entstehen. Innerhalb der Gruppe kompensatorischer Merkmale ergibt sich ein Inkonsistenzproblem bei der Bildung von Bewältigungsstrategien praktisch jedoch nicht: Jede Strategie variiert lediglich in Ausprägungsgraden der Kompensationshöhe. Für die Kompensationsart wird im Rahmen dieser Arbeit, aus übergeordneten Erwägungen heraus, strategieübergreifend eine bestimmte Ausprägung unterstellt. Die Konsistenzprüfung kann sich folglich auf Kombinationen unterschiedlicher kommunikativer Merkmale einerseits sowie auf das Verhältnis kommunikativer Merkmale und Merkmalskombinationen zu den ausgewählten kompensatorischen Merkmalen andererseits beschränken.

---

[183] Vgl. Dean, D. H. (2004), S. 196 f., 200 f., 205. Dean leitet konsistente Strategien aus Überlegungen im Rahmen von Fairness-Theorien ab.

[184] Vgl. Dawar, N.; Pillutla, M. M. (2000), S. 219. *Dawar/Pillutla* weisen darauf hin, dass ambivalente (widersprüchliche) Strategien besonders problematisch seien für den Fall schwacher Konsumentenerwartungen vor der Krise, da hier der Effekt einer erwartungskonformen (Um-)Interpretation negativer Informationen im Sinne des sogenannten ‚confirmatory bias effect' ausbleiben wird.

[185] Vgl. Conlon, D. E.; Murray, N. M. (1996), S. 1052. *Conlon/Murray* weisen auf Glaubwürdigkeitsprobleme ambivalenter Strategien hin.

In der Literatur finden sich lediglich Tendenzaussagen, die Anzeichen geben für *offenkundig* inkonsistente *kommunikative Strategieelemente*, deren Kombination in ein und derselben Bewältigungsstrategie nach Möglichkeit zu vermeiden ist. Psychologischen Untersuchungen zur *Eindrucksbildung*[186] (engl. *Impression Formation*) zufolge, sind vor allem solche Kombinationen kommunikativer Merkmale zu vermeiden, die sich in der Frage der *Verantwortlichkeit* für ein Produktproblem offenkundig widersprechen: *„It may be that organizations realize that complainants may see multiple accounts that leave the locus of problem causality ambiguous as contradictory or inappropriate."*[187] Speziell wären also solche (gemischte) Strategien von einer weiteren Betrachtung auszuschließen, die einerseits (stark bzw. schwach defensiv) *Verantwortlichkeit* für ein Problem *leugnen* und gleichzeitig andererseits (stark offensiv) um *Entschuldigung* bitten, ein Bewältigungsmerkmal, das von Rezipienten oftmals gerade als Schuldeingeständnis gewertet wird. Als offenkundig inkonsistent mag insofern auch die Kombination der Einräumung von Verantwortlichkeit (offensives Merkmal) mit einer Nicht-Anerkennung der Problemexistenz im Sinne der schwach offensiven *Strategie der Rechtfertigung* anzusehen sein. Doch nicht jede Kombination kommunikativer Bewältigungsmerkmale lässt sich a priori als offenkundig inkonsistent von einer weiteren Betrachtung ausschließen. So mag beispielsweise die Kombination von Bekundung zukunftsgerichteter Verantwortung (stark offensives Merkmal) mit einem Anzweifeln der Bewertungsmaßstäbe der die öffentlichen Vorwürfe prägenden Akteure (stark defensives Merkmal) als eine in sich schlüssige Strategie erscheinen.

Ein *simultaner Einsatz kommunikativer und kompensatorischer Bewältigungsmerkmale* im Kontext der hier betrachteten Produktkrisensituationen wird insbesondere aus folgendem Aspekt heraus motiviert: Für sämtliche der im Rahmen dieser Arbeit betrachteten Produktkrisensituationen ist nämlich gerade charakteristisch, dass sie für Rezipienten als (potentielle) Kunden mit unterschiedlichen Verlustarten, etwa physischen wie nicht-physischen, einhergehen mögen. Überlegungen im Rahmen des *Mental Accounting*[188] zufolge werden Rezipienten jedoch solche ‚gemischten Verluste' nicht als Ganzes wahrnehmen und bewerten, sondern die mit unterschiedlichen thematisierten Produktproblemen jeweils korrespondierenden ‚Verluste' in separaten ‚mentalen Konten' verbuchen, die nur durch unterschiedliche, auf die jeweilige ‚Verlustkategorie' passende Bewältigungsmerkmale neutralisiert werden können.[189] Aus Überlegungen im Rahmen *gerechtigkeitstheoretischer Ansätze*[190] lässt sich folgern, dass

---

[186] *Theorien der Eindrucksbildung* (*Impression Formation Theory*) machen Aussagen darüber, wie sich Personen aus der Kombination von visuellen, verbalen und anderen Informationen über eine andere Person (etwa einen Anbieter) einen Gesamteindruck von dieser Person bilden. Vgl. Taylor, S. E. (1991), S. 67 für einen umfassenden Überblick über dieser Forschungsrichtung zuzuordnende Ansätze.

[187] Vgl. Conlon, D. E.; Murray, N. M. (1996), S. 1052; siehe auch: Jorgensen, B. K. (1994), S. 348 ff.

[188] Vgl. Thaler, R. (1985), S. 199 ff.

[189] Vgl. Smith, A. K.; Bolton, R. N.; Wagner, J. (1999), S. 359.

[190] Vgl. Kashyap, R. (2001), S. 8 ff.; Dean, D. H. (2004), S. 196; Smith, A. K.; Bolton, R. N.; Wagner, J. (1999) S. 358 f.

nur eine kombinierte Verwendung kommunikativer und kompensatorischer Merkmale etwaige psychische *und* materielle ‚Verluste' von Rezipienten (als potentiell von einem Problem Betroffene) gleichermaßen aufzuwiegen vermögen. So erweist sich in der bereits erwähnten Studie von *Smith/Bolton/Wagner* (1999) eine Bewältigungsstrategie am wirksamsten, die mit den materiellen bzw. ökonomischen und/oder psychischen Gerechtigkeitsvorstellungen der Kunden korrespondiert und damit den Verlust von Kunden ausgleicht bzw. neutralisiert.[191]

Aus der Berücksichtigung eines solchen, auf Mental Accounting- und Gerechtigkeitskonzepten gestützten, Ausgleichsgedankens und einer Auswahl inhaltlich widerspruchsfreier (konsistenter) Bewältigungsmerkmale, abgeleitet aus Ergebnissen der Eindrucksbildungsforschung, mögen so im Ergebnis gleichgewichtige, in sich konsistente gemischte Strategien als harmonische Gesamtgebilde resultieren, die a priori zur Bewältigung *aller drei betrachteten Produktkrisensituationen* einen *adäquaten Bewältigungserfolg* versprechen, da sie in hohem Maße glaubwürdig erscheinen.

Abbildung 9 fasst die durchlaufenen Stufen des Auswahlprozesses zur Selektion der für die Strategiefestlegung benötigten Bewältigungsmerkmale und -ausprägungen zusammen. Aus diesem Auswahlprozess resultieren die nachfolgend darzustellenden, in der Wirtschaftspraxis hoch relevanten *drei Basis-Bewältigungsstrategien.*[192]

[191] Vgl. Smith, A. K.; Bolton, R. N.; Wagner, J. (1999), S. 356.

[192] Hinweise auf die Realitätsnähe der ausgewählten Bewältigungsstrategien liefern insbesondere die Arbeiten von *Ahluwahlia/Burnkrant/Unnava (2000), Coombs (1998) und Benoit (1997).*

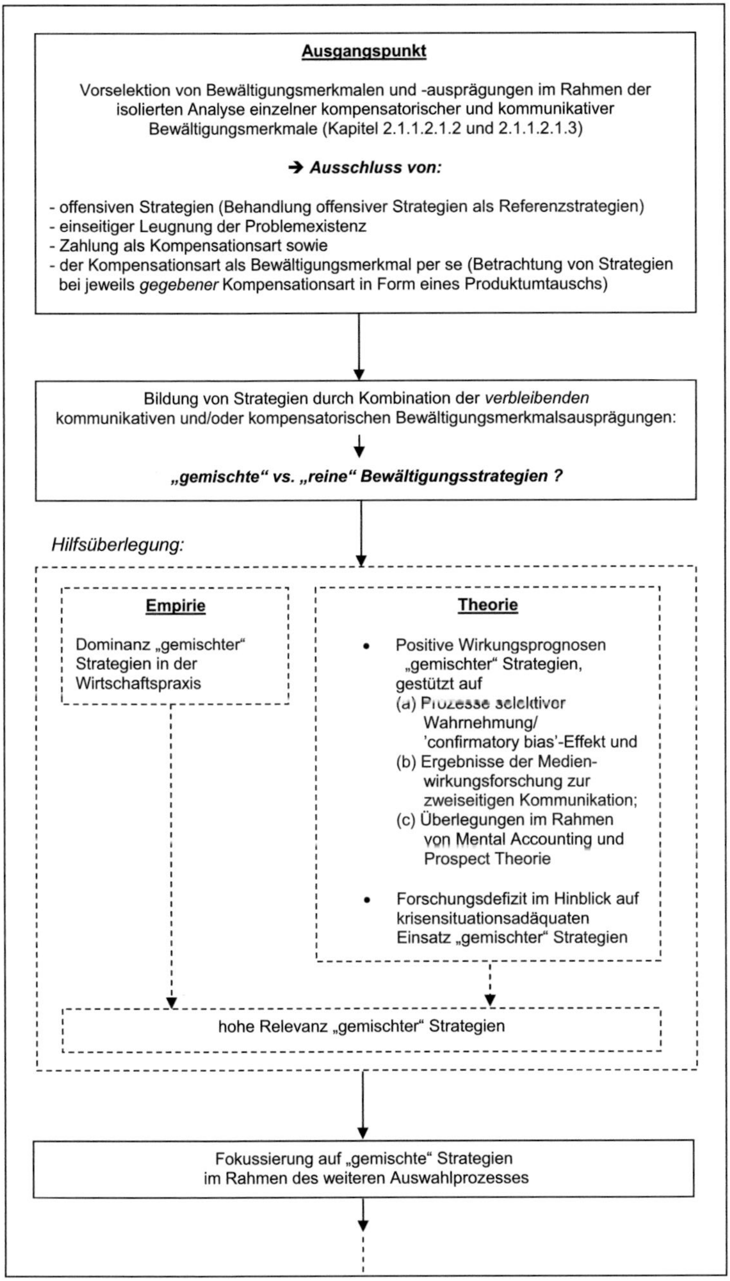

Abb. 9: Auswahlprozess zur Strategieableitung im Überblick

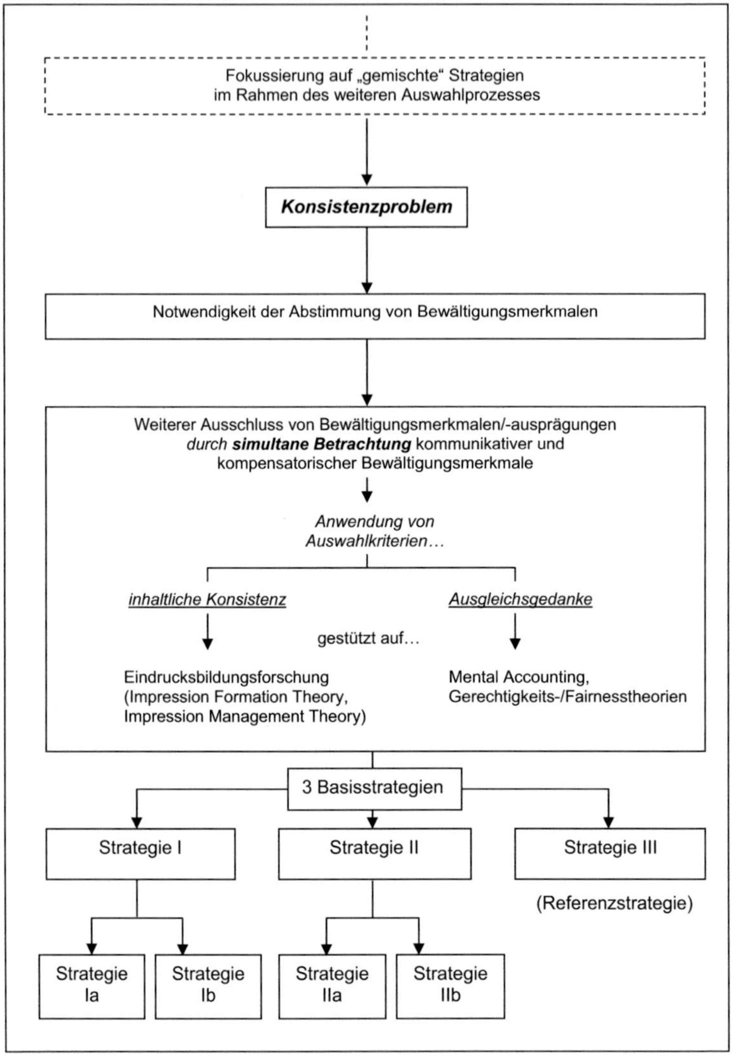

Abb. 9: Auswahlprozess zur Strategieableitung im Überblick (Forts.)

Quelle: Eigene Darstellung

Strategien I und II lassen sich als „*gemischte Strategien*" kennzeichnen, die nach dem *Ausgleichsprinzip* unter Berücksichtigung *inhaltlicher Konsistenz* mehrere unterschiedliche (schwach vs. stark) defensive kommunikative sowie kompensatorische Elemente miteinander verbinden. *Strategie III* bildet als Referenzstrategie einen Gegenpol zu den anderen beiden Strategien als sie einseitig im Sinne einer „*reinen Strategie*" ausschließlich aus (stark offensiven) kommunikativen Bewältigungselementen besteht und zudem auf kompensatorische Elemente vollends verzichtet.[193]

Der Einbezug der Referenzstrategie SIII ermöglicht es, einerseits etwaig unterschiedliche Wirkungsmuster gemischter im Vergleich zu reinen Strategien einzufangen sowie andererseits die relative Bedeutung kompensatorischer im Vergleich zu kommunikativen Bewältigungsmerkmalen im Hinblick auf die Bewältigung der betrachteten Produktkrisen aufzudecken. Die Ambivalenz aller hier betrachteten Krisensituationen in Bezug auf die Frage tatsächlicher Verantwortlichkeit des Anbieters für die Problemexistenz machen sich alle betrachteten (stark wie schwach) defensiv ausgerichteten Bewältigungsstrategien (SIa, SIb, SIIa, SIIb) zunutze: Sie verzichten – im Unterschied zu der betrachteten offensiven Referenzstrategie (SIII) – auf eine Einräumung von Verantwortlichkeit und stellen gleichzeitig Rezipienten Informationen zur Verfügung, die im Grundsatz eine Abwertung anbietergerichteter Problemursachen ermöglichen sollen. Sie tun dies jedoch auf unterschiedliche Weise.[194] Für alle hier betrachteten Bewältigungsstrategien ist charakteristisch dass sie eine Erklärung für ein vermeintliches Produktproblem enthalten, so dass Rezipienten diese zusätzlich verfügbare Information im Rahmen ihrer Eindrucksbildungs- und Beurteilungsprozesse grundsätzlich berücksichtigen können, woraus im Ergebnis positivere, aus Anbietersicht günstigere, situations- und anbieterbezogene Rezipientenreaktionen resultieren mögen.[195]

Abbildung 10 veranschaulicht die sich aus dem Auswahlprozess ergebenden ausgewählten Bewältigungsstrategien in einem Kommunikations-Kompensationshöhen-Diagramm dar.

[193] Auf den Einsatz *einseitig* defensiver kommunikativer Strategien wird infolge der zu erwartenden Nachteile (abträgliche Wirkungen auf die Anbieterreputation) verzichtet.

[194] Da auch eine Entschuldigung aus Rezipientensicht, wie einschlägige Forschungsergebnisse zeigen, oftmals als Verantwortlichkeitsbekenntnis gewertet wird, verzichten die ausgewählten Strategien auf das Aussprechen jedweder Form von Entschuldigung.

[195] Vgl. Bradford, J. L.; Garrett, D. E. (1995), S. 877.

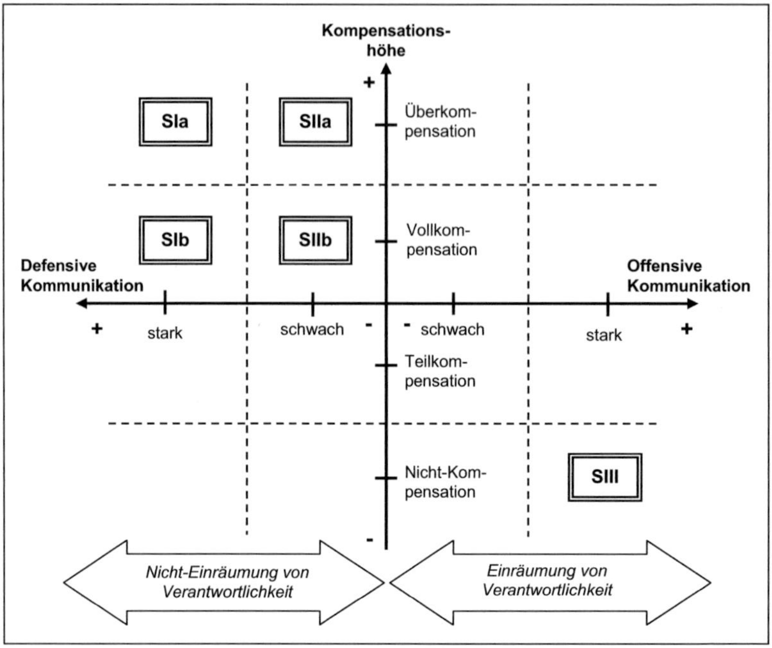

Abb. 10: Lokalisierung ausgewählter Bewältigungsstrategien im Kommunikations-Kompensationshöhen-Diagramm Quelle: Eigene Darstellung

2.1.1.2.2.2 Ausgewählte Bewältigungsstrategien

2.1.1.2.2.2.1 Strategien SIa und SIb

In den *Strategien SIa und SIb* werden stark defensive kommunikative Bewältigungsmerkmale gekreuzt mit unterschiedlichen Kompensationshöhen. Die *stark defensive kommunikative Ausrichtung* lässt eine vergleichsweise kritische, die öffentlichen Vorwürfe stark hinterfragende Sichtweise des Anbieters erkennen. Im Rahmen einer *Gegenargumentation* wird die *Existenz des Produktproblems in Frage gestellt* bzw. die Wahrscheinlichkeit für ein Nicht-Vorliegen als vergleichsweise hoch eingestuft. Verantwortlichkeit für ein vermeintliches Produktproblem wird nicht eingeräumt; der Anbieter bezieht zur Frage der ihm vorgeworfenen (Mit-) Verantwortlichkeit nicht explizit Stellung.[196] Hiermit wird beabsichtigt, die Motivation

[196] Da die Existenz des Produktproblems als solches negiert wird, erübrigt sich so im Grundsatz die explizite Abweisung von Verantwortlichkeit.

der Rezipienten zu jedweder Attributionstätigkeit, mithin jedwede Ursachensuche und -zuschreibung, und damit auch etwaige, aus Anbietersicht ungünstige Attributionsergebnisse in Form anbieterseitiger Ursachenzuschreibungen, zu unterbinden bzw. zu reduzieren. Sofern glaubhaft gute Gründe für ein Nicht-Vorliegen eines Problems angeführt werden können, mag so die Frage der Verantwortlichkeit für ein Produktproblem in den Hintergrund gedrängt werden können. Als psychologischen Kontrapunkt gegen diese kühne, selbstbewusste und potentiell provokative Abwehrhaltung und um etwaige, von Rezipienten (als potentiell Betroffene) empfundene materielle ‚Verluste' aufzuwiegen setzt der Anbieter flankierend die *Ankündigung konkreter Kompensationsmaßnahmen.* In der Strategievariante SIa stellt der Anbieter eine *Überkompensation* in Aussicht für den (als sehr unwahrscheinlich erachteten) Fall, dass sich etwaige Verdachtsmomente der Problemexistenz erhärten; in Strategievariante SIb wird entsprechend eine *Vollkompensation* angekündigt.

2.1.1.2.2.2.2 Strategien SIIa und SIIb

In *Strategien SIIa und SIIb* werden schwach defensive kommunikative Bewältigungselemente mit unterschiedlichen Kompensationshöhen verbunden. Die schwach defensive kommunikative Ausrichtung erfolgt in Form einer Präsentation neuer, bislang nicht in der öffentlichen Berichterstattung berücksichtigter Informationen (aus Wissensvorsprüngen des Anbieters heraus), die die praktische Bedeutung, die Aussagekraft des Inhalts öffentlicher Vorwürfe, den *Informationswert,* (etwa für zukünftige Konsumprozesse der Rezipienten) *herunterspielen,* jedoch *nicht die Existenz des Problems per se in Frage stellen.* Im Lichte dieser neuen Information mögen nun Rezipienten die öffentlichen, anbietergerichteten Verantwortlichkeitszuweisungen stärker hinterfragen und nun auch andere mögliche Problemursachen verstärkt in Betracht ziehen. Durch ein solches teilweises Zugehen auf die öffentlichen Vorwürfe wird eine Rücknahme bzw. Vermeidung öffentlichen Drucks beabsichtigt. Diese schwach defensive kommunikative Ausrichtung flankierend stellt der Anbieter, analog zu Strategien SIa bzw. SIb, im Falle von Strategie SIIa eine *Überkompensation* respektive in Strategie SIIb eine *Vollkompensation* in Aussicht für den Fall, dass die im Grundsatz in ihrer Existenz anerkannten Produktprobleme zu nachteiligen Konsequenzen führen bzw. geführt haben sollten.

2.1.1.2.2.2.3 Strategie SIII

Die stark offensiv ausgerichtete *Strategie SIII* vermeidet jedwede Erörterung (Umdeutung, Beschwichtigung, etc.) der öffentlichen Vorwürfe und räumt unmittelbar (Mit-) Verantwortlichkeit für die Existenz etwaiger Produktprobleme ein, drückt Bedauern und Verantwortlichkeit durch das Aussprechen einer *Entschuldigung* aus und bekundet zudem in umfassender Weise *zukunftsgerichtet Verantwortung* im Hinblick auf eine Lösung des Kundenproblems. Damit soll den positiven Dispositionen des Anbieters (etwa seiner Kundenorientierung, Offenheit und Professionalität) Nachdruck verliehen werden. Jedwede Konfrontation mit den die öffentlichen Vorwürfe prägenden Akteuren soll hierdurch vermieden werden. Da die kommunikativen Bewältigungselemente bereits im Sinne einer verständigungsorientierten Strategie der gemeinsamen Problemlösung eine starke Annäherung an die öffentlichen Vorwürfe zum Ausdruck bringen, wird auf ein zusätzliches Angebot einer Kompensation, auf den Einsatz jedweder kompensatorischer Bewältigungsmerkmale, verzichtet.

Tabelle 3 fasst den Inhalt der ausgewählten Bewältigungsstrategien zusammen.

Bewältigungs-merkmale/ Ausprägungen		***Kompensationshöhe***		
		Über-kompensation (In Aussicht gestellter Produktumtausch gegen höherwertiges Produkt)	**Voll-kompensation** (In Aussicht gestellter Produktumtausch gegen gleichwertiges Produkt)	**Nicht-kompensation** (Verzicht auf jedwede Kompensationsankündigung)
Kommunikation	**stark defensiv** (Nicht-Anerkennung der Problemexistenz i. V. m. Gegenargumentation; Verzicht auf Einräumung von Verantwortlichkeit)	***Strategie SIa***	***Strategie SIb***	
		Gesamtcharakter: kühne, selbstbewusste, provokative Abwehrreaktion gegen öffentliche Vorwürfe, ausgeglichen durch stark vs. schwach positive kompensatorische Gegenreize - Aufbau von öffentlichem Druck -		
	schwach defensiv (Anerkennung der Problemexistenz i. V. m. deren Abschwächung durch Reduktion des Informationswertes; Verzicht auf Einräumung von Verantwortlichkeit)	***Strategie SIIa***	***Strategie SIIb***	
		Gesamtcharakter: reflektierte Annäherung an öffentliche Vorwürfe, Einsatz von Wissensvorsrüngen zu deren Entkräftung, ausgeglichen durch stark vs. schwach positive kompensatorische Gegenreize - Rücknahme/Vermeidung öffentlichen Drucks -		
	stark offensiv (Anerkennung der Problemexistenz ohne Abschwächung + Einräumung von Verantwortlichkeit durch Entschuldigung und zukunftsgerichteter Verantwortungsbekundung)			***Strategie SIII*** *Gesamtcharakter: verständigungsorientierte Strategie der gemeinsamen Problemlösung; starke Annäherung an öffentl. Vorwürfe bei gleichzeitigem Verzicht auf kompensator. Elemente*

Tab. 3: Ausgewählte Bewältigungsstrategien im Überblick Quelle: Eigene Darstellung

2.1.2 Rezipientenreaktionen als abhängige Variablen

2.1.2.1 Überblick

Als Bewältigungsziel wird in dieser Arbeit die Wiederherstellung (Verbesserung) der Anbieterreputation nach einer Produktkrise zugrunde gelegt. Unter der *Anbieterreputation* kann hier allgemein das Ansehen des Anbieters bei der gegenwärtigen und potentiellen Käuferschaft respektive deren darin reflektiertes Vertrauen in die Produkt- und Anbieterqualitäten verstanden werden.[197] Eine hohe (niedrige) Reputation steht dementsprechend für ein hohes (geringes) Vertrauen der gegenwärtigen und potentiellen Käuferschaft in die Produkt- und Anbieterqualitäten, das sich wiederum in einem hohen bzw. positiven (geringen bzw. negativen) Ansehen des Unternehmens in dem betrachteten Rezipientenkreis widerspiegelt. Die in die Analyse einzubeziehenden abhängigen Variablen sollen die Einflüsse gegebener Krisensituationen und gegebener Bewältigungsstrategien auf die so verstandene Reputation des in die Krise geratenen Anbieters reflektieren. Als konkrete Ansatzpunkte der ausgewählten Bewältigungsstrategien kommen dabei die reputationsrelevanten Reaktionen der *gegenwärtigen und potentiellen Käuferschaft des betreffenden Anbieters* in Betracht, und zwar im Grundsatz sowohl *psychische Reaktionen* (affektive wie kognitive Reaktionen) als auch *Verhaltensreaktionen* (Reaktionen im Kaufverhalten, im Verwendungsverhalten, in der persönlichen Kommunikation). In einschlägigen Untersuchungen zum Umgang mit negativer Publizität und Produktkrisen stehen zumeist *psychische Reaktionsvariablen* zur Erfassung der Anbieterreputation im Mittelpunkt. Eine solche Schwerpunktsetzung wird auch hier vorgenommen: *Erstens* weil psychische Reaktionen unter bestimmten Voraussetzungen als Prädispositionen für nachgelagerte Verhaltensreaktionen angesehen werden können, sich mithin in vielen Situationen aus psychischen Reaktionen auf Verhaltensweisen schließen lässt.[198] So wird etwa die (Un-)zufriedenheit als psychische Variable in vielen Studien als zentrale psychische Determinante für Reaktionen in der persönlichen Kommunikation (etwa negativer Mund-zu-Mund-Kommunikation nach Produktproblemen) erachtet.[199] Vor allem unter Bedingungen gegebenen hohen Involvements der Rezipienten, worunter sich die Ich-Beteiligung bzw. das gedankliche Engagement und die damit verbundene Aktivierung verstehen lässt, mit der sich Individuen einem Sachverhalt oder einer Aktivität zuwenden,[200] lassen sich psychische Größen (wie etwa Einstellungen von Rezipienten) als Prädiktoren für nachgelagertes (bekundetes oder offenbartes) Verhalten ansehen.[201] Ein erhöhtes, aus der Krisensituation selbst erwachse-

[197] Vgl. Standop, D. (2006), S. 96.

[198] Vgl. Kroeber-Riel, W.; Weinberg, P. (1996), S. 338; Yoon, E.; Guffey, H. J.; Kijewski, V. (1993), S. 215 ff.; Blodgett, J. G.; Granbois, D. H.; Walters, R. G. (1993), S. 399 ff.

[199] Vgl. Anderson, E. W. (1998), S. 5 ff; Richins, M. L. (1983), S. 68 ff.; Richins, M. L. (1985), S. 82 ff.

[200] Vgl. Kroeber-Riel, W.; Weinberg, P. (1996), S. 338.

[201] Vgl. Kroeber-Riel, W.; Weinberg, P. (1993), S.; Petty, R. E.; Cacioppo, J. T.; Schumann, D. (1983), S. 135 ff.; Petty, R. E.; Cacioppo, J. T. (1986).

nes situatives Involvement der Rezipienten dürfte wiederum gerade charakteristisch sein für die hier betrachteten Produktkrisensituationen, so dass eine Fokussierung auf psychische Größen vor dem gegebenen Krisenhintergrund nahe liegt.[202] *Zweitens* würde die Einbeziehung von Verhaltensreaktionen als abhängige Variablen eine entsprechende Berücksichtigung der Wirkungen psychischer Prozesse respektive der betrachteten psychischen Variablen auf Verhaltensprozesse bzw. Verhaltensvariablen im Rahmen der Hypothesensuche erfordern. Eine solche Analyse ist jedoch vor dem Hintergrund der dieser Arbeit zugrunde gelegten Problemstellung nicht intendiert. Generell bildet die Analyse der Beziehungen zwischen einzelnen Reputationsdimensionen, einschließlich unterschiedlicher psychischer Größen, hier keinen Untersuchungsgegenstand.[203] *Drittens* schlagen sich in Verhaltensreaktionen vergleichsweise stärker Effekte nieder, die nicht unmittelbar krisen- oder bewältigungsstrategieinduziert sein mögen, wie etwa bereits in der Vergangenheit erprobte Verhaltensweisen, generelle Beschwerdeeinstellungen oder -erfahrungen, so dass aus den Ausprägungen dieser Reaktionsvariablen zunächst etwaige krisen- und bewältigungsstrategiespezifische Effekte herauszufiltern wären. Umgekehrt zeigen sich krisensituations- und bewältigungsstrategiespezifische Effekte vergleichsweise unverfälschter und unmittelbarer in den psychischen Reaktionen der Rezipienten, die sich somit als unmittelbare Ansatzpunkte von Bewältigungsstrategien betrachten lassen.

Von den nun näher zu betrachtenden psychischen Reaktionsvariablen sind angesichts des zugrunde gelegten Bewältigungsziels primär solche Variablen von Interesse, von denen a priori, auf der Grundlage bereits existierender Voruntersuchungen, ein starker Einfluss auf die Reputation des Anbieters vermutet werden kann respektive solche Größen, die sich in Vorstudien als Dimensionen der Reputation des Anbieters herauskristallisiert haben. Die Literatur zur Erforschung der Determinanten und Dimensionen des Reputationskonstruktes ist sehr umfassend und facettenreich.[204] *Coombs* (1998) nennt als zentrale Gruppen reputationsrelevanter Rezipientenreaktionen in seinem Rahmenwerk zur Analyse von Produktkrisensituationen vor dem Hintergrund einer – wie hier – betrachteten dispersen (mehr oder weniger von einem Problem betroffenen) Rezipientenschaft das *wahrgenommene Problem- bzw. Krisenausmaß* (Problem- bzw. Krisenschwere) (‚crisis damage'), die *Zuweisung von Verantwortlichkeit* an den betroffenen Anbieter für die Existenz des Problems (‚crisis attributions') sowie *Beurteilungen der Leistungen des Anbieters* (‚organizational perfor-

---

[202] Vgl. Richins, M. L.; Bloch, P. H. (1986), S. 280 ff.; Richins, M. L.; Bloch, P. H. (1991), S. 145 ff.; Somasundaram, T. N. (1993), S. 215 ff.; Matos, C. A. de; Veiga, R. T. (2004).

[203] Solche Beziehungen bilden bereits den Untersuchungsgegenstand anderer Studien, auf die hier verwiesen wird: Vgl. Hunt, J. M.; Kernan, J. B.; Mizerski, R. W. (1983), S. 136 ff.; Jorgensen, B. K. (1996), S. 347 f.; Zanger, C; Gaus, H.; Weißgerber, A. (2006); v. Alvensleben, R.; Kafka, C. (1998).

[204] Einen Überblick über relevante Reputationsdeterminanten bzw. -dimensionen geben u. a. Schwaiger, M.; Cannon, H. M. (2004); Büschken, J. (1999, 2000); Fombrun, C.; Shanley, M. (1990); Mahon, J. F. (2002); Rhee, M.; Haunschild, P. R. (2006); Herbig, P.; Milewicz, J. (1995, 1996); Spremann, K. (1988).

mance'), die sich sowohl auf dessen Produktangebot als auch auf etwaige Bewältigungsaktivitäten beziehen mögen.[205] Vor allem zur Erfassung der Beurteilung der Bewältigungsaktivitäten eines Anbieters wird in Studien oftmals ergänzend auch die von Rezipienten *wahrgenommene Gerechtigkeit* als Teilaspekt oder Determinante der Anbieterreputation betrachtet.[206]

Nach *Matos/Veiga* (2004) lassen sich zweierlei inhaltliche Klassen negativer Publizität unterscheiden, die mit zwei verschiedenen Reputationsdimensionen korrespondieren:[207] *zum einen* eine solche, die sich auf den Bereich des „Könnens" bzw. auf Fähigkeiten der Unternehmung bezieht, zu dem sich etwa die Produkte und Produkteigenschaften rechnen lassen, so wie sie etwa von *Ahluwalia* (2000) fokussiert wird und sich in der von *Coombs* (1998) betrachteten Variable ‚organizational performance' reflektiert; zum anderen eine solche, die sich analog zu der oben angeführten Dimension der Gerechtigkeit auf das „Sollen" des Unternehmens, d.h. die Werte des Unternehmens, auf moralische Aspekte bezieht, auf die sich wiederum *Matos/Veiga* (2004) in ihrer Untersuchung konzentrieren. Mit *Schwaiger/Cannon* (2004), die die Variable Anbieterreputation analog zum zweidimensionalen, aus affektiver und kognitiver Komponente zusammengesetzten, Einstellungskonstrukt interpretieren, lässt sich die erste von *Matos/Veiga* (2004) genannte Variablengruppe im Sinne der von Rezipienten ‚*wahrgenommenen Kompetenz'* bzw. Leistung des Anbieters fassen, die den rationalen, auf Fähigkeiten des Anbieters abstellenden kognitiv geprägten Teil der Reputation reflektiert;[208] für den zweiten von *Matos/Veiga* aufgezeigten Variablenbereich liegt mit *Schwaiger/Cannon* die Kennzeichnung als ‚Sympathiefaktor' nahe, die den affektiv geprägten, emotionalen Teil der Anbieterreputation zum Ausdruck bringt. Inhalt sind hier die Emotionen, die ein Individuum einem Anbieter entgegen bringt und die sich – vor dem Hintergrund einer Bewältigung von Produktkrisen – speziell in der bereits in vergleichbaren Studien betrachteten Variable ‚wahrgenommene Gerechtigkeit' einfangen lassen.[209]

---

205 Vgl. Coombs, W. T. (1998), S. 181. Ähnliche Gruppen von Rezipientenreaktionen betrachten auch Dawar, N. (1998); Dawar, N.; Pillutla, M. M. (2000); Dean, D. H. (2004); Lyon, L.; Cameron, G. T. (1998, 2004); Tucker, L.; Melewar, T. C. (2005); Siomkos, G.; Kurzbard, G. (1994); Siomkos, G.; Shrivastava, P. (1993); Tadelis, S. (1999); Al-Najjar, N. I. (1995); Gutteling, J. M. (2001); Mowen, J. C. (1974, 1980); Standop, D. (2006). In Studien, die Rezipienten als unmittelbar von einem Problem Betroffene betrachten, wird zumeist die (Un-)zufriedenheit als zentrale abhängige Variable herangezogen. Da sich Zufriedenheitsurteile jedoch stets auf einen direkten Produktkontakt (eine unmittelbare Produkterfahrung) erstrecken, kommt ein Einbezug als abhängige Variable angesichts der hier betrachteten Rezipientenschaft nicht sinnvoll in Betracht. Vgl. Homburg, C.; Rudolph, B. (1997), S.33 ff.

206 Vgl. Maxham III, J. G.; Netemeyer, R. G. (2003), S. 46 ff.; Maxham III, J. G.; Netemeyer, R. G. (2002b), S. 239 ff.; Michel, S. (2002); Schoefer, K.; Ennew, C. (2005), S. 261 ff.; Blodgett, J. G.; Granbois, D. H.; Walters, R. G. (1993), S. 399 ff.; Blodgett, J. G.; Hill, D. J.; Tax, S. S. (1997), S. 185 ff.; Blodgett, J. G.; Tax, S. S. (1993), S. 100 ff.; Greenberg, J. (1990), S. 111; Hocutt, M. A.; Chakraborty, G.; Mowen, J. C. (1997), S. 457 ff..

207 Vgl. Matos, C. A. de; Veiga, R. T. (2004), S. 3.

208 Vgl. Schwaiger, M.; Cannon, H. M. (2004), S. 245.

209 Vgl. Schwaiger, M.; Cannon, H. M. (2004), S. 239.

Aus diesem Literaturüberblick kristallisieren sich insgesamt *vier Dimensionen der Anbieterreputation* heraus, die im Rahmen dieser Arbeit sinnvoll als abhängige Variablen zur Erfassung eines weiten Spektrums krisensituations- und bewältigungsstrategiespezifischer Effekte herangezogen werden können. [210] Diese Variablen sind im Folgenden auf allgemeinbegrifflicher Ebene zu erläutern.

2.1.2.2 Ausgewählte Rezipientenreaktionen

2.1.2.2.1 Verantwortlichkeitszuweisung

Die abhängige Variable *Verantwortlichkeitszuweisung* soll einen zentralen Teilaspekt der Beurteilung der gegebenen Produktkrisensituationen durch Rezipienten einfangen, der sich auf das Ausmaß dem Anbieter zugewiesener Verantwortlichkeit für die Existenz des jeweils thematisierten Produktproblems durch Rezipienten negativer Produktpublizität bezieht. Es handelt sich um eine *kognitive Variable*, die die aus einem Prozess der Schlussfolgerung über die psychologische Erklärung und Vorhersage hinsichtlich der Gründe für die in den Krisensituationen thematisierten negativen Ereignisse (sog. Attributionsprozess) resultierende Interpretation der Rezipienten einzufangen sucht.[211] Das theoretische Fundament bilden Ansätze auf der Basis der *Attributionstheorie*.[212] Hiernach mögen zur Erklärung von Ereignissen von Rezipienten grundsätzlich zwei Verursachensmöglichkeiten in Betracht gezogen werden:[213] Rezipienten mögen entweder den Anbieter oder aber Konsumenten bzw. äußere Umstände als Verursacher annehmen. Je nachdem, welche Ursache(n) Rezipienten (primär) für das thematisierte Produktproblem ansehen, *„ärgern sie sich, wollen ein Produkt reklamieren, es umtauschen oder überhaupt nicht mehr besitzen,“* woran unmittelbar der reputationsrelevante Charakter dieser Variable deutlich wird.[214] Wie bereits vorliegende empirische Untersuchungen belegen, geht insbesondere von einer stärkeren anbieterseitigen Ursachenzuschreibung ein abträglicher Effekt auf die Anbieterreputation aus.[215]

Zwar wird dem Anbieter in den hier betrachteten Produktkrisensituationen von Betroffenen öffentlich eine (Mit-) Verantwortlichkeit für die Existenz des jeweiligen Produktproblems

---

[210] Die in der Realität anzutreffenden, weit gefächerten anbieterbezogenen Rezipientenreaktionen auf eine so oder so gegebene negative Publizität mögen sich annähernd vollständig durch diese vier Reputationsdimensionen abbilden lassen. Mit einer solchen, bewusst weit angelegten Erfassung krisen- und strategiebezogener Effekte lässt sich wiederum Anbietern das Wirkungsspektrum gegebener Bewältigungsstrategien umfassend verdeutlichen.

[211] Vgl. Niemeyer, H.-G. (1993), S. 8; Niemeyer, H.-G.; Stegmüller, B. (1991), S. 37; Meyer, W.-U. (2003), S. 6.

[212] Vgl. für einen Überblick Folkes, V. S. (1988a).

[213] Vgl. Niemeyer, H.-G.; Stegmüller, B. (1991), S. 38.

[214] Niemeyer, H.-G. (1993), S. 12.

[215] Vgl. Oliver, R. L.; DeSarbo, W. S. (1988), S. 495 ff.; Folkes, V. S. (1984), S. 398 ff.

vorgeworfen, doch bildet die tatsächliche Verantwortlichkeit für das Produktproblem in allen hier betrachteten Krisensituationen eine noch offene Frage. Es lässt sich erwarten, dass in Abhängigkeit des jeweils thematisierten Produktproblems, sowohl vor wie auch nach dem Einsatz von Bewältigungsstrategien, unterschiedliche Ausprägungen dieser Variable resultieren werden. Da sich Rezipienten mehr oder weniger den in den Produktkrisensituationen vorliegenden Verantwortlichkeitszuweisungen der tatsächlich von einem Problem Betroffenen anschließen bzw. davon abweichen mögen, wird indirekt über diese Variable (auch) der Grad der Übereinstimmung der Beurteilung der Rezipienten hinsichtlich der Frage der Verantwortlichkeit des Anbieters für die Problemexistenz mit den Verantwortlichkeitsbekundungen bzw. -behauptungen der tatsächlich Betroffenen in den Krisensituationen erfasst.[216]

2.1.2.2.2 Wahrgenommene Problemschwere

Die betrachteten Produktkrisensituationen variieren hinsichtlich des Inhalts und Umfangs (Spektrums) thematisierter konkretisierter Produktrisiken, deren wahrgenommene Tragweite nicht nur situationsabhängig, sondern auch intersubjektiv variieren mag. Mit dem Einbezug der abhängigen Variable *wahrgenommene Problemschwere* wird beabsichtigt, das subjektiv empfundene Ausmaß der in den Krisensituationen konkretisierten Produktrisiken (vor und nach dem Einsatz von Bewältigungsmaßnahmen) einzufangen.

Unter *wahrgenommener Problemschwere* lässt sich somit die aus dem Zusammenspiel der in den Produktkrisensituationen thematisierten konkretisierten Produktrisiken als *Gesamteindruck* abgeleitete subjektiv empfundene Tragweite des zu beurteilenden Kundenproblems verstehen. Es handelt sich um ein subjektives, psychisches, stark kognitiv geprägtes Konstrukt, welches sich allein aus der *individuellen* Beurteilung von Rezipienten der die negative Publizität bildenden Produktkrisensituationen ergibt. In die wahrgenommene Problemschwere werden somit regelmäßig neben situationsspezifischen Faktoren (konkretisierte Produktrisiken) auch rezipientenspezifische Faktoren (wie etwa das Produktinvolvement[217] von Rezipienten) einfließen. Nach *Mowen/Ellis* (1981) beeinflusst die Wahrnehmung der Problemschwere die allgemeine Wahrnehmung der Firma im Sinne der hier betrachteten Reputation.[218] Dieser Einfluss leitet sich aus *attributionstheoretischen Überlegungen* ab: Je größer

[216] Vgl. Folkes, V. S. (1988a), S. 550.

[217] Im *Produktinvolvement* drückt sich die persönliche Relevanz aus, die das Produkt für einen Konsumenten besitzt. Es bezeichnet das jeweilige, von einer spezifischen Situation losgelöste und daher vergleichsweise überdauernde Interesse, das verschiedene Konsumenten einem Produkt entgegenbringen. Vgl. Richins, M. L.; Bloch, P. H. (1986), S. 280.

[218] Vgl. Mowen, J. C.; Ellis, H. W. (1981), S. 168.

der wahrgenommene Schaden, desto stärker wird dem Anbieter die Verantwortlichkeit für die Existenz des Produktproblems zugerechnet.[219]

2.1.2.2.3 Wahrgenommene Gerechtigkeit

Die abhängige Variable *wahrgenommene Gerechtigkeit* bezieht sich auf die von Rezipienten wahrgenommenen Austauschbeziehungen zwischen den über Produktprobleme berichtenden Akteuren (Kunden bzw. kundennaher Quellen) einerseits und dem von negativer Publizität betroffenen Anbieter andererseits. Rezipienten beobachten Austauschbeziehungen anderer Austauschpartner, die über eigene negative Produkterfahrungen mit einem Anbieter bzw. dessen Leistungsangebot in den Produktkrisensituationen berichten, von denen erstgenannte potentiell selbst betroffen sein mögen. Hieraus resultiert eine Einschätzung hinsichtlich des in solchen Beziehungen involvierten Anbieters, mit dem Rezipienten bereits bzw. potentiell zukünftig selbst eigene Austauschbeziehungen unterhalten bzw. weiterführen mögen.

Grundannahme der *Equity-Theorie* ist der Vergleich des Kunden sowohl seines eigenen Einsatzes (Inputs) mit dem aus einer Austauschbeziehung (Kunde-Anbieter-Beziehung) resultierenden Ergebnis (Outputs) als auch seiner eigenen In- und Outputs mit denen des Anbieters und anderer Kunden.[220] Unter dem *Input* können wahrgenommene Verluste materieller wie immaterieller Art (etwa erfahrene Schäden oder Folgeschäden, der gezahlte Kaufpreis, Unzufriedenheit bzw. kognitive Dissonanzen) subsumiert werden. Als *Output* lässt sich der Wert der erhaltenen Leistung (einschließlich einer nachträglich, nach dem Kauf, gewährten bzw. in Aussicht gestellten Bewältigungsleistung) respektive deren Nutzen fassen. Aus diesem Vergleich zieht der Kunde Schlüsse über die Gerechtigkeit (equity) einer Austauschsituation, wodurch im Equity-Modell die Zufriedenheit des Kunden und in der Folge das Nachkaufverhalten als reputationsrelevante Größen beeinflusst werden.

Die Variable lässt sich als primär affektiv geprägter, emotionaler Teil der Reputation des Anbieters interpretieren, der Aspekte wie die von Rezipienten empfundene Glaubwürdigkeit[221] des Anbieters umfasst und unmittelbare Reaktionen der Rezipienten auf Bewältigungsstrategien des Anbieters berücksichtigt, deren Inhalte als nachträgliche Ergebnisse (Outputs) beobachteter Austauschbeziehungen aufgefasst werden können.[222]

---

[219] Vgl. Standop, D. (1995), S. 74; Silvera, D. H.; Laufer, D. (2005), S. 22.

[220] Vgl. Homburg, C.; Rudolph, B. (1997), S. 36.

[221] Vgl. Greenberg, J. (1990), S. 138 ff. sowie die „Sympathiekomponente“ des Reputationskonzepts nach Schwaiger, M.; Cannon, H. M. (2004), S. 239, 250 f.

[222] Vgl. Smith, A. K.; Bolton, R. N.; Wagner, J. (1999), S. 359.

2.1.2.2.4 Wahrgenommene Leistung

Die abhängige Variable *wahrgenommene Leistung* soll die *kognitive Beurteilung* der Rezipienten hinsichtlich der Qualität der von dem in die Kritik geratenen Anbieter angebotenen Produkte vor und nach dem Einsatz von Bewältigungsmaßnahmen erfassen. Die Variable kann als der rationale, auf Fähigkeiten bzw. Kompetenzen des Anbieters bei seiner Leistungserstellung abstellende kognitiv geprägte Teil seiner Reputation aufgefasst werden.[223] Der Einbezug dieser Variable trägt dem Umstand Rechnung, dass sich alle im Fokus der Produktkrisensituationen stehenden Produkte als Erfahrungsgüter[224] kennzeichnen lassen, deren tatsächliche Qualität sich erst nach dem Kauf durch Produktkonsum bzw. (mittelbare oder unmittelbare) Produkterfahrung abschätzen lässt. In einer Produktkrise scheint die von Rezipienten wahrgenommene Leistung des Produktangebots des Anbieters in besonderer Weise bedroht oder bereits beeinträchtigt, so dass das Aussenden situationsadäquater Qualitätssignale durch den Anbieter im Rahmen seiner Bewältigungsstrategie eine hohe Relevanz erhält. Das theoretische Fundament bildet hier die *Signaling-Theorie*, die sich mit der Wirkung von Qualitätssignalen unter der Bedingung asymmetrisch verteilter Informationen zwischen Anbietern und Nachfragern in Bezug auf die Qualität der angebotenen Leistung beschäftigt.[225] Durch die Wahl geeigneter qualitätsbezogener Schlüsselinformationen mag der Anbieter die von Rezipienten wahrgenommene Leistung, die durch die Krise vermutlich in Mitleidenschaft gezogen wurde und wahrgenommene Kaufrisiken, die Kaufwiderstände darstellen, erhöht hat, möglicherweise in günstiger Weise beeinflussen.

Abbildung 11 fasst die in die weitere Analyse einzubeziehenden Typen reputationsrelevanter Rezipientenreaktionen zusammen. Während die Variablen *wahrgenommene Problemschwere* und *Verantwortlichkeitszuweisung* einen vergleichsweise starken (unmittelbaren) Situationsbezug im Sinne einer Bezugnahme auf die in den Produktkrisensituationen thematisierten Produktprobleme (konkretisierte Produktrisiken) erkennen lassen und somit als *situationsbezogene reputationsrelevante Rezipientenreaktionen* aufgefasst werden können, zeichnen sich die Variablen *wahrgenommene Gerechtigkeit* und *wahrgenommene Leistung* durch einen vergleichsweise stärkeren (unmittelbareren) Anbieterbezug aus, so dass deren Charakterisierung als *anbieterbezogene reputationsrelevante Rezipientenreaktionen* nahe liegt.

[223] Vgl. Schwaiger, M.; Cannon, H. M. (2004), S. 245.
[224] Vgl. Ford, G. T.; Smith, D. B.; Swasy, J. L. (1998), S. 239 ff.
[225] Vgl. Shapiro, C. (1982), S. 20 ff.; Shapiro, C. (1983), S. 659 ff.; Tse, A. C. B. (1999), S. 913; Spence, M. (1974, 1977); Spremann, K. (1988); Kashyap, R. (2001) sowie die dort angeführte Literatur; Büschken, J. (1999); Yoon, E.; Guffey, H. J.; Kijewski, V. (1993), S. 215 ff.; Mahon, J. F. (2002), S. 415 ff. Auf die Signaling-Theorie wird im Rahmen der Hypothesenableitung noch näher eingegangen.

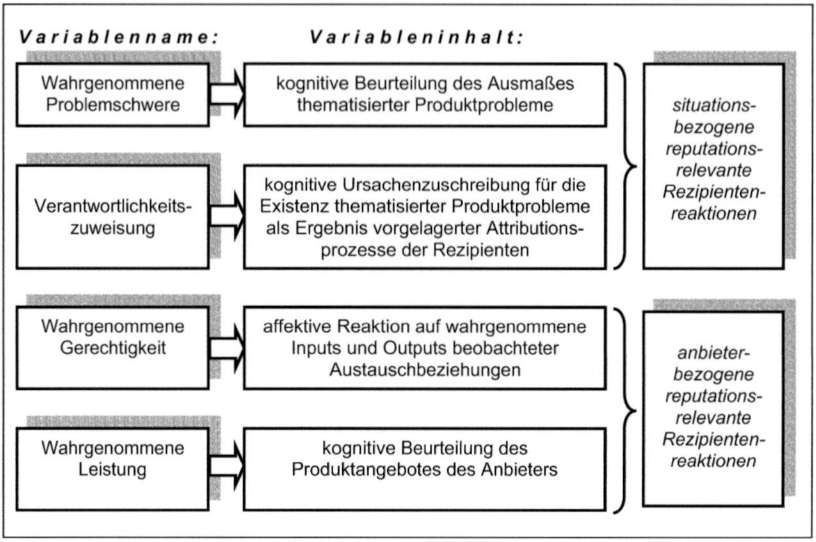

Abb. 11: Rezipientenreaktionen im Überblick Quelle: Eigene Darstellung

2.1.3 Einflussfaktoren als potentiell moderierende Variablen

2.1.3.1 Überblick

Einen Überblick über potentiell moderierende Variablen des Zusammenhangs von gegebenen Produktkrisensituationen respektive gegebenen Bewältigungsstrategien auf die hier betrachteten Typen von Rezipientenreaktionen vermittelt *Abbildung 12*. Sie lassen sich nach *krisensituationsbezogenen*, *rezipientenbezogenen* und *anbieterbezogenen* Merkmalen systematisieren. In der einschlägigen *Beschwerdemanagement-* und *Kundenrückgewinnungsforschung* werden als *krisensituationsbezogene Merkmale* insbesondere unterschiedliche attributionstheoretische Kausaldimensionen (vor allem die Kontrollierbarkeit und Stabilität von Ursachen), die Art des vorliegenden Produktfehlers (etwa als Prozess- oder Ergebnisfehler bei der Analyse von Dienstleistungen sowie die nachträgliche Korrigierbarkeit des Fehlers) diskutiert. Als *rezipientenbezogene Merkmale* werden häufig soziodemografische Merkmale (z.B. Alter, Geschlecht, Familienstand), sozioökonomische Merkmale (z.B. Einkommen, Ausbildung, berufliche Tätigkeit) sowie vor allem psychografische Empfängermerkmale (z.B. Produktkenntnisse bzw. Produkterfahrungen, Beschwerdeerfahrungen, Produktinteresse, Einstellungen, Erwartungen, Involvement, Produktbedeutung, Markenbindung bzw. Commitment) untersucht.

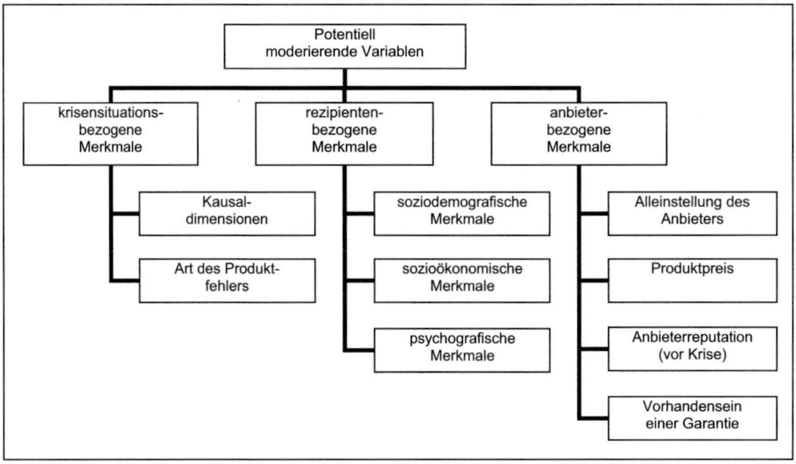

Abb. 12: Gruppen potentiell moderierender Variablen im Überblick
Quelle: Eigene Darstellung

Als zentrale moderierende Variable erweist sich in zahlreichen Studien insbesondere das Rezipienteninvolvement in der Facette des *Produktinvolvements*, in dem sich die persönliche Relevanz ausdrückt, die das Produkt für einen Konsumenten besitzt. Es bezeichnet das jeweilige, von einer spezifischen Situation losgelöste und daher vergleichsweise überdauernde Interesse, das verschiedene Konsumenten einem Produkt entgegenbringen.[226] Etwaige interindividuelle Involvementunterschiede beruhen folglich darauf, dass Konsumenten dem jeweiligen Bezugsobjekt in unterschiedlichem Ausmaß und Inhalt spezifische Interessen entgegen bringen.[227] Als *anbieterbezogene Merkmale* werden unter anderem die wahrgenommene Alleinstellung des Anbieters (bzw. dessen Positionierung im Markt), der Produktpreis,

[226] Vgl. Richins, M. L.; Bloch, P. H. (1986), S. 280.

[227] Vgl. Trommsdorff, V. (1989), S. 47. Im Unterschied dazu lässt sich das *situative Involvement* als situationsbezogene Ich-Beteiligung oder wahrgenommene persönliche Wichtigkeit (Relevanz) einer Situation auffassen, das häufig von den in einer Wahrnehmungs- und Entscheidungssituation auftretenden Konflikten und Risiken bestimmt wird. Vgl. Kroeber-Riel, W.; Weinberg, P. (1996), S. 248; Richins, M. L.; Bloch, P. H. (1986, 1991). Da die Ausprägung situativen Involvements somit wesentlich von der Art (Intensität etc.) des situativen Stimulus abhängen wird (vgl. Richins, M. L.; Bloch, P. H. (1986), S. 280), lässt sich situatives Involvement nicht sinnvoll im Sinne eines „exogenen“ (situationsunabhängigen) Einflussfaktors auf die Wirkung gegebener Krisensituationen auf die hier betrachteten Rezipientenreaktionen untersuchen; die Wirkungen situativer und personaler Einflüsse ließen sich kaum voneinander isolieren. Da sich im Produktinvolvement stärker situationsunabhängige bzw. -überdauernde Faktoren niederschlagen, kommt dem produktbezogenen Involvement im Rahmen einer Analyse exogener Einflussfaktoren insofern im Grundsatz ein höherer Stellenwert zu.

die (vor der Krise gegebene) Anbieterreputation sowie das Vorhandensein einer vom Anbieter gewährten Garantie[228] fokussiert. Eine umfangreiche Diskussion solcher und weiterer potentiell moderierender Variablen enthalten die Arbeiten von *Bortz* (2004) und *Sieben* (2002), auf die hier verwiesen wird.[229]

In Studien *zum Umgang mit Produktkrisen und negativer Publizität* erweisen sich insbesondere die *rezipientenbezogenen Merkmale* des (produktbezogenen) Involvements[230] der Konsumenten (Rezipienten) und sowie deren Commitment (Markenbindung)[231] als hoch relevante moderierende Einflussfaktoren auf die betrachteten Zusammenhänge. Als zentraler *anbieterbezogener Faktor* wird die vor der Krise bestandene Reputation des Anbieters angesehen.[232] Hierhinter steht die Vermutung, dass Unternehmen mit hoher respektive niedriger Reputation sich in der Krise grundsätzlich anders verhalten werden, da sie unterschiedlich viel zu verlieren haben, so dass Rezipienten von Anbietern unterschiedlicher Reputation auch andere Verhaltensweisen erwarten werden. Unterschiedliche Erwartungen der Rezipienten an das Anbieterverhalten in der Krise werden sich wiederum auf deren Beurteilung der in der Krise von Anbietern unterschiedlicher Reputation angewandten Bewältigungsstrategien bzw. der jeweiligen Anbieter selbst auswirken. Der Faktor Anbieterreputation ist jedoch in den einschlägigen Studien vornehmlich lediglich in solchen Produktkrisensituationen untersucht worden, die sich an die hier betrachtete Gruppe der Rückrufsituationen annähern. Entsprechende Befunde zum Einfluss der vor der Krise gegebenen Reputation des Anbieters als potentiell moderierende Variable in Krisensituationen nach Art der Beschwerde- und Reklamationssituationen stehen allerdings bislang noch aus.[233] Ebenfalls fehlen krisensituationsübergreifende, unterschiedliche Krisensituationen vergleichende, Befunde zur Rolle der vor der Krise gegebenen Anbieterreputation auf die Wirkungen der hier betrachteten Bewältigungsstrategien. Als potentiell *moderierende Variable* auf die Wirkung gegebener Krisensituationen und Bewältigungsstrategien auf die genannten abhängigen Größen wird daher die *Reputation des Anbieters vor der Krise* in Bezug auf die Qualität seines Produktangebotes in den Prozess der Hypothesenfindung einbezogen, von der sich ein signifikanter Einfluss auf die genannten Zusammenhänge bereits in anderen, vorwiegend jedoch auf Rückrufsituationen bezogene, Studien gezeigt hat. Ausdrücklich nicht betrachtet wird eine weniger leistungsbezogene Reputation für soziale Verantwortlichkeit wie in der Studie von *Dean* (2004). Häufig stehen Anbie-

[228] Vgl. etwa die Arbeit von Kerr, A. H. (2004).

[229] Vgl. Bortz, B.-O. (2004), S. 124 ff.; Sieben, F. G. (2002), S. 66 ff.

[230] Vgl. die Studie von Matos, C. A. de; Veiga, R. T. (2004).

[231] Vgl. die Studien von Ahluwalia, R.; Burnkrant, R. E.; Unnava, H. R. (2000) und Ahluwalia, R.; Unnava, H. R.; Burnkrant, R. E. (2001).

[232] Vgl. die Studien von Dean, D. H. (2004) und Dawar, N.; Pillutla, M. M. (2000); Siomkos, G.; Kurzbard, G. (1994); Siomkos, G.; Shrivastava, P. (1993).

[233] Vgl. etwa hierzu die Studie von Dean, D. H. (2004), in der vermeintlich durch Produktverunreinigungen ausgelöste Todesfälle den Gegenstand der negativen Publizität bilden. Vgl. auch die Studien von

tern Informationen hinsichtlich der Ausprägung dieser Variable, etwa in Form von Reputationsindizes, in regelmäßigen Abständen (als Zeitreihen) zur Verfügung, so dass sich die *vor der Krise gegebene Qualitätsreputation des Anbieters* als zusätzliche Information in den Prozess der Entscheidungsfindung über die Wahl situationsadäquater Bewältigungsstrategien sinnvoll einbeziehen lässt und somit Anbietern eine wertvolle ergänzende Entscheidungshilfe bieten mag. Umgekehrt sind rezipientenbezogene Faktoren, wie etwa das Involvement der Rezipienten der negativen Publizität, aus Anbietersicht in realen Produktkrisensituationen tendenziell schwerer feststellbar. In einer realen Krisensituation wird ein Anbieter aufgrund mangelnder Identifikationsmöglichkeiten der Rezipienten in Verbindung mit der Unübersichtlichkeit der Situation häufig nicht in der Lage sein, unterschiedliche Typen von Rezipienten nach unterschiedlichen Empfängermerkmalen (etwa psychografischen Merkmalen) trennscharf zu diskriminieren, um seine Bewältigungsaktivitäten fokussiert auf die nach solchen Kriterien segmentierten Rezipientengruppen auszurichten. Vielmehr hat er es mit einer diffusen Gesamtheit von Rezipienten der negativen Information zu tun, die er insgesamt in seinen Bewältigungsmaßnahmen zu berücksichtigen hat. Insofern wird häufig rezipientenbezogenen Merkmalen, abgeleitet aus solchen praktischen Erwägungen heraus, aus Anbietersicht ein untergeordneter Stellenwert im Hinblick auf die Wahl seiner Bewältigungsstrategien in der Krise zukommen. Auch vor diesem Hintergrund scheint eine Fokussierung auf das anbieterbezogene Merkmal der vor der Krise gegebenen Qualitätsreputation des Anbieters angemessen und zweckmäßig.

2.1.3.2 Qualitätsreputation des Anbieters vor der Krise als ausgewählter Einflussfaktor

Einen zentralen, im Kontext der hier betrachteten Produktkrisensituationen insgesamt wenig untersuchten Einflussfaktor stellt die *Qualitätsreputation des Anbieters vor der Krise* dar, worunter sich der auf einen Zeitraum vor der Krise bezogene Ruf bzw. das Ansehen eines Anbieters bei relevanten Anspruchsgruppen, hier insbesondere der gegenwärtigen und potentiellen Käuferschaft, hinsichtlich des Angebotes von Produkten einer bestimmten Beschaffenheit (Qualität) fassen lässt. Eine hohe (niedrige) Qualitätsreputation des Anbieters vor der Krise (kurz: hohe bzw. niedrige Reputation) steht folglich für einen Ruf für ein Angebot von Produkten von überwiegend hoher (geringer) Beschaffenheit (Qualität) des betreffenden Anbieters in der Vergangenheit (vor der Krise).

Theoretisch begründen lässt sich ein Einfluss dieser Variable auf die hier berücksichtigten Typen von Rezipientenreaktionen als abhängige Variablen über *Prozesse der Erwartungsbil-*

Siomkos, G.; Kurzbard, G. (1994); Siomkos, G.; Shrivastava, P. (1993), die explizit Produktrückrufe analysieren.

dung der Rezipienten.[234] Es handelt sich bei dieser Variable, im Unterschied zu den als abhängigen Variablen fungierenden reputationsrelevanten Rezipientenreaktionen, um eine spezifische *gegebene* Vorinformation, die Rezipienten im Rahmen von Beurteilungsprozessen im Kontext von Produktkrisensituationen und Bewältigungsstrategien berücksichtigen werden. Solche Vorinformationen schlagen sich regelmäßig in Qualitätserwartungen der Rezipienten nieder, etwa zusammen mit eigenen (selbst erlebten, unmittelbaren) bzw. fremden (nicht selbst erlebten, mittelbaren) Erfahrungen. Eine gegebene Krisensituation wie auch eine gegebene Bewältigungsstrategie mag nun in Abhängigkeit der Ausprägungsgrade der vor der Krise gegebenen Qualitätsreputation des Anbieters respektive daraus erwachsener unterschiedlicher Erwartungen der Rezipienten an eine Krisenbewältigung (Bewältigungserwartungen) zu grundsätzlich unterschiedlich ausgeprägten reputationsrelevanten Rezipientenreaktionen führen.[235] Im Lichte dieser gegebenen Vorinformationen neigen nämlich Rezipienten dazu, neu hinzu kommende Informationen, etwa über ein bestehendes vermeintliches Produktproblem oder den Einsatz einer Bewältigungsstrategie, infolge des Wirksamwerdens des so genannten *Bestätigungsfehlers* (*confirmatory bias effect*), konform zu ihren vorher gebildeten Erwartungen umzuinterpretieren.[236]

2.2 Hypothesenentwicklung

2.2.1 Hypothesengruppen im Überblick

Das der Hypothesenfindung zugrunde liegende Schema veranschaulicht *Abbildung 13*. Untersuchungsgegenstand der Forschungshypothesen bildet der Zusammenhang gegebener Krisensituationen und gegebener Bewältigungsstrategien unter Berücksichtigung des Einflusses der vor der Krise gegebenen Qualitätsreputation des Anbieters als potentiell moderierender Variable auf ein weites Spektrum an Rezipientenreaktionen als abhängige Variablen, die sich als Dimensionen respektive Determinanten der Reputation des in die Krise geratenen Anbieters auffassen lassen.[237] Als Rezipientenreaktionen und potentielle Ansatzpunkte von Bewältigungsstrategien werden die *Zuweisung (Attribution) von Verantwortlichkeit* an den Anbieter für die Existenz des öffentlich thematisierten Produktproblems (a), die *wahrgenom-*

[234] Vgl. Dean, D. H. (2004), S. 198; Dawar, N.; Pillutla, M. M. (2000), S. 217 ff.
[235] Vgl. Dean, D. H. (2004), S. 198.
[236] Vgl. Dean, D. H. (2004), S. 198; Dawar, N.; Pillutla, M. M. (2000), S. 217 ff. Die nähere theoretische Fundierung erfolgt im Rahmen der Hypothesenherleitung.
[237] Vgl. zu ähnlichen Reputationsdimensionen Schwaiger, M.; Cannon, H. M. (2004), S. 237 ff. Die Beziehungen zwischen den betrachteten Reputationsdimensionen stellen keinen Untersuchungsgegenstand dieser Arbeit dar; sie wurden bereits ausgiebig in anderen Studien untersucht, auf die hier verwiesen wird: Vgl. Silvera, D. H.; Laufer, D. (2005); Hunt, J. M.; Kernan, J. B.; Mizerski, R. W. (1983), S. 136 ff.; Jorgensen, B. K. (1996), S. 347 f.; Zanger, C; Gaus, H.; Weißgerber, A. (2006); v. Alvensleben, R.; Kafka, C. (1998).

mene Problemschwere (b), *die wahrgenommene Gerechtigkeit* (c), sowie die *wahrgenommene Leistung* des Anbieters (d) untersucht.

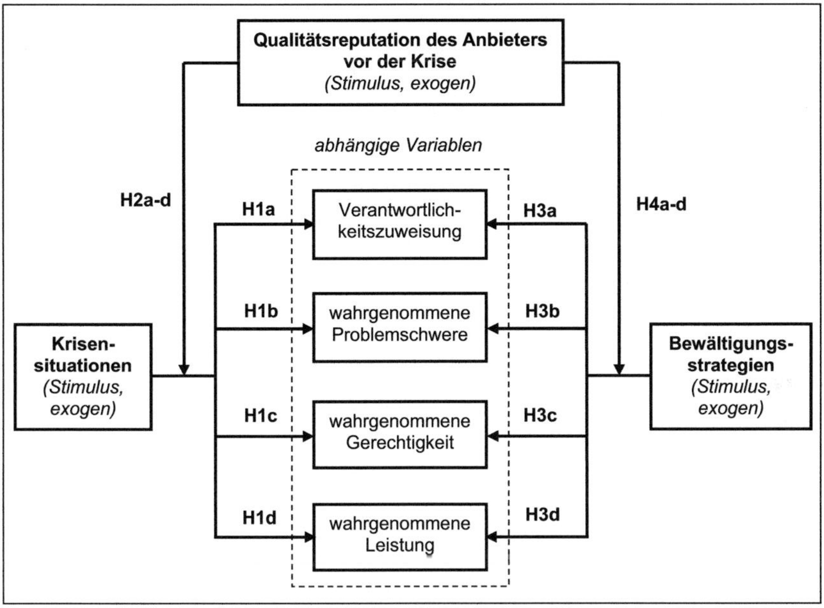

Abb. 13: Hypothesengruppen im Überblick Quelle: Eigene Darstellung

Die in den *Hypothesengruppen 1 und 2* zu untersuchenden Zusammenhänge betreffen die Wirkungen der hier betrachteten Produktkrisensituationen auf die einbezogenen Rezipientenreaktionen als abhängige Variablen *ohne* (*Hypothesengruppe 1*) bzw. *mit* Berücksichtigung (*Hypothesengruppe 2*) der vor der Krise gegebenen Qualitätsreputation des Anbieters als potentiell moderierendem Einflussfaktor auf diesen Zusammenhang. Die *Hypothesengruppen 3 und 4* fokussieren die Wirkungen gegebener Bewältigungsstrategien auf dieselben Rezipientenreaktionen, wiederum zum einen *ohne* (*Hypothesengruppe 3*) und zum anderen *mit* Berücksichtigung (*Hypothesengruppe 4*) des gegebenen Einflussfaktors. Der Aufbau dieser vier Hypothesengruppen lässt sich als *mehrfach-referentiell* charakterisieren: *Zum einen* bildet das Ergebnis der Hypothesensuche im Rahmen von *Hypothesengruppe 1* in Form theoretisch abgeleiteter Zusammenhänge zwischen den gegebenen Krisensituationen und zu erwartenden Rezipientenreaktionen den theoretischen Referenzpunkt für die Suche nach Hypothesen im Rahmen von *Hypothesengruppe 3*: Die Bewältigungsstrategien setzen theoretisch an den in den Produktkrisensituationen zu erwartenden Rezipientenreaktionen an, auf die sie einwirken sollen. Eine theoretisch fundierte Ableitung von Hypothesen der Gruppe 3 erfordert eine Berücksichtigung der in Hypothesengruppe 1 theoretisch zu klärenden Frage, hinsichtlich welcher Typen von Rezipientenreaktionen in welchem Umfang in welchen Situationen ein Bewältigungsbedarf zu erwarten ist. Nur in dem Falle, in dem – aus theoretischen Überlegungen sachlogisch abgeleitet – unterschiedlich ausgeprägte Rezipientenreaktionen auf die gegebenen Krisensituationen zu erwarten sind, besteht überhaupt ein Anlass, unterschiedliche Strategien für unterschiedliche Situationen vorzusehen. Die Analyse der situativen Ausgangsbedingungen geht somit der Suche nach Hypothesen über den Einsatz der aus Vorüberlegungen abgeleiteten, gegebenen Bewältigungsstrategien voran. *Zum anderen* setzt, in hiermit vergleichbarer Weise, die Suche nach Hypothesen im Rahmen der *Hypothesengruppe 4* an den Ergebnissen der Hypothesensuche im Rahmen von *Hypothesengruppe 2* an, auf die sie Bezug nimmt: Die theoretisch fundierte und in Hypothesen mündende Diskussion der Frage, ob, und falls ja, in welchem Ausmaß in welchen Situationen Unterschiede in den Rezipientenreaktionen auf den gegebenen Einflussfaktor bei Abwesenheit jedweder Bewältigungsaktivität zu erwarten sind, bildet das theoretische Fundament für eine Analyse der Wirkungen des betrachteten Einflussfaktors bei Anwesenheit gegebener Bewältigungsstrategien.

Die Analyse der in den Hypothesengruppen 1 und 2 betrachteten Wirkungen der Krisensituationen und des betrachteten Einflussfaktors bei Abwesenheit jedweder Bewältigungsaktivität erfüllt somit keinen Selbstzweck, sondern kann als theoretische Grundlage für die Analyse von Wirkungen der Bewältigungsstrategien betrachtet werden, die den Untersuchungsgegenstand der Hypothesengruppe 3 ohne bzw. der Hypothesengruppe 4 mit Berücksichtigung der vor der Krise gegebenen Qualitätsreputation des Anbieters als potentiell moderierendem Einflussfaktor bilden. Hieraus ergibt sich unmittelbar die Relevanz der ersten beiden Hypothesengruppen für die Bewältigung von Produktkrisen.

Der Prozess der Hypothesensuche im Rahmen der betrachteten vier Hypothesengruppen lässt sich weiter nach *zwei unterschiedlichen Betrachtungsebenen* systematisieren: Je nachdem, ob man die von Produktkrisen bzw. Bewältigungsstrategien ausgehenden Wirkungen (mit bzw. ohne Berücksichtigung des Einflussfaktors) in einer *gegebenen,* gegebenenfalls mehrere Situationen gedanklich zu einer Gruppe zusammengefassten, Krisensituation untersucht oder ob man *unterschiedliche* Krisensituationen vergleichend gegenüberstellt, um etwaige Unterschiede zwischen den jeweiligen Krisensituationen aufzudecken, lassen sich Hypothesen zum einen auf *situationsspezifischer Betrachtungsebene* und zum anderen auf *situationsübergreifender Betrachtungsebene* ableiten. Während die hohe Relevanz *situationsspezifischer Hypothesen* für einen von einer Produktkrise betroffenen Anbieter auf der Hand liegt, ein Anbieter gerät in *eine* bestimmte Krise nach Art der Beschwerde-, Reklamations- *oder* Rückrufsituation und hat über den Einsatz seiner Bewältigungsmaßnahmen zu befinden, ergibt sich die

Relevanz *situationsübergreifender Hypothesen* aus Anbietersicht erst auf den zweiten Blick: Alle hier betrachteten Produktkrisensituationen lassen sich auch auf einem zeitlichen Kontinuum vorstellen. Die Vorstellung erscheint plausibel, dass sich etwa eine Beschwerdesituation im Zeitablauf – möglicherweise bei Ausbleiben adäquater Bewältigungsmaßnahmen – zu einer Reklamationssituation steigern mag bzw. eine Reklamationssituation sich im Zeitablauf zu einer Rückrufsituation entwickelt. Für einen von einer Produktkrise betroffenen Anbieter stellt sich in diesem Zusammenhang beispielsweise die Frage, ob er möglicherweise bei Einsatz einer bestimmten Bewältigungsstrategie (die in einer gegebenen Situation mehr oder weniger situationsadäquat sein mag) an Ansehen gewinnt oder verliert bzw. sein Ansehen stabil bleibt, wenn sich die Krisensituation im Sinne der oben beschriebenen Weise im Zeitablauf fortentwickelt. In der Wirtschaftspraxis häufig anzutreffen sind nämlich Fälle, in denen ein Anbieter eine gegebene Bewältigungsstrategie zu einem bestimmten Zeitpunkt der Krise einsetzt und diese Strategie im Zeitablauf beibehält, obwohl die ursprünglich eingesetzte und beibehaltene Strategie nunmehr auf eine veränderte Unternehmensumwelt, eine in wesentlichen Zügen veränderte Produktkrisensituation, trifft. Eine solches ‚verharrendes' Verhalten mag nicht notwendigerweise wider besseren Wissens erfolgen; häufig mögen auch mangelnde Flexibilität in den Entscheidungsprozessen des Managements oder Zeitverzögerungen (time-lags) beim Zugang zu entscheidungsrelevanten (krisenbezogenen) Informationen eine Rolle spielen. Insofern beinhaltet die situationsübergreifende Analyse im Sinne dieser Arbeit, nämlich einer Betrachtung einer gegebenen Bewältigungsstrategie in unterschiedlichen Krisensituationen, auch einen dynamischen Aspekt. Zum anderen hat ein Anbieter ein hohes Interesse an der Wirkung seiner bereits vor der Krise aufgebauten Qualitätsreputation in unterschiedlichen Krisensituationen. Es stellt sich die Frage, ob einem Anbieter in unterschiedlichen Krisensituationen eine gegebene Reputation unterschiedlich viel nutzt. An beiden Aspekten wird unmittelbar die hohe Relevanz situationsübergreifender Hypothesen deutlich.

Abbildung 14 veranschaulicht am Beispiel des Vergleichs gegebener Bewältigungsstrategien (Hypothesengruppen 3 bzw. 4) die zwei zu unterscheidenden Betrachtungsebenen.

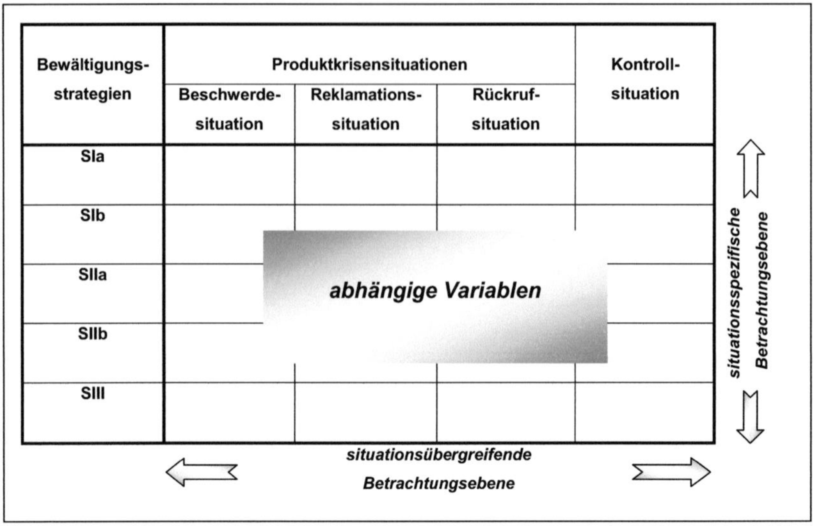

Abb. 14: Zwei Betrachtungsebenen im Rahmen der Ableitung von Hypothesen je Hypothesengruppe am Beispiel der Analyse gegebener Bewältigungsstrategien (Hypothesengruppen 3 bzw. 4) Quelle: Eigene Darstellung

2.2.2 Ableitung der Hypothesen je Hypothesengruppe

2.2.2.1 Hypothesengruppe 1: Wirkungen von Produktkrisensituationen auf Rezipientenreaktionen

2.2.2.1.1 Situationsspezifische Betrachtungsebene

Den Leitgedanken für die theoriegeleitete Suche nach Forschungshypothesen im Rahmen der vorliegenden Hypothesengruppe bildet das erste der in Teilprobleme dekomponierten Problemstellung: *Hinsichtlich welcher der betrachteten Rezipientenreaktionen unterscheiden sich die Produktkrisensituationen in welcher Weise voneinander?* Diese Frage zielt auf einen etwaig, von Krisensituation zu Krisensituation, divergierenden *gegebenen* Bewältigungsbedarf, der wiederum bei der Wahl der im Hinblick auf die Erreichung des Bewältigungsziels geeigneten Bewältigungsstrategien zu berücksichtigen sein wird und eine Hypothesensuche auf *situationsübergreifender Betrachtungsebene* erfordert. Doch nur in solchen Fällen, in denen die in den Produktkrisensituationen resultierenden Rezipientenreaktionen eine jeweils anbieter-individuell zu bewertende relevante (signifikante) Verschlechterung im Vergleich zu einer durch Abwesenheit negativer Publizität gekennzeichneten Situation zeigen (etwa in einer Nicht- bzw. Vorkrisensituation) besteht überhaupt ein Bewältigungsbedarf. Die Frage, *ob* also überhaupt in den betrachteten Krisensituationen ein Bewältigungsbedarf besteht oder nicht, ist gedanklich dem ersten Teilproblem vorgelagert bzw. implizit in der das erste Teilproblem formulierenden Frage enthalten und erfordert zunächst eine Hypothesensuche auf der *situationsspezifischen Betrachtungsebene*. Hierbei werden alle Krisensituationen gedanklich als eine *gegebene* (alle Krisensituationen aggregiert enthaltende) Gruppe von Krisensituationen betrachtet, die nunmehr im Hinblick auf die (zu erwartenden) Ausprägungen der Rezipientenreaktionen mit einer neutralen Nicht- bzw. Vor-Krisensituation zu vergleichen ist.

Allen drei betrachteten Krisensituationen ist der Tenor der negativen Publizität gemein: Es werden konkretisierte, bereits in *zahlreichen* Fällen tatsächlich eingetretene Produktrisiken öffentlich thematisiert, für welche dem Anbieter eine *(Mit-)Verantwortlichkeit* zugeschrieben wird. Ob allerdings der Anbieter *tatsächlich* für die manifest gewordenen Produktprobleme *verantwortlich* ist oder nicht, bildet in allen Situation eine noch *offene Frage*. Die in den Krisensituationen offenbar werdenden Bekundungen von (Mit-)Verantwortlichkeit des Anbieters lassen sich als ein Ergebnis (früherer, vorgelagerter) Attributionsprozesse der über das Problem berichtenden Akteure (betroffene Kunden, kundennahe Quellen) begreifen, mit denen sich nunmehr die Rezipienten dieser negativen Informationen konfrontiert sehen und sich ein eigenes Bild machen.

Mit den Wirkungen gegebener negativer versus positiver Informationen im Kontext der hier betrachteten Publizitätssituationen auf Wahrnehmungs- und Beurteilungsprozesse der Rezipienten beschäftigen sich eine Reihe psychologischer, empirisch gestützter Untersuchungen, die der Frage nachgehen, wie Individuen aus unterschiedlichen, oft bruchstückhaft isoliert, gegebenen Wissensfragmenten, hier insbesondere negativen Produkt- bzw. Anbieterinformationen und Produkt- bzw. Anbieterumfeldinformationen als situative Merkmale, Eindrücke (als elementare Wahrnehmungseinheiten[238]) bilden bzw. Eindrücke zu einem in sich stimmigen Gesamtbild, zu (komplexeren) Beurteilungen bzw. Einstellungen, verbinden (sog. *Eindrucksbildungsforschung,* engl. *Impression Formation Theory*).[239] Eindrücke bzw. Beurteilungen sind diesen Ansätzen zufolge häufig besonders stark geprägt von Informationen, die Rezipienten *zuerst* oder *zuletzt* erhalten, von Informationen über Eigenschaften, die für sie besonders *wichtig* sind sowie Informationen über *negative* oder *ungewöhnliche* und

[238] Vgl. Kroeber-Riel, W.; Weinberg, P. (1996), S. 298.

[239] Vgl. Taylor, S. E. (1991), S. 67 für einen umfassenden Überblick über dieser Forschungsrichtung zuzuordnende Ansätze. Vertreter dieser Richtung sind u. a. Fiske (1980); Skowronski/Carlston (1989); Mizerski (1982); Kanouse (1984); Ahluwalia (2002); Bradford/Garrett (1995); Matos/Veiga (2004).

unerwartete Eigenschaften.[240] Viele der im Rahmen der Impression Formation-Literatur betrachteten Konzepte gründen auf attributionstheoretischen Überlegungen.[241] Im Unterschied zu klassischen attributionstheoretischen Ansätzen, die davon ausgehen, dass Individuen *aktiv* nach Informationen suchen, um Ursachen für ein beobachtetes Verhalten oder Ereignis, hier ein manifest gewordenes Produktproblem, aufzudecken, gehen die hier betrachteten Ansätze der Eindrucksbildungsforschung davon aus, dass Individuen (Rezipienten) die Gründe für ein gegebenes Verhalten oder Ereignis sowie ihren Eindruck (ihre Beurteilung) davon ausschließlich auf den ihnen zur Verfügung stehenden Informationen basieren.[242] Ein für die Analyse von Wirkungen der hier betrachteten Produktkrisensituationen zentrales Ergebnis von Studien dieser Richtung ist der so genannte *Negativitätseffekt* (*negativity effect, negativity bias*), der besagt, dass negative Informationen (etwa ein öffentlich thematisiertes Produktproblem) im Vergleich zu positiven Informationen gleicher Stärke (etwa eine positive Eigenschaften betonende Produktwerbung oder Ankündigungen einer Problembeseitigung) in Eindrucksbildungs- bzw. Beurteilungsprozessen überproportional stark gewichtet werden. Negative Informationen resultieren hiernach in einer höheren (intensiveren) Attributionstätigkeit und in extremer ausgeprägten Attributionen (als Ergebnisse der Attributionstätigkeit), die wiederum Einfluss nehmen mögen auf andere psychische und nachgelagerte behaviorale Reaktionen der Rezipienten.[243] Speziell kommt es zu einer Verstärkung und Polarisierung (Extremisierung) dieser Reaktionen.[244] Für diesen empirisch gut belegten[245] Negativitätseffekt werden eine Reihe unterschiedlicher, teilweise interdependenter *Erklärungen* angeführt:[246]

Zum einen treten negative Informationen im Vergleich zu positiven im Allgemeinen *seltener* auf; sie treten stärker aus der auf Rezipienten einströmenden Informationsflut zumeist positiver Informationen (etwa werblicher Kommunikation) hervor, sind somit *eindringlicher*, was wiederum die Wahrnehmung und weitere Verarbeitung solcher Reize im Vergleich zu positiven verstärkt.[247] Der *Commodity Theory* von *Brock* (1968) zufolge lassen sich selten auftretende Informationen als knappes Gut betrachten, das nach dem Ausmaß ihrer Nichtverfügbarkeit bewertet wird: Mit ansteigender Nichtverfügbarkeit steigt der Wert, den ein Individuum

---

[240] Vgl. Taylor, S. E. (1991), S. 69 f.
[241] Vgl. Bradford, J. L.; Garrett, D. E. (1995), S. 877.
[242] Vgl. Bradford, J. L.; Garrett, D. E. (1995), S. 877.
[243] Vgl. Mizerski, R. W. (1982), 303; Niemeyer, H.-G. (1993), S. 12; Taylor, S. E. (1991), S. 70 sowie die dort angegebene Literatur.
[244] Vgl. Menon, G.; Jewell, R. D.; Unnava, H. R. (1999), S. 326. Nach Bem (1974) können Einstellungen attributionstheoretisch erklärt werden. Vgl. Trommsdorff, V. (1989), S. 243.
[245] *Taylor* (1991) konstatiert zum Aspekt der Generalisierbarkeit dieser Ergebnisse: „The evidence relating negative events to increased attributional activity is not confined to laboratory studies using sentence descriptions and trait adjectives". Taylor, S. E. (1991), S. 70.
[246] Vgl. Taylor, S. E. (1991), S. 69 f.; Ahluwalia, R. (2002), S. 271; Sherrell, D. L.; Reidenbach, R. E. (1986); Henthorne, B. H.; Henthorne, T. L. (1994), S. 45.
[247] Vgl. Mizerski, R. W. (1982), S. 302; Anderson, E. W. (1998), S. 8.

dem betreffenden Gut (der negativen Information) beimisst.[248] *Brock/Brannon* (1992) verbinden die Commodity Theory mit dem *Elaboration Likelihood Modell* von *Petty/Cacioppo*[249] zu dem *Scarcity-Elaboration-Extremitization*-Ansatz.[250] Hiernach wird der Negativitätseffekt dadurch erklärt, dass ein Knappheitssignal zuerst Aufmerksamkeit erzeugt, dadurch die Verarbeitung auf die zentrale Route der Informationsverarbeitung lenkt und so bestehende Einstellungen verstärkt.

Zweitens werden negative Informationen im Vergleich zu positiven häufig als *glaubwürdiger* und *zuverlässiger* eingestuft. Diese Eigenschaft fußt im Allgemeinen auf dem als nicht-kommerziell wahrgenommenen Charakter solcher Informationen, deren Urheber zumeist in (vermeintlich unternehmens-) unabhängigen Quellen (etwa Verbraucherschutzverbänden, Behörden, Medien) erkannt werden. Umgekehrt werden positive Informationen oftmals stärker mit Eigeninteressen des Kommunikators in Verbindung gebracht. Eine andere Begründung ergibt sich aus der oben erläuterten Knappheitseigenschaft negativer Informationen. Die Knappheit eines Gutes (die Seltenheit, mit der negative Informationen auftreten) könnte als Indikator für die Qualität dieses Gutes (der Information) im Sinne der *„Cue-Utilization-Theory“*[251] angesehen werden, welche die Erforschung von Wirkungen von Signalen bei der Produktbeurteilung zum Gegenstand hat. Von dem Umstand, dass eine gegebene Information knapp ist, mag insofern auch auf ihre Qualität im Sinne höherer Glaubwürdigkeit oder Zuverlässigkeit geschlossen werden.

Hiermit eng verknüpft ist eine *dritte* Eigenschaft negativer Informationen, die sie von positiven unterscheidet: sie werden oftmals als *diagnostischer* angesehen als sie infolge höherer Glaubwürdigkeit und Zuverlässigkeit zur Differenzierung von Beurteilungsobjekten (etwa Produkten oder Anbietern) durch Zuweisung zu unterschiedlichen Beurteilungskategorien (etwa Qualitätsstufen) geeigneter erscheinen.[252]

Ansätzen der *Impression Formation Theory* zufolge erfolgt die Bildung von Eindrücken über die betrachteten Situationen wie auch über den Anbieter und sein Produktangebot vollständig anhand der ihnen zur Verfügung stehenden Informationen. In allen hier betrachteten Produktkrisensituationen stehen Rezipienten einseitig negative Informationen zur Verfügung, die im Grundsatz über die oben beschriebenen Charakteristika verfügen. Nicht verfügbar respektive

---

[248] Vgl. Brock, T. C. (1968), S. 246; Menon, G.; Jewell, R. D.; Unnava, H. R. (1999), S. 325 f.

[249] Vgl. Petty, R. E.; Cacioppo, J. T. (1986); Petty, R. E.; Cacioppo, J. T.; Schumann, D. (1983).

[250] Vgl. Brock, T. C.; Brannon, L. A. (1992); Brannon, L. A.; Brock, T. C. (2001), S. 366.

[251] Vgl. Olson, J. (1972); Purohit, D.; Srivastava, J. (2001); Helm, R. (2006); Chang, C. (2006); v. Raaij, W. F. (1991), S. 405 f.

[252] Vgl. Dean, S. 193; Weinberger, M. G.; Dillon, W. R. (1980), S. 531; Purohit, D.; Srivastava, J. (2001), S. 123 ff.

relativ knapp sind (positive) Informationen hinsichtlich des von negativer Publizität betroffenen Anbieters, etwa hinsichtlich geplanter Bewältigungsaktivitäten.[253] Im Vergleich zu einer durch Abwesenheit negativer Publizität gekennzeichneten Situation, in der neutrale (oder positive) Informationen über den Anbieter und sein Produktangebot dominieren, werden Rezipienten folglich in den gegebenen Produktkrisensituationen insgesamt zu *stärkeren negativen* (kognitiven wie affektiven) Reaktionen neigen.[254]

Als Reaktion auf die in den Krisensituationen thematisierte (Mit-)Verantwortlichkeit des Anbieters für die Existenz der vermehrt, offenbar in vielen Fällen unabhängig voneinander aufgetretenen, d.h. mit *hohem Konsensus*[255] ausgestatteten, Produktprobleme werden folglich, mangels gegenteiliger Informationen, verglichen mit einer neutralen Referenzsituation, stärkere anbietergerichtete Zuweisungen von Verantwortlichkeit durch die Rezipienten dieser Informationen resultieren:

H1.1a ***In allen Krisensituationen ist die Verantwortlichkeitszuweisung an den Anbieter höher als in der Nicht-Krisensituation.***

Die in allen Krisensituationen thematisierten konkretisierten Produktprobleme deuten auf – wie auch immer im Einzelfall geartete – Verluste hin, die mit dem Konsum der Produkte des betrachteten Anbieters in Zusammenhang stehen. Sie lassen sich als Verlustsituationen im Sinne der *Prospect Theorie* und des *Mental Accounting* auffassen. In der *Prospect Theorie* wird der Einfluss der subjektiven Aussichten, die durch entsprechende Problempräsentation auf einen Gewinn oder einen Verlust hin gelenkt werden, auf das Verhalten von Personen in Risikosituationen beschrieben.[256] Eine entscheidende Annahme der *Prospect Theorie* ist die Bewertung von wahrgenommenen Ergebnissen als Gewinne und Verluste relativ zu einem individuellen Referenzpunkt. Ein Ergebnis wird also nicht als absoluter Wert, sondern als Veränderung zum jeweiligen Referenzpunkt gesehen. Sowohl die Lokalisierung des Referenzpunktes als auch die folgende Kodierung in Gewinne oder Verluste wird durch die Darstellung der angebotenen Möglichkeiten und durch die Erwartungen des Entscheiders beein-

[253] Es bestehen also *zweierlei Arten von Knappheiten* der Information. Die erste Knappheit bezieht sich generell auf den Vergleich des Aufkommens negativer versus positiver Information; die zweite bezieht sich auf das Vorhandensein oder Nichtvorhandensein (positiver) Bewältigungsinformationen in einer von negativen Informationen bestimmten Berichterstattung.

[254] Vgl. Taylor, S. E. (1991), S. 70.

[255] *Konsensusinformationen* sind Hintergrundinformationen darüber, wie einzigartig ein Effekt in sozialer Hinsicht wahrgenommen werden kann. Ein hoher (niedriger) Konsensus liegt vor, wenn der Effekt von vielen (wenigen) Personen beobachtet werden kann. In zahlreichen empirischen attributionstheoretisch fundierten Untersuchungen konnte die Hypothese, dass ein hoher Konsensus zu produkt- bzw. anbieterbezogener Attribution führt, bestätigt werden. Vgl. Niemeyer, H.-G. (1993), S. 41 ff.; Folkes, V. S.; Kotsos, B. (1986).

[256] Vgl. Tversky, A.; Kahneman, D. (1974); Kahneman, D.; Tversky, A. (1979); Thaler, R. (1985).

flusst. Je nach Problempräsentation, je nach semantischem Rahmen, kann die Aufmerksamkeit auf einen Gewinn oder Verlust gelenkt werden, und entsprechend unterschiedlich fallen die Beurteilungen der Entscheider aus (*framing effect*).

Konsumprozesse zeichnen sich regelmäßig dadurch aus, dass sie in Erwartung sich einstellender Erfolge (im Sinne der Erfüllung von Grund- und Zusatznutzen) sowie in Erwartung von Abwesenheit produktbedingter Beeinträchtigungen jedweder Art eingegangen werden.[257] Dass ein gekauftes Produkt „funktioniert" wird im Allgemeinen vorausgesetzt. In der Vielzahl von Konsumprozessen werden Konsumenten eben kein Produktproblem erwarten, so dass der Referenzpunkt von Rezipienten der hier betrachteten Produktkrisensituationen sich folglich als Nicht-Krisensituation kennzeichnen lässt, die sich durch Abwesenheit jedweder Produktprobleme auszeichnet. Rezipienten werden folglich die in den Krisensituationen beschriebenen Produktprobleme als Verluste kodieren.[258] *Kahneman/Tversky* (1979) leiten einen steileren Verlauf der Wertfunktion[259] im negativen Bereich im Vergleich zum positiven ab. Der steilere Verlauf der Wertfunktion im negativen Bereich deutet eine Aversion des Entscheiders gegenüber Verlusten an. Veränderungen, die einen Verlust nach sich ziehen, wiegen schwerer als Verbesserungen oder Gewinne von gleichem Ausmaß; der Verlust eines bestimmten Geldbetrages ruft eine größere Aversion hervor als der Gewinn des gleichen Geldbetrages Freude verursacht. Diese Aversion gegen Verluste könnte folglich ein Grund dafür sein, dass die die Produktkrisensituationen dominierenden negativen Informationen stärker gewichtet werden, da sie, im Unterschied zu positiven bzw. neutralen, Hinweise auf potenzielle Verluste liefern.[260] Die relativ stärkere Gewichtung negativer Informationen konkretisiert sich in höheren Schadens- bzw. Verlustbewertungen, die sich wiederum entsprechend in der *wahrgenommenen Problemschwere* reflektieren werden:

<u>H1.1b</u> ***In allen Krisensituationen ist die wahrgenommene Problemschwere größer als in der Nicht-Krisensituation.***

Da mit den Produktkrisensituationen für Rezipienten (potentiell) Verlustsituationen verbunden sind, die allgemein auf ein Ungleichgewicht in der Austauschbeziehung zwischen Käufern und Verkäufern hindeuten, werden als Reaktionen der Rezipienten auf die gegebenen

[257] Vgl. Smith, A. K.; Bolton, R. N.; Wagner, J. (1999), S. 360 sowie Wiedemann, P. M. (1994), S. 12 f.

[258] Vgl. Thaler, R. (1985); Tversky, A.; Kahneman, D. (1974); Kahneman, D. ; Tversky, A. (1979).

[259] In der Wertfunktion drückt sich die zentrale Annahme der Prospect Theory aus, dass die Wahrnehmung des Menschen mehr auf Veränderungen oder Unterschiede als auf absolute Werte ausgerichtet ist. *Kahneman/Tversky* (1979) sprechen vom (subjektiven) Wert und nicht vom Nutzen, und entsprechend von einer Wertfunktion und nicht von einer Nutzenfunktion. Vgl. auch Jungermann, H.; Pfister, H.-R.; Fischer, K. (1998), S. 217.

[260] Vgl. Siegrist, M. (2001), S. 14.

Produktkrisensituationen auch in negativer Weise ausgeprägte *Gerechtigkeitswahrnehmungen* zu erwarten sein.[261] Einen theoretischen Erklärungsbeitrag liefern Konzepte der *Equity-Theorie*, die vornehmlich direkte (unmittelbare) Beziehungen zwischen Austauschpartnern fokussieren und zur Erklärung von Kunden(un)zufriedenheit herangezogen werden.[262] Konzepte dieser Art wurden jedoch von *Greenberg* (1990) auf den Bereich der Eindrucksbildungsforschung (‚Impression Formation Theory') und theoretisch fundierten, gezielten Beeinflussung von Prozessen der Eindrucksbildung (‚Impression Management Theory') übertragen, die eben gerade nicht unmittelbar (tatsächlich) von einem Problem Betroffene betrachten, sondern im Sinne der hier unterstellten Rezipientenschaft, mittelbar (potentiell) von einem Problem Betroffene in den Mittelpunkt rücken, die das Anbieterverhalten in gegebenen Austauschbeziehungen beurteilen: *„The impression management approach to organizational justice explicitly recognizes that fairness is in the eye of the beholder. (..) To some extent, organizational justice may require impressing others with one`s fairness. (..) Thus, the impression management view of organizational justice conceives of fairness as a label for a set of attributions regarding adherence to appropriate standards of conduct that enhances one`s self-image and/or one`s projected social image."*[263]

Zentrale Annahme von Konzepten der *Equity-Theorie*, die Eingang in die Eindrucksbildungsforschung gefunden haben, ist der Vergleich des Konsumenten sowohl seines eigenen Einsatzes (Inputs) mit dem aus dieser Beziehung resultierenden Ergebnis (Outputs) als auch seiner eigenen In- und Outputs mit denen des Anbieters und anderer Konsumenten als Referenzpersonen.[264] Aus diesem Vergleich zieht der Konsument Schlüsse über die Gerechtigkeit einer Austauschsituation. *Gerechtigkeit* (*equity*) aus Sicht des Urteilenden (A) wird empfunden, wenn sein eigenes Output-Input-Verhältnis mit demjenigen (denjenigen) der Referenzperson(en) (Anbieter und/oder andere Kunden) (B) übereinstimmt[265] respektive in einem gewissen, nicht zu großen Rahmen zugunsten des Urteilenden ausfällt:[266]

---

[261] Diese Folgerung stellt auch einen Ausfluss der *Prospect Theorie* dar, wonach die Darstellung von Situationen in Form von Gewinnen oder Verlusten Einfluss darauf hat, ob Konsumenten einen Anbieter als gerecht (fair) oder ungerecht (unfair) beurteilen. Vgl. Kahneman, D.; Knetsch, J. L.; Thaler, R. H. (1991), S. 203 f.; Taylor, S. E. (1991), S. 70.

[262] Eine Zusammenfassung dieser Theorien bieten u. a. Sieben, F. G. (2002), S. 53 ff.; Erevelles, S.; Leavitt, C. (1992).

[263] Greenberg, J. (1990), S. 116.

[264] Sowohl der Input als auch der Output mögen jeweils aus materiellen (monetären) wie nicht-materiellen (psychischen) Komponenten bestehen. Als Inputs in die Austauschbeziehung fließen dabei etwa neben dem gezahlten Kaufpreis auch Größen wie Wartezeiten, Anfahrtskosten oder mit der Informationssuche verbundener Aufwand in die Betrachtung mit ein. Der Output des Konsumenten besteht aus der erhaltenen (Produkt-)Leistung und einer gegebenenfalls nachträglich gezeigten Bewältigungsaktivität des Anbieters.

[265] Vgl. Homans, G. (1968), S. 30; Adams, J. S. (1965), S. 267 ff.

[266] Fisk, R. P.; Young, C. E. (1985), S. 341: *"Individuals in an exchange seek to maximize their outcomes relative to their inputs."* In einigen Ansätzen wird Zufriedenheit über die so resultierende wahrgenommene Gerechtigkeit erklärt: Zufriedenheit entsteht, wenn das Output-Input-Verhältnis des Urteilenden dem der

$$\frac{\text{Output}_A}{\text{Input}_A} \geq \frac{\text{Output}_B}{\text{Input}_B}$$

Weicht das wahrgenommene Output-Input-Verhältnis des Urteilenden nach unten, d.h. zu seinen Ungunsten, ab, gilt also

$$\frac{\text{Output}_A}{\text{Input}_A} < \frac{\text{Output}_B}{\text{Input}_B},$$

so resultiert *negative Ungerechtigkeit* (*negative inequity*). Im Falle eines deutlich nach oben über einen gewissen Toleranzrahmen hinausragenden Output-Input-Verhältnisses des Urteilenden zu seinen Gunsten relativ zu demjenigen (denjenigen) der Referenzperson(en) entsteht umgekehrt *positive Ungerechtigkeit* (*positive inequity*): [267]

$$\frac{\text{Output}_A}{\text{Input}_A} >> \frac{\text{Output}_B}{\text{Input}_B}$$

Das Gefühl der Ungerechtigkeit (inequity), sowohl in Form der negativen als auch der positiven Ungerechtigkeit, mag einen inneren Spannungszustand beim Urteilenden auslösen, der dazu motiviert, denselben abzubauen:[268] *„One consequence of inequitable exchange is that the participants of such relationships experience distress or tension. [...] Individuals who discover they are participants in an inequitable relationship attempt to eliminate their distress by restoring equity".*[269] Als Strategien zur Wiederherstellung von Gerechtigkeit (equity) kommen dabei sowohl eine tatsächliche (faktische) Modifikation der eigenen bzw. beobachteten In- bzw. Outputs, etwa durch nachträglich geforderte bzw. gewährte Kompensationsleistungen, in Betracht (*‚actual restoration activity'*) wie auch eine kognitive Restrukturierung bzw. Neubewertung faktisch unveränderter wahrgenommener In- und Outputs (*‚psychological restoration activity'*).[270]

Neueren Ansätzen der Equity-Theorie zufolge wird *Gerechtigkeit als mehrdimensionales Konstrukt* aufgefasst, das eine distributive, prozedurale und interaktionale Gerechtigkeitsdimension beinhaltet.[271] *Distributive Gerechtigkeit* (Verteilungsgerechtigkeit) ist dabei auf das Ergebnis des Austauschprozesses bezogen. *Prozedurale Gerechtigkeit* (Verfahrensgerechtig-

Referenzperson (des Anbieters bzw. anderer Konsumenten) mindestens entspricht. Vgl. Homburg, C.; Rudolph, B. (1997), S. 36 f.

[267] Vgl. Garrett, D. E. (1999), S. 26 ff.; Ho, T. H.; Lim, N.; Camerer, C. F. (2006), S. 313.

[268] Vgl. Fisk, R. P.; Young, C. E. (1985), S. 341.

[269] Hunt, J. M.; Kernan, J. B.; Mizerski, R. W. (1983), S. 136 f.

[270] Vgl. Hunt, J. M.; Kernan, J. B.; Mizerski, R. W. (1983), S. 137.

[271] Vgl. Blodgett, J. G.; Hill, D. J.; Tax, S. S. (1997) ; Blodgett, J. G.; Tax, S. S. (1993); Tax, S. S.; Brown, S. W.; Chandrashekaran, M. (1998); Smith, A. K.; Bolton, R. N.; Wagner, J. (1999).

keit) bezieht sich auf die angewandten Verteilungsregeln („*policies, procedures, criteria*"[272]), durch die ein Verteilungsergebnis herbeigeführt wird. *Interaktionale Gerechtigkeit* stellt auf die Behandlung des Austauschpartners während der Anwendung der Verteilungsregeln (etwa durch Mitarbeiter des Anbieters) im Einzelfall ab. Durch diese Unterscheidung werden implizit unterschiedliche Arten von Produktproblemen (etwa Probleme im Ergebnis einer Leistungserstellung und Probleme während einer Leistungserstellung) erfasst, die in unterschiedlicher Weise diese drei Gerechtigkeitsdimensionen tangieren mögen, wodurch wiederum eine jeweils unterschiedliche, problem- bzw. gerechtigkeitsadäquate Bewältigungsaktivität des Anbieters erforderlich werden mag.[273] Je nach Art der vom Urteilenden angewandten *Verknüpfungsregel*[274] bei der Aggregation der Ausprägungen dieser drei Gerechtigkeitsdimensionen zu einer resultierenden Gesamtgerechtigkeitsreaktion, drängt sich die Vorstellung von einem mehr oder weniger kompensatorischen bzw. komplementären Verhältnis der Ausprägungen der drei Gerechtigkeitsdimensionen auf: Lässt sich etwa eine empfundene negative Ungerechtigkeit (negative inequity) im Ergebnis einer Leistungserstellung (tangierte distributive Gerechtigkeitsdimension) durch eine empfundene Gerechtigkeit (equity) bzw. positive Ungerechtigkeit (positive inequity) im Prozess der Leistungserstellung (tangierte prozedurale bzw. interaktionale Gerechtigkeitsdimension) ausgleichen (kompensieren)?

Mit *Greenberg* (1990) lässt sich nun der Kerngedanke der Equity-Theorie analog auf die Beurteilung wahrgenommener Austauschbeziehungen *anderer* Transaktionspartner durch die

---

272 Vgl. Blodgett, J. G.; Hill, D. J.; Tax, S. S. (1997), S. 189.

273 Vgl. Smith, A. K.; Bolton, R. N.; Wagner, J. (1999), S. 360.

274 Mit der *Verknüpfungsregel* wird eine Aussage über die Zusammenfassung (Aggregation) der jeweiligen Gerechtigkeitsdimensionen zu einer aus diesen Dimensionen komponierten Gesamtgerechtigkeitsreaktion gemacht. Analog zu Modellen der Präferenzbildung (vgl. Kroeber-Riel, W.; Weinberg, P. (1996), S. 306 f. und 379 f.) lassen sich *kompensatorische und nicht-kompensatorische Verknüpfungsregeln* unterscheiden: Bei *kompensatorischen* Verknüpfungsregeln wird davon ausgegangen, dass Urteilende die einzelnen Ausprägungen der Gerechtigkeitsdimensionen als grundsätzlich vergleichbar ansehen; die Ausprägungen der einzelnen Gerechtigkeitsdimensionen lassen sich zu einem Gesamtgerechtigkeitswert (additiv oder multiplikativ) aggregieren. Im *additiven Modell* berechnet sich der Gesamtgerechtigkeitswert einer beurteilten Austauschbeziehung durch die Addition der Gerechtigkeitswerte der einzelnen Gerechtigkeitsdimensionen. Dabei können geringe Gerechtigkeitswerte bei einer Dimension durch höhere Gerechtigkeitswerte bei anderen Dimensionen ausgeglichen (kompensiert) werden. Interaktionen der drei Gerechtigkeitsdimensionen werden als irrelevant angesehen. Bei *polynomialen* Verknüpfungsregeln ergibt sich der Gesamtgerechtigkeitswert einer Austauschbeziehung allgemein durch eine Kombination von Summen, Differenzen und Produkten, wobei eine explizite Erfassung wechselseitiger Einflüsse (Interaktionen) der Dimensionen untereinander möglich ist. Die *nichtkompensatorischen* Verknüpfungsregeln gehen davon aus, dass eine Austauschsituation nur dann als gerecht empfunden wird, wenn bei jeder Gerechtigkeitsdimension bestimmte Mindestausprägungen vorliegen; die Ausprägungen bei einzelnen Gerechtigkeitsdimensionen werden nicht zu einem Gesamtgerechtigkeitswert zusammengefasst. Beim *konjunktiven Modell* stellt sich Gerechtigkeit beim Urteilenden nur dann ein, wenn *jede* Eigenschaft einen bestimmten Mindestgerechtigkeitswert aufweist. Im *disjunktiven Modell* wird eine Austauschbeziehung bereits als gerecht empfunden, wenn *mindestens* eine Gerechtigkeitsdimension einen bestimmten Mindestwert erfüllt, unabhängig davon, welche Ausprägungen die übrigen Dimensionen aufweisen.

hier betrachteten Rezipienten übertragen:[275] Letztere beobachten Austauschbeziehungen anderer Austauschpartner, die über eigene negative Produkterfahrungen mit einem Anbieter bzw. dessen Leistungsangebot in den Produktkrisensituationen berichten, von denen erstgenannte potentiell selbst betroffen sein mögen. Hieraus resultiert eine Beurteilung des in solchen Beziehungen involvierten Anbieters, mit dem Rezipienten potentiell eigene zukünftige Austauschbeziehungen aufnehmen bzw. weiterführen werden. Eine von Rezipienten zu beurteilende Austauschsituation (auch fremder Transaktionspartner) mag dem *Equity-Ansatz* zufolge nun allgemein als gerecht (fair) empfunden werden, wenn das beobachtete Output-Input-Verhältnis insgesamt, d.h. nicht in Bezug auf einzelne Gerechtigkeitsdimensionen, zwischen den beiden zu beurteilenden Transaktionspartnern übereinstimmt bzw. in einem (noch) angemessenen Verhältnis zugunsten des Kunden abweicht.[276] Ein Abweichen der wahrgenommenen Output-Input-Verhältnisse der beiden Austauschpartner mag bei Rezipienten ein Gefühl der Ungerechtigkeit (inequity) erzeugen, welches sowohl im Falle einer Benachteiligung (negative inequity) als auch bei einer starken Begünstigung (positive inequity) entstehen kann.[277] Die vorliegenden Produktkrisensituationen enthalten allesamt Informationen, die auf insgesamt ungleichgewichtige Output-Input-Relationen von Kunden als Austauschpartnern in Form einer Benachteiligung (negative inequity) hindeuten, für die ein Anbieter (noch) keine Lösung in Aussicht gestellt hat.[278] Als Input liegen in allen hier betrachteten Produktkrisensituationen wahrgenommene Verluste materieller wie immaterieller Art (erfahrene Schäden oder Folgeschäden, der gezahlte Kaufpreis, Unzufriedenheit bzw. kognitive Dissonanzen) vor. Der Output besteht in der vom Anbieter in die Austauschbeziehung eingesetzten (Produkt-)Leistung sowie etwaiger nachträglich (nach dem Kauf) gezeigter Bewältigungsleistungen. Letztere stehen zum betrachteten Zeitpunkt noch aus. Der empfangene Output in Form der Produktleistung bleibt hinter den in die Austauschbeziehung eingesetzten Inputs zurück. Es liegen mithin Verlustsituationen vor, die auf eine (mehr oder weniger große) Ungerechtigkeit der Betroffenen als Transaktionspartner hindeuten. In der neutralen Vergleichssituation liegt hingegen kein gestörtes Output-Input-Verhältnis der Transaktionspartner vor. Hieraus leitet sich unmittelbar die folgende situationsspezifische Hypothese ab:

H1.1c ***In allen Krisensituationen ist die wahrgenommene Gerechtigkeit des Anbieters geringer als in der Nicht-Krisensituation.***

[275] Eine Voraussetzung hierfür kann darin gesehen werden, dass sich die Rezipienten mit den über das Problem berichtenden Akteuren bzw. ihren Problemen im Grundsatz identifizieren bzw. deren Glaubwürdigkeit als gegeben betrachten.

[276] Vgl. Homans, G. (1968), S. 30.

[277] Vgl. Garrett, D. E. (1999), S. 28; Sieben, F. G. (2002), S. 53 f.

[278] Vergleichsweise negative Gerechtigkeitswahrnehmungen des Anbieters mögen sich auch als Nebeneffekt ungünstiger Attributionen der Rezipienten in den Produktkrisensituationen ergeben. Vgl. Folkes, V. S. (1984), S. 399.

Weitere anbieterbezogene Reaktionen lassen sich aus der den hier betrachteten Produktkrisensituationen inhärenten Eigenschaft einseitig negativer bzw. fehlender positiver und somit unvollständiger Informationen bzw. – gleichsam spiegelbildlich – aus einer selektiven Informationsaufnahme der Rezipienten[279] ableiten. Bezugnehmend auf eine solche Ausgangslage ermöglicht der im Rahmen attributionstheoretischer Arbeiten analysierte so genannte *fundamentale Attributionsfehler* (*fundamental attribution error, false consensus effect*)[280] eine Prognose anbieterbezogener Rezipientenreaktionen auf die gegebenen Krisensituationen.[281] Dieser von *Jones/Nisbett* (1972) aufgedeckte Attributionsfehler bezeichnet die Tendenz von Rezipienten, von den Verhaltensweisen anderer auf deren (stabile) Persönlichkeitsmerkmale bzw. Dispositionen (internale Faktoren) zu schließen ohne dabei die situativen Faktoren (externale Faktoren) zu berücksichtigen. Individuen gehen generell davon aus, dass andere so sind wie sie sich verhalten. Ganz im Gegensatz dazu führen sie ihr eigenes Verhalten hauptsächlich auf externale Faktoren zurück. Sie suchen bei der Beobachtung anderer gezielt nach überdauernden Faktoren, da nur diese eine Vorhersage ihres Verhaltens ermöglichen; stabil bleiben eben nur Persönlichkeitsmerkmale (Dispositionen). Folglich werden Rezipienten mangels anderer, die negativen Informationen neutralisierenden Informationen (wie etwa Andeutungen über eine geplante Bewältigung) die Gründe für die Existenz der in den Situationen thematisierten Produktprobleme stabilen (überdauernden) Persönlichkeitsmerkmalen (Dispositionen) (etwa Einstellungen, Intentionen, Motivationen) des betreffenden Anbieters zuweisen (wie etwa seiner Unehrlichkeit, Habgier, seinem Eigennutz oder mangelndem Verantwortungsbewusstsein), welche wiederum als Determinanten seines (zukünftigen) Verhaltens betrachtet werden können.[282] Daraus wiederum lassen sich negative Einschätzungen über die Qualität des Produktangebotes respektive des Anbieters selbst im Sinne negativer *Leistungsbeurteilungen* (Kompetenzbeurteilungen) deduzieren. Das Fehlen positiver, die negativen Informationen (potentiell) entkräftender Hinweise über den betroffenen Anbieter bzw. sein Produktangebot mag Rezipienten dazu veranlassen, die ihnen gegebenen (unvollständigen) Informationen analog zu einer Situation zu beurteilen, in der der von negativer Publizität betroffene Anbieter auf die negativen Informationen (auch zukünftig) *keinerlei* Reaktion zu zeigen bzw. Informationen gezielt zu unterdrücken scheint.[283] *Reaktanztheorien* zufolge streben Individuen danach, ihnen genommene Freiheiten wiederherzustellen.[284] In der Knappheit von Informationen, hier der positiven (auf eine Bewältigung des Problems bezogenen) Informationen kann insofern auch eine Einschränkung in der Freiheit, diese zu besitzen erkannt

[279] Vgl. Niemeyer, H.-G. (1993), S. 33.
[280] Vgl. Jones, E. E.; Nisbett, R. E. (1971); Niemeyer, H.-G. (1993), S. 32 f.; Silvera, D. H.; Laufer, D. (2005), S. 5 f.
[281] Vgl. Bradford, J. L.; Garrett, D. E. (1995), S. 877. *Silvera/Laufer* (2005) weisen auf die extreme Robustheit dieses Effektes hin. Vgl. Silvera, D. H.; Laufer, D. (2005), S. 6.
[282] Vgl. Bradford, J. L.; Garrett, D. E. (1995), S. 877.
[283] Vgl. Menon, G.; Jewell, R. D.; Unnava, H. R. (1999), S. 325 f.
[284] Vgl. Brehm, J. W. (1966).

werden, die zu Reaktanz führen kann, begleitet bzw. gefolgt von negativen Rezipientenreaktionen, die auf die Beurteilung des Anbieters und seines Angebotes (seiner Marke) im Sinne negativer Leistungsbeurteilungen ausstrahlen mögen: *„Thus failure by a company to respond to negative publicity may cause consumers to experience reactance. The negative affect that accompanies the reactance may transfer to the brand and company, which are the targets of negative publicity."*[285] Im vorliegenden Fall werden Rezipienten Informationen bezüglich einer Erklärung oder Beseitigung der Produktprobleme durch den Anbieter vorenthalten, von denen sie potentiell selbst betroffen sein mögen. Für den Vergleich der Krisensituationen mit einer ausgewogenen (neutralen) Nicht-Krisensituation leitet sich hieraus hinsichtlich der Beurteilung der Leistung des Anbieters durch Rezipienten folgende Hypothese ab:

H1.1d ***In allen Krisensituationen ist die wahrgenommene Leistung des Anbieters geringer als in der Nicht-Krisensituation.***

2.2.2.1.2 Situationsübergreifende Betrachtungsebene

Beschwerdesituationen sind gekennzeichnet durch ein rechtlich nicht substantiiertes Kundenproblem (‚Unbehagen'), durch welches sich nicht-physische Produktrisiken konkretisieren. Ein Anbieter könnte freiwillig im Rahmen der Kulanz tätig werden, um potentiell negativen Auswirkungen auf das Ansehen, die Reputation, seiner Firma entgegen zu wirken. Eine Kompensationsleistung wird regelmäßig nicht zwingend zu erbringen sein. *Reklamationssituationen* stellen gegenüber Beschwerdesituationen insofern eine Verschärfung dar, als sich zusätzlich zu den in Beschwerdesituationen thematisierten Produktrisiken nun auch durch rechtlich bzw. objektiv substantiierte Produktprobleme in Form von Mängeln und Mangelschäden an dem Produkt selbst physische Produktrisiken manifestieren. Im Unterschied zu Beschwerdesituationen, bei denen ein Garantie- bzw. Gewährleistungsfall eben gerade nicht gegeben ist, mag ein Anbieter in Reklamationssituationen im Grundsatz also wirksam von Betroffenen auf Leistung einer Kompensation in Anspruch genommen werden. In *Rückrufsituationen* konkretisieren sich, neben den in Beschwerde- und Reklamationssituationen thematisierten Produktrisiken, nun auch durch bereits vorliegende Mangelschäden sowie Mangelfolgeschäden (Schäden an anderen Rechtsgütern) physische Produktrisiken besonderer Art: es besteht die Möglichkeit von Beeinträchtigungen der Gesundheit von mit dem Produkt in Kontakt kommenden Personen, im Extremfall die Möglichkeit von Todesfällen, so dass bereits ein Produktrückruf erfolgt ist. Ein Anbieter wird auch in dieser Situation davon ausgehen müssen, im Grundsatz Kompensationsleistungen erbringen zu müssen.

---

[285] Menon, G.; Jewell, R. D.; Unnava, H. R. (1999), S. 326.

Erkennt man in den drei betrachteten Situationen einen zunehmend negativen Informationsgehalt bzw. eine ansteigende Valenz negativer Informationen gemäß des wachsenden Spektrums thematisierter Produktprobleme (konkretisierter Produktrisiken), so lässt sich aus dem bereits situationsspezifisch erörterten *Negativitätseffekt* eine von Beschwerde- über Reklamations- bis hin zu Rückrufsituationen tendenziell ansteigende Attributionstätigkeit der Rezipienten folgern. Im Ergebnis wird diese Tätigkeit in immer extremeren negativen *Verantwortlichkeitszuweisungen* an den Anbieter münden (Polarisierungs- bzw. Extremisierungseffekt).[286] Zudem wird eine Abwertung einzelner anbieterseitiger Ursachen bei Vorliegen verschiedener Ursachen für denselben Effekt (hier das Vorliegen eines Produktproblems) nach dem attributionstheoretischen *Abwertungs- bzw. Vernachlässigungsprinzip* (*discounting principle)*[287] in Situationen mit extrem negativen Konsequenzen eher nicht zu erwarten sein: *„...discounting is less likely to occur for extreme outcomes. [...] when several entities have some role in a product failure with very serious outcomes (e.g., death), discounting should be less likely to be observed."*[288] Ein Ausbleiben dieses Effektes wird also insbesondere in Rückrufsituationen und in abgeschwächter Form in Reklamationssituationen, jedoch kaum in Beschwerdesituationen, zu erwarten sein. Infolge des Negativitätseffektes wird somit eine von Beschwerde- über Reklamations- bis hin zu Rückrufsituationen ansteigende Zuweisung von Verantwortlichkeit an den Anbieter resultieren. Die in Beschwerdesituationen thematisierten rechtlich nicht relevanten „Allerweltsprobleme“ mögen, diesen Ausführungen folgend, stärker auf kundenseitige als auf anbieterseitige Problemursachen zurückgeführt werden als die den typischen Gegenstand von Reklamations- und Rückrufsituationen bildenden manifesten Probleme: *„When encountering a major (or serious) problem with the product, consumers experience a significant reduction in the utility of consuming the product due to weaker performance or less appeal. [..] In the case of a minor problem, however, the reduction of consumption utility is negligible and of small personal consequence. In many cases, a major problem tends to be relatively easier to trace back to an unambiguous culprit (and is likely to be an external source) while the cause for a minor problem is less clear-cut."*[289] Hieraus resultiert unmittelbar der folgende situationsübergreifende Zusammenhang:

<u>H1.2a</u> ***In Rückrufsituationen (Reklamationssituationen) ist die Verantwortlichkeitszuweisung an den Anbieter höher als in Reklamations- und Beschwerdesituationen (Beschwerdesituationen).***

[286] Vgl. Niemeyer, H.-G. (1993), S. 28 f.; Mizerski, R. W. (1982).
[287] Vgl. Kelley, H. H. (1972, 1973); Mizerski, R. W. (1982), S. 302.
[288] Vgl. Folkes, V. S.; Patrick, V. (2001), S. 27.
[289] Su, W.; Tippins, M. J. (1998), S. 142; vgl. auch Laufer, D.; Gillespie, K.; McBride, B.; Gonzales, S. (2005), S. 33 ff.; Silvera, D. H.; Laufer, D. (2005), S. 22.

Überlegungen im Rahmen von *Prospect Theorie* und *Mental Accounting* zufolge strukturieren Individuen die Ergebnisse von Konsumprozessen, so wie sie in den vorliegenden Produktkrisensituationen offen zu Tage treten, in Form psychologischer Konten getrennt nach Kosten und Nutzen und bewerten resultierende ‚Verluste' bzw. ‚Gewinne' separat.[290] Ein gemessen an der rechtlichen Relevanz und dem Spektrum konkretisierter Produktrisiken vergleichsweise umfangreicheres Produktproblem, wie etwa ein solches, das in Rückrufsituationen thematisiert wird, würde nun die Kosten eines (wahrgenommenen) Konsumprozesses überproportional stärker erhöhen bzw. betonen als ein in dem bezeichneten Sinne weniger umfangreiches Problem, was sich wiederum in ähnlicher Weise in der Schadens- bzw. Verlustbewertung von Rezipienten reflektieren wird.[291] Hieraus leitet sich eine höhere *wahrgenommene Problemschwere* in der Rückrufsituation (Reklamationssituation) im Vergleich zur Reklamations- und Beschwerdesituation (Beschwerdesituation) ab. Eine alternative Begründung liefern *Jungermann/Slovic* (1993) mit ihrer so genannten *Krisen-Signal-Theorie*, nach der die Wirkung eines isolierten Krisenereignisses vom Signalpotential dieses Ereignisses abhängt.[292] Den Autoren zufolge ist das Signalpotential eines Ereignisses, hier des in der jeweiligen Produktkrisensituation thematisierten Produktproblems, umso höher, je stärker es als Vorbote für weitere, noch gravierendere (einschneidendere) Schadensereignisse angesehen wird. Krisensituationen mit hohem Signalpotential können deshalb selbst schon als sehr ernst bzw. bedrohlich wahrgenommen werden, weil sie Schlimmeres ankündigen, auch wenn die unmittelbaren Schäden (konkretisierten Produktrisiken) relativ gering sind. Da nach dieser (Krisen-) Signal-Theorie Schäden insbesondere nach ihrem Signalpotential wahrgenommen und beurteilt werden, folgt für die *wahrgenommene Problemschwere*, in der die subjektive Bewertung der Schadens- bzw. Verlusthöhe erfasst ist, dass diese steigt, je höher das Signalpotential durch ein Schadensereignis ist.[293] Als Situationen mit dem vergleichsweise höchsten Signalpotential dürften sich, dem Tenor der negativen Publizität nach, vor allem die hier betrachteten Rückrufsituationen erweisen. Neben den im Situationsvergleich umfangreichsten konkretisierten Produktrisiken, die wiederum auf eine hohe Gefährdungslage der Konsumenten hindeuten, mag auch der angekündigte Produktrückruf ein zusätzliches starkes (potentiell negatives) Krisensignal darstellen.[294] Reklamationssituationen weisen wiederum mit der Kon-

[290] Vgl. Hirst, D. E.; Joyce, E. J.; Schadewald, M. S. (1994); Smith, A. K.; Bolton, R. N.; Wagner, J. (1999), S. 360 f.; Kerr, A. H. (2004), S. 25.

[291] Vgl. Kerr, A. H. (2004), S. 25.

[292] Vgl. Jungermann, H.; Slovic, P. (1993), S. 101; Balderjahn, I.; Mennicken, C. (1994), S. 23.

[293] Vgl. Jungermann, H.; Slovic, P. (1993), S. 93 f. und Balderjahn, I.; Mennicken, C. (1994), S. 13; Alvensleben, v. R.; Kafka, C. (1998), S. 5 f.

[294] Ob der Rückruf tatsächlich als negatives Signal eingeschätzt wird, bildet eine offene Frage, die kontrovers diskutiert wird. Vgl. Standop, D. (1995), S. 90; Standop, D. (1999), S. 28 ff.; Standop, D. (2006), S. 103: "*Die Rückrufinformation weist Signale für zugleich schlechte, aber auch gute Produktqualität auf: zum einen die Auslieferung fehlerhafter Produkte und zum anderen die beträchtlichen Anstrengungen, die Fehler wieder gut zu machen.*"

kretisierung physischer Risiken auch generell auf die Möglichkeit eines zukünftigen Eintritts physischer Schäden hin, ein Signal, welches gerade in Beschwerdesituationen fehlt. Hier wiederum deuten die bereits eingetretenen Produktprobleme lediglich auf die Möglichkeit eines (weiteren) Eintritts nicht-physischer, kaum objektivierbarer Produktrisiken hin. Aus beiden Ansätzen leitet sich folgende Hypothese ab:

H1.2b ***In Rückrufsituationen (Reklamationssituationen) ist die wahrgenommene Problemschwere größer als in Reklamations- und Beschwerdesituationen (Beschwerdesituationen).***

Informationen über unterschiedlich weit reichende konkretisierte Produktrisiken, die auf unterschiedlich hohe Verluste aufmerksam machen, werden sich nicht nur in unterschiedlicher Weise in der Problembeurteilung von Rezipienten reflektieren. Da die Situationen auf mehr oder weniger stark gestörte (ungleichgewichtige) Output-Input Relationen der betroffenen Transaktionspartner hindeuten, welche sich in einem unterschiedlich großen psychischen Ungleichgewicht manifestieren mögen, erzeugen die Situationen, einer analogen Anwendung von Konzepten der *Equity-Theorie* auf Prozesse der Eindrucksbildung folgend, auch unterschiedliche Gerechtigkeitswahrnehmungen von Rezipienten dieser Information bezüglich des in die Krise geratenen Anbieters. Rezipienten lassen sich nämlich als potentielle Kunden und damit potentiell von dem Problem Betroffene charakterisieren. Sie haben ein grundsätzliches Interesse an zukünftigen Geschäftsbeziehungen mit dem betreffenden Anbieter und beurteilen damit die Situationen nach ähnlichen Kategorien, insbesondere also auch nach Gerechtigkeits- bzw. Fairness-Aspekten, wie tatsächlich (unmittelbar) von dem Problem betroffene Kunden, deren negative Konsumerfahrungen den Gegenstand negativer Publizität bilden.[295] Bei konstantem Input und relativ geringerem Output in der Rückrufsituation im Vergleich zur Reklamations- bzw. Beschwerdesituation ergibt sich aus dem Vergleich dieser beiden Größen eine relativ geringere wahrgenommene Gerechtigkeit in der Rückrufsituation als in der Reklamations- bzw. Beschwerdesituation. Oder anders formuliert: Da der nachträglich, nach Bekanntwerden des Produktproblems, von Betroffenen zu erbringende *Input* (der sich sowohl in ökonomischen Kategorien wie Kosten und Zeitaufwand als auch in psychischen Größen wie Mühen und kognitiven Belastungen niederschlagen mag[296]), um zu einer ausgewogenen Austauschbeziehung zurückzukehren, in Rückrufsituationen (Reklamationssituationen) tendenziell umfangreicher sein wird als in Beschwerde- und Reklamationssituationen (Beschwerdesituationen), lässt sich in Rückrufsituationen (Reklamationssituationen) auch eine geringere *wahrgenommene Gerechtigkeit* des Anbieters erwarten als in Reklamations- und Beschwerdesituationen (Beschwerdesituationen). Diese Schlussfolgerung steht allerdings unter dem Vorbehalt, dass der Anbieter keinerlei Maßnahmen zur Beseitigung des bestehenden

[295] Vgl. Greenberg, J. (1990), S. 115 ff.
[296] Vgl. Kashyap, R. (2001), S. 13 ff.

Ungleichgewichtes, etwa durch eine nachträgliche Erhöhung des *Outputs*, eingeleitet hat, wovon in dieser Hypothesengruppe (‚Abwesenheit jedweder Bewältigungsaktivität') stets ausgegangen wird. Für die *wahrgenommene Gerechtigkeit* des Anbieters resultiert die folgende Hypothese:

<u>H1.2c</u> *In Rückrufsituationen (Reklamationssituationen) ist die wahrgenommene Gerechtigkeit des Anbieters geringer als in Reklamations- und Beschwerdesituationen (Beschwerdesituationen).*

Die Abwesenheit jedweder Bewältigungsaktivität mag in den betrachteten Produktkrisensituationen in negativer Weise auf die *wahrgenommene Leistung* (Kompetenz) des Anbieters durch Rezipienten ausstrahlen, welche sich in den einzelnen Produktkrisensituationen in ihrem Ausmaß unterscheiden wird. Hierfür lassen sich zwei theoretische Erklärungsansätze anführen. Ein *erster Ansatz* stellt auf die *Erwartungsbildung* der Rezipienten ab.[297] Zwar existieren in der Literatur unterschiedliche konkurrierende Definitionsvorschläge zum Erwartungsbegriff, doch besteht Einigkeit darüber, dass Erwartungen einen Standard repräsentieren, anhand dessen Kunden ihnen gewährte Leistungen beurteilen, wobei sich dieser Standard sowohl auf die erwünschte Leistung als auch die mögliche Leistung beziehen mag.[298] Auf die Erwartungsbildung von Rezipienten wirken Faktoren ein, die *v. Raaij* (1991) wie folgt zusammenfasst: „*The sources of expectations are memories of actual experiences, perceptions of current stimuli, inferences drawn from related experiences (such as the trial of other objects), and information from others.*"[299] Von den in den Krisensituationen enthaltenen Stimuli wird folglich ein Einfluss auf die Erwartungsbildung der Rezipienten, insbesondere im Hinblick auf die Erwartungen an eine Bewältigung des Anbieters (Bewältigungserwartungen), zu vermuten sein, wobei stärker negative Stimuli tendenziell mit höheren Bewältigungserwartungen einhergehen werden: „*The severity of the failure may increase the [.] recovery expectations*".[300] „*It is assumed that a higher loss will set the complainant's expectation level higher; therefore, there would be a lower probability that the expectation would be met.*"[301] Infolge situationsspezifisch unterschiedlich ausgeprägter Stimuli wird dieser Einfluss in den einzelnen Situationen jedoch variieren: Aufgrund der rechtlichen Irrelevanz in Verbindung mit der mangelnden Evidenz des Kundenproblems dürfte, dem Tenor der negativen Publizität von *Beschwerdesituationen* nach, die Wahrscheinlichkeit von Rezipienten hier allgemein eher

---

297 Vgl. Miller, J. L.; Craighead, C. W.; Karwan, K. R. (2000), S. 389 und die dort angegebene Literatur. Siehe auch Dawar, N.; Pillutla, M. M. (2000); Dawar, N. (1998); Parasuraman, A.; Berry, L. L.; Zeithaml, V. A. (1991); v. Raaij, W. F. (1991), S. 401 ff.

298 Vgl. Bruhn, M. (2000), S. 1033; Oliver, R. L.; Winer, R. S. (1987), S. 469 ff.;

299 v. Raaij, W. F. (1991), S. 403.

300 Miller, J. L.; Craighead, C. W.; Karwan, K. R. (2000), S. 389; vgl. Bitner, M. J.; Booms, B. H.; Tetreault, M. S. (1990).

301 Gilly, M. C.; Gelb, B. D. (1982), S. 324.

gering eingeschätzt werden, dass dem Kundenanliegen seitens des Anbieters uneingeschränkt entsprochen wird bzw. werden sollte.[302] Folglich werden daher die Erwartungen der Rezipienten an eine (besonders großzügige) Bewältigung des Anbieters in Beschwerdesituationen im Situationsvergleich tendenziell eher gering ausgeprägt sein. In *Reklamationssituationen* mag aufgrund der gegebenen rechtlichen Relevanz in Verbindung mit der Evidenz des Kundenproblems die Wahrscheinlichkeit, dass dem Kundenanliegen seitens des Anbieters (uneingeschränkt) entsprochen wird, höher eingeschätzt werden als in Beschwerdesituationen. Vieles spricht also dafür, dass in dieser Gruppe von Situationen die Erwartungen der Rezipienten an eine (besonders großzügige) Problembehandlung durch den Anbieter tendenziell höher ausfallen werden als in Beschwerdesituationen. Ähnliches dürfte auch für die Gruppe der *Rückrufsituationen* zutreffen, bei der ein manifestes und rechtlich relevantes Produktproblem bereits zu Folgeschäden geführt hat, so dass es zu einer Ankündigung eines Produktrückrufes gekommen ist. In einer solchen, durch ein weites Spektrum an Verlustkategorien (nicht-physischer wie weit reichender physischer Art) gekennzeichnete Situation dürften die Erwartungen der Rezipienten an eine großzügige Problembewältigung durch den Anbieter vergleichsweise hoch sein. Der Einfluss anwachsender Erwartungen auf die Beurteilung der Leistung respektive Kompetenz des Anbieters durch die Rezipienten lässt sich nun aus dem *Confirmation-Disconfirmation-Paradigma*[303] folgern. Hiernach wird eine Leistung umso schwächer beurteilt, je weniger sie den als Vergleichsstandards fungierenden Erwartungen der Kunden entspricht.[304] Die wahrgenommene (Ist-)Leistung des Anbieters besteht situationsübergreifend in einer nicht vorhandenen Bewältigungsaktivität bzw. Nicht-Reaktion auf die thematisierten Produktprobleme (‚Abwesenheit jedweder Bewältigungsaktivität'). Die Beurteilung der Kompetenz bzw. Leistung des Anbieters durch Rezipienten wird in Rückrufsituationen negativer ausfallen als in den übrigen Situationen, da hier eine Bewältigung vergleichsweise stärker erwartet wird, diese erhoffte (erwünschte) bzw. mögliche Bewältigungsaktivität jedoch – ebenso wie in allen anderen Situationen – ausbleibt. Umgekehrt bleiben in Beschwerde- und Reklamationssituationen die Erwartungen an eine (umfangreiche) Bewältigungsaktivität seitens des Anbieters nur vergleichsweise weniger stark hinter den nicht erfolgten Bewältigungsleistungen (als wahrgenommener Ist-Zustand) zurück. Folglich werden in diesen Situationen vergleichsweise weniger negative Kompetenz- bzw. Leistungsbeurteilungen resultieren.

[302] Zu einem ähnlichen Schluss könnte man gelangen, wenn man die in Hypothese H1.2a postulierte geringere Mitverantwortlichkeit des Anbieters in Beschwerdesituationen im Vergleich zu den übrigen Situationen als gegeben ansieht, aus der sich wiederum niedrigere Bewältigungserwartungen ableiten lassen (indirekter Effekt). Den Zusammenhang zwischen Attributionen und der Bildung von Erwartungen skizzieren v. Raaij, W. F. (1991), S. 405 sowie Kelley, H. H.; Michela, J. L. (1980), S. 457 ff.

[303] Vgl. Erevelles, S.; Leavitt, C. (1992).

[304] Vgl. Bruhn, M. (2000), S. 1035.

Ein *zweiter Erklärungsansatz* berücksichtigt den in den Krisensituationen unterschiedlich ausgeprägten (Krisen-) *Signalgehalt* negativer Informationen, der sich in der Folge auf die Anbieterbeurteilung auswirkt. Der in der Gruppe der Rückrufsituationen als bereits erfolgt thematisierte Produktrückruf in Verbindung mit dem Vorhandensein von Personenschäden stellt ein vergleichsweise starkes *Signal* dar, das zu einer *Stigmatisierung* des auslösenden Ereignisses bzw. der Ursachen und Verantwortlichen führen mag.[305] Die Stigmatisierung lässt sich als mentaler Prozess der Verknüpfung von Kognitionen mit negativen, bewertenden Assoziationen begreifen, durch den Objekte, hier Anbieter, gleichsam „gebrandmarkt“ werden.[306] Insbesondere die Rückrufsituation sticht mit den thematisierten physischen Risiken und dem im Raume stehenden Produktrückruf, welche vergleichsweise starke Signale darstellen mögen, gegenüber den anderen beiden Situationen deutlich hervor. Hieraus leitet sich gemäß der (Krisen-)*Signal-Theorie*[307] in Rückrufsituationen ein relativ höheres Signalpotential ab, welches zu einer negativeren wahrgenommenen Leistung des Anbieters transferieren mag. Für den Vergleich von Reklamations- zu Beschwerdesituationen gilt diese Argumentation analog.

Aus diesen unterschiedlichen theoretischen Ansätzen leitet sich folgende situationsübergreifende Hypothese hinsichtlich der *wahrgenommenen Leistung* des Anbieters ab:

H1.2d ***In Rückrufsituationen (Reklamationssituationen) ist die wahrgenommene Leistung des Anbieters geringer als in Reklamations- und Beschwerdesituationen (Beschwerdesituationen).***

2.2.2.2 Hypothesengruppe 2: Wirkungen der Qualitätsreputation des Anbieters vor der Krise auf die Wirkung von Produktkrisensituationen auf Rezipientenreaktionen

2.2.2.2.1 Situationsspezifische Betrachtungsebene

Die der Hypothesengruppe 2 zugrunde liegende Leitfrage lautet: *In welcher Weise verändern unterschiedliche Ausprägungsgrade des gegebenen Einflussfaktors die Rezipientenreaktionen auf die gegebenen Produktkrisensituationen?* Der Suche nach Hypothesen hinsichtlich der Wirkungsweise der vor der Krise gegebenen Qualitätsreputation des Anbieters auf die Rezipientenreaktionen auf gegebene Produktkrisen bei Abwesenheit jedweder Bewältigungsakti-

[305] Vgl. Balderjahn, I.; Mennicken, C. (1994), S. 23.
[306] Vgl. Balderjahn, I.; Mennicken, C. (1994), S. 23.
[307] Vgl. Jungermann, H.; Slovic, P. (1993), S. 93 f. Besondere Relevanz kommt hier der Frage zu, ob der Produktrückruf als eher positives oder negatives Signal gewertet wird. Vgl. Standop, D. (1991), S. 80 ff.

vität lässt sich wiederum zunächst auf der *situationsspezifischen Betrachtungsebene* nähern, indem nach theoretischen Erklärungsansätzen als Begründungen für einen etwaigen Effekt des besagten Einflussfaktors auf Rezipientenreaktionen in allen drei gemeinsam als Aggregat betrachteten Produktkrisensituationen Ausschau gehalten wird. Nur für den Fall, dass sich im Rahmen einer solchen Analyse ein theoretisch abgeleiteter grundsätzlicher Einfluss ergibt, erscheint es sinnvoll sodann in einem zweiten Schritt im Rahmen einer *situationsübergreifenden*, einzelne Produktkrisensituationen vergleichenden, detaillierteren *Betrachtungsweise* potentiell unterschiedliche Effekte des gegebenen Einflussfaktors theoriegeleitet aufzuspüren. Die situationsspezifische Betrachtungsebene ist also wiederum implizit in der das zweite Teilproblem bildenden Frage enthalten bzw. der Betrachtung auf der situationsübergreifenden Ebene gedanklich vorgelagert.

Aus Ansätzen der *Impression Formation Theory* lässt sich ableiten, dass zur Verfügung stehende anbieterbezogene Informationen über die vor der Krise bestandene Qualitätsreputation des Anbieters ebenso wie krisensituationsbezogene Informationen von Rezipienten aufgenommen und zu Eindrücken bzw. Urteilen verarbeitet werden, sofern eine grundsätzliche Relevanz für die zu beurteilenden Sachverhalte, hier insbesondere die Beurteilung des Anbieters und seiner Leistungen, gegeben ist.[308] Die grundsätzliche Relevanz der vor der Krise gegebenen Qualitätsreputation des Anbieters ergibt sich unmittelbar aus der allen Produktkrisensituationen inhärenten Qualitätsunsicherheit der Nachfrager (Rezipienten).[309] Aus der *Signaling-Theorie*[310] leitet sich eine zentrale Funktion der vor der Krise gegebenen Qualitätsreputation des Anbieters für Nachfrager ab, indem sie deren Qualitätsunsicherheit abzubauen und etwaige, im Rahmen einer ansonsten (bei fehlender Reputation als Qualitätssignal) erforderlich werdenden umfangreichen Qualitätsinspektion anfallende Transaktionskosten zu ersparen vermag. Sofern die Qualitätsbewertung eines Gutes ex ante (vor Vertragsabschluss) also nicht in hinreichendem Umfang möglich ist, wie in dem hier vorliegenden Falle von Erfahrungsgütern, oder diese für den Kunden prohibitiv teuer ist, mag die in der Vergangenheit, in einem Zeitraum vor der Krise, aufgebaute Reputation des Anbieters zu einem Substitut für die nur eingeschränkt mögliche Qualitätsbewertung des Anbieters werden.[311] Dies mag vor allem und

[308] Vgl. Fiske, S. T. (1980), S. 889 ff.; Büschken, J. (1999), S. 14. Nur einem Kunden (Rezipienten) bekannte oder verfügbare Informationen über den Anbieter können für seine Beurteilungen relevant werden. Eine höhere Relevanz solcher Informationen leitet sich wiederum aus dem Negativitätseffekt ab: Nach *Büschken* (1999) ist die Relevanz der Reputation grundsätzlich umso größer, je größer das Schadenspotential der Transaktion für den Nachfrager ist. Vgl. Büschken, J. (1999), S. 12 ff.

[309] Vgl. Spremann, K. (1988), S. 613; Kashyap, R. (2001), S. 8. Als Bezugsobjekte der in den Produktkrisensituationen thematisierten Produktprobleme dienen durchweg Erfahrungsgüter, deren tatsächliche Beschaffenheit sich Rezipienten (Nachfragern) erst durch Produktkonsum (nach dem Kauf) erschließt.

[310] Vgl. Shapiro, C. (1982), S. 20 ff.; Shapiro, C. (1983), S. 659 ff.; Tse, A. C. B. (1999), S. 913; Spence, M. (1974, 1977); Spremann, K. (1988); Kashyap, R. (2001) sowie die dort angeführte Literatur; Büschken, J. (1999); Yoon, E.; Guffey, H. J.; Kijewski, V. (1993), S. 215 ff.; Mahon, J. F. (2002), S. 415 ff.

[311] Vgl. Büschken, J. (1999), S. 2.

insbesondere für die hier vorliegenden Produktkrisensituationen gelten, die durch eine – im Vergleich zur Nicht-Krisensituation – gesteigerte Qualitätsunsicherheit der Nachfrager infolge der öffentlichen Spekulationen über vermeintliche Qualitätsprobleme samt deren potentiell nachteiligen Konsequenzen geprägt sein dürften.[312] Hieraus wiederum lässt sich ein relativ höherer Bedarf an externen Informationen zur Unsicherheitsreduktion ableiten.[313] Die (hohe) Reputation des Anbieters lässt sich als Pfand ansehen, den dieser den Nachfragern bei jeder Transaktion übergibt, die bei schlechter Leistung beschädigt oder gar vernichtet werden kann.[314] Die Gefahr, dieses Pfand zu verlieren, wird einen Anbieter, der langfristig am Markt bestehen will, zu großer Sorgfalt veranlassen und verhindern, dass er seine teuer bzw. langwierig aufgebaute Reputation durch kurzfristiges Gewinnstreben „abmelkt".[315] Die vor der Krise aufgebaute Reputation des Anbieters vermag somit im Grundsatz dazu zu führen, dass (potentielle) Nachfrager ihre Ex-ante-Qualitätserwartungen auch in die Zukunft, in die Krisensituation, extrapolieren.[316]

In allen drei als Aggregat betrachteten Produktkrisensituationen potentiell auftretende moderierende Effekte[317] der vor der Krise bestandenen Qualitätsreputation des Anbieters auf Rezipientenreaktionen auf die hier gegebenen Produktkrisensituationen lassen sich mit Hilfe des in der psychologischen Entscheidungstheorie als Entscheidungs- und Beurteilungsfehler untersuchten so genannten *Bestätigungseffekts* (*confirmatory bias effect*) erklären.[318] Dieser in zahlreichen Studien empirisch gut belegte Effekt besagt, dass Personen dazu neigen, im Rahmen von Beurteilungsprozessen aus der Fülle der ihnen zur Verfügung stehenden Informationen gerade jene auszuwählen, die bereits vorhandene Meinungen bzw. Einstellungen stützen, respektive gegebene Informationen so zu interpretieren, dass dadurch kognitive Dissonanzen vermieden werden. Eigenen Ansichten bzw. Erwartungen widersprechende Informationen, die nicht „ins Bild passen" werden tendenziell ignoriert oder sogar fehlinterpretiert: „*Consumers tend to selectively seek and assign greater weight to evidence that is consistent with their expectations.*"[319] Als theoretischer Bezugspunkt für eine solche selektive Informationsaufnahme und -verarbeitung lässt sich die *Theorie der kognitiven Dissonanz* nach *Festinger* (1957) he-

---

312 Vgl. Büschken, J. (1999), S. 15.

313 Vgl. Büschken, J. (1999), S. 15.

314 Vgl. Spremann, K. (1988), S. 619; Schneider, C. (1997), S. 133.

315 Vgl. Shapiro, C. (1983), S. 659 ff.; Schneider, C. (1997), S. 133.

316 Vgl. Schneider, C. (1997), S. 132.

317 Mit dem Begriff *„moderierender Effekt"* ist hier präziser ein die Reaktionen der Rezipienten in allen als Aggregat betrachteten Situationen abschwächender bzw. verstärkender Effekt gemeint.

318 Als synonyme Bezeichungen für diesen Effekt sind auch *Expectations-Evidence-Framework*, *motivated reasoning* und *belief perseverance* gebräuchlich. Vgl. Dean, D. H. (2004), S. 197; Taylor, S. E. (1982), S. 190 ff.

319 Dawar, N.; Pillutla, M. M. (2000), S. 217; In der Verhaltenstheorie wird in Bezug auf die Gewichtung von Fremdinformationen vor allem die Kongruenz von angebotenen Informationen und eigenen Einstellungen hervorgehoben. Vgl. Büschken, J. (1999), S. 16.

ranziehen.[320] Hiernach erzeugen miteinander unvereinbare Kognitionen (Gedanken, Meinungen, Einstellungen, Wünsche oder Absichten) einen inneren Konflikt (kognitive Dissonanz), der Rezipienten dazu motiviert, diesen zu beseitigen, um zu einem kognitiven Gleichgewicht zurückzukehren bzw. ein solches zu bewahren.[321] Reaktionen der Rezipienten nach Art des Bestätigungsfehlers im Kontext der hier betrachteten Krisensituationen und Qualitätssignale erscheinen somit plausibel als sie ein Mittel darstellen, bereits bestehende kognitive Dissonanzen abzubauen bzw. erwartete kognitive Konflikte zu vermeiden. Speziell wirkt die vor der Krise gegebene, in bestimmter Weise ausgeprägte, Qualitätsreputation des Anbieters vor der Krise als Qualitätssignal auf die Erwartungsbildung von Rezipienten ein und zwar dergestalt, dass eine positive (negative) Reputation mit hohen (niedrigen) Qualitäts- bzw. Bewältigungserwartungen korreliert.[322] Ein solcher Zusammenhang konnte in zahlreichen Studien über variierende situative Kontexte hinweg bereits empirisch nachgewiesen werden.[323] Nach dem aus der Theorie der kognitiven Dissonanz abgeleiteten Bestätigungseffekt werden nun (nachträglich) hinzutretende negative Informationen über den Anbieter bzw. sein Leistungsangebot – in den Produktkrisensituationen thematisierte konkretisierte Produktrisiken respektive eine dem Anbieter vorgeworfene vermeintliche (Mit-)Verantwortlichkeit für die Existenz dieser Produktprobleme – mit bereits gebildeten Erwartungen verglichen und erwartungskonform (um)interpretiert respektive im Rahmen von Wahrnehmungsprozessen selektiert.[324] Im Falle gegebener *hoher Reputation* und infolge dessen hoher Qualitäts- bzw. Bewältigungserwartungen der Rezipienten mögen kognitive Dissonanzen (sich widersprechende Kognitionen) infolge einer Aufnahme negativer Informationen (Produktkrisensituationen) resultieren, die dazu motivieren die auf den Anbieter und sein Leistungsangebot bezogenen negativen Informationen erwartungskonform im Sinne der Ausprägung der vor der Krise bestandenen Qualitätsreputation des Anbieters umzuinterpretieren bzw. selektiv nur solche Informationen wahrzunehmen, die Erwartungen an den Anbieter und sein Leistungsangebot bestätigen. In der Konsequenz kommt es zu einer Abschwächung (Abwertung) der Valenz der mit den Produktkrisensituationen gegebenen negativen Informationen. Aus abgeschwächt negativen Informationen resultieren wiederum positivere (aus Anbietersicht günstigere) Rezipientenreaktionen.[325] Umgekehrt wird eine *niedrige Reputation* des Anbieters dazu führen, dass der durch die Produktkrise selbst induzierte Negativitätseffekt abermals verstärkt wird, indem die über das Produkt bzw. den Anbieter (neu bzw. nachträglich) verfügbaren ne-

---

[320] Vgl. Festinger, L. (1957).

[321] Vgl. Kroeber-Riel, W.; Weinberg, P. (1996), S. 184 f.

[322] Vgl. Dean, D. H. (2004), S. 198; Dawar, N.; Pillutla, M. M. (2000), S. 215 ff.; Dawar, N. (1998), S. 114 ff.

[323] Vgl. Dawar N.; Pillutla, M. M. (2000), S. 217 ff. sowie die dort angegebene Literatur.

[324] Vgl. Dawar, N.; Pillutla, M. M. (2000), S. 217; Dawar, N. (1998), S. 114 ff.

[325] Als Referenzfall lassen sich Situationen anführen, in denen eine *niedrige* Reputation des Anbieters vor der Krise (etwa durch eine umfangreiche Krisenhistorie) gegeben ist bzw. ein Reputationssignal (positiv versus negativ) gänzlich fehlt, so etwa bei einem neu auf dem Markt eingetretenen Anbieter, der bislang über keinerlei Reputation verfügt.

gativen Informationen (Produktkrisensituationen) die durch die vor der Krise gegebene schlechte Anbieterreputation induzierten vergleichsweise geringen Qualitäts- bzw. Bewältigungserwartungen bestätigen, etwa vergleichbar einem in der Literatur diskutierten (*doppelten) Abweichungseffekt*.[326] Nunmehr liegen kongruente Informationen (negative Erfahrungsberichte der Kunden in Verbindung mit einem negativen Reputationssignal) und keine widersprüchlichen Informationen (negative Erfahrungsberichte in Verbindung mit einem positiven Reputationssignal) vor. Ein positives (negatives) Reputationssignal wird somit in allen hier betrachteten Krisensituationen zu einer Verbesserung (Verschlechterung) der betrachteten Typen reputationsrelevanter Rezipientenreaktionen führen.

Der auf der Grundlage dieser Überlegungen zu erwartende Effekt auf die Attributionen von Rezipienten lässt sich mit *Su/Trippins* (1998) wie folgt beschreiben: *„...high brand visibility may shield the manufacturer from receiving blame by projecting a better quality image. The resulting high-quality image makes the manufacturer a less plausible cause of product failure,...“*[327] Für die *Zuweisung von Verantwortlichkeit* an den Anbieter lässt sich aus den obigen Ausführungen folgender Zusammenhang postulieren:

<u>H2.1a</u> ***Der Einfluss der Krisensituationen auf die Rezipientenreaktionen wird in allen Krisensituationen moderiert von der vor der Krise gegebenen Qualitätsreputation des Anbieters: Bei gegebener hoher Qualitätsreputation des Anbieters vor der Krise ist die Verantwortlichkeitszuweisung an den Anbieter geringer als bei gegebener niedriger Qualitätsreputation des Anbieters vor der Krise.***

Da für die Abschätzung der tatsächlichen Problemschwere, des Krisenausmaßes, den meisten Rezipienten das notwendige Wissen fehlt, wäre auch insofern allgemein ein Einfluss von Reputation bzw. des darin reflektierten Vertrauens auf die wahrgenommene Problemschwere in den hier betrachteten Produktkrisensituationen zu erwarten.[328] Einen die obige Argumentation stützenden Effekt der Reputation auf die von Rezipienten *wahrgenommene Problemschwere* stellen *Siomkos/Kurzbard* (1992) in ihrer empirischen Analyse fest: *„Specifically, consumers, on average, perceive the product defect as less dangerous in a crisis involving a high-reputation company than they do in a crisis involving a low-reputation company.“*[329] Der Einfluss der Reputation auf die wahrgenommene Problemschwere ergibt sich aus der obigen Herleitung wie folgt:

[326] Vgl. Maxham III, J. G.; Netemeyer, R. G. (2002a), S. 57 ff.
[327] Su, W.; Tippins, M. J. (1998), S. 141.
[328] Vgl. Siegrist, M. (2001), S. 21.
[329] Siomkos, G. J.; Kurzbard, G. (1992), S. 34.

H2.1b ***Der Einfluss der Krisensituationen auf die Rezipientenreaktionen wird in allen Krisensituationen moderiert von der vor der Krise gegebenen Qualitätsreputation des Anbieters: Bei gegebener hoher Qualitätsreputation des Anbieters vor der Krise ist die wahrgenommene Problemschwere geringer als bei gegebener niedriger Qualitätsreputation des Anbieters vor der Krise.***

Der sich aus dem Wirksamwerden des Bestätigungseffektes abgeleitete Einfluss der Reputation auf die *wahrgenommene Gerechtigkeit* und *Leistung* des Anbieters lässt sich wie folgt formulieren:

H2.1c ***Der Einfluss der Krisensituationen auf die Rezipientenreaktionen wird in allen Krisensituationen moderiert von der vor der Krise gegebenen Qualitätsreputation des Anbieters: Bei gegebener hoher Qualitätsreputation des Anbieters vor der Krise ist die wahrgenommene Gerechtigkeit höher als bei gegebener niedriger Qualitätsreputation des Anbieters vor der Krise.***

H2.1d ***Der Einfluss der Krisensituationen auf die Rezipientenreaktionen wird in allen Krisensituationen moderiert von der vor der Krise gegebenen Qualitätsreputation des Anbieters: Bei gegebener hoher Qualitätsreputation des Anbieters vor der Krise ist die wahrgenommene Leistung des Anbieters höher als bei gegebener niedriger Qualitätsreputation des Anbieters vor der Krise.***

Aus der theoretisch so abgeleiteten Rolle hoher Reputation im Kontext von Produktkrisen ergibt sich eine Parallele zur Wirkungsweise der in den folgenden Hypothesengruppen zu betrachtenden Bewältigungsstrategien: Offenbar vermag bereits eine hohe gegebene Qualitätsreputation des Anbieters vor der Krise, bei gegebener hoher Glaubwürdigkeit[330] dieser Information, eine ähnliche Wirkung auf die hier betrachteten Rezipientenreaktionen zu entfalten wie die Bewältigungsstrategien selbst. Demnach scheint also eine hohe Reputation bereits als solche wie eine Art Bewältigungsstrategie zu funktionieren. In Hypothesengruppe 4 bleibt insofern theoretisch zu fundieren, ob sie die Wirkung von Bewältigungsstrategien komplementiert oder aber substituiert: Bei einer Firma, die über hohe Reputation verfügt und zusätzlich mit einer umfangreichen Bewältigungsstrategie (etwa einer Überkompensation) reagiert, wirkt möglicherweise eine solche Strategie deshalb nicht mehr als eine Strategie reduzierten Umfangs (etwa eine Voll- oder Teilkompensation), weil ein starkes positives Reputationssignal bereits einen Teil der Bewältigungsarbeit ausmacht bzw. übernimmt. Es würde

[330] Vgl. zur Problematik der Glaubwürdigkeit von Qualitätssignalen Büschken, J. (1999), S. 15; Greenberg, J. (1990), S. 138 ff.

dann Sinn machen, auf eine Überkompensation zu verzichten, da die Wirkung einer solchen mit hoher Wahrscheinlichkeit verpuffen würde.

2.2.2.2.2 Situationsübergreifende Betrachtungsebene

Bedeutsam wird die Reputation als Qualitätssignal insbesondere dann, wenn der mögliche Schaden von Qualitätsmängeln hoch ist, da in diesem Fall die Qualitätsunsicherheit ebenfalls hoch ist.[331] Aus der gestiegenen Qualitätsunsicherheit resultiert wiederum ein höherer Bedarf an externen Informationen, wie der vor der Krise gegebenen Qualitätsreputation des Anbieters als Qualitätssignal, zur Unsicherheitsreduktion, abgeleitet aus der *Signaling-Theorie*: *„Die Reputation eines Agenten rechtfertigt und fördert folglich eine gewisse Erwartung, eben im Hinblick auf die zu vermutende Sorgfalt und die wiederum durch Sorgfalt bewirkte Kalkulierbarkeit des Ergebnisses.“*[332] Die in Rückrufsituationen (Reklamationssituationen) thematisierten Produktprobleme lassen eine, aus theoretischen Überlegungen zum Negativitätseffekt heraus in Hypothesengruppe 1 abgeleitete, im situativen Vergleich höhere wahrgenommene Problemschwere erwarten als in Reklamations- und Beschwerdesituationen (Beschwerdesituationen). Hieraus lässt sich, den obigen Ausführungen folgend, unmittelbar eine höhere Qualitätsunsicherheit in Rückrufsituationen (Reklamationssituationen) in Relation zu Reklamations- und Beschwerdesituationen (Beschwerdesituationen) folgern. Damit wird wiederum der Einfluss der Reputation in Rückrufsituationen (Reklamationssituationen) auf die Beurteilung der Anbieterqualitäten durch Rezipienten im Vergleich zu Beschwerde- und Reklamationssituationen (Beschwerdesituationen) tendenziell höher ausfallen. Eine alternative Begründung ergibt sich über den *Bestätigungseffekt* (*confirmatory bias effect*). Infolge des in Rückrufsituationen (Reklamationssituationen) im Vergleich zu Beschwerde- bzw. Reklamationssituationen (Beschwerdesituationen) stärker ausgeprägten Negativitätseffektes ergeben sich insgesamt negativere, aus Anbietersicht ungünstigere, Ausprägungen der betrachteten Rezipientenreaktionen bei Abwesenheit eines Reputationsstimulus (vgl. Hypothesengruppe 1, situationsübergreifende Betrachtungsweise). Ist nun die vor der Krise bestandene Qualitätsreputation des Anbieters *hoch* und sind daraufhin die Qualitäts- bzw. Bewältigungserwartungen an den Anbieter ebenfalls hoch[333], so resultieren in *Rückrufsituationen* (Reklamationssituationen) aus der im Situationsvergleich höheren Unerwartetheit der negativen Informationen (höhere zu erwartende wahrgenommene Problemschwere bzw. schwerer wiegende konkretisierte Produktrisiken) bei einem hoch reputierlichen Anbieter aus einem kognitiven Vergleich des positiven Reputationsstimulus mit den hinzu tretenden im Situationsvergleich stärker negativen

[331] Vgl. Büschken, J. (1999), S. 15.
[332] Spremann, K. (1988), S. 619 f.; Gerhard, A. (1995), S. 146.
[333] Vgl. Spremann, K. (1988), S. 619 f.; Büschken, J. (1999), 14.

Informationen nun stärker widersprüchliche (inkonsistente) Kognitionen. Diese Inkongruenzen manifestieren sich im Vergleich zu den übrigen Situationen in stärkeren kognitiven Dissonanzen im Sinne *Festingers*.[334] Bei einem in allen Situationen vorhandenen, gleichermaßen positiven Reputationsstimulus lassen sich somit ein höherer kognitiver Konflikt und damit stärkere kognitive Dissonanzen in Rückrufsituationen (Reklamationssituationen) erwarten als in Beschwerde- und Reklamationssituationen (Beschwerdesituationen). Kognitiven Dissonanz-theorien zufolge motivieren widersprüchliche Kognitionen (Inkonsistenzen im kognitiven System) Individuen zu deren Reduktion, wobei eine selektive Wahrnehmung inkonsistenter bzw. dissonanter Informationen respektive deren erwartungskonforme Neu- bzw. Uminterpretation im Rahmen von Beurteilungsprozessen im Sinne des Bestätigungseffektes (*confirmatory bias effect*) eine (von mehreren) denkbaren ‚mentalen Strategien' der Rezipienten darstellt. Da Rückrufsituationen (Reklamationssituationen) bei gegebenem positiven Reputationsstimulus infolge des stärker wirksamen Negativitätseffektes im Vergleich zu Beschwerde- und Reklamationssituationen (Beschwerdesituationen) tendenziell größere kognitive Dissonanzen auszulösen vermögen, ist zu erwarten, dass folgegemäß der Bestätigungseffekt in Rückrufsituationen eine größere Wirksamkeit entfalten wird. Der (differentielle) Einfluss gegebener positiver Reputation auf die betrachteten Rezipientenreaktionen ist größer in Rückrufsituationen als in allen anderen Situationen bzw. in Reklamationssituationen größer als in Beschwerdesituationen. Anders ausgedrückt: Die Motivation zur Abwertung dissonanter Informationen ist in Rückrufsituationen (Reklamationssituationen) tendenziell höher ausgeprägt als in Beschwerde- und Reklamationssituationen (Beschwerdesituationen). Diese situationsspezifisch variierende Wirkung eines positiven Reputationsstimulus mag dabei noch unterstützt werden durch die in Rückrufsituationen im Vergleich zu den übrigen Situationen zu erwartenden *situationsinduzierten* relativ höheren Bewältigungserwartungen der Rezipienten: *„The severity of the failure may increase the [.] recovery expectations."*[335] Der Effekt hoher Reputation ist somit nicht unabhängig von den Ausprägungen der Krisensituation.

Das Umgekehrte gilt für den Fall *niedriger Reputation*. Im Umkehrschluss mögen hier negative Informationen, die eine *schlechte (niedrige) Reputation* des Anbieters vor der Krise noch bestätigen, zu stärker negativen Reaktionen der Rezipienten führen als im Falle eines positiven bzw. neutralen Reputationsstimulus. Ist die vor der Krise gegebene Qualitätsreputation des Anbieters niedrig und sind die Qualitäts- bzw. Bewältigungserwartungen daraufhin ebenfalls gering, entstehen keinerlei kognitive Dissonanzen. Die neu hinzu kommenden negativen Informationen über den Anbieter und dessen Produktangebot bestätigen die geringen Erwartungen der Rezipienten in allen Produktkrisensituationen. Es verbleibt bei den durch den Ne-

[334] „Die kognitiven Dissonanzen sind umso stärker, je mehr dissonante Kognitionen in der Menge aller relevanten Kognitionen enthalten sind." Kroeber-Riel, W.; Weinberg, P. (1996), S. 184.

[335] Miller, J. L.; Craighead, C. W.; Karwan, K. R. (2000), S. 389; vgl. auch die dort angegebene Literatur.

gativitätseffekt erklärten, von Situation zu Situation unterschiedlich stark negativen Rezipientenreaktionen (Hypothesengruppe H1, situationsübergreifende Betrachtungsebene). Ein in verschiedenen Situationen variierender moderierender Effekt[336] der Reputation wird nicht zu erwarten sein. Für die hier betrachteten reputationsrelevanten Reaktionen der Rezipienten resultieren aus dieser dargestellten Argumentationskette folgende situationsübergreifende Zusammenhänge zur Rolle der vor der Krise gegebenen Qualitätsreputation:

<u>H2.2a</u> ***Der moderierende Einfluss der vor der Krise gegebenen Qualitätsreputation des Anbieters auf die Wirkung gegebener Krisensituationen variiert in den einzelnen Krisensituationen: Rückrufsituationen (Reklamationssituationen) führen im Vergleich zu Reklamations- und Beschwerdesituationen (Beschwerdesituationen) zu relativ geringeren Verantwortlichkeitszuweisungen an den Anbieter, wenn die Reputation des Anbieters hoch ist im Vergleich zu einer niedrigen Reputation.***

<u>H2.2b</u> ***Der moderierende Einfluss der vor der Krise gegebenen Qualitätsreputation des Anbieters auf die Wirkung gegebener Krisensituationen variiert in den einzelnen Krisensituationen: Rückrufsituationen (Reklamationssituationen) führen im Vergleich zu Reklamations- und Beschwerdesituationen (Beschwerdesituationen) zu einer relativ geringeren wahrgenommenen Problemschwere, wenn die Reputation des Anbieters hoch ist im Vergleich zu einer niedrigen Reputation.***

<u>H2.2c</u> ***Der moderierende Einfluss der vor der Krise gegebenen Qualitätsreputation des Anbieters auf die Wirkung gegebener Krisensituationen variiert in den einzelnen Krisensituationen: Rückrufsituationen (Reklamationssituationen) führen im Vergleich zu Reklamations- und Beschwerdesituationen (Beschwerdesituationen) zu einer relativ höheren wahrgenommenen Gerechtigkeit, wenn die Reputation des Anbieters hoch ist im Vergleich zu einer niedrigen Reputation.***

<u>H2.2d</u> ***Der moderierende Einfluss der vor der Krise gegebenen Qualitätsreputation des Anbieters auf die Wirkung gegebener Krisensituationen variiert in den einzelnen Krisensituationen: Rückrufsituationen (Reklamationssituationen) führen im Vergleich zu Reklamations- und Beschwerdesituationen (Beschwerdesituationen) zu einer relativ höheren wahrgenommenen Leistung, wenn die Reputation des Anbieters hoch ist im Vergleich zu einer niedrigen Reputation.***

[336] Der Begriff *„moderierender Effekt"* bezieht sich hier präziser auf potentielle Interaktionen des Faktors Reputation mit dem Faktor Situation.

2.2.2.3 Hypothesengruppe 3: Wirkungen von Bewältigungsstrategien auf Rezipientenreaktionen

2.2.2.3.1 Situationsspezifische Betrachtungsebene

Der Gegenstand der Hypothesensuche im Rahmen der dritten Hypothesengruppe leitet sich ab aus dem dritten Teilproblem der zugrunde gelegten Problemstellung: *Wie verändern sich die betrachteten Rezipientenreaktionen auf die Produktkrisensituationen durch den Einsatz der gegebenen Bewältigungsstrategien?* Die situationsspezifische Betrachtungsebene stellt dabei ab auf einen Vergleich unterschiedlicher Bewältigungsstrategien in jeweils einer gegebenen Krisensituation. Um die Wirkungen gegebener Bewältigungsstrategien, die Kombinationen kommunikativer und kompensatorischer Bewältigungsmerkmalsausprägungen darstellen, transparent zu machen und leichter erfassen zu können, bietet sich eine Hypothesensuche in zwei Schritten an: Zunächst werden Hypothesen zur Wirkung *kommunikativer Bewältigungselemente bei gegebenen kompensatorischen*, sodann umgekehrt zur Wirkung *kompensatorischer Bewältigungselemente bei gegebenen kommunikativen Ausprägungen* gesucht.

Erklärungen der Wirkungsweise unterschiedlicher *kommunikativer Bewältigungselemente* bei gegebenen kompensatorischen Merkmalsausprägungen in jeweils einem der hier gegebenen situativen Kontexte ergeben sich insbesondere aus Ansätzen der *Impression Formation-* und *Impression Management Theory*[337], gestützt vor allem auf attributionstheoretische Konzepte.[338] Gemäß des bereits erörterten *fundamentalen Attributionsfehlers*[339] werden Rezipienten auf die hier betrachteten Produktkrisensituationen in einer negativen Weise reagieren, sofern der Anbieter keinerlei die negativen Informationen entkräftende, gegenteilige Informationen präsentiert. Fehlende positive, *auf die Krisensituationen bezogene* Informationen, im Sinne von Kommentierungen der den Gegenstand der Produktkrisensituationen bildenden öffentlichen Vorwürfe (hinsichtlich der Mitverantwortlichkeit des Anbieters, in Bezug auf konkretisierte Produktrisiken) durch kommunikative Bewältigungsmerkmale, würden von Rezipienten auf stabile personale negative Eigenschaften des Anbieters (Dispositionen) zurückgeführt. Dieser Vorgang wird im Ergebnis wiederum in negativer Weise auf sämtliche der hier betrachteten reputationsrelevanten Rezipientenreaktionen ausstrahlen: *„Observers tend to focus on the negative action or event, and the context often fades into the back-*

[337] Studien der so genannten *Impression Management Theory* beschäftigen sich mit der Erforschung der systematischen Beeinflussung von Attributionen und Eindrücken, die andere Personen über eine andere bilden, aufbauend auf den Ergebnissen der bereits oben erwähnten Impression Formation Theory. Vgl. Burns, D. J.; Perkins, D. (1996), S. 145; Tedeschi, J. T.; Reiss, M. (1981), S. 271 ff.; Greenberg, J. (1990), S. 111 ff.; Jorgensen, B. K. (1994), S. 349.

[338] Vgl. Greenberg, J. (1990), S. 113 ff.

[339] Vgl. Jones, E.E.; Nisbett, R.E. (1971).

ground.“[340] Reagiert hingegen der betroffene Anbieter durch Einsatz kommunikativer Bewältigungselemente in einer grundsätzlich ausgewogenen, der Situation angemessenen (konformen) und nicht widersprüchlichen Weise, so lassen sich im Umkehrschluss aus dem Ausbleiben des fundamentalen Attributionsfehlers positivere (aus Anbietersicht günstigere) Rezipientenreaktionen ableiten: *„Unless the actor, whose actions are being evaluated, provides observers with a response that furnishes situational information (i.e. extenuating circumstances surrounding the action), and/or positive dispositional information (i.e. values, intentions, standards, remorse), observers may misattribute the responsibility for the action to negative dispositions within the actor.“*[341]

Vorausgesetzt, es lassen sich der Situation ‚angemessene' bzw. ‚ausgewogene' kommunikative Elemente ausmachen, so ergibt sich deren bewältigender Effekt (bei gegebener kompensatorischer Ausrichtung) auf die hier betrachteten abhängigen Variablen nicht nur negativ aus einem Ausbleiben des fundamentalen Attributionsfehlers, sondern auch positiv aus dem Wirksamwerden des *attributionstheoretischen Abwertungsprinzips (discounting principle)*: Dieses Prinzip besagt, dass einzelne Ursachen in Eindrucksbildungs- und Beurteilungsprozessen von Rezipienten an Gewicht verlieren bzw. in ihrer Bedeutung abgeschwächt werden, wenn mehrere mögliche Ursachen gleichzeitig vorhanden sind, die als alternative Erklärungen herangezogen werden können.[342] Zu einer Abwertung anbieterseitiger Ursachen wird es insbesondere dann kommen, wenn, wie in allen hier betrachteten Produktkrisensituationen, die tatsächliche Verantwortlichkeit für die Existenz des Produktproblems eine offene, noch ungeklärte Frage bildet, also Rezipienten ein Spielraum für Spekulationen verbleibt, der potentiell Zweifel an den öffentlichen Vorwürfen (Verantwortlichkeitszuweisungen an den Anbieter durch direkt von dem Problem Betroffene) zulässt[343] *und* in der Bewältigungsstrategie plausible, glaubwürdige Gründe (Argumente) für einen begründeten Zweifel enthalten sind.[344]

Angesichts der in *Beschwerdesituationen* theoretisch in Hypothesengruppe 1 aus dem Negativitätseffekt abgeleiteten erwartbaren, relativ geringen Verantwortlichkeitszuweisungen an den Anbieter und einer vergleichsweise geringen wahrgenommenen Problemschwere (etwa infolge offenkundig fehlender rechtlicher Relevanz des Problems) stellen sich Bewältigungserwartungen der Rezipienten auf einem vergleichsweise niedrigen Niveau ein, ein bereits vielfach empirisch bestätigter Effekt.[345] Reaktionen des Anbieters, die auf dem „defensiv-offen-

[340] Bradford, J. L.; Garrett, D. E. (1995), S. 877.
[341] Bradford, J. L.; Garrett, D. E. (1995), S. 877.
[342] Vgl. Kelley, H. H. (1972, 1973); Tedeschi, J. T.; Reiss, M. (1981), S. 276.
[343] Vgl. Dean, D. H. (2004), S. 198.
[344] Vgl. Bradford, J. L.; Garrett, D. E. (1995), S. 877.
[345] Vgl. Miller, J. L.; Craighead, C. W.; Karwan, K. R. (2000), S. 389: "The severity of the failure may increase the [.] recovery expectations" sowie die dort angeführte Literatur; siehe hierzu auch die Ausführungen zur Hypothesengruppe 1 auf der situationsübergreifenden Betrachtungsebene.

siv-Kontinuum“ in die Nähe einer stark defensiven Reaktion rücken, also im Sinne von *Strategien SIa und SIb* eine Leugnung der Problemexistenz, verbunden mit einer starken Gegenargumentation gegen die öffentlichen Vorwürfe, beinhalten, werden aus Rezipientensicht nicht nur akzeptiert oder toleriert, sondern in hohem Maße in der gegebenen Situation erwartet. Eine solche Reaktion korrespondiert offenbar in hohem Maße in diesem Sinne mit den subjektiven Vorstellungen der Rezipienten von einer in dieser Situation ‚angemessenen' Unternehmensreaktion. *Greenberg* (1990) führt in diesem Zusammenhang als Quintessenz seiner zu der Frage ‚*What constitutes an adequate excuse?*' durchgeführten umfangreichen Analyse einschlägiger Studien der Impression Management-Forschung aus, dass Erklärungen, die auf *logischen*, für Rezipienten nachvollziehbaren Informationen basieren und solche, die die *Ehrlichkeit* bzw. *Aufrichtigkeit* des Handelnden (Anbieters) erkennen lassen, als zentrale Determinanten der wahrgenommenen Angemessenheit (‚perceived adequacy') angesehen werden können.[346] Anders ausgedrückt: Stark defensiv ausgeprägte kommunikative Strategieelemente mögen in Beschwerdesituationen angesichts der in vergleichsweise hohem Maße als abwegig erscheinenden oder intersubjektiv vergleichsweise schwerer nachvollziehbaren öffentlichen Vorwürfe, von allen hier betrachteten kommunikativen Strategiemerkmalen am ehesten den Eindruck eines *logisch* und *aufrecht* handelnden und damit *glaubwürdigen* Anbieters zu vermitteln. In der Konsequenz kommt es sodann bei diesen Bewältigungselementen zu einer höheren Wirksamkeit des attributionstheoretischen Abwertungsprinzips respektive eines verstärkten Ausbleibens des fundamentalen Attributionsfehlers. Hieraus wiederum resultiert ein verstärkter Abbau unerwünschter reputationsrelevanter Rezipientenreaktionen. Je mehr sich ein Anbieter von dieser von Rezipienten in hohem Maße erwarteten defensiven Reaktion auf dem „defensiv-offensiv-Kontinuum“ entfernt, sich also in Richtung stark offensiver Reaktionen im Sinne von Bewältigungsstrategie *SIII* annähert, desto weniger logisch und aufrecht und umso unglaubwürdiger im Sinne *Greenbergs* (1990) wird die Reaktion infolge der völlig konträr ausgeprägten Bewältigungserwartungen der Rezipienten empfunden.[347] Zu einer Diskontierung anbieterseitiger Problemursachen nach dem attributionstheoretischen Abwertungsprinzip kommt es dann nicht. Als unglaubwürdig entschlüsselte Informationen mögen wiederum negativ auf die Beurteilung des Anbieters durch Rezipienten ausstrahlen, welche sich in den hier betrachteten reputationsrelevanten Rezipientenreaktionen reflektieren werden. Diese so hergeleitete Wirkung kommunikativer Elemente wird sich bei gegebener Kompensationshöhe, also sowohl bei einer Voll- als auch bei einer Überkompensation einstellen, da

[346] Vgl. Greenberg, J. (1990), S. 130. ‚Aufrichtigkeit' wiederum präzisiert *Greenberg* (1990) als *„the degree of clarity surrounding the appropriateness of the behavior in question"*. Greenberg, J. (1990), S. 140. Vgl. auch Dunning, J.; Pecotich, A. (2000), S. 277 ff.

[347] Diese Situation ist vergleichbar einem in der *Kontrasttheorie* diskutierten sog. Kontrasteffekt, der darin besteht, dass Rezipienten ihre Wahrnehmung bei einem Nichterfüllen der Erwartungen nicht in die positive, sondern in die negative Richtung anpassen; in der Folge resultieren verschlechterte Wahrnehmungen der Ist-Situation. Solche Effekte lassen sich mit dem ‚Überraschungsmoment' infolge der nicht antizipierten Diskrepanz erklären. Vgl. Hovland, C. I.; Harvey, O. J.; Sherif, M. (1957), S. 244 ff.

einer Kompensation in Beschwerdesituationen als Bewältigungselement im Grundsatz, abgeleitet aus Überlegungen im Rahmen der *Mental Accounting-Theorie*, eine nachrangige Bedeutung im Hinblick auf die Beeinflussung der hier betrachteten Rezipientenreaktionen zugesprochen werden kann:[348] Im Mittelpunkt stehen in dieser Situationsgruppe nicht-physische (vor allem psychische) Produktprobleme, sehr häufig in Form kaum generalisierbarer und objektivierbarer Geschmacks- und Empfindungsfragen, die primär nach einer kommunikativen Art der Bewältigung verlangen. Nach Konzepten des *Mental Accounting* ‚verbuchen' (strukturieren) Personen unterschiedliche Verlustarten bzw. -kategorien, hier insbesondere nicht-physische bzw. vor allem psychische Verluste in Beschwerdesituationen auf der einen und vorherrschend physische in Reklamations- und Rückrufsituationen auf der anderen Seite, in getrennten mentalen Konten. Diese Verluste können wiederum nur durch den jeweiligen unterschiedlichen Verlustarten entsprechende, und damit jeweils verlustspezifisch hoch erwartete, adäquate Maßnahmen des Anbieters ausgeglichen werden:[349] *„...customers will prefer to receive, in exchange for the loss suffered, resources that match the type of loss (failure) they experienced."*[350] Eine in diesem Sinne für Beschwerdesituationen passende Bewältigungsleistung des Anbieters mag angesichts der hier dominierenden Verlustkategorien psychischer, nicht-physischer Art folglich in einer reinen Kommentierung des den Gegenstand der negativen Publizität bildenden Produktproblems mittels kommunikativer Bewältigungsmerkmale bestehen. Infolge der relativ höheren Bedeutsamkeit kommunikativer im Vergleich zu kompensatorischen Bewältigungselementen lässt sich erwarten, dass auch der konkreten Ausgestaltung der Kompensation, etwa der Kompensationshöhe in der Variante einer Voll- oder Überkompensation, eine untergeordnete Bedeutung im Hinblick auf die Bewältigung von Beschwerdesituationen zukommt. Als Voraussetzung für die bewältigende Wirkung einer gemischten Bewältigungsstrategie lässt sich anführen, dass in dem bereits abgeleiteten Sinne für Beschwerdesituationen passende kommunikative Bewältigungselemente, mithin defensive Elemente, in der Bewältigungsstrategie zu verankern sind. Die Ankündigung einer Kompensation ist im Grundsatz in solchen Situationen weniger geeignet, eine positive Signalwirkung auf die Beurteilung der Anbieterqualitäten und Reduzierung wahrgenommener Produktprobleme auszuüben, wenn die Einschätzung des Schadensfalles stärker, wie in der Gruppe der Beschwerdesituationen, von den subjektiven Einschätzungen der Rezipienten der negativen Publizität abhängt.[351] Hieraus leiten sich für die Gruppe der *Beschwerdesituationen* die folgenden situationsspezifischen Hypothesen ab:

[348] Vgl. Thaler, R. (1985), S. 199 ff.; Smith, A. K.; Bolton, R. N.; Wagner, J. (1999), S. 359 f.
[349] Vgl. Thaler, R. (1985), S. 199 ff.
[350] Smith, A. K.; Bolton, R. N.; Wagner, J. (1999), S. 360.
[351] Vgl. Schneider, C. (1997), S. 130.

H3.1.1a ***In Beschwerdesituationen bewirken stark defensive Strategien (SIa, SIb) eine stärkere Reduzierung der Zuweisung von Verantwortlichkeit an den Anbieter als schwach defensive Strategien (SIIa, SIIb), bei jeweils gegebener kompensatorischer Ausrichtung (Voll- vs. Überkompensation), bzw. als eine reine stark offensive Strategie (SIII).***

H3.1.1b ***In Beschwerdesituationen bewirken stark defensive Strategien (SIa, SIb) eine stärkere Reduzierung der wahrgenommenen Problemschwere als schwach defensive Strategien (SIIa, SIIb), bei jeweils gegebener kompensatorischer Ausrichtung (Voll- vs. Überkompensation) bzw. als eine reine stark offensive Strategie (SIII).***

H3.1.1c ***In Beschwerdesituationen bewirken stark defensive Strategien (SIa, SIb) eine größere Erhöhung der wahrgenommenen Gerechtigkeit als schwach defensive Strategien (SIIa, SIIb), bei jeweils gegebener kompensatorischer Ausrichtung (Voll- vs. Überkompensation), bzw. als eine reine stark offensive Strategie (SIII).***

H3.1.1d ***In Beschwerdesituationen bewirken stark defensive Strategien (SIa, SIb) eine größere Erhöhung der wahrgenommenen Leistung des Anbieters als schwach defensive Strategien (SIIa, SIIb), bei jeweils gegebener kompensatorischer Ausrichtung (Voll- vs. Überkompensation), bzw. als eine reine stark offensive Strategie (SIII).***

Für die situationsspezifische Analyse der *Rückruf- und Reklamationssituationen* greift die analoge Argumentationskette mit umgekehrtem Vorzeichen: Es handelt sich, so zeigen die in Hypothesengruppe 1 abgeleiteten Zusammenhänge, um Situationen mit infolge vergleichsweise höherer erwartbarer wahrgenommener Problemschwere und stärkeren Verantwortlichkeitszuweisungen an den Anbieter ebenfalls höheren Bewältigungserwartungen der Rezipienten. Da die (rechtliche) Evidenz der Problemexistenz hier in einem weit höheren Maße gegeben ist und manifeste, intersubjektiv objektivierbare Probleme vorliegen, lässt sich erwarten, dass kommunikative Strategien im Hinblick auf die Bewältigung solcher Produktkrisen erfolgversprechender sein werden, die – bei gegebener kompensatorischer Ausrichtung – die Anerkennung der Problemexistenz in keiner Weise leugnen und zudem eine scharfe Konfrontation mit den öffentlichen Vorwürfen vermeiden. Umgekehrt würde eine starke Abwehrreaktion des Anbieters, die die Problemexistenz offenkundig in Frage stellt, und damit die aus den situativen Gegebenheiten abgeleiteten Bewältigungserwartungen der Rezipienten in hohem Maße enttäuscht, in solchen Situationen zu einer Intensivierung des ohnehin schon stärker ausgeprägten Negativitätseffektes führen. Der Grund liegt darin, dass es infolge fehlender, den Rezipienten zur Verfügung stehenden positiven und glaubwürdigen Informationen zu einer Außerkraftsetzung des fundamentalen Attributionsfehlers eben gerade nicht kommen wird: Rezipienten werden die ihnen im Rahmen der Stellungnahme des Unternehmens vorliegenden, die übermächtigen öffentlichen Vorwürfe abwehrenden Informationen negativen stabilen Dispositionen des Anbieters attribuieren, woraus für diesen insgesamt ungünstigere reputationsrelevante Rezipientenreaktionen resultieren werden. Zudem wird es mit hoher Wahrscheinlichkeit zu keiner Abwertung anbieterseitiger Problemursachen nach dem attributionstheoretischen Abwertungsprinzip kommen: zwar enthalten auch die stark defensiven Strategien SIa und SIb mögliche Gründe, die eine Uminterpretation der in den Krisensituationen enthaltenen negativen Informationen im Grundsatz zulassen; da diese in einer solchen Situation jedoch als unpassend, abwegig und unglaubwürdig erscheinen, finden sie in entsprechenden Abwertungsprozessen keine Berücksichtigung. Hieraus leiten sich unmittelbar für die Gruppen der Rückruf- und Reklamationssituationen die folgenden situationsspezifischen Hypothesen ab:

<u>**H3.1.2a**</u> ***In Rückruf- und Reklamationssituationen bewirken eine reine, stark offensive Strategie (SIII) sowie schwach defensive Strategien (SIIa, SIIb) eine stärkere Reduzierung der Zuweisung von Verantwortlichkeit an den Anbieter als stark defensive Strategien (SIa, SIb), bei jeweils gegebener kompensatorischer Ausrichtung (Voll- vs. Überkompensation).***

<u>**H3.1.2b**</u> ***In Rückruf- und Reklamationssituationen bewirken eine reine, stark offensive Strategie (SIII) sowie schwach defensive Strategien (SIIa, SIIb) eine stärkere Reduzierung der wahrgenommenen Problemschwere als stark defensive Strategien (SIa, SIb), bei jeweils gegebener kompensatorischer Ausrichtung (Voll- vs. Überkompensation).***

<u>**H3.1.2c**</u> ***In Rückruf- und Reklamationssituationen bewirken eine reine, stark offensive Strategie (SIII) sowie schwach defensive Strategien (SIIa, SIIb) eine stärkere Erhöhung der wahrgenommenen Gerechtigkeit als stark defensive Strategien (SIa, SIb), bei jeweils gegebener kompensatorischer Ausrichtung (Voll- vs. Überkompensation).***

<u>**H3.1.2d**</u> ***In Rückruf- und Reklamationssituationen bewirken eine reine, stark offensive Strategie (SIII) sowie schwach defensive Strategien (SIIa, SIIb) eine stärkere Erhöhung der wahrgenommenen Leistung des Anbieters als stark defensive Strategien (SIa, SIb), bei jeweils gegebener kompensatorischer Ausrichtung (Voll- vs. Überkompensation).***

Die Ableitung situationsspezifischer Hypothesen zur *Wirkungsweise kompensatorischer Bewältigungsmerkmale bei gegebenen Ausprägungsgraden kommunikativer Bewältigungselemente* lässt sich stützen auf Überlegungen im Rahmen der *Equity Theorie*.[352] Hiernach vermag allein die bloße Kompensationsankündigung bzw. ein Kompensationsversprechen eines

---

[352] Vgl. Greenberg, J. (1990), S. 133 ff.

Anbieters die Wahrnehmung insbesondere von distributiver und prozeduraler Gerechtigkeit im Vergleich zu einer Leistung, die ohne entsprechende Ankündigungen oder Versprechungen angeboten wird, zu steigern:[353] *„...guarantees will increase preference and perceptions of fairness when customers feel they have been adequately compensated for all their efforts and costs. For example, service guarantees that promise to compensate monetary and non-monetary costs such as search costs, costs of complaining, or even switching costs increase perceptions of fairness."*[354] Grundsätzlich vermag zudem die *freiwillige Ankündigung* oder Einleitung von Maßnahmen, die nicht von außen, etwa durch die rechtlichen Gegebenheiten der Situation oder Druck betroffener Parteien oder eingeschalteter Institutionen (Regulierungsinstanzen, Medien) oktroyiert werden, einen positiven Einfluss auf die von Rezipienten *wahrgenommene Gerechtigkeit* des Anbieters in der Krise auszuüben. In der Literatur wird in diesem Zusammenhang insbesondere die Freiwilligkeit von Produktrückrufen als Einflussfaktor auf die Anbieterreputation untersucht. In zahlreichen Studien konnte ein positiver Einfluss des Faktors ‚Freiwilligkeit' empirisch bestätigt werden.[355] Übertragen auf die Gruppe der *Beschwerdesituationen*, in denen eine, etwa aus rechtlichen Erwägungen abgeleitete, Verpflichtung des Anbieters zur Leistung von Kompensationen in der Wahrnehmung der Rezipienten eben gerade nicht besteht und die Bewältigungserwartungen der Rezipienten, daraus abgeleitet, sich insgesamt auf einem niedrigen Niveau einstellen werden, mag insofern bereits die Ankündigung einer auch sehr geringen Kompensationsleistung in dieser Gruppe von Krisensituationen einen positiven Einfluss auf die wahrgenommene Gerechtigkeit bzw. Fairness des Anbieters auszuüben. Dies wiederum mag einhergehen mit einer positiveren Leistungsbeurteilung des Anbieters, geringeren Verantwortlichkeitszuweisungen und einer günstigeren Problembeurteilung. Ein solches Ergebnis lässt sich auch im Wege einer positiven Erwartungsbestätigung aus dem *Confirmation/Disconfirmation-Paradigma* ableiten: Infolge vergleichsweise geringer Bewältigungserwartungen führt bereits ein Versprechen relativ geringer Kompensationsleistungen zu einer Erwartungsbestätigung oder gar Übererfüllung der Erwartungen, woraus in der Folge positive Beurteilungen des Anbieters im Sinne der hier betrachteten Typen von Rezipientenreaktionen resultieren werden.[356] Durch ein in diesem Sinne *kulantes Verhalten* wird (potentiellen) Kunden demonstriert, dass sie sich auch in Krisenzeiten auf das Unternehmen verlassen können. Ein solches Signal vermag zu einer Steigerung des Vertrauens in die Marke beizutragen.[357]

---

[353] Vgl. McCollough, M. A.; Gremler, D. D. (2004), S. 67 f.; Andaleeb, S. S.; Basu, A. K. (1998), S. 88.
[354] Kashyap, R. (2001), S. 9.
[355] Vgl. Siomkos, G.; Kurzbard, G. (1992), S. 37; Siomkos, G. (1989), S. 57; Siomkos, G.; Shrivastava, P. (1993), S. 75.
[356] Vgl. Gilly, M. C.; Gelb, B. D. (1982), S. 324.
[357] Vgl. Eggert, A. (2002), S. 66; Heckelmann, S. (1997), S. 124 ff.

O`Malley/Greenberg (1983) betrachten die kombinierte Wirkung kommunikativer und kompensatorischer Bewältigungselemente, ebenfalls gestützt auf *gerechtigkeitstheoretische Konzepte*. In einer Abfolge von Studien konnten die Autoren zeigen, dass in solchen Situationen, in denen Personen ihre Fehler eingestanden und ihren Opfern *freiwillig* eine Kompensationsleistung angeboten haben, aus Sicht von Rezipienten geringere Zahlungen als faire Wiedergutmachung erfordern als in Situationen, in denen jene Personen ihren Opfern keinerlei Eingeständnis oder Anerkennung des Problems zuteil werden ließen.[358] Die Art der betrachteten Situationen weist dabei eine hohe Ähnlichkeit zu den hier betrachteten Beschwerdesituationen auf. *Greenberg* (1990) bemerkt hierzu: *„The act of voluntarily admitting responsibility was apparently accepted as a 'down payment' toward undoing wrongdoing, thereby necessitating smaller amounts of additional compensation. In other words, lower amounts of compensation were believed to be fair costs to be borne by those who already partially compensated their victims by voluntarily admitting their wrongdoing.*"[359] Im Grundsatz wäre damit in *Beschwerdesituationen* folglich eine Strategie der Vollkompensation im Hinblick auf die Erreichung des Bewältigungsziels suffizient, eine Strategie der Überkompensation würde umgekehrt keinen zusätzlichen Beitrag zur Bewältigung der Produktkrise leisten. Dies gilt jedoch, der Analyse von *O'Malley/Greenberg* (1983) zufolge, jeweils nur unter der Voraussetzung, dass eine gewisse Annäherung an die öffentlichen Vorwürfe im Sinne offensiver oder zumindest schwach defensiver kommunikativer Bewältigungselemente in der Bewältigungsstrategie zum Ausdruck gebracht wird. Mit anderen Worten: Wird also das öffentlich diskutierte Produktproblem vom Anbieter im Grundsatz anerkannt im Sinne der hier betrachteten schwach defensiven Bewältigungselemente oder gar zusätzlich Verantwortlichkeit im Sinne offensiver Merkmale bekundet, so würde demnach einer Vollkompensation bereits eine kaum mehr steigerbare Wirkung auf die hier betrachteten reputationsrelevanten Rezipientenreaktionen zukommen; eine Uberkompensation würde als wirkungslos verpuffen.

Ob allerdings das Bewältigungsmerkmal einer Überkompensation in *Beschwerdesituationen* bei gegebener schwach defensiver kommunikativer Ausrichtung der Strategie lediglich nutzlos oder gar hinderlich (reputationsschädlich) wirkt, ist näher in einem weiteren Schritt theoretisch zu ergründen. Die Analyse von *O`Malley/Greenberg* (1983) macht hierzu keine Aussage. Theoretisch lässt sich die Ankündigung einer Über- im Vergleich zu einer Vollkompensation als Variation (Ausweitung) der Garantiezusage des Anbieters interpretieren und analysieren. Es versprechen also Forschungsbeiträge wertvolle Einsichten, die die Wirkungen unterschiedlicher Garantieformen auf ausgewählte Rezipientenreaktionen (vor und nach dem Kauf respektive vor und nach negativen Konsumerfahrungen) analysieren. Denn eine wie hier in der Bewältigungsstrategie zum Ausdruck kommende für den Produktversagensfall getrof-

[358] Vgl. O`Malley, M. N.; Greenberg, J. (1983), S. 174 ff.
[359] Greenberg, J. (1990), S. 111.

fene Kompensationszusage bildet regelmäßig auch einen Teilbestandteil einer vom Anbieter ausgesprochenen Produktgarantie. In einschlägigen Beiträgen zur Erforschung der Wirkungen von Garantien als Qualitätssignal im Rahmen der *Signaling-Theorie* wird behauptet, dass Konsumenten aus Garantieinformationen (etwa der Garantiedauer, dem Umfang der versprochenen Kompensation, den Garantiebedingungen) auf die Qualität des jeweiligen Gutes schließen können.[360] Grundlegende Annahme der Signaling-Theorie ist die asymmetrische Verteilung von Informationen zwischen Anbietern und Nachfragern in Bezug auf die Qualität der angebotenen Leistung, die durch einen hohen Anteil an Erfahrungseigenschaften gekennzeichnet ist: die Verkäufer haben vollkommene Informationen, die Käufer hingegen besitzen nur unvollkommene Kenntnis infolge mangelnder Produkterfahrung und/oder prohibitiv hoher Informationskosten. In einer solchen Situation asymmetrisch verteilter Information mögen Konsumenten Garantien als Signal für die Qualität der angebotenen Leistung heranziehen, da diese negativ mit den vom Anbieter im Garantiefall zu tragenden Garantiekosten korreliert. D.h. eine höhere Qualität der angebotenen Leistung führt zu geringeren erwarteten Garantiekosten und vice versa. Da die Einlösung des Garantieanspruches für den Anbieter mit Kosten (Garantiekosten) verbunden ist, vermag die Garantie als *Selbstbindungsinstrument*[361] gegen das Angebot schlechter Produktqualität zu funktionieren.[362] Ein Anbieter wird nur dann umfangreiche Garantien und damit umfangreiche Kompensationsleistungen anbieten, wenn die Produktqualität entsprechend hoch ist.[363] Folglich können Anbieter höherer Qualität Garantien als Signale für Produktqualität aussenden, welche von Anbietern niedrigerer Qualität kaum kopiert werden können, da sie im Garantiefall im Vergleich zu Anbietern höherer Qualität (prohibitiv) höhere Garantiekosten zu tragen hätten. In diesem Fall kommt es dann bei der Aussendung eines solchen Signals zu einem so genannten *separierenden Gleichgewicht*, bei dem Konsumenten zwischen Anbietern hoher und niedriger Qualität zu differenzieren vermögen. In einer solchen Situation können Garantien ihre Funktion als Qualitätsindikator wirksam erfüllen.[364] Diese Ausführungen gelten gemäß der Signaling-Theorie jedoch nur für den Fall, dass sich die Aussendung des Signals lediglich für Anbieter hoher Qualität lohnt. Ist das nicht der Fall, d.h. lohnt sich die Aussendung des Qualitätssignals auch für An-

---

360 Vgl. Shimp, T. A.; Bearden, W. O. (1982), S. 39; Tan, S.-J.; Leong, W.-Y. (1999), S. 40 ff.; Emons, W. (1989), S. 44; Erevelles, S.; Roy, A.; Yip, L. S. C. (2001), S. 176. Garantiewirkungen auf Nachfrager *vor dem Kauf* werden sowohl *modelltheoretisch-deduktiv* in den einschlägigen Ansätzen von Spence (1974, 1977), Akerlof (1970), Gal-Or (1989), Grossman (1981) und Gerner/Bryant (1981) als auch *empirisch-induktiv* von Boulding/Kirmani (1993), Wiener (1985), Kelley (1988), Douglas et al. (1993), Shimp/Bearden (1982) und Olson/Jacoby (1972) untersucht. Garantiewirkungen *nach dem Kauf* (mit und ohne Vorliegen schlechter Konsumerfahrungen) werden u. a. von Kashyap (2001) sowie McCollough/Gremler (2004) analysiert.

361 Unter einem *Selbstbindungsinstrument* lassen sich Maßnahmen verstehen, die den Anbieter in seiner Handlungsfreiheit einschränken, so dass opportunistische Verhaltensweisen verhindert werden können. Vgl. Schneider, C. (1997), S. 127.

362 Vgl. Akerlof, G. A. (1970), S. 488 ff.; Boulding, W.; Kirmani, A. (1993), S. 111 ff.

363 Vgl. Tan, S.-J.; Leong, W.-Y. (1999), S. 40 ff.

364 Vgl. Tolle, E. (1994), S. 934.

bieter schlechter Qualität, tritt ein so genanntes *pooling-Gleichgewicht* auf, in dem beide Anbietertypen dieselbe Strategie anwenden mögen und der Konsument nicht mehr in der Lage ist, zwischen Anbietern hoher und niedriger Qualität zu unterscheiden. Die Garantie erfüllt in dieser Situation also nicht mehr wirksam ihre ihr ansonsten zugeschriebene Funktion als Qualitätsindikator. Damit die Garantie (und damit die Kompensationshöhe) also wirksam als Qualitätssignal fungieren kann, muss sie in der Wahrnehmung der Konsumenten von glaubwürdigen, qualitätsbezogenen Informationen begleitet sein.[365] Mit anderen Worten: Die Einlösung des Garantie- bzw. Kompensationsversprechens im Schadensfall durch den Anbieter muss aus Nachfragersicht als hoch wahrscheinlich angesehen werden. Fehlen solche Informationen, stehen also etwa die hier betrachteten kommunikativen Bewältigungselemente in einem Missverhältnis, einem inhaltlichen Widerspruch, zu den kompensatorischen Elementen, die auf ein wenig glaubwürdiges Anbieterverhalten hindeuten, führt dies zu einer Abschwächung (Neutralisierung oder Umkehrung) der Wirkung der Garantie (Kompensationshöhe) als Qualitätssignal. In *Beschwerdesituationen* wird ein solches Missverhältnis insbesondere dann zu erwarten sein, wenn schwach defensive Elemente mit dem Merkmal einer Überkompensation kombiniert werden. Hier mag die Überkompensation durch die in dieser Situation ohnehin stärker unglaubwürdige, schwach defensive kommunikative Ausrichtung wie ein unaufrichtiges, über alle Maßen großzügiges Versprechen wirken, dem in dieser Situation aus Nachfragersicht nicht getraut werden mag.[366] Infolge situationsbezogen widersprüchlich kombinierter Bewältigungselemente büßt die hohe (überdurchschnittliche) Kompensationszusage ihre Wirkung auf die *Wahrnehmung der angebotenen Leistung* des Anbieters ein, da ihr nun eine glaubwürdige Selbstbindungskomponente des Anbieters fehlt: *„When bond credibility is perceived to be low, consumers may realize that a high warranty is meaningless because there is no mechanism to ensure that warranty claims are honored. (..) Since a high warranty may imply cheating, one consumer reaction may be to disbelieve the existence of any warranty coverage by discounting the high warranty below a low warranty.“*[367] Eine analoge Erklärung liefern *Shimp/Bearden* (1982) mit ihrer bereits erwähnten „*too good to be true*“-Hypothese, die besagt, dass im Hinblick auf die Kompensationshöhe umfangreiche Garantien sogar Skepsis und Misstrauen bei Nachfragern auslösen können, wenn dieses Versprechen zu deutlich über dem Marktstandard liegt.[368] *„Consequently, the consumers' perceived quality and purchase risk of the firm's product will be adversely affected“*.[369] Aus der Kombination schwach defensiver kommunikativer Bewältigungsmerkmale mit dem kompensatorischen Merkmal der Überkompensation resultieren folglich in Beschwerdesituationen negativere (aus Anbietersicht ungünstigere) Rezipientenreaktionen in

[365] Vgl. Jain, S. P.; Slotegraaf, R. J.; Lindsey, C. D. (2007), S. 71.
[366] Vgl. Schneider, C. (1997), S. 128 ff.
[367] Boulding, W.; Kirmani, A. (1993), S. 114; vgl. auch Ippolito, P. M. (1990), S. 41 ff.
[368] Vgl. Shimp, T. A.; Bearden, W. O. (1982), S. 39.
[369] Tan, S.-J.; Leong, W.-Y. (1999), S. 45.

Bezug auf die *wahrgenommene Leistung* des Anbieters. Da die Kompensationsankündigung auch ihre Signalfunktion zur Reduzierung wahrgenommener Produktrisiken eingebüßt hat bzw. gegebenenfalls Risiken in der Wahrnehmung von Rezipienten noch verstärken mag[370], lassen sich ebenfalls negativere Ausprägungen der *wahrgenommenen Problemschwere* erwarten. Die Auswirkungen auf die *wahrgenommene Gerechtigkeit* des Anbieters verdeutlichen *Smith/Bolton/Wagner* (1999) sowie *Garrett* (1999), die ihre Analysen auf gerechtigkeitstheoretischen Überlegungen basieren: Eine Überkompensation mag in Beschwerdesituationen, mithin Situationen mit geringer wahrgenommener Problemschwere, als positive Ungerechtigkeit (‚positive inequity') empfunden werden, die psychische Spannungszustände (sogar Schuldgefühle) bei Konsumenten auszulösen vermag, die dazu motivieren, dieselben abzubauen, etwa durch eine kognitive Neubewertung der wahrgenommenen Situation respektive der Strategie (*‚psychological restoration activity'*).[371]

Der Effekt auf die *Zuweisung von Verantwortlichkeit an den Anbieter* leitet sich aus *attributionstheoretischen Untersuchungen* ab: Eine in Beschwerdesituationen gewährte bzw. in Aussicht gestellte Überkompensationen vermag Attributionsprozesse der Rezipienten auszulösen oder zu verstärken, die nun stärker nach Gründen für die (vermeintliche) Großzügigkeit des Anbieters suchen bzw. eine solche stärker hinterfragen: *„Overgenerosity may be misinterpreted by customers in terms of the perceived ethical standards of the service provider (questioning the possible reasons for the overgenerosity).“*[372] Garantien, und damit auch eine vom Anbieter angekündigte bzw. versprochene Kompensationsleistung, erhöhen die wahrgenommene Kontrollierbarkeit der Ursachen für ein vermeintliches Produktproblem und lassen dadurch die *Verantwortlichkeitszuweisungen* der (potentiellen) Kunden im Produktversagensfalle ansteigen: *„...guarantees increase customer perceptions of firm control over service delivery and magnify the salience of service success (failure). Service guarantees may increase (lower) customer satisfaction by increasing positive (negative) affect“.*[373] Je umfangreicher folglich die Garantie bzw. je höher die angekündigte oder versprochene Kompensationsleistung ausfällt, desto stärkere Verantwortlichkeitszuweisungen an den Anbieter werden im Produktversagensfall resultieren. Ein solcher Ansatz weist implizit auf eine Doppeldeutigkeit (*‚Janusköpfigkeit'*) besonders hoher Kompensationszusagen in Situationen mit geringem Problemausmaß hin, durch die die Aufmerksamkeit der Rezipienten stärker auf das bereits eingetretene bzw. ein mögliches (noch größeres) Produktproblem gelenkt wird, das noch im Verborgenen liegt. Beschwerdesituationen sind dadurch gekennzeichnet, dass ein Anbieter

---

370 Empirische Belege für die Eigenschaft von Garantien als Reduzierer wahrgenommener Produktrisiken finden sich u. a. bei Shimp/Bearden (1982) und Kelley/Conant (1991).

371 Vgl. Garrett, D. E. (1999), S. 28; Smith, A. K.; Bolton, R. N.; Wagner, J. (1999), S. 359 f.; Hunt, J. M.; Kernan, J. B.; Mizerski, R. W. (1983), S. 136 f.

372 Vgl. Kerr, A. H. (2004), S. 36; Estelami, H.; DeMaeyer, P. (2002), S. 205 ff.

373 Kashyap, R. (2001), S. 11.

nicht zur Leistung einer Kompensation gezwungen ist, sondern auf rein freiwilliger Basis, im Rahmen der Kulanz, erbringen kann. Besonders hohe Kulanzleistungen werden jedoch in Situationen mit geringem Problemausmaß stärker von Rezipienten hinterfragt werden. Werden jedoch die in der bisherigen Argumentation stets betrachteten schwach defensiven kommunikativen Bewältigungselemente mit dem kompensatorischen Merkmal einer *Vollkompensation* verbunden, so resultieren im Umkehrschluss weniger negative respektive positivere Beurteilungen des Anbieters durch Rezipienten dieser Information, da die Kombination einer Vollkompensation mit schwach defensiven kommunikativen Bewältigungselementen aus Nachfragersicht in *Beschwerdesituationen* als passender und damit glaubwürdiger beurteilt werden wird. Bei *stark defensiver kommunikativer Ausrichtung* der Bewältigungsstrategie mag allerdings einer *Überkompensation* eine grundsätzlich andere Funktion aus Rezipientensicht zukommen: die Überkompensation wirkt im Kontext vorhandener defensiver kommunikativer Bewältigungselemente in Beschwerdesituationen provokativ wie ein eigenständiges (weiteres) stark defensives Signal. Aus einer vergleichsweise höheren Glaubwürdigkeit dieser Bewältigungsmerkmalskombination sind allgemein positivere Reaktionen der Rezipienten zu erwarten. Ein solches Ergebnis lässt sich über einen *Irradiationseffekt* (Ausstrahlungseffekt) der kommunikativen auf die kompensatorischen Bewältigungsmerkmale in Verbindung mit dem Wirksamwerden eines *Bestätigungseffekts* (*confirmatory bias effect*) plausibel machen:[374] In Beschwerdesituationen wird aus Nachfrager- bzw. Rezipientensicht eine stärker defensive kommunikative Reaktion des Anbieters erwartet. Wählt nun der Anbieter erwartungskonform eine solche Form der Bewältigung, so werden hinzutretende kompensatorische Bewältigungselemente, die bei isolierter Betrachtung in der gegebenen Situation als unangemessen und damit wenig glaubwürdig eingeschätzt werden, von Rezipienten im Lichte der hoch erwarteten und als situativ adäquat beurteilten, vom Anbieter gewählten kommunikativen Bewältigungselemente uminterpretiert. Durch den inhaltsbezogenen Schluss von der stärker hervortretenden (eindringlicheren) kommunikativen Ausrichtung der Bewältigungsstrategie wird auf die Intention des Anbieters bei der Wahl der kompensatorischen Elemente geschlossen. Der gewählten Überkompensation wird ein ebenfalls defensiver Charakter zugeschrieben. Der Überkompensation kommt somit im Zusammenspiel mit der stark defensiven kommunikativen Ausrichtung der Strategie in der Wahrnehmung von Rezipienten angesichts ihres provokativen, defensiven Charakters nun keine wirkliche Ausgleichsfunktion im Sinne einer Entschädigungsleistung für etwaige, mit den Produktproblemen verbundenen Verlusten mehr zu. Ein Plateau-Effekt oder Abweichungseffekt der Überkompensation wird sich folglich nicht einstellen. Als Ergebnis dieser theoriegeleiteten Analyse kompensatorischer Bewältigungsmerkmale bei gegebener kommunikativer Ausrichtung resultieren für die Gruppe der *Beschwerdesituationen* die folgenden situationsspezifischen Hypothesen:

---

[374] Vgl. Dean, D. H. (2004), S. 198; Kroeber-Riel, W.; Weinberg, P. (1996), S. 304.

<u>H3.1.3a</u> ***(I) In Beschwerdesituationen bewirken Strategien der Vollkompensation (SIIb) eine stärkere Reduzierung der Zuweisung von Verantwortlichkeit an den Anbieter als Strategien der Überkompensation (SIIa), jedoch nur bei jeweils gegebener schwach defensiver kommunikativer Ausrichtung; (II) bei stark defensiver kommunikativer Ausrichtung führen Strategien der Überkompensation (SIa) zu einer stärkeren Reduzierung der Zuweisung von Verantwortlichkeit an den Anbieter als Strategien der Vollkompensation (SIb).***

<u>H3.1.3b</u> ***(I) In Beschwerdesituationen bewirken Strategien der Vollkompensation (SIIb) eine stärkere Reduzierung der wahrgenommenen Problemschwere als Strategien der Überkompensation (SIIa), jedoch nur bei jeweils gegebener schwach defensiver kommunikativer Ausrichtung; (II) bei stark defensiver kommunikativer Ausrichtung führen Strategien der Überkompensation (SIa) zu einer stärkeren Reduzierung der wahrgenommenen Problemschwere als Strategien der Vollkompensation (SIb).***

<u>H3.1.3c</u> ***(I) In Beschwerdesituationen bewirken Strategien der Vollkompensation (SIIb) eine stärkere Erhöhung der wahrgenommenen Gerechtigkeit als Strategien der Überkompensation (SIIa), jedoch nur bei jeweils gegebener schwach defensiver kommunikativer Ausrichtung; (II) bei stark defensiver kommunikativer Ausrichtung führen Strategien der Überkompensation (SIa) zu einer stärkeren Erhöhung der wahrgenommenen Gerechtigkeit als Strategien der Vollkompensation (SIb).***

<u>H3.1.3d</u> ***(I) In Beschwerdesituationen bewirken Strategien der Vollkompensation (SIIb) eine stärkere Erhöhung der wahrgenommenen Leistung des Anbieters als Strategien der Überkompensation (SIIa), jedoch nur bei jeweils gegebener schwach defensiver kommunikativer Ausrichtung; (II) bei stark defensiver kommunikativer Ausrichtung führen Strategien der Überkompensation (SIa) zu einer stärkeren Erhöhung der wahrgenommenen Leistung des Anbieters als Strategien der Vollkompensation (SIb).***

Für die Gruppen der *Rückruf- und Reklamationssituationen*, gekennzeichnet durch vergleichsweise höher ausgeprägte Bewältigungserwartungen der (potentiellen) Kunden als Rezipienten der negativen Publizität mögen insofern, abgeleitet aus dem *Confirmation/ Disconfirmation-Paradigma*, höhere Kompensationsleistungen des Anbieters im Sinne einer Überkompensation positivere Rezipientenreaktionen induzieren.[375] Die im Grundsatz positive Wirkung einer Überkompensation in diesen Produktkrisensituationen lässt sich wiederum ebenfalls aus Überlegungen im Rahmen von Konzepten des *Mental Accounting* ableiten,[376] wonach Kunden hinsichtlich der jeweils erfahrenen oder wahrgenommenen Verlustkategorien

[375] Vgl. Gilly, M. C.; Gelb, B. D. (1982), S. 324.
[376] Vgl. Thaler, R. (1985), S. 199 ff.

adäquate, verlustspezifische Reaktionen des Anbieters präferieren.[377] Da in Reklamations- und Rückrufsituationen neben psychische nun auch physische respektive materielle Verlustkategorien treten, scheinen im Grundsatz kompensatorische Bewältigungselemente im Hinblick auf die Erreichung des Bewältigungsziels förderlich. Je höher also die angekündigte bzw. versprochene Kompensationshöhe, desto positivere Rezipientenreaktionen lassen sich (absolut gesehen) erwarten. In diesen Gruppen von Situationen wird folglich eine rein kommunikativ ausgerichtete Bewältigungsstrategie allein kaum eine hinreichende Verbesserung der Rezipientenreaktionen herbeiführen können; das Angebot einer Kompensation durch den Anbieter wird aus Rezipientensicht erwartet. Da in diesen Situationen gemischte, aus psychischen wie materiellen (physischen) Kategorien zusammengesetzte, wahrgenommene Verluste vorliegen, wäre ein völliger Verzicht auf kommunikative Bewältigungsmerkmale jedoch ebenfalls nicht situationsadäquat. Da es sich bei Reklamations- und Rückrufsituationen um Situationen mit vergleichsweise hoher Problemevidenz handelt, das jeweils öffentlich thematisierte Produktproblem ist rechtlich substantiiert, objektivierbar und intersubjektiv von einem höheren Konsens geprägt, scheint in diesen Produktkrisensituationen stark offensiven und schwach defensiven kommunikativen Bewältigungselementen, die die Problemexistenz im Grundsatz anerkennen, eine höhere krisenbewältigende Wirkung zuzukommen als stark defensiven kommunikativen Merkmalen.[378]

Eine Kombination stark offensiver bzw. schwach defensiver kommunikativer Bewältigungselemente mit dem kompensatorischen Merkmal der Überkompensation scheint somit in diesen Krisensituationen den höchsten Bewältigungserfolg zu versprechen. In Situationen mit hoher gegebener Problemevidenz werden dagegen stark defensive Anbieterreaktionen zu einer Verstärkung des Negativitätseffektes beitragen. Dem Anbieter wird ein Vertuschen der eigenen Schlechtleistung attribuiert: Wer sich in einer solchen Situation als Anbieter (stark) verteidigt, klagt sich selbst an.[379] Hieraus wiederum resultieren insgesamt schlechtere Anbieterbeurteilungen der Rezipienten. Bei einer stark defensiven kommunikativen Ausrichtung der Bewältigungsstrategie scheint zudem die tatsächliche Einlösung des Kompensationsversprechens im Fall einer in Aussicht gestellten, vermeintlich großzügigen, Überkompensation aus Rezipientensicht angesichts der stark defensiven (verteidigenden, Vorwürfe abwehrenden) Position des Anbieters in hohem Maße unwahrscheinlich. Die in diesen Situationen angesichts des stärkeren materiellen Verlustes wichtige Funktion der Kompensation zur Abschwächung solcher Verlustkategorien kann nunmehr von einer Ankündigung der Überkompensation nicht mehr erfüllt werden. Eine solche Strategie scheint mit starken Glaubwürdig-

[377] Vgl. Smith, A. K.; Bolton, R. N.; Wagner, J. (1999), S. 359 f.
[378] Vgl. Coombs, T. W. (1998), S. 180.
[379] Vgl. hierzu die Studie von Bradford/Garrett (1995).

keitsproblemen behaftet.[380] In der Konsequenz resultieren insgesamt negativere Anbieterbeurteilungen der Rezipienten.

Die Wirkung einer Überkompensation in Relation zu einer Vollkompensation ist in diesen Situationen somit höher bei schwach defensiver kommunikativer Ausrichtung als bei stark defensiver kommunikativer Ausrichtung.[381] Speziell wird es bei gegebener Wahl stark defensiver kommunikativer Bewältigungselemente bei einem Übergang von einer Vollkompensation zu einer Überkompensation zu keinem positiven Bewältigungseffekt, d.h. zu keiner aus Anbietersicht günstigen Beeinflussung sämtlicher reputationsrelevanter Rezipientenreaktionen, kommen.

Aus dieser Analyse kompensatorischer Bewältigungsmerkmale bei gegebener kommunikativer Strategieausrichtung resultieren für die Gruppe der Reklamations- bzw. Rückrufsituationen die folgenden situationsspezifischen Hypothesen:

H3.1.4a ***(I) In Rückruf- und Reklamationssituationen bewirken Strategien der Überkompensation (SIIa) eine stärkere Reduzierung der Zuweisung von Verantwortlichkeit an den Anbieter als Strategien der Vollkompensation (SIIb), jedoch nur bei jeweils gegebener schwach defensiver kommunikativer Ausrichtung; (II) bei stark defensiver kommunikativer Ausrichtung führt ein Übergang von einer Strategie der Vollkompensation (SIb) zu einer Strategie der Überkompensation (SIa) zu keiner stärkeren Reduzierung der Zuweisung von Verantwortlichkeit an den Anbieter.***

H3.1.4b ***(I) In Rückruf- und Reklamationssituationen bewirken Strategien der Überkompensation (SIIa) eine stärkere Reduzierung der wahrgenommenen Problemschwere als Strategien der Vollkompensation (SIIb), jedoch nur bei jeweils gegebener schwach defensiver kommunikativer Ausrichtung; (II) bei stark defensiver kommunikativer Ausrichtung führt ein Übergang von einer Strategie der Vollkompensation (SIb) zu einer Strategie der Überkompensation (SIa) zu keiner stärkeren Reduzierung der wahrgenommenen Problemschwere.***

H3.1.4c ***(I) In Rückruf- und Reklamationssituationen bewirken Strategien der Überkompensation (SIIa) eine stärkere Erhöhung der wahrgenommenen Gerechtigkeit als Strategien der Vollkompensation (SIIb), jedoch nur bei jeweils gegebener schwach defensiver***

380 Vgl. Greenberg, J. (1990), S. 139 f.

381 Diese Argumentation ergibt sich somit spiegelbildlich zur Gruppe der Beschwerdesituationen für den Fall einer Kombination des Bewältigungsmerkmals der Überkompensation mit schwach defensiven kommunikativen Elementen.

kommunikativer Ausrichtung; (II) bei stark defensiver kommunikativer Ausrichtung führt ein Übergang von einer Strategie der Vollkompensation (SIb) zu einer Strategie der Überkompensation (SIa) zu keiner stärkeren Erhöhung der wahrgenommenen Gerechtigkeit.

H3.1.4d ***(I) In Rückruf- und Reklamationssituationen bewirken Strategien der Überkompensation (SIIa) eine stärkere Erhöhung der wahrgenommenen Leistung als Strategien der Vollkompensation (SIIb), jedoch nur bei jeweils gegebener schwach defensiver kommunikativer Ausrichtung; (II) bei stark defensiver kommunikativer Ausrichtung führt ein Übergang von einer Strategie der Vollkompensation (SIb) zu einer Strategie der Überkompensation (SIa) zu keiner stärkeren Erhöhung der wahrgenommenen Leistung.***

2.2.2.3.2 Situationsübergreifende Betrachtungsebene

Die situationsübergreifende Betrachtungsebene zielt auf einen Vergleich einer gegebenen Bewältigungsstrategie in unterschiedlichen Krisensituationen ab. Aus der situationsübergreifenden Betrachtung der Hypothesen zu Gruppe 1 lässt sich folgern, dass ein Anbieter offenbar in Rückrufsituationen (Reklamationssituationen) grundsätzlich mit negativeren Rezipientenreaktionen zu rechnen hat als in Reklamations- und Beschwerdesituationen (Beschwerdesituationen) und er somit im Grundsatz in Reklamations- bzw. Rückrufsituationen höhere Bewältigungsanstrengungen aufwenden muss als in Beschwerdesituationen, um das Bewältigungsziel zu erreichen. Was jedoch unter „höheren" Bewältigungsanstrengungen verstanden werden kann, mag je nach Situation, so zeigt die situationsspezifische Analyse zu Hypothesengruppe 3, anders zu beurteilen sein. In der Literatur werden oftmals eine höhere Kompensation (bei gegebener kommunikativer Ausrichtung) bzw. eine stärker offensive Kommunikation (bei gegebener kompensatorischer Ausrichtung) im Sinne einer ‚höheren' Bewältigungsanstrengung interpretiert. So empfiehlt *Coombs* (1998) etwa den Einsatz einer großzügigeren, den Belangen der Kunden entgegen kommenden Strategie in Situationen, die durch stärkere Verantwortlichkeitszuweisungen an den Anbieter geprägt sind.[382] Doch ergibt sich hieraus bereits eine schlechtere Wirkung einer gegebenen, beispielsweise in dem bezeichneten Sinne großzügigeren, Strategie etwa in Rückruf- oder Reklamations- im Vergleich zu Beschwerdesituationen? Die situationsspezifische Analyse unterschiedlicher Bewältigungsstrategien macht lediglich deutlich, dass unterschiedliche Kombinationen kompensatorischer und kommunikativer Bewältigungselemente in einer gegebenen Situation anders beurteilt werden. Zwar wurden in der situationsspezifischen Analyse einige Strategien in einzelnen Situationen theoretisch auf ihre Wirksamkeit hin untersucht. Unklar ist jedoch der *relative Wirkungsun-*

[382] Vgl. Coombs, T. W. (1998), S. 180. Solche Empfehlungen sind jedoch stets, wie die Formulierung *Coombs* zeigt, situationsspezifisch und nicht situationsübergreifend angelegt.

terschied einer gegebenen Strategie im Situationsvergleich, den es nunmehr theoretisch zu ergründen gilt. Insbesondere ist der hoch interessanten und in der einschlägigen Forschung theoretisch wie empirisch bislang nicht hinreichend untersuchten Frage nachzugehen, welchen relativen Wirkungsunterschied eine Überkompensation bei jeweils gegebener kommunikativer Ausrichtung in Situationen mit unterschiedlichem Problemausmaß zu erbringen vermag.[383]

Aus Überlegungen im Rahmen der *Prospect Theorie*[384] und des *Mental Accounting*[385] leitet sich ab, dass mit von Beschwerde- über Reklamations- bis hin zu Rückrufsituationen ansteigendem Problem- bzw. Verlustausmaß (-y) um -Δy, etwa interpretierbar im Sinne eines wachsenden Spektrums thematisierter eingetretener (konkretisierter) Produktrisiken, sich ebenfalls der absolute Wert (v) der Diskrepanz zwischen dem durch das Produktproblem verursachten wahrgenommenen Verlust v(-y) und dem wahrgenommenen Gewinn v(x), der potentiell aus der Einlösung eines in der Bewältigungsstrategie verankerten gegebenen Kompensationsversprechens resultiert, erhöht.

In *Abbildung 15* ist im rechten Teil der Grafik (im Gewinnbereich) auf der Abszisse mit $x_{ÜK}$ eine (gegebene, fixierte) Kompensationshöhe eingezeichnet, die sich auf die im linken Teil der Grafik (im Verlustbereich) auf der Abszisse abgetragenen, mit der Beschwerdesituation einerseits und der zu einer Gruppe zusammengefassten Reklamations- bzw. Rückrufsituationen andererseits verbundenen Verluste, bezieht. Sowohl für die Gruppe der Beschwerdesituationen als auch für die zu einer Gruppe zusammengefassten Reklamations- und Rückrufsituationen bildet die eingezeichnete Kompensationshöhe $x_{ÜK}$ eine Strategie der Überkompensation:[386]

(1) $$|-y_{BE}| < |x_{ÜK}| \text{ bzw. } |-y_{RE/RÜ}| < |x_{ÜK}|.$$

Bei einer für beide Situationen einheitlich fixierten, gegebenen Kompensationshöhe, etwa $x_{ÜK}$ in *Abbildung 15* als einer auf alle betrachteten Situationen bezogenen Strategie der Überkompensation[387], lässt sich nun der oben beschriebene Zusammenhang zur wachsenden Diskre-

[383] Vgl. Garrett, D. E. (1999), S. 27.

[384] Vgl. Kahneman, D.; Tversky, A. (1979), S. 263 ff.; Smith, A. K.; Bolton, R. N.; Wagner, J. (1999), S. 360 f.

[385] Thaler, R. (1985), S. 199 ff. Die nachfolgende Analyse unterstellt, dass die aus den Krisensituationen resultierenden „gemischten Verluste" von Rezipienten getrennt bewertet werden; in realen Krisensituationen ergibt sich dies ohnehin dadurch, dass die (mittelbar bzw. unmittelbar) erfahrenen Produktprobleme und die Bewältigungsaktivitäten des Anbieters zeitlich auseinander fallen. Vgl. Smith, A. K.; Bolton, R. N.; Wagner, J. (1999), S. 360.

[386] Der Abstand von $x_{ÜK}$ zum Referenzpunkt ist größer als die entsprechenden Abstände von $-y_{BE}$ bzw. $-y_{RE/RÜ}$ zum Referenzpunkt.

[387] Alternativ ließe sich auch eine relative (situationsbezogen) gegebene Strategie der Überkompensation, etwa im Sinne eines prozentualen Aufschlages (z.B. 25%) auf die jeweils erfahrene Verlusthöhe (in der Gruppe

panz zwischen dem Wert des aus der Krise erwachsenen wahrgenommenen Verlustes v(-y) und dem Wert des wahrgenommenen Gewinns v(x) aus der Kompensation bei ansteigendem Problemausmaß (-y) um -Δy wie folgt formalisieren (*vgl. Abbildung 15*):

(2) $$|v(x_{ÜK}) - |v(-y_{RE/RÜ})|| > |v(x_{ÜK}) - |v(-y_{BE})||.$$

Gemäß des in der Prospect Theorie unterstellten steileren Verlaufs der Wertfunktion im negativen Bereich nimmt jedoch diese Diskrepanz nur unterproportional zu: Definiert man

(3) $$\Delta NV := |v(x_{ÜK}) - |v(-y_{RE/RÜ})|| - |v(x_{ÜK}) - |v(-y_{BE})||$$

als Nettoverlustdifferenz, so gilt $\frac{\partial \Delta NV}{\partial \Delta y} < 1$.

Folglich bewirkt ein (marginaler) Anstieg des Problemausmaßes (-y) um -Δy, verglichen mit einer Reduzierung des Problemausmaßes um den gleichen Betrag +Δy, nur eine relativ geringere betragsmäßige Erhöhung des bewerteten Verlustes (vgl. |-Δv(y)| im Vergleich zu |+Δv(y)| in *Abbildung 15*).

Nimmt hingegen das Problemausmaß ab (+Δy), etwa im Sinne eines Übergangs von der Reklamations- bzw. Rückrufsituation auf die Beschwerdesituation, so ist der Effekt einer gegebenen Kompensationshöhe x auf die Rezipientenreaktionen größer. Da eine (marginale) Änderung des Verlustes, z.B. ein Anstieg des Problemausmaßes um -Δy, bei vergleichsweise (bezogen auf den Referenzpunkt) hohem Verlustniveau ($-y_{RE/RÜ}$) (Reklamations- bzw. Rückrufsituation) geringer bewertet wird als bei einem relativ niedrigen Verlustniveau ($-y_{BE}$) (Beschwerdesituation), wirkt auch eine gegebene Kompensationshöhe (etwa eine Strategie der Überkompensation $x_{ÜK}$) bei einem hohen Verlustniveau (in Reklamations- bzw. Rückrufsituationen) weniger stark. Ein Anstieg des Problemausmaßes (-y) um -Δy bewirkt folglich, dass der Grenznutzen einer *gegebenen* Kompensationshöhe x, kleiner wird und infolgedessen der differentielle Effekt auf die reputationsrelevanten Rezipientenreaktionen[388] sinkt.

der Beschwerdesituationen einerseits und der Gruppe der Reklamations- und Rückrufsituationen andererseits) betrachten.

[388] d.h. die Reaktionen der wahrgenommenen Problemschwere, Verantwortlichkeitszuweisung, wahrgenommenen Leistung und wahrgenommenen Gerechtigkeit, welche in den betrachteten Krisensituationen, abgeleitet aus dem Negativitätseffekt (Hypothesengruppe 1) allesamt in bestimmter Weise negativ ausgeprägt sind

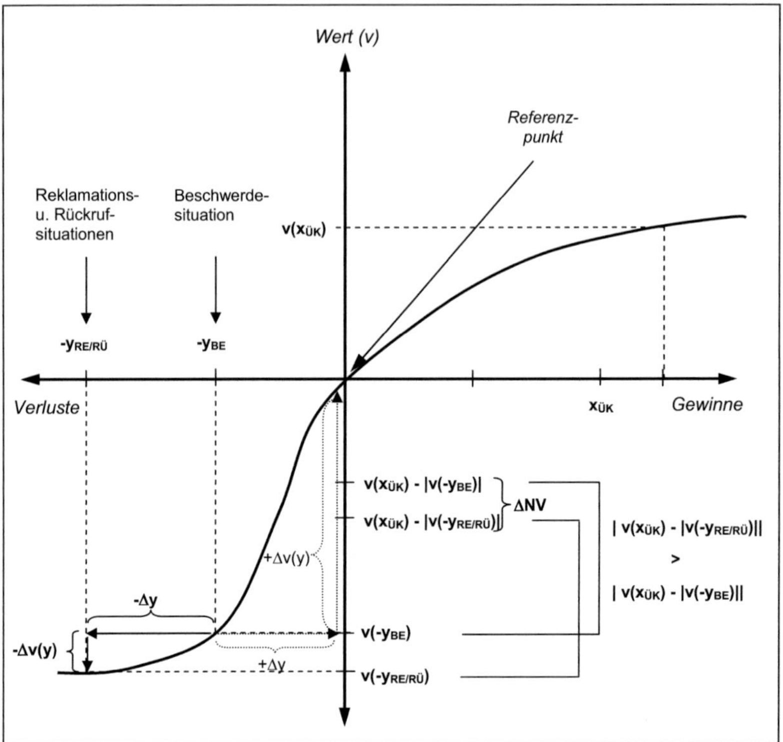

Legende: x = Kompensationshöhe (Gewinnhöhe), y = Problemausmaß (Verlusthöhe), BE = Beschwerdesituation, RE/RÜ = Reklamations- u. Rückrufsituationen, ÜK = Überkompensation, NV = Nettoverlust

Abb. 15: Die auf die Bewältigung von Produktkrisen angewandte Wertfunktion der Prospect Theorie   Quelle: Eigene Darstellung

In Rückrufsituationen, etwa bei Produktproblemen, die zu großen gesundheitlichen Schäden oder sogar zum Tode führen könnten, wären folglich Kompensationsleistungen besonders hoch anzusetzen, damit sie überhaupt eine Wirkung hätten.[389] Der relative Wirkungsbeitrag einer *gegebenen* Kompensationshöhe zur Verbesserung der Anbieterbeurteilungen der Rezipienten wäre damit größer in der Gruppe der Beschwerdesituationen im Vergleich zu den Gruppen der Reklamations- und Rückrufsituationen. Demnach wäre also im Grundsatz auch eine Strategie der Überkompensation bei gegebener kommunikativer Ausrichtung in Be-

[389] Vgl. Spremann, K. (1988), S. 621; Schneider, C. (1997), S. 128.

schwerdesituationen ($-y_{BE}$) im Hinblick auf die Erreichung des Bewältigungsziels relativ wirksamer als in Reklamations- oder Rückrufsituationen ($-y_{RE/RÜ}$).

Hieraus resultieren die folgenden *situationsübergreifenden Hypothesen* zur relativen Wirkung von Strategien der Überkompensation bei gegebener kommunikativer Ausrichtung. Der Effekt der Überkompensation auf die *wahrgenommene Problemschwere* ergibt sich unmittelbar, wenn man den in der Prospect Theorie betrachteten bewerteten Verlust v(-y) als Indikator respektive Komponente der wahrgenommenen Problemschwere betrachtet:

H3.2.1b ***Strategien der Überkompensation (SIa, SIIa) führen bei jeweils gegebener kommunikativer Ausrichtung (stark vs. schwach defensiv) in Beschwerdesituationen zu einer relativ höheren Reduzierung der wahrgenommenen Problemschwere als in Reklamations- und Rückrufsituationen.***

Aus der abnehmenden (zunehmenden) Wirkung der Überkompensation auf die wahrgenommene Problemschwere bei zunehmender (abnehmender) Verlusthöhe lässt sich ein entsprechender Effekt auf die *Verantwortlichkeitszuweisung* an den Anbieter für die Existenz des jeweils thematisierten Produktproblems schlussfolgern. So sehen *Laufer/Gillespie/McBride/Gonzales* (2005) in dem mit einer Produktkrise verbundenen bewerteten Verlust v(-y) eine Determinante für das Ausmaß an Schuldzuweisung an den Anbieter in dem hier relevanten Fall, dass die Frage tatsächlicher Verantwortlichkeit bzw. Schuld für die Existenz des Produktproblems noch ungeklärt, also offen, ist (*‚ambiguous culpability'*), wobei die Verantwortlichkeitszuweisungen an den Anbieter mit ansteigendem Problemausmaß zunehmen.[390] Demnach mag der bewertete Verlust also auch als Indikator bzw. Komponente der Verantwortlichkeitszuweisung der Rezipienten anzusehen sein, woraus sich folgender Zusammenhang ergibt:

H3.2.1a ***Strategien der Überkompensation (SIa, SIIa) führen bei jeweils gegebener kommunikativer Ausrichtung (stark vs. schwach defensiv) in Beschwerdesituationen zu einer relativ höheren Reduzierung der Zuweisung von Verantwortlichkeit an den Anbieter als in Reklamations- und Rückrufsituationen.***

Ein grundsätzlicher Einfluss der Kompensation auf die *wahrgenommene Leistung* des Anbieters ergibt sich, wie bereits dargelegt, aus Überlegungen im Rahmen der *Signaling-Theorie* bei hier stets unterstellter Qualitätsungewissheit der Nachfrager. Der Anbieter vermag durch die Ankündigung einer (Über)Kompensation die hohe Qualität seiner Produkte zu signalisie-

[390] Vgl. Laufer, D.; Gillespie, K.; McBride, B.; Gonzales, S. (2005), S. 33 ff.; Silvera, D. H.; Laufer, D. (2005), S. 22 f.

ren, analog zur Aussendung eines Garantiesignals, und damit den wahrgenommenen bewerteten Verlust v(-y) der Rezipienten, der aus einem Produktproblem resultiert, welcher gewissermaßen als Ausdruck oder Komponente ihrer Qualitätsungewissheit interpretiert werden mag, zu reduzieren. Da ein Anstieg des Verlustes -Δy ceteris paribus insofern auch als verschlechterte Leistung (Qualität) des Anbieters respektive einer Zunahme der Qualitätsungewissheit von Rezipienten der negativen Publizität wahrgenommen werden mag, lässt sich spiegelbildlich zu Hypothese H.3.2.1b für die wahrgenommene Leistung folgender Zusammenhang postulieren:

H3.2.1d ***Strategien der Überkompensation (SIa, SIIa) führen bei jeweils gegebener kommunikativer Ausrichtung (stark vs. schwach defensiv) in Beschwerdesituationen zu einer relativ stärkeren Erhöhung der wahrgenommenen Leistung des Anbieters als in Reklamations- und Rückrufsituationen.***

Wahrgenommene Gerechtigkeit ergibt sich aus dem Ergebnis eines Abgleichsprozesses der Rezipienten zwischen den aus der wahrgenommenen Austauschbeziehung resultierenden bewerteten Verlusten v(-y), die sich hier als Inputs in die Austauschbeziehung denken lassen, mit dem bewerteten Gewinn einer (Über-) Kompensation v(x), der sich als (nachträglicher) Output aus dieser Beziehung begreifen lässt. Für die wahrgenommene Gerechtigkeit kommt es, den Aufführungen über die *Equity Theorie* zufolge, auf die Output-Input-Relationen an. Betrachtet man diese Relationen in der Beschwerdesituation und der zu einer Gruppe zusammengefassten Reklamations- und Rückrufsituationen, so ergeben sich formal folgende Beziehungen (4) und (5):

$$(4) \qquad \left(\frac{\text{Output}}{\text{Input}}\right)_{\text{RE/RÜ}} = \frac{v(x_{\text{ÜK}})}{v(-y_{\text{RE/RÜ}})} < 0$$

$$(5) \qquad \left(\frac{\text{Output}}{\text{Input}}\right)_{\text{BE}} = \frac{v(x_{\text{ÜK}})}{v(-y_{\text{BE}})} < 0 \quad .$$

Dividiert man diese situationsbezogenen Output-Input-Relationen (5) und (4) durcheinander, so ergibt sich unmittelbar die folgende äquivalente Beziehung (6):

$$(6) \qquad \frac{\left(\frac{\text{Output}}{\text{Input}}\right)_{\text{BE}}}{\left(\frac{\text{Output}}{\text{Input}}\right)_{\text{RE/RÜ}}} = \frac{v(x_{\text{ÜK}})}{v(-y_{\text{BE}})} \cdot \frac{v(-y_{\text{RE/RÜ}})}{v(x_{\text{ÜK}})} = \frac{v(-y_{\text{RE/RÜ}})}{v(-y_{\text{BE}})} \quad .$$

$\frac{v(-y_{RE/RÜ})}{v(-y_{BE})}$ lässt sich als Input-Relation der beiden gegenüber gestellten Krisensituationen auffassen. Wegen $v(-y_{RE/RÜ}) < v(-y_{BE}) < 0$ folgt für diese sich in (6) aus der Äquivalenzumformung ergebende Input-Relation unmittelbar

$$(6') \qquad \frac{v(-y_{RE/RÜ})}{v(-y_{BE})} > 1 = \frac{v(x_{ÜK})}{v(x_{ÜK})} .$$

Damit Relation (6') Gültigkeit besitzt, ist mit der Reklamations- bzw. Rückrufsituation im Vergleich zur Beschwerdesituation ein größerer Input $v(-y_{RE/RÜ})$ verbunden. Daraus folgt, dass die wahrgenommene Gerechtigkeit in der Reklamations- bzw. Rückrufsituation geringer ist als in der Beschwerdesituation, ein Ergebnis, das bereits aus dem Negativitätseffekt in Hypothesengruppe 1 hergeleitet wurde.

Die oben mit (4) und (5) angegebenen Output-Input-Relationen lassen sich als das situationsbezogene bewertete Ergebnis eines solchen Abgleichsprozesses der Rezipienten in Form von wahrgenommener Gerechtigkeit interpretieren. Die Differenz Δ dieser Output-Input-Relationen lässt sich schreiben als

$$(7) \qquad \Delta = \left(\frac{\text{Output}}{\text{Input}}\right)_{RE/RÜ} - \left(\frac{\text{Output}}{\text{Input}}\right)_{BE} = \frac{v(x_{ÜK})}{v(-y_{RE/RÜ})} - \frac{v(x_{ÜK})}{v(-y_{BE})}$$

und weiter äquivalent umformen zu

$$(7') \qquad \Delta = v(x_{ÜK}) \cdot \left[\frac{1}{v(-y_{RE/RÜ})} - \frac{1}{v(-y_{BE})}\right] ,$$

wobei Δ für die Veränderung der wahrgenommenen Gerechtigkeit bei Variation der Verlusthöhe um $-\Delta y$ steht.

Die marginale Veränderung der wahrgenommenen Gerechtigkeit bei marginaler Erhöhung der Verlusthöhe $-\Delta y$ ist gemäß (8) proportional zur marginalen Änderung der Nettoverlustdifferenz ΔNV:

$$(8) \qquad \frac{\partial \Delta}{\partial \Delta y} = \frac{v(x_{ÜK})}{v(-y_{RE/RÜ})^2} \cdot \left(\frac{\partial \Delta NV}{\partial \Delta y}\right) .$$

(8) ergibt sich, indem man in Ausdruck (7') $-y_{RE/RÜ}$ durch $-y_{BE} + (-\Delta y)$ substituiert und den aus dieser Äquivalenzumformung resultierenden Ausdruck (7'') nach Δy gemäß Ausdruck (8') differenziert:

$$(7'') \qquad \Delta = v(x_{ÜK}) \cdot \left[\frac{1}{v(-y_{BE} - \Delta y)} - \frac{1}{v(-y_{BE})} \right]$$

$$(8') \qquad \frac{\partial \Delta}{\partial \Delta y} = v(x_{ÜK}) \cdot \left[(-1) \cdot v(-y_{BE} - \Delta y)^{-2} \cdot v'(-y_{BE} - \Delta y) \cdot (-1) \right]$$

$$= \frac{v(x_{ÜK})}{v(-y_{BE} - \Delta y)^2} \cdot v'(-y_{BE} - \Delta y),$$

wobei sich $v'(-y_{BE} - \Delta y)$ in (8') auch als $\left(\frac{\partial \Delta NV}{\partial \Delta y} \right)$ schreiben lässt. (8) bzw. (8') stellt die Ableitung der Veränderung der wahrgenommenen Gerechtigkeit nach der Veränderung der Verlusthöhe dar.

Für (8) gilt $\frac{\partial \Delta}{\partial \Delta y} = \frac{v(x_{ÜK})}{v(-y_{RE/RÜ})^2} \cdot \left(\frac{\partial \Delta NV}{\partial \Delta y} \right) < 1$, zum einen wegen $\frac{\partial \Delta NV}{\partial \Delta y} < 1$ und zum anderen wegen $\frac{v(x_{ÜK})}{v(-y_{RE/RÜ})^2} < 1$.[391]

Zur Illustration sei die von *Tversky/Kahnemann* (1992) empirisch ermittelte *Wertfunktion* mit einer Schätzung der Verlustaversion $\lambda \approx 2{,}25$, womit ausgedrückt wird, dass ein Verlust etwa doppelt so schwer wiegt wie ein entsprechender Gewinn, und Parametern $\alpha,\beta \in (0,1)$ gemäß (9) betrachtet:

---

[391] Herleitung: Gleichung (8) lässt sich umschreiben zu $\frac{\partial \Delta}{\partial \Delta y} = \frac{v(x_{ÜK})}{v(-y_{RE/RÜ})} \cdot \frac{1}{v(-y_{RE/RÜ})} \cdot \left(\frac{\partial \Delta NV}{\partial \Delta y} \right)$. Es gilt $x_{ÜK} > |-y_{RE/RÜ}|$ (vgl. Ausdruck (1)). Aufgrund des Verlaufs der Wertfunktion gilt $|v(-y_{RE/RÜ})| > v(x_{ÜK})$ (vgl. Relationen (4) und (5)). Division beider Seiten dieser Ungleichung durch $|v(-y_{RE/RÜ})|$ ergibt $1 > \frac{v(x_{ÜK})}{|v(-y_{RE/RÜ})|}$.

Folglich gilt: $\frac{v(x_{ÜK})}{-v(-y_{RE/RÜ})} < 1$. Multiplikation dieser Ungleichung mit $\frac{1}{|v(-y_{RE/RÜ})|}$ liefert $\frac{1}{|v(-y_{RE/RÜ})|} > \frac{v(x_{ÜK})}{v(-y_{RE/RÜ})^2}$. Nimmt man an, dass $|v(-y_{RE/RÜ})| > 1$, so ist $1/|(v(-y_{RE/RÜ}))| < 1$. Folglich ist $\frac{v(x_{ÜK})}{v(-y_{RE/RÜ})^2} < 1$. Da ebenfalls $\frac{\partial \Delta NV}{\partial \Delta y} < 1$ gilt, ist Ausdruck (8) < 1.

$$(9) \qquad v(x) := \begin{cases} x^{\alpha}, & x \geq 0 \\ -\lambda(-x)^{\beta}, & x < 0 \end{cases}$$ [392]

Einsetzen der in (9) spezifizierten Wertfunktion in Gleichung (8) mit $\lambda = 2$ ergibt:

$$\frac{\partial \Delta}{\partial \Delta y} = \frac{x_{ÜK}{}^{\alpha}}{\lambda^2 (y_{RE/RÜ})^{2\beta}} \cdot \left(\frac{\partial \Delta NV}{\partial \Delta y} \right) = \frac{1}{4} \frac{x_{ÜK}{}^{\alpha}}{(y_{RE/RÜ})^{2\beta}} \cdot \left(\frac{\partial \Delta NV}{\partial \Delta y} \right).$$

Setzt man $\beta = \alpha/2$, so ergibt sich $\frac{\partial \Delta}{\partial \Delta y} = \frac{1}{4} \frac{x_{ÜK}{}^{\alpha}}{(y_{RE/RÜ})^{\alpha}} \cdot \left(\frac{\partial \Delta NV}{\partial \Delta y} \right).$

Setzt man nun exemplarisch $\alpha = 0{,}5$, $y_{RE/RÜ} = 3 > 1$ und $x_{ÜK} = 4 > y_{RE/RÜ}$, so resultiert als Wert für Gleichung (8)

$$\frac{1}{4} \cdot \frac{4^{0,5}}{3^{0,5}} \cdot \left(\frac{\partial \Delta NV}{\partial \Delta y} \right) \approx 0{,}289 \cdot \left(\frac{\partial \Delta NV}{\partial \Delta y} \right) = 0{,}289 \cdot v'(-3)$$

$$= 0{,}289 \cdot 0{,}25 \cdot 3^{-0,75} \approx 0{,}032 < 1.$$

Grafisch lässt sich der Verlauf von ΔNV und Δ für alternative Werte von Δy für das zugrunde gelegte Zahlenbeispiel wie folgt darstellen (vgl. *Abbildung* 16). Aus (8) < 1 folgt, dass die wahrgenommene Gerechtigkeit mit steigender Verlusthöhe nur unterproportional steigt. D.h. in Reklamations- bzw. Rückrufsituationen wirkt eine gegebene Kompensationshöhe, und damit auch eine gegebene Überkompensation, schwächer als in Beschwerdesituationen. Im Umkehrschluss gilt folglich der in Hypothese H3.2.1c postulierte Zusammenhang:

H3.2.1c ***Strategien der Überkompensation (SIa, SIIa) führen bei jeweils gegebener kommunikativer Ausrichtung (stark vs. schwach defensiv) in Beschwerdesituationen zu einer relativ stärkeren Erhöhung der wahrgenommenen Gerechtigkeit als in Reklamations- und Rückrufsituationen.***

---

[392] Vgl. Tversky, A.; Kahnemann, D. (1991, 1992); Wang, M. (2006), S. 4.

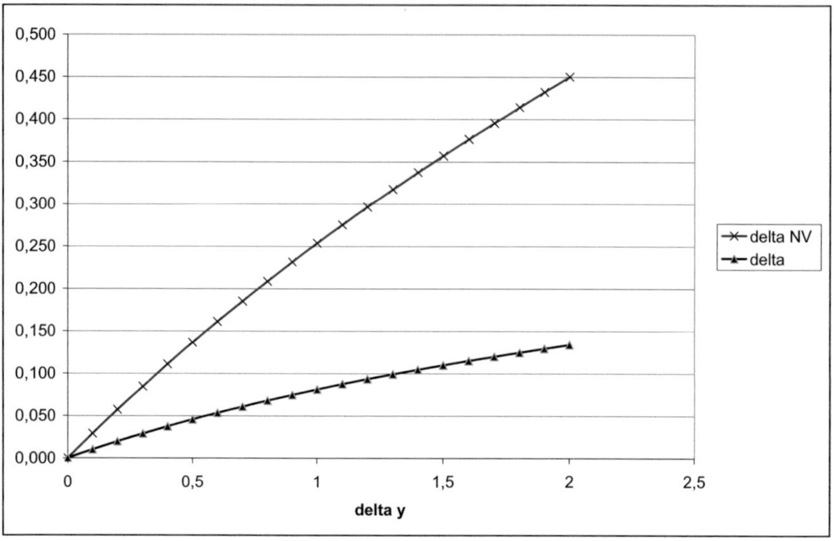

Abb. 16: Verlauf der Nettoverlustdifferenz ΔNV und der Veränderung der wahrgenommenen Gerechtigkeit Δ bei marginaler Variation der Verlusthöhe Δy
Quelle: Eigene Darstellung

Diese Hypothese stützend finden *Smith/Bolton/Wagner* (1999) in ihrer Studie Anzeichen für eine abschwächende Wirkung der Höhe der materiellen Kompensation auf die Wahrnehmungen von distributiver Gerechtigkeit bei zunehmendem Problemausmaß.[393] Intuitiv plausibel ist ein solches Ergebnis vor dem Hintergrund des in Beschwerdesituationen gegebenen wahrgenommenen Kulanzcharakters einer rein freiwillig vom Anbieter gewährten bzw. in Aussicht gestellten Kompensationsleistung.[394] Dieser ist nämlich in Beschwerdesituationen regelmäßig, im Unterschied zu den Gruppen der Reklamations- bzw. Rückrufsituationen, in der Wahrnehmung von Rezipienten nicht von Rechts wegen (infolge einer vertraglichen bzw. gesetzlichen Verpflichtung) gezwungen, mit einer Kompensation zu reagieren, sondern er unternimmt dies ohne eine Verpflichtung auf rein freiwilliger Basis im Rahmen der Kulanz. Zudem stellt eine solche Reaktion einen für Rezipienten fassbaren Gegenwert dar, die in dieser Situation im situativen Vergleich in höherem Maße unerwartet ist.

Auf den ersten Blick stehen die in den obigen Hypothesen zum Ausdruck kommenden Zusammenhänge im Widerspruch zu dem Ergebnis der situationsspezifischen Analyse, von dem

[393] Vgl. Smith, A. K.; Bolton, R. N.; Wagner, J. (1999), S. 360 f.
[394] Vgl. Eggert, A. (2002), S. 66; Heckelmann, S. (1997), S. 124 ff.

diese jedoch, infolge der völlig unterschiedlichen angewandten Betrachtungsebenen, strikt zu trennen sind: Dort ergab sich bei isolierter Betrachtung einzelner Krisensituationen für die Gruppe der Beschwerdesituationen aus dem Wirksamwerden eines Plateau-Effektes im Grundsatz unter anderem eine höhere Wirksamkeit der Vollkompensation im Vergleich zur Überkompensation bei entsprechender (adäquater) kommunikativer Ausrichtung der Bewältigungsstrategie respektive für die Gruppen der Reklamations- und Rückrufsituationen aus dem Ausbleiben eines Plateau-Effektes eine höhere Wirksamkeit der Über- im Vergleich zur Vollkompensation. Eine solche Analyse sagt jedoch noch nichts aus über den relativen Effekt einer gegebenen Kompensationshöhe in unterschiedlichen Krisensituationen, die den Gegenstand der hier zugrunde gelegten situationsübergreifenden Analyse bildet.

Die situationsübergreifende Wirkung kommunikativer Bewältigungselemente bei gegebenen kompensatorischen Merkmalen leitet sich ab aus *attributionstheoretischen Überlegungen*: Infolge der im situativen Vergleich in Reklamations- und Rückrufsituationen im Unterschied zu Beschwerdesituationen gegebenen höheren Problemevidenz kommt, unabhängig von der gewählten Kompensationshöhe, in den erstgenannten Situationen einer stark defensiv kommunikativ ausgerichteten Strategie, die auf eine Leugnung der Existenz des thematisierten Produktproblems abstellt, eine geringere Wirkung im Hinblick auf den Abbau unerwünschter Rezipientenreaktionen zu als in Beschwerdesituationen, in der die öffentlich thematisierten Probleme weniger manifest und intersubjektiv von einem geringeren Konsens geprägt sein werden: „*Given the strong evidence of commission and control, third parties would likely reject the accused actor`s denials and excuses as being unconvincing and deceitful.*“[395] Vom Anbieter eingesetzte stark defensive Elemente wirken in Reklamations- und Rückrufsituationen im Unterschied zu Beschwerdesituationen aus Rezipientensicht wie eine Verschleierung des Problems, eine Verhaltensweise, die wiederum infolge des Wirksamwerdens des *fundamentalen Attributionsfehlers*[396] negativen stabilen Dispositionen des Anbieters (etwa seiner unehrenhaften, dubiosen Unternehmenspolitik) attribuiert wird. Hieraus werden wiederum in der Konsequenz negativere reputationsrelevante Reaktionen der Rezipienten resultieren.[397] Da umgekehrt in Beschwerdesituationen (gemäß den Ergebnissen der situationsübergreifenden Analyse der Hypothesengruppe 1) davon auszugehen ist, dass die Verantwortlichkeitszuweisungen hier tendenziell geringer als in den übrigen Situationen ausfallen werden, mag insofern auch eine stark defensive Strategie im Hinblick auf die Bewältigung der Krise geeignet erscheinen, die eine Verantwortlichkeit für die Existenz des Produktproblems leugnet bzw. sogar auf andere Parteien abwälzt; anders hingegen in Rückruf- und in Reklamationssituationen, in denen vergleichsweise höhere Verantwortlichkeitszuweisungen an den Anbieter zu

395 Bradford, J. L.; Garrett, D. E. (1995), S. 879.
396 Vgl. Jones, E.E.; Nisbett, R.E. (1971), S. 79 ff.
397 Vgl. Bradford, J. L.; Garrett, D. E. (1995), S. 880.

erwarten sind.[398] Mit anderen Worten: Defensive Strategien schaden also nicht nur nichts in Beschwerdesituationen, sie nützen sogar. Anders hingegen in Situationen mit höherem Problemausmaß: Hier wirkt starke Defensivität des Anbieters wie eine Anklage.[399]

H3.2.2a ***Stark defensiv ausgerichtete Strategien (SIa, SIb) führen bei jeweils gegebener kompensatorischer Ausrichtung (Voll- vs. Überkompensation) in Rückruf- und Reklamationssituationen zu einer geringeren Reduzierung der Zuweisung von Verantwortlichkeit an den Anbieter als in Beschwerdesituationen.***

H3.2.2b ***Stark defensiv ausgerichtete Strategien (SIa, SIb) führen bei jeweils gegebener kompensatorischer Ausrichtung (Voll- vs. Überkompensation) in Rückruf- und Reklamationssituationen zu einer geringeren Reduzierung der wahrgenommenen Problemschwere als in Beschwerdesituationen.***

H3.2.2c ***Stark defensiv ausgerichtete Strategien (SIa, SIb) führen bei jeweils gegebener kompensatorischer Ausrichtung (Voll- vs. Überkompensation) in Rückruf- und Reklamationssituationen zu einer geringeren Erhöhung der wahrgenommenen Gerechtigkeit als in Beschwerdesituationen.***

H3.2.2d ***Stark defensiv ausgerichtete Strategien (SIa, SIb) führen bei jeweils gegebener kompensatorischer Ausrichtung (Voll- vs. Überkompensation) in Rückruf- und Reklamationssituationen zu einer geringeren Erhöhung der wahrgenommenen Leistung des Anbieters als in Beschwerdesituationen.***

2.2.2.4 Hypothesengruppe 4: Wirkungen der Qualitätsreputation des Anbieters vor der Krise auf die Wirkung von Bewältigungsstrategien auf Rezipientenreaktionen

2.2.2.4.1 Situationsspezifische Betrachtungsebene

In der situationsspezifischen Analyse der *Hypothesengruppe 2* wurde bereits ein grundsätzlicher krisenbewältigender Effekt der vor der Krise gegebenen hohen (im Unterschied zu niedrigen) Qualitätsreputation des Anbieters abgeleitet. Als Ausfluss dieser situationsspezifischen Diskussion wurde die Frage aufgeworfen, ob der Faktor Reputation die Wirkung von Bewältigungsstrategien eher komplementiert oder aber eher substituiert. Stehen also etwa kompensatorische Bewältigungselemente und die vor der Krise gegebene hohe Qualitätsreputation

[398] Vgl. Conlon, D. E.; Murray, N. M. (1996), S. 1043.
[399] Vgl. Rother, A. (2003), S. 10.

des Anbieters im Grundsatz in einem *substitutiven Verhältnis* zueinander? Lässt sich diese Frage bejahen, so hätte dies in allen Krisensituationen eine abgeschwächte Wirkung von auf Überkompensation ausgerichteter Bewältigungsstrategien für einen Anbieter hoher im Unterschied zu einem Anbieter niedriger Reputation zur Folge. Dieser Frage gilt es, im Rahmen der situationsspezifischen und situationsübergreifenden Analyse von Hypothesengruppe 4 weiter nachzugehen.

Der Beantwortung dieser Frage lässt sich nähern, indem auf Forschungsansätze rekurriert wird, die sich mit der *simultanen Wirkung von Qualitätssignalen*, insbesondere Reputations- und Garantiesignalen, beschäftigen.[400] Eine Kompensation im Sinne der hier betrachteten kompensatorischen Bewältigungsmerkmale wird vom Anbieter angekündigt bzw. versprochen, analog zur Gewährung einer Garantie[401], und nicht (wie in der Literatur zum Beschwerdemanagement bzw. zur Kundenrückgewinnung stets unterstellt) bereits tatsächlich geleistet.

V. Ungern-Sternberg (1984) untersucht modelltheoretisch-deduktiv den Zusammenhang zwischen Garantien und Reputation bei unvollständiger Nachfragerinformation auf Märkten für Erfahrungsgüter.[402] Im Mittelpunkt seiner Analyse steht die Frage, wie die Anwesenheit des Reputationsmechanismus die Gestaltung von optimalen Garantien und anderen gesetzlichen Haftungsregeln beeinflusst.[403] Es zeigt sich, dass bei gut funktionierendem Reputationsmechanismus, etwa im Sinne einer allgemein als glaubwürdig anerkannten, gegebenen hohen Reputation des Anbieters zu verstehen, die Garantie einen Teil ihrer Funktion einbüßt.[404] Reputation und Garantien stellen dann zwei substitutive Möglichkeiten dar, das Informationsproblem der Nachfrager zu lösen und zu effizienten Märkten zu führen.[405] Bei Anwesenheit zweier Qualitätssignale, etwa einer hohen, überdurchschnittlichen Kompensationsankündigung und hoher Qualitätsreputation vor der Krise, werden Rezipienten ihr Urteil über den Anbieter respektive dessen angebotene Leistung nun stärker von den in der vor der Krise gegebenen Qualitätsreputation enthaltenen kumulierten vergangenen Erfahrungen ab-

---

400 Vgl. hierzu insbesondere die Studien von Price, L. J.; Dawar, N. (2002); Innis, D. E.; Unnava, H. R. (1991); Gerhard, A. (1995), S. 163 ff.; von Ungern-Sternberg, T. R. (1984). Siehe auch Al-Najjar, N. I. (1995), S. 605 ff.; Balachander, S. (2001), S. 1282 ff.

401 Einer vom Anbieter angekündigten (versprochenen) Kompensationsleistung kommt, abgeleitet aus Überlegungen der auf Garantien bezogenen *Signaling-Theorie*, im Grundsatz ein doppelter Signalgehalt zu: erstens geben sie dem Nachfrager die Sicherheit, im Schadensfall Entschädigung zu erhalten und zweitens signalisieren sie, dass der Anbieter sich der Qualität seiner Produkte gewiss ist. Vgl. Spence, M. (1974, 1977); Schneider, C. (1997), S. 130.

402 Vgl. von Ungern-Sternberg, T. R. (1984), S. 101.

403 Vgl. von Ungern-Sternberg, T. R. (1984), S. 101 ff.

404 Vgl. von Ungern-Sternberg, T. R. (1984), S. 102.

405 Vgl. von Ungern-Sternberg, T. R. (1984), S. 102.

leiten[406]: *„That is, consumers appear to be inferring a high probability of performance of an established brand based on its record of good performance in the past. In such conditions, the role of warranty information should be minimal, because a brand`s past performance is acting as an implied warranty or as a signal of reliability.'*[407] Die Wirkung des Kompensationsversprechens ist bei Firmen mit hoher Reputation nun nicht völlig aufgehoben; Kompensationsversprechen sind jedoch in ihrer krisenbewältigenden Funktion für den Anbieter eingeschränkt, da Rezipienten diese Information zur qualitatitven Produktbeurteilung nur eingeschränkt heranziehen.[408] Firmen mit hoher Reputation, die eine Überkompensationsstrategie (bei gegebener kommunikativer Ausrichtung) anwenden, müssen folglich krisensituationsunabhängig, d.h. in allen gemeinsam (als Aggregat) betrachteten Krisensituationen, mit einem *Plateau-Effekt* rechnen:[409] Die vorherige hohe Reputation stellt bereits ein starkes Qualitätssignal dar, so dass eine Überkompensation im Hinblick auf die Bewältigung der Krise zwar nicht schadet, jedoch auch wenig nutzt. Für die reputationsrelevanten Rezipientenreaktionen leiten sich hieraus unmittelbar folgende situationsspezifische Hypothesen zur Wirkungsweise der Reputation auf die Wirkung von Überkompensationsstrategien zur Bewältigung von Produktkrisen ab:

H4.1a ***Strategien der Überkompensation (SIa, SIIa) führen in allen Krisensituationen bei hoher im Vergleich zu niedriger vor der Krise gegebener Qualitätsreputation des Anbieters zu keiner unterschiedlichen Veränderung der Zuweisung von Verantwortlichkeit an den Anbieter.***

H4.1b ***Strategien der Überkompensation (SIa, SIIa) führen in allen Krisensituationen bei hoher im Vergleich zu niedriger vor der Krise gegebener Qualitätsreputation des Anbieters zu keiner unterschiedlichen Veränderung der wahrgenommenen Problemschwere.***

H4.1c ***Strategien der Überkompensation (SIa, SIIa) führen in allen Krisensituationen bei hoher im Vergleich zu niedriger vor der Krise gegebener Qualitätsreputation des Anbieters zu keiner unterschiedlichen Veränderung der wahrgenommenen Gerechtigkeit des Anbieters.***

H4.1d ***Strategien der Überkompensation (SIa, SIIa) führen in allen Krisensituationen bei hoher im Vergleich zu niedriger vor der Krise gegebener Qualitätsreputation des Anbieters zu keiner unterschiedlichen Veränderung der wahrgenommenen Leistung des Anbieters.***

---

[406] Vgl. Gerhard, A. (1995), S. 163 f.
[407] Innis, D. E.; Unnava, H. R. (1991), S. 318.
[408] Vgl. Gerhard, A. (1995), S. 164.
[409] Vgl. Price, L. J.; Dawar, N. (2002), S. 172.

2.2.2.4.2 Situationsübergreifende Betrachtungsebene

Aus der situationsübergreifenden Ableitung von Hypothesen in *Hypothesengruppe 2* ist ersichtlich, dass der aus dem *Bestätigungseffekt* (*confirmatory bias effect*) abgeleitete Einfluss einer hohen im Unterschied zu einer niedrigen vor der Krise gegebenen Qualitätsreputation des Anbieters auf die Rezipientenreaktionen bei Abwesenheit jedweder Bewältigungsaktivität mit unterschiedlichen Krisensituationen variieren wird. Eine solche Argumentation lässt sich im Grundsatz auch auf den Fall der Beurteilung des Anbieters bei Anwesenheit von Bewältigungsstrategien übertragen: Die Motivation zur Abwertung dissonanter Informationen ist in Rückrufsituationen (Reklamationssituationen) tendenziell höher ausgeprägt als in Beschwerde- und Reklamationssituationen (Beschwerdesituationen). Hieraus mögen im Ergebnis im Grundsatz stärker positive Veränderungen der Anbieterbeurteilungen bei gegebener hoher Reputation im Unterschied zu einer niedrigen Reputation auch angesichts des Einsatzes einer gegebenen Bewältigungsstrategie in Rückrufsituationen (Reklamationssituationen) im Vergleich zu Reklamations- und Beschwerdesituationen (Beschwerdesituationen) resultieren.

Da jedoch, abgeleitet aus der situationsspezifischen Analyse zu *Hypothesengruppe 4*, Bewältigungsstrategien (insbesondere kompensatorische Bewältigungselemente) und die vor der Krise gegebene Reputation des Anbieters als nunmehr simultan vorhandene Qualitätssignale in einer aus Nachfrager- bzw. Rezipientensicht substitutiven Beziehung zueinander stehen, mag infolge der bloßen Anwesenheit einer gegebenen Bewältigungsstrategie die Wirksamkeit des aus der hohen Reputation erwachsenen Bestätigungseffektes in allen Situationen abgeschwächt werden.[410]

Die situativen Unterschiede, die für den Fall bei Abwesenheit von Bewältigungsstrategien hergeleitet wurden, werden nunmehr durch die bloße Anwesenheit von Bewältigungsstrategien nivelliert. In *Rückrufsituationen* (*Reklamationssituationen*) resultieren bei hoher gegebener Anbieterreputation nicht mehr in dem Maße stärker widersprüchliche Kognitionen aus einem kognitiven Abgleich des positiven Reputationsstimulus mit den hinzu tretenden im Situationsvergleich stärker negativen Kriseninformationen im Vergleich zu *Reklamations- und Beschwerdesituationen* (*Beschwerdesituationen*), die in der Folge Rezipienten zu einer entsprechenden erwartungskonformen Um- bzw. Neuinterpretationen ihrer Beurteilungen motivieren würden. Bei niedriger vor der Krise gegebener Qualitätsreputation ergibt sich eine solche Uminterpretation aus dem Ausbleiben des Bestätigungseffektes ohnehin nicht, ein Ergebnis der situationsübergreifenden Analyse zu *Hypothesengruppe 2*. Im Ergebnis resultieren aus dieser Argumentationskette keine situativen Unterschiede hinsichtlich der Wirkung einer

[410] Vgl. Büschken, J. (1999), S. 17.

gegebenen Reputationsausprägung auf die Veränderung der Rezipientenreaktionen bei Anwesenheit von Bewältigungsstrategien. Mit anderen Worten: es sind keinerlei unterschiedlich starke Effekte einer gegebenen hohen wie niedrigen Reputation in unterschiedlichen Krisensituationen zu erwarten. Bei hoher Reputation wird der hierdurch induzierte Bestätigungseffekt partiell kompensiert durch die Anwesenheit (einer wie auch immer im Einzelfall ausgestalteten) Bewältigungsstrategie selbst. Bei niedriger Reputation bleiben ein Bestätigungseffekt und daraus abgeleitete Wirkungen ohnehin aus.[411] Der Effekt hoher versus niedriger Reputation auf die Beurteilungen des Anbieters im Lichte gegebener Bewältigungsstrategien ist somit unabhängig von den Ausprägungen der Krisensituation:

<u>H4.2a</u> ***Der moderierende Einfluss der vor der Krise gegebenen Qualitätsreputation des Anbieters auf die Wirkung gegebener Bewältigungsstrategien variiert in den einzelnen Krisensituationen nicht: Eine gegebene Bewältigungsstrategie führt in Rückrufsituationen (Reklamationssituationen) im Vergleich zu Beschwerde- und Reklamationssituationen (Beschwerdesituationen) zu keiner unterschiedlichen Veränderung der Zuweisung von Verantwortlichkeit an den Anbieter bei hoher im Vergleich zu niedriger vor der Krise gegebener Qualitätsreputation des Anbieters.***

<u>H4.2b</u> ***Der moderierende Einfluss der vor der Krise gegebenen Qualitätsreputation des Anbieters auf die Wirkung gegebener Bewältigungsstrategien variiert in den einzelnen Krisensituationen nicht: Eine gegebene Bewältigungsstrategie führt in Rückrufsituationen (Reklamationssituationen) im Vergleich zu Beschwerde- und Reklamationssituationen (Beschwerdesituationen) zu keiner unterschiedlichen Veränderung der wahrgenommenen Problemschwere bei hoher im Vergleich zu niedriger vor der Krise gegebener Qualitätsreputation des Anbieters.***

<u>H4.2c</u> ***Der moderierende Einfluss der vor der Krise gegebenen Qualitätsreputation des Anbieters auf die Wirkung gegebener Bewältigungsstrategien variiert in den einzelnen Krisensituationen nicht: Eine gegebene Bewältigungsstrategie führt in Rückrufsituationen (Reklamationssituationen) im Vergleich zu Beschwerde- und Reklamationssituationen (Beschwerdesituationen) zu keiner unterschiedlichen Veränderung der wahrgenommenen Gerechtigkeit des Anbieters bei hoher im Vergleich zu niedriger vor der Krise gegebener Qualitätsreputation des Anbieters.***

<u>H4.2d</u> ***Der moderierende Einfluss der vor der Krise gegebenen Qualitätsreputation des Anbieters auf die Wirkung gegebener Bewältigungsstrategien variiert in den einzelnen Krisen-***

[411] Sowohl bei hoher wie bei niedriger Reputation wird der Negativitätseffekt infolge des Ausbleibens des fundamentalen Attributionsfehlers durch die Anwesenheit von Bewältigungsstrategien (partiell) kompensiert.

situationen nicht: Eine gegebene Bewältigungsstrategie führt in Rückrufsituationen (Reklamationssituationen) im Vergleich zu Beschwerde- und Reklamationssituationen (Beschwerdesituationen) zu keiner unterschiedlichen Veränderung der wahrgenommenen Leistung des Anbieters bei hoher im Vergleich zu niedriger vor der Krise gegebener Qualitätsreputation des Anbieters.

2.2.3 Zusammenfassung: Das Hypothesensystem im Überblick

Hypothesengruppe H 1 – situationsspezifisch	
Nr.	**Postulierter Zusammenhang**
H1.1a	*In allen Krisensituationen ist die Verantwortlichkeitszuweisung an den Anbieter höher als in der Nicht-Krisensituation.*
H1.1b	*In allen Krisensituationen ist die wahrgenommene Problemschwere größer als in der Nicht-Krisensituation.*
H1.1c	*In allen Krisensituationen ist die wahrgenommene Gerechtigkeit des Anbieters geringer als in der Nicht-Krisensituation.*
H1.1d	*In allen Krisensituationen ist die wahrgenommene Leistung des Anbieters geringer als in der Nicht-Krisensituation.*

Tab. 4 a: Situationsspezifische Hypothesen der Gruppe 1 im Überblick
Quelle: Eigene Darstellung

Hypothesengruppe H 1 – situationsübergreifend	
Nr.	**Postulierter Zusammenhang**
H1.2a	*In Rückrufsituationen (Reklamationssituationen) ist die Verantwortlichkeitszuweisung an den Anbieter höher als in Reklamations- und Beschwerdesituationen (Beschwerdesituationen).*
H1.2b	*In Rückrufsituationen (Reklamationssituationen) ist die wahrgenommene Problemschwere größer als in Reklamations- und Beschwerdesituationen (Beschwerdesituationen).*
H1.2c	*In Rückrufsituationen (Reklamationssituationen) ist die wahrgenommene Gerechtigkeit des Anbieters geringer als in Reklamations- und Beschwerdesituationen (Beschwerdesituationen).*
H1.2d	*In Rückrufsituationen (Reklamationssituationen) ist die wahrgenommene Leistung des Anbieters geringer als in Reklamations- und Beschwerdesituationen (Beschwerdesituationen).*

Tab. 4 b: Situationsübergreifende Hypothesen der Gruppe 1 im Überblick
Quelle: Eigene Darstellung

Nr.	Hypothesengruppe H2 – situationsspezifisch Postulierter Zusammenhang
H2.1a	*Der Einfluss der Krisensituationen auf die Rezipientenreaktionen wird in allen Krisensituationen moderiert von der vor der Krise gegebenen Qualitätsreputation des Anbieters: Bei gegebener hoher Qualitätsreputation des Anbieters vor der Krise ist die Verantwortlichkeitszuweisung an den Anbieter geringer als bei gegebener niedriger Qualitätsreputation des Anbieters vor der Krise.*
H2.1b	*Der Einfluss der Krisensituationen auf die Rezipientenreaktionen wird in allen Krisensituationen moderiert von der vor der Krise gegebenen Qualitätsreputation des Anbieters: Bei gegebener hoher Qualitätsreputation des Anbieters vor der Krise ist die wahrgenommene Problemschwere geringer als bei gegebener niedriger Qualitätsreputation des Anbieters vor der Krise.*
H2.1c	*Der Einfluss der Krisensituationen auf die Rezipientenreaktionen wird in allen Krisensituationen moderiert von der vor der Krise gegebenen Qualitätsreputation des Anbieters: Bei gegebener hoher Qualitätsreputation des Anbieters vor der Krise ist die wahrgenommene Gerechtigkeit höher als bei gegebener niedriger Qualitätsreputation des Anbieters vor der Krise.*
H2.1d	*Der Einfluss der Krisensituationen auf die Rezipientenreaktionen wird in allen Krisensituationen moderiert von der vor der Krise gegebenen Qualitätsreputation des Anbieters: Bei gegebener hoher Qualitätsreputation des Anbieters vor der Krise ist die wahrgenommene Leistung des Anbieters höher als bei gegebener niedriger Qualitätsreputation des Anbieters vor der Krise.*

Tab. 5 a: Situationsspezifische Hypothesen der Gruppe 2 im Überblick
Quelle: Eigene Darstellung

Nr.	Hypothesengruppe H2 – situationsübergreifend Postulierter Zusammenhang
H2.2a	*Der moderierende Einfluss der vor der Krise gegebenen Qualitätsreputation des Anbieters auf die Wirkung gegebener Krisensituationen variiert in den einzelnen Krisensituationen: Rückrufsituationen (Reklamationssituationen) führen im Vergleich zu Reklamations- und Beschwerdesituationen (Beschwerdesituationen) zu relativ geringeren Verantwortlichkeitszuweisungen an den Anbieter, wenn die Reputation des Anbieters hoch ist im Vergleich zu einer niedrigen Reputation.*
H2.2b	*Der moderierende Einfluss der vor der Krise gegebenen Qualitätsreputation des Anbieters auf die Wirkung gegebener Krisensituationen variiert in den einzelnen Krisensituationen: Rückrufsituationen (Reklamationssituationen) führen im Vergleich zu Reklamations- und Beschwerdesituationen (Beschwerdesituationen) zu einer relativ geringeren wahrgenommenen Problemschwere, wenn die Reputation des Anbieters hoch ist im Vergleich zu einer niedrigen Reputation.*
H2.2c	*Der moderierende Einfluss der vor der Krise gegebenen Qualitätsreputation des Anbieters auf die Wirkung gegebener Krisensituationen variiert in den einzelnen Krisensituationen: Rückrufsituationen (Reklamationssituationen) führen im Vergleich zu Reklamations- und Beschwerdesituationen (Beschwerdesituationen) zu einer relativ höheren wahrgenommenen Gerechtigkeit, wenn die Reputation des Anbieters hoch ist im Vergleich zu einer niedrigen Reputation.*
H2.2d	*Der moderierende Einfluss der vor der Krise gegebenen Qualitätsreputation des Anbieters auf die Wirkung gegebener Krisensituationen variiert in den einzelnen Krisensituationen: Rückrufsituationen (Reklamationssituationen) führen im Vergleich zu Reklamations- und Beschwerdesituationen (Beschwerdesituationen) zu einer relativ höheren wahrgenommenen Leistung, wenn die Reputation des Anbieters hoch ist im Vergleich zu einer niedrigen Reputation.*

Tab. 5 b: Situationsübergreifende Hypothesen der Gruppe 2 im Überblick
Quelle: Eigene Darstellung

Hypothesengruppe H3 – situationsspezifisch	
Nr.	**Postulierter Zusammenhang**
H3.1.1a	*In Beschwerdesituationen bewirken stark defensive Strategien (SIa, SIb) eine stärkere Reduzierung der Zuweisung von Verantwortlichkeit an den Anbieter als schwach defensive Strategien (SIIa, SIIb), bei jeweils gegebener kompensatorischer Ausrichtung (Voll- vs. Überkompensation), bzw. als eine reine stark offensive Strategie (SIII).*
H3.1.1b	*In Beschwerdesituationen bewirken stark defensive Strategien (SIa, SIb) eine stärkere Reduzierung der wahrgenommenen Problemschwere als schwach defensive Strategien (SIIa, SIIb), bei jeweils gegebener kompensatorischer Ausrichtung (Voll- vs. Überkompensation) bzw. als eine reine stark offensive Strategie (SIII).*
H3.1.1c	*In Beschwerdesituationen bewirken stark defensive Strategien (SIa, SIb) eine größere Erhöhung der wahrgenommenen Gerechtigkeit als schwach defensive Strategien (SIIa, SIIb), bei jeweils gegebener kompensatorischer Ausrichtung (Voll- vs. Überkompensation), bzw. als eine reine stark offensive Strategie (SIII).*
H3.1.1d	*In Beschwerdesituationen bewirken stark defensive Strategien (SIa, SIb) eine größere Erhöhung der wahrgenommenen Leistung des Anbieters als schwach defensive Strategien (SIIa, SIIb), bei jeweils gegebener kompensatorischer Ausrichtung (Voll- vs. Überkompensation), bzw. als eine reine stark offensive Strategie (SIII).*
H3.1.2a	*In Rückruf- und Reklamationssituationen bewirken eine reine, stark offensive Strategie (SIII) sowie schwach defensive Strategien (SIIa, SIIb) eine stärkere Reduzierung der Zuweisung von Verantwortlichkeit an den Anbieter als stark defensive Strategien (SIa, SIb), bei jeweils gegebener kompensatorischer Ausrichtung (Voll- vs. Überkompensation).*
H3.1.2b	*In Rückruf- und Reklamationssituationen bewirken eine reine, stark offensive Strategie (SIII) sowie schwach defensive Strategien (SIIa, SIIb) eine stärkere Reduzierung der wahrgenommenen Problemschwere als stark defensive Strategien (SIa, SIb), bei jeweils gegebener kompensatorischer Ausrichtung (Voll- vs. Überkompensation).*
H3.1.2c	*In Rückruf- und Reklamationssituationen bewirken eine reine, stark offensive Strategie (SIII) sowie schwach defensive Strategien (SIIa, SIIb) eine stärkere Erhöhung der wahrgenommenen Gerechtigkeit als stark defensive Strategien (SIa, SIb), bei jeweils gegebener kompensatorischer Ausrichtung (Voll- vs. Überkompensation).*
H3.1.2d	*In Rückruf- und Reklamationssituationen bewirken eine reine, stark offensive Strategie (SIII) sowie schwach defensive Strategien (SIIa, SIIb) eine stärkere Erhöhung der wahrgenommenen Leistung des Anbieters als stark defensive Strategien (SIa, SIb), bei jeweils gegebener kompensatorischer Ausrichtung (Voll- vs. Überkompensation).*
H3.1.3a	*(I) In Beschwerdesituationen bewirken Strategien der Vollkompensation (SIIb) eine stärkere Reduzierung der Zuweisung von Verantwortlichkeit an den Anbieter als Strategien der Überkompensation (SIIa), jedoch nur bei jeweils gegebener schwach defensiver kommunikativer Ausrichtung; (II) bei stark defensiver kommunikativer Ausrichtung führen Strategien der Überkompensation (SIa) zu einer stärkeren Reduzierung der Zuweisung von Verantwortlichkeit an den Anbieter als Strategien der Vollkompensation (SIb).*
H3.1.3b	*(I) In Beschwerdesituationen bewirken Strategien der Vollkompensation (SIIb) eine stärkere Reduzierung der wahrgenommenen Problemschwere als Strategien der Überkompensation (SIIa), jedoch nur bei jeweils gegebener schwach defensiver kommunikativer Ausrichtung; (II) bei stark defensiver kommunikativer Ausrichtung führen Strategien der Überkompensation (SIa) zu einer stärkeren Reduzierung der wahrgenommenen Problemschwere als Strategien der Vollkompensation (SIb).*
H3.1.3c	*(I) In Beschwerdesituationen bewirken Strategien der Vollkompensation (SIIb) eine stärkere Erhöhung der wahrgenommenen Gerechtigkeit als Strategien der Überkompensation (SIIa), jedoch nur bei jeweils gegebener schwach defensiver kommunikativer Ausrichtung; (II) bei stark defensiver kommunikativer Ausrichtung führen Strategien der Überkompensation (SIa) zu einer stärkeren Erhöhung der wahrgenommenen Gerechtigkeit als Strategien der Vollkompensation (SIb).*
H3.1.3d	*(I) In Beschwerdesituationen bewirken Strategien der Vollkompensation (SIIb) eine stärkere Erhöhung der wahrgenommenen Leistung des Anbieters als Strategien der Überkompensation (SIIa), jedoch nur bei jeweils gegebener schwach defensiver kommunikativer Ausrichtung; (II) bei stark defensiver kommunikativer Ausrichtung führen Strategien der Überkompensation (SIa) zu einer stärkeren Erhöhung der wahrgenommenen Leistung des Anbieters als Strategien der Vollkompensation (SIb).*
H3.1.4a	*(I) In Rückruf- und Reklamationssituationen bewirken Strategien der Überkompensation (SIIa) eine stärkere Reduzierung der Zuweisung von Verantwortlichkeit an den Anbieter als Strategien der Vollkompensation (SIIb), jedoch nur bei jeweils gegebener schwach defensiver kommunikativer Ausrichtung; (II) bei stark defensiver kommunikativer Ausrichtung führt ein Übergang von einer Strategie der Vollkompensation (SIb) zu einer Strategie der Überkompensation (SIa) zu keiner stärkeren Reduzierung der Zuweisung von Verantwortlichkeit an den Anbieter.*

H3.1.4b	*(I) In Rückruf- und Reklamationssituationen bewirken Strategien der Überkompensation (SIIa) eine stärkere Reduzierung der wahrgenommenen Problemschwere als Strategien der Vollkompensation (SIIb), jedoch nur bei jeweils gegebener schwach defensiver kommunikativer Ausrichtung; (II) bei stark defensiver kommunikativer Ausrichtung führt ein Übergang von einer Strategie der Vollkompensation (SIb) zu einer Strategie der Überkompensation (SIa) zu keiner stärkeren Reduzierung der wahrgenommenen Problemschwere.*
H3.1.4c	*(I) In Rückruf- und Reklamationssituationen bewirken Strategien der Überkompensation (SIIa) eine stärkere Erhöhung der wahrgenommenen Gerechtigkeit als Strategien der Vollkompensation (SIIb), jedoch nur bei jeweils gegebener schwach defensiver kommunikativer Ausrichtung; (II) bei stark defensiver kommunikativer Ausrichtung führt ein Übergang von einer Strategie der Vollkompensation (SIb) zu einer Strategie der Überkompensation (SIa) zu keiner stärkeren Erhöhung der wahrgenommenen Gerechtigkeit.*
H3.1.4d	*(I) In Rückruf- und Reklamationssituationen bewirken Strategien der Überkompensation (SIIa) eine stärkere Erhöhung der wahrgenommenen Leistung als Strategien der Vollkompensation (SIIb), jedoch nur bei jeweils gegebener schwach defensiver kommunikativer Ausrichtung; (II) bei stark defensiver kommunikativer Ausrichtung führt ein Übergang von einer Strategie der Vollkompensation (SIb) zu einer Strategie der Überkompensation (SIa) zu keiner stärkeren Erhöhung der wahrgenommenen Leistung.*

Tab. 6 a: Situationsspezifische Hypothesen der Gruppe 3 im Überblick
Quelle: Eigene Darstellung

Hypothesengruppe H 3 – situationsübergreifend	
Nr.	**Postulierter Zusammenhang**
H3.2.1a	*Strategien der Überkompensation (SIa, SIIa) führen bei jeweils gegebener kommunikativer Ausrichtung (stark vs. schwach defensiv) in Beschwerdesituationen zu einer relativ höheren Reduzierung der Zuweisung von Verantwortlichkeit an den Anbieter als in Reklamations- und Rückrufsituationen.*
H3.2.1b	*Strategien der Überkompensation (SIa, SIIa) führen bei jeweils gegebener kommunikativer Ausrichtung (stark vs. schwach defensiv) in Beschwerdesituationen zu einer relativ höheren Reduzierung der wahrgenommenen Problemschwere als in Reklamations- und Rückrufsituationen.*
H3.2.1c	*Strategien der Überkompensation (SIa, SIIa) führen bei jeweils gegebener kommunikativer Ausrichtung (stark vs. schwach defensiv) in Beschwerdesituationen zu einer relativ stärkeren Erhöhung der wahrgenommenen Gerechtigkeit als in Reklamations- und Rückrufsituationen.*
H3.2.1d	*Strategien der Überkompensation (SIa, SIIa) führen bei jeweils gegebener kommunikativer Ausrichtung (stark vs. schwach defensiv) in Beschwerdesituationen zu einer relativ stärkeren Erhöhung der wahrgenommenen Leistung des Anbieters als in Reklamations- und Rückrufsituationen.*
H3.2.2a	*Stark defensiv ausgerichtete Strategien (SIa, SIb) führen bei jeweils gegebener kompensatorischer Ausrichtung (Voll- vs. Überkompensation) in Rückruf- und Reklamationssituationen zu einer geringeren Reduzierung der Zuweisung von Verantwortlichkeit an den Anbieter als in Beschwerdesituationen.*
H3.2.2b	*Stark defensiv ausgerichtete Strategien (SIa, SIb) führen bei jeweils gegebener kompensatorischer Ausrichtung (Voll- vs. Überkompensation) in Rückruf- und Reklamationssituationen zu einer geringeren Reduzierung der wahrgenommenen Problemschwere als in Beschwerdesituationen.*
H3.2.2c	*Stark defensiv ausgerichtete Strategien (SIa, SIb) führen bei jeweils gegebener kompensatorischer Ausrichtung (Voll- vs. Überkompensation) in Rückruf- und Reklamationssituationen zu einer geringeren Erhöhung der wahrgenommenen Gerechtigkeit als in Beschwerdesituationen.*
H3.2.2d	*Stark defensiv ausgerichtete Strategien (SIa, SIb) führen bei jeweils gegebener kompensatorischer Ausrichtung (Voll- vs. Überkompensation) in Rückruf- und Reklamationssituationen zu einer geringeren Erhöhung der wahrgenommenen Leistung des Anbieters als in Beschwerdesituationen.*

Tab. 6 b: Situationsübergreifende Hypothesen der Gruppe 3 im Überblick
Quelle: Eigene Darstellung

Hypothesengruppe H 4 – situationsspezifisch	
Nr.	**Postulierter Zusammenhang**
H4.1a	*Strategien der Überkompensation (SIa, SIIa) führen in allen Krisensituationen bei hoher im Vergleich zu niedriger vor der Krise gegebener Qualitätsreputation des Anbieters zu keiner unterschiedlichen Veränderung der Zuweisung von Verantwortlichkeit an den Anbieter.*
H4.1b	*Strategien der Überkompensation (SIa, SIIa) führen in allen Krisensituationen bei hoher im Vergleich zu niedriger vor der Krise gegebener Qualitätsreputation des Anbieters zu keiner unterschiedlichen Veränderung der wahrgenommenen Problemschwere.*
H4.1c	*Strategien der Überkompensation (SIa, SIIa) führen in allen Krisensituationen bei hoher im Vergleich zu niedriger vor der Krise gegebener Qualitätsreputation des Anbieters zu keiner unterschiedlichen Veränderung der wahrgenommenen Gerechtigkeit des Anbieters.*
H4.1d	*Strategien der Überkompensation (SIa, SIIa) führen in allen Krisensituationen bei hoher im Vergleich zu niedriger vor der Krise gegebener Qualitätsreputation des Anbieters zu keiner unterschiedlichen Veränderung der wahrgenommenen Leistung des Anbieters.*

Tab. 7 a: Situationsspezifische Hypothesen der Gruppe 4 im Überblick
Quelle: Eigene Darstellung

Hypothesengruppe H 4 – situationsübergreifend	
Nr.	**Postulierter Zusammenhang**
H4.2a	*Der moderierende Einfluss der vor der Krise gegebenen Qualitätsreputation des Anbieters auf die Wirkung gegebener Bewältigungsstrategien variiert in den einzelnen Krisensituationen nicht: Eine gegebene Bewältigungsstrategie führt in Rückrufsituationen (Reklamationssituationen) im Vergleich zu Beschwerde- und Reklamationssituationen (Beschwerdesituationen) zu keiner unterschiedlichen Veränderung der Zuweisung von Verantwortlichkeit an den Anbieter bei hoher im Vergleich zu niedriger vor der Krise gegebener Qualitätsreputation des Anbieters.*
H4.2b	*Der moderierende Einfluss der vor der Krise gegebenen Qualitätsreputation des Anbieters auf die Wirkung gegebener Bewältigungsstrategien variiert in den einzelnen Krisensituationen nicht: Eine gegebene Bewältigungsstrategie führt in Rückrufsituationen (Reklamationssituationen) im Vergleich zu Beschwerde- und Reklamationssituationen (Beschwerdesituationen) zu keiner unterschiedlichen Veränderung der wahrgenommenen Problemschwere bei hoher im Vergleich zu niedriger vor der Krise gegebener Qualitätsreputation des Anbieters.*
H4.2c	*Der moderierende Einfluss der vor der Krise gegebenen Qualitätsreputation des Anbieters auf die Wirkung gegebener Bewältigungsstrategien variiert in den einzelnen Krisensituationen nicht: Eine gegebene Bewältigungsstrategie führt in Rückrufsituationen (Reklamationssituationen) im Vergleich zu Beschwerde- und Reklamationssituationen (Beschwerdesituationen) zu keiner unterschiedlichen Veränderung der wahrgenommenen Gerechtigkeit des Anbieters bei hoher im Vergleich zu niedriger vor der Krise gegebener Qualitätsreputation des Anbieters.*
H4.2d	*Der moderierende Einfluss der vor der Krise gegebenen Qualitätsreputation des Anbieters auf die Wirkung gegebener Bewältigungsstrategien variiert in den einzelnen Krisensituationen nicht: Eine gegebene Bewältigungsstrategie führt in Rückrufsituationen (Reklamationssituationen) im Vergleich zu Beschwerde- und Reklamationssituationen (Beschwerdesituationen) zu keiner unterschiedlichen Veränderung der wahrgenommenen Leistung des Anbieters bei hoher im Vergleich zu niedriger vor der Krise gegebener Qualitätsreputation des Anbieters.*

Tab. 7 b: Situationsübergreifende Hypothesen der Gruppe 4 im Überblick
Quelle: Eigene Darstellung

3 Die Anlage der empirischen Untersuchung

3.1 Allgemeine Aspekte der Datengewinnung

3.1.1 Die Güte der Datengewinnung

Mit sämtlichen in dieser Untersuchung zugrunde gelegten Typen von Rezipientenreaktionen (abhängige Variablen) auf die gegebenen Produktkrisensituationen und Bewältigungsaktivitäten (unabhängige Variablen) liegen psychische Größen vor, die die Zustände und Prozesse im Inneren des Konsumenten abbilden sollen. Sie entziehen sich einer direkten Beobachtbarkeit und bilden somit Konstrukte, die durch geeignete, vergleichsweise leichter messbare, Indikatoren[412] zu operationalisieren sind.[413] Sie lassen sich näher als intervenierende bzw. *Organismusvariablen* charakterisieren, da sie im Rahmen von Stimulus-Organismus-Reaktions-Modellen (S-O-R-Modellen) einen Beitrag zur Erklärung und Prognose direkt (unmittelbar) beobachtbarer Verhaltensreaktionen (der Reaktionsvariablen in S-O-R-Modellen) zu leisten versprechen.[414] Bei der Operationalisierung ergibt sich nun unmittelbar das Problem, welche Indikatoren brauchbare Ersatzgrößen für diese eigentlich interessierenden psychischen Verhaltensdeterminanten darstellen.

Die Eignung der Operationalisierungen der Konstrukte respektive der zugrunde gelegten Messinstrumente wird konkret über die Gütekriterien der *Reliabilität* und *Validität* erfasst.[415] Die *Validität* oder Gültigkeit einer Messung betrifft die Frage, ob die Indikatoren überhaupt dasjenige Konstrukt messen, das zu messen beabsichtigt ist; sie liegt in dem Maße vor, in dem die Messungen frei sind von systematischen (konstanten) Fehlern.[416] *Reliabilität* oder Zuverlässigkeit einer Messung betrifft die Frage der Genauigkeit (formalen Exaktheit) einer Messung, gleichgültig, ob der Sachverhalt gemessen wird, der zu messen vorgegeben ist; sie liegt in dem Maße vor, in dem die Messungen frei sind von unsystematischen (variablen) bzw. zufälligen Fehlern.[417] Reliabilität wird im Allgemeinen als notwendige, aber noch nicht hinreichende Bedingung für das Vorhandensein von Validität erachtet.[418] Da die Qualität der im Rahmen der empirischen Untersuchung gewonnenen Ergebnisse und daraus abgeleiteter

[412] *Indikatoren* sind unmittelbar messbare Sachverhalte, welche das Vorliegen der gemeinten, aber nicht direkt erfassbaren Phänomene anzeigen. Vgl. Kroeber-Riel, W.; Weinberg, P. (1996), S. 31.

[413] Vgl. Böcker, F. (1996), S. 35 f. Die *Operationalisierung* bezeichnet den Vorgang der Zuordnung von direkt beobachtbaren Größen zu theoretischen Begriffen. Vgl. Kroeber-Riel, W.; Weinberg, P. (1996), S. 29.

[414] Vgl. Kroeber-Riel, W.; Weinberg, P. (1996), S. 29 ff.

[415] Vgl. Heidenreich, K. (1984), S. 364 ff.; Hüttner, M. (1988), S. 13 ff.; Hammann, P.; Erichson, B. (1994), S. 75 ff.

[416] Vgl. Hüttner, M. (1988), S. 13; Hammann, P.; Erichson, B. (1994), S. 75.

[417] Vgl. Hüttner, M. (1988), S. 13; Hammann, P.; Erichson, B. (1994), S. 75.

[418] Vgl. Hüttner, M. (1988), S. 14.

Folgerungen maßgeblich von der Erfüllung dieser auch als Hauptgütekriterien bezeichneten Maßstäbe respektive daraus abgeleiteter bzw. nachgelagerter Nebengütekriterien[419] bei den zugrunde gelegten Messinstrumenten abhängt, kommt den Ausführungen dieses Kapitels für alle nachfolgend zu durchlaufenden Schritte im Rahmen der Anlage der empirischen Untersuchung und diesbezüglich zu treffender Entscheidungen ein richtungsweisender Charakter zu. Auf Aspekte der Erfüllung oder Nichterfüllung dieser Gütekriterien wird also bei den konkret zu treffenden Entscheidungen im Hinblick auf die Wahl der eingesetzten Messinstrumente respektive Operationalisierungen einzugehen sein.

Die *konkrete Erfassung der Reliabilität* setzt zumeist an der Korrelation der Ergebnisse zweier Messungen an, wobei hohe Korrelationen im Allgemeinen auf hohe Reliabilität hindeuten.[420] Im Wesentlichen werden drei Formen zur Reliabilitätserfassung unterschieden: Im Falle der *Wiederholungsreliabilität* (*test-retest-reliability*) erfolgt ein Vergleich der Ergebnisse von zeitlich aufeinander folgenden Messungen an ein und derselben Stichprobe mit demselben Messinstrument. Hierbei gilt es zu beachten, dass sich der gewählte Zeitabstand auf die Höhe des Korrelationskoeffizienten auswirken kann, etwa durch Übungs- und Lerneffekte oder zwischenzeitlich auftretende Ereignisse, so dass die Wiederholungsreliabilität in der Regel geringer ausfällt, je weiter die Messzeitpunkte auseinander liegen.[421] Außerdem sollten die Durchführungsbedingungen zu beiden Messzeitpunkten möglichst einheitlich sein. Die Berechnung erfolgt durch die Korrelation der Rohwertepaare zwischen der ersten und zweiten Messung. Im Falle der *Paralleltestreliabilität* (*alternative forms reliability*) erfolgt die Vergleichsmessung mit einem zweiten, äquivalenten, Messinstrument wiederum an ein und derselben Stichprobe.[422] Die Berechnung erfolgt durch die Korrelation der mit beiden Messinstrumenten generierten Rohwertepaare. Auch hier ergibt sich, analog zur Anwendung der Wiederholungsreliabilität, eine mögliche Verzerrung durch etwaiges Auftreten von Übungseffekten, die sich jedoch durch Variationen der Reihenfolge der Anwendung der Messinstrumente (cross over design) kontrollieren lassen.[423] Vergleichsweise schwerer wiegt das Problem der Entwicklung zweier äquivalenter, möglichst ähnlicher Messinstrumente.[424] Als Dritte Methode zur Erfassung der Reliabilität steht die *Halbierungsreliabilität (split-half reliability) bzw. deren Verallgemeinerung als Interne-Konsistenz-Reliabilität (interitem consistency)* zur Verfügung. Hierbei handelt es sich um eine einmalige Anwendung eines Messinstrumentes, bestehend aus mehreren Indikatoren, das auf zwei (‚split half') oder mehrere

[419] Zu den Nebengütekriterien zählen insbesondere die Normiertheit, Vergleichbarkeit, Ökonomie und Nützlichkeit. Neben Validität und Reliabilität wird häufig auch die Objektivität den Hauptgütekriterien zugeordnet. Vgl. Heidenreich, K. (1984), S. 364.

[420] Vgl. Bühner, M. (2004), S. 117 ff.; Hüttner, M. (1988), S. 14.

[421] Vgl. Bühner, M. (2004), S. 118.

[422] Vgl. Hüttner, M. (1988), S. 14.

[423] Vgl. Bühner, M. (2004), S. 119.

[424] Vgl. Peter, J. P. (1979), S. 9 f.

(‚interitem') Teile aufgeteilt wird, an einer Stichprobe.[425] Die Berechnung erfolgt durch die Korrelation zwischen den Rohwertepaaren der Teile des Messinstruments.[426] Geprüft wird hiermit die Einheitlichkeit eines in zwei oder mehrere Teile geteilten Messinstruments. Im Unterschied zu den anderen beiden Verfahren setzt die Anwendung der Halbierungs- bzw. Internen-Konsistenz-Methode also voraus, dass mehrere Indikatoren pro Konstrukt zur Verfügung stehen.

Die *konkrete Überprüfung der Validität* eines Messinstrumentes gestaltet sich tendenziell schwieriger als die Überprüfung der Reliabilität, da die wahren Werte eines Konstruktes nicht bekannt sind.[427] Da ausnahmslos Konstrukte zur Überprüfung der in den Hypothesen zum Ausdruck kommenden Beziehungen Anwendung finden, ist die so genannte *Konstruktvalidität (construct validity)* von Bedeutung.[428] Hierunter lässt sich das Ausmaß der Beziehungen zwischen einem theoretischen Konstrukt und dem Konzept seiner empirischen Messung verstehen, mithin zu dem eine Messung bestimmte Eigenschaften eines Konstrukts nach Richtung und Stärke abbildet.[429] Diese Beziehung kann einerseits als *Konvergenzvalidität* (*convergent validity*) durch den Grad erfasst werden, in dem die Messkonzeption in Richtung des Konstruktes „konvergiert", zum anderen umgekehrt als *Diskriminanzvalidität* (*discriminant validity*) durch den Grad, in dem andere Konstrukte bei der Messung ausgeschlossen sind.[430] Sofern sich die auf theoretischer Ebene abgeleiteten Beziehungen anhand der erhobenen Messergebnisse bestätigen und von der Gültigkeit der Operationalisierungen für zumindest einzelne beteiligte Konstrukte ausgegangen werden kann, so kann auf die Validität auch der übrigen Operationalisierungen geschlossen werden.[431] *Inhaltsvalidität* (*content validity*) liegt in dem Maße vor, in dem die Messergebnisse inhaltlich-semantisch das der Messung zugrunde liegende Konstrukt repräsentieren. Die Messung des Konstrukts sollte demnach die unterschiedlichen theoretischen Bedeutungsinhalte (Dimensionen) eines Konstruktes abbilden.[432]

Zur Beurteilung der Güte von experimentell gewonnenen Daten sind zudem interne und externe Validität bedeutsam.[433] *Interne Validität* liegt vor, wenn sich die Veränderung der

[425] Vgl. Bühner, M. (2004), S. 117.
[426] Vgl. Hüttner, M. (1988), S. 14. Der Chronbach-alpha-Koeffizient gilt heute als Standardmethode zur Schätzung der internen (inneren) Konsistenz. Vgl. Bühner, M. (2004), S. 122.
[427] Vgl. Hammann, P.; Erichson, B. (1994), S. 77.
[428] Vgl. Peter, J. P. (1981), S. 134 f.
[429] Vgl. Hüttner, M. (1988), S. 15; Heidenreich, K. (1984), S. 368 ff.
[430] Vgl. Hüttner, M. (1988), S. 15.
[431] Vgl. Peter, J. P. (1981), S. 134 f. Unterschiedliche Methoden zur Bestimmung der Konvergenz- und Diskriminanzvalidität beschreibt Bühner, M. (2004), S. 32 f.
[432] Vgl. Himme, A. (2006), S. 390 f.
[433] Vgl. Winer, R. S. (1999), S. 349; Lynch, Jr. J. G. (1999), S. 367 ff; Hammann, P.; Erichson, B. (1994), S. 158 ff.

abhängigen Variable eindeutig auf die Variation der unabhängigen Variablen (das Treatment) zurückführen lässt bzw. es keine alternativen Erklärungen gibt. Dies wiederum setzt voraus, dass während der Messung keine unkontrollierten Störeinflüsse auftreten. *Externe Validität (Allgemeingültigkeit, Verallgemeinerungsfähigkeit, Generalisierbarkeit, ökologische Validität)* ist gegeben, wenn die Ergebnisse in der Stichprobe auf reale Kontexte (Personen, Situationen, Zeitpunkte) übertragen werden können. Sie wird maßgeblich von der Repräsentativität der Stichprobe sowie der Repräsentativität der Untersuchungsbedingungen bestimmt.[434]

3.1.2 Die Methode der Datengewinnung

Ziel der Untersuchung ist es, die Wirkungen unterschiedlicher Produktkrisensituationen und Bewältigungsstrategien (unabhängige Variablen) auf unterschiedliche Gruppen von Rezipientenreaktionen (abhängige Variablen) ohne und mit Berücksichtigung einer weiteren unabhängigen Variable als potentiell moderierendem Einflussfaktor aufzudecken. Die Überprüfung der zugrunde gelegten Forschungshypothesen, bestehend aus einer Mehrzahl unabhängiger und abhängiger Variablen, erfordert ein *mehrfaktorielles, multivariates Untersuchungsdesign*. Die Gewinnung von Daten zur Überprüfung der Variationen der unabhängigen Variablen (Treatments) auf die genannten abhängigen Variablen verlangt nach der Durchführung eines *Experiments*. Experimente zeichnen sich dadurch aus, dass der Untersuchungsleiter aktiv in den zu untersuchenden Prozess interveniert, indem er die vermeintlich verursachende unabhängige Variable(n) systematisch variiert (manipuliert), während er die Änderungen der vermeintlich abhängigen Variablen misst.[435] Die Beantwortung der in der Problemstellung aufgeworfenen Teilfragen erfordert die Durchführung eines *Laborexperiments*, da zum einen eine Fülle zu kontrollierender Störeinflüsse zu erwarten ist, die im Rahmen eines Feldexperimentes nicht angemessen zu kontrollieren wären; zum anderen lässt sich eine hinreichende Variation der Untersuchungsbedingungen angesichts der zugrunde liegenden Thematik von Produktkrisen und Bewältigungsstrategien nicht (mit vertretbarem Aufwand) im Feld (in natürlicher Umgebung) erzielen.[436] Da es in der vorliegenden Untersuchung darum geht, bisher noch nicht aufgezeigte Zusammenhänge zwischen ausgewählten Produktkrisensituationen, Bewältigungsmaßnahmen und Rezipientenreaktionen aufzudecken, ist die gewählte Methode eines Laborexperiments angeraten.[437]

---

[434] Vgl. Hammann, P.; Erichson, B. (1994), S. 159.
[435] Vgl. Hammann, P.; Erichson, B. (1994), S. 155. Die unabhängigen Variablen werden dabei auch als Experimentvariable oder experimenteller Faktor bezeichnet, die abhängige Variable auch als Untersuchungsvariable oder Messgröße.
[436] Vgl. Rack, O.; Christophersen, T. (2006), S. 20 f.
[437] Vgl. Rack, O.; Christophersen, T. (2006), S. 21.

Grundsätzlich stehen zur Generierung von Messwerten im Rahmen von Experimenten als *Erhebungsmethoden* sowohl die Beobachtung als auch die Befragung zur Verfügung.[438] Da sämtliche der in die Untersuchung einbezogenen abhängigen Variablen als Organismusvariablen subjektive Einschätzungen (etwa Meinungen, Beurteilungen, Einstellungen) enthalten, lassen sich Messwerte valide nur durch *Befragungen* generieren.[439] Als *Formen der Befragung* kommen die *mündliche Befragung*, entweder als persönliche Befragung oder telefonische Befragung, beide jeweils in klassisch-traditioneller Weise oder computergestützt, sowie die *schriftliche Befragung*, entweder klassisch-traditionell durch Verschicken von Fragebögen per Fax oder Brief oder als Computerbefragung (Bildschirmbefragung), in Betracht.[440] Eine valide und reliable Messung der Untersuchungsvariablen im Rahmen von Experimenten setzt eine (möglichst) vollständige Erfassung der Variationen des experimentellen Faktors voraus, die sich im Wege mündlicher (persönlicher wie telefonischer) Befragungen infolge fehlender bzw. eingeschränkter Beschreibungs- bzw. Darstellungsmöglichkeiten (etwa in Form von Krisenszenarien), zeitlicher Restriktionen und unerwünschter Interviewereinflüsse tendenziell schwieriger realisieren lässt als in schriftlichen Befragungen. Im Hinblick auf die Befragungsform fällt daher die Wahl auf eine *schriftliche Befragung*. Bei der schriftlichen Befragung kommen einerseits die klassisch-traditionelle Form per Brief oder Fax oder aber neuere (elektronische) Formen in Betracht, die sich unter dem Stichwort „Online-" oder „Multimedia"-Befragungen subsumieren lassen.[441] Die wesentlichen Nachteile klassisch-traditioneller schriftlicher Befragungen im Vergleich zu den neueren computergestützten Befragungsformen liegen in der oftmals sehr geringen Rücklaufquote und daraus resultierenden Repräsentativitätsproblemen, den deutlich höheren Erhebungskosten sowie der (noch) höheren Unkontrollierbarkeit der Erhebungssituation.[442] Die Vorteile der neueren computergestützten Befragungsformen liegen dagegen in den vergleichsweise geringeren Erhebungskosten, der schnelleren Durchführbarkeit, vielfältigen Gestaltungsmöglichkeiten bei der Programmierung des Fragebogens, die sich positiv auf den Rücklauf auswirken sowie in einigen technischen Details wie insbesondere der Möglichkeit der Erfassung der Bearbeitungsdauer und der zufallsgesteuerten Fragen- und Itemrotation, durch die sich Reihenfolgeeffekte während der

---

[438] Unter *Beobachtung* kann die visuelle oder instrumentelle Erhebung von Daten verstanden werden, die sich gerade dadurch von *Befragungen* unterscheidet, als Probanden zum Untersuchungsgegenstand keinerlei Äußerungen bzw. Erklärungen abzugeben haben, die einen Rückschluss auf ihr Verhalten zulassen. Vgl. Hammann, P.; Erichson, B. (1994), S. 98.

[439] Vgl. Hammann, P.; Erichson, B. (1994), S. 74.

[440] Einen Überblick über die genannten Formen der Befragungen bieten u. a. Hammann, P.; Erichson, B. (1994), S. 78 ff. sowie Scheffler, H. (1999), S. 69 ff.

[441] Vgl. Scheffler, H. (1999), S. 72.

[442] Vgl. Scheffler, H. (1999), S. 70.

Befragung reduzieren lassen.[443] Im Hinblick auf die Generierung von Daten im Rahmen des durchzuführenden Experiments fällt infolge der überwiegenden Vorteile computergestützter im Vergleich zu klassisch-traditionellen schriftlichen Befragungsformen und unter Berücksichtigung gegebener Budgetrestriktionen die Entscheidung auf eine Online-Erhebung in einem so genannten *Online-Access-Panel*. In einem Online-Access-Panel stehen die (in einer Datenbank registrierten und nach unterschiedlichen Merkmalen selektierbaren) Probanden (Panelisten, Panelteilnehmer) als vielfältig einsetzbarer Personenpool für diverse, zu unterschiedlichen Themenbereichen durchführbaren, Studien zur Verfügung.[444] Die insbesondere in der Anfangsphase der Online-Marktforschung zu Beginn der 90er Jahre aufgetretenen Probleme, die im Wesentlichen Aspekte der Repräsentativität dieser Erhebungsform betreffen, können mittlerweile, im Zuge verstärkter technischer und methodischer Weiterentwicklungen und die weite Verbreitung des Internets, in befriedigender Weise als gelöst betrachtet werden.[445]

Als Versuchsplan (Untersuchungsdesign, experimentelles Design) kommen im Hinblick auf das zugrunde gelegte Untersuchungsziel im Grundsatz sowohl ein *between-subject-Design, ein within-subject-Design als auch ein gemischtes between- und within-subject-Design* in Betracht.[446] Bei einem *between-subject-Design* werden die Ausprägungen der unabhängigen Variablen zwischen den Probandengruppen getestet, es werden unabhängige Messungen durchgeführt. Bei einem *within-subject-Design* werden dagegen die Ausprägungen der unabhängigen Variablen innerhalb der gleichen Probandengruppe getestet. Es kommt somit zu Wiederholungsmessungen bei den gleichen Personen. Damit sind die einzelnen Messungen nicht mehr unabhängig voneinander, man spricht von abhängigen Messungen, was entsprechend bei der Datenanalyse zu berücksichtigen ist. Beide Varianten weisen spezifische Vor- und Nachteile auf. Beim within-subject-Design tritt das Problem der gegenseitigen Beeinflussung der Versuchsgrößen auf, da die Messungen nicht mehr unabhängig voneinander erfolgen; es ist folglich vermehrt mit *Reihenfolge- bzw. Positionseffekten* zu rechnen. Hierbei handelt es sich um Störvariablen, die darin bestehen, dass ein Treatment verabreicht wird, bevor der Effekt des vorhergehenden Treatments abgeklungen ist (*Carry-over-Effekt*), ein Treatment einen ruhenden Effekt eines vorherigen Treatments aktiviert oder mit dem vorherigen Treat-

443 Vgl. Scheffler, H. (1999), S. 72; Zou, B. (1998), S. 51 f.: Durch eine zufallsgesteuerte Fragen- bzw. Itemrotation kann vermieden werden, dass die Reihenfolge der Fragen oder Antwortvorgaben die Antworten des Befragten beeinflusst.

444 Vgl. Fischer, M. (2005), S. 23 ff. Der Begriff des klassischen Online-Panels ist dagegen bezogen auf Längsschnittuntersuchungen, die online mit stets denselben Teilnehmern zu unterschiedlichen Zeitpunkten zu ein und demselben Thema erfolgen. Im Folgenden wird der Begriff Online-Panel gemäß der Ausrichtung dieser Untersuchung stets im Sinne des Online-Access-Panels gebraucht. Vgl. auch Lütters, H. (2004), S. 81; Zou, B. (1998), S. 49 ff.

445 Auf Repräsentativitätsprobleme von Online-Befragungen wird in Abschnitt 3.2.5 näher eingegangen.

446 Vgl. Hüttner, M. (1988), S. 129 ff.; Hammann, P.; Erichson, B. (1994), S. 158 ff.

ment interagiert (*Latenter Effekt*) und/oder sich das Antwortverhalten erheblich durch Wiederholung einer Aufgabe verändert, unabhängig von jedem Treatment (*Lerneffekt, Übungs- und Ermüdungseffekt*).[447] Zentrale Bedeutung im Hinblick auf die Herstellung bzw. Verbesserung der internen Validität der Messungen im Rahmen von within-subject-Designs kommt folglich der Homogenität der Bedingungen bezüglich der als Störvariablen anzusehenden Reihenfolge- bzw. Positionseffekten zu. Im between-subject-Design ergibt sich das Problem des Auftretens von Reihenfolge- bzw. Positionseffekten hingegen nicht (bzw. in deutlich abgeschwächter Form), da bei einem Probanden nur eine (und keine wiederholte) Messung erfolgt. Die Nachteile des between-subject-Designs (zugleich Vorteile des within-subject-Designs) liegen infolge der Gruppenbildung darin, dass vergleichsweise viele Probanden benötigt werden. Mit steigender Anzahl systematisch variierter unabhängiger Variablen und Ausprägungen wächst die Anzahl der zu untersuchenden Probanden rapide an respektive steigt der erforderliche Stichprobenumfang. Zur Herstellung bzw. Verbesserung interner Validität sind etwaige ungleiche Ausgangsbedingungen zwischen den Gruppen als Störvariable zu kontrollieren. Umgekehrt erfordern within-subject-Designs tendenziell nur eine vergleichsweise geringere Stichprobengröße; zudem stellt sich das Problem der Kontamination der Ergebnisse durch Gruppenunterschiede nicht.

Das dieser Untersuchung zugrunde gelegte *experimentelle Design* lässt sich als *gemischter between-subject und within-subject-Versuchsplan* charakterisieren, d.h. dieselben Probanden erhalten mehrere, aber nicht alle Treatments. Durch Anwendung eines solchen Versuchsplanes wird beabsichtigt, etwaige Nachteile des within-subject-Designs durch Vorteile des between-subject-Designs zu kompensieren und vice versa. Der Nachteil des within-subject-Designs in Bezug auf die gegenseitige Beeinflussung der Versuchsgrößen (und dadurch bedingtem Auftreten von Reihenfolge- bzw. Positionseffekten[448]) soll zumindest bei einigen Treatmentvariablen durch die diesbezüglichen Vorteile eines between-subject-Designs aufgewogen werden; umgekehrt soll der Vorteil des within-subject-Designs im Hinblick auf die erforderliche Stichprobengröße (forschungsökonomischer Vorteil) den entsprechenden Nachteil beim between-subject-Design ausgleichen, insbesondere bei solchen Treatmentvariablen, die in einer größeren Anzahl von Ausprägungsstufen variiert werden.

Die drei Ausprägungen der unabhängigen Variable „*Produktkrisensituation*" (Beschwerde-, Reklamations- und Rückrufsituation) sowie die zwei Ausprägungen der unabhängigen Variable „*Qualitätsreputation des Anbieters vor der Krise*" (hohe Reputation, niedrige Reputation) als potentiell moderierendem Einflussfaktor werden *zwischen den Probandengruppen*

[447] Vgl. Rack, O.; Christophersen, T. (2006), S. 29; Pospeschill, M. (2005), S. 122.
[448] Vgl. Hüttner, M. (1988), S. 134.

(,*between*') getestet. Da das *Produkt* selbst und seine Eigenschaften (etwa die Wertigkeit, Preisklasse, Einsatzmöglichkeiten für unterschiedliche Verwendungszwecke) einen möglichen Einflussfaktor auf die im Rahmen der Untersuchung betrachteten Rezipientenreaktionen auf die gegebenen Produktkrisensituationen und Anbieterstimuli (Bewältigungs- bzw. Reputationsstimuli) darstellt, gilt es, etwaige produktspezifische Einflüsse als Störgröße zu kontrollieren. Wenngleich die Wirkungen unterschiedlicher Produkte bzw. Produktkategorien nicht den Gegenstand der zugrunde gelegten Forschungshypothesen bilden, demnach also produktspezifische Effekte auf die Rezipientenreaktionen im Kontext negativer Publizität nicht den Untersuchungsgegenstand ausmachen, so setzt andererseits aber gerade die Generalisierbarkeit der Ergebnisse der zu prüfenden Hypothesen die Betrachtung unterschiedlicher Produkte bzw. Produktkategorien voraus. Die Analyse der in den Hypothesen postulierten Zusammenhänge im Kontext unterschiedlicher Produkte bzw. Produktkategorien vermag einen wesentlichen Beitrag zur Steigerung bzw. Herstellung der *externen Validität* der Untersuchungsergebnisse zu leisten. Aus diesem Grund wird die Variable „Produkt" als weiterer experimenteller Faktor in das Untersuchungsdesign einbezogen: Zur Verbesserung der externen Validität werden die Effekte der unabhängigen auf die abhängigen Variablen im Kontext unterschiedlicher Produkte untersucht. Die Variable „*Produkt*" wird in zwei Ausprägungen (Produkt A, Produkt B) variiert und ebenfalls *zwischen den Gruppen (,between')* getestet.[449] Die systematische Variation dieser (potentiellen) Störvariable gestattet eine Gruppierung der Probanden nicht nur nach den Stufen der eigentlich interessierenden unabhängigen Variablen (Treatmentvariablen), sondern zusätzlich nach der möglicherweise die abhängigen Variablen beeinflussenden Störvariable „Produkt". Der Effekt dieser Variable wird nicht nur aus der Fehlervarianz herausgezogen, sondern kann auf Signifikanz überprüft werden. Außerdem können Effekte aufgedeckt werden, die sich aus der Kombination dieser Störvariablen mit anderen unabhängigen Variablen, den eigentlich interessierenden Treatmentvariablen, ergeben.[450] Weitere potentielle Einflussgrößen auf die Rezipientenreaktionen auf die Produktkrisensituationen und/oder Bewältigungsstrategien (das Produktinvolvement der Rezipienten, deren Problemerfahrung und Beanstandungsneigung, sowie das Alter und Geschlecht als soziodemografische Merkmale) werden vor der Konfrontation durch Stimuli mit abgefragt und ex post analysiert.[451] Dieser Schritt erfolgt mit Blick auf eine Kontrolle etwaiger ungleicher Ausgangsbedingungen zwischen den Gruppen als Störgrößen zur Herstellung bzw. Verbesserung der *internen Validität* der Untersuchungsergebnisse.

[449] Auf die Auswahl geeigneter Produktstimuli wird in Abschnitt 3.2.1.1.1 näher eingegangen.
[450] Vgl. Bortz, J. (1999), S. 279 f.
[451] Vgl. für einen Überblick relevanter Kontrollvariablen die Studie von Smith, A. K.; Bolton, R. N.; Wagner, J. (1999), S. 363. Die Operationalisierungen der Kontrollvariablen erfolgen in Kapitel 3.2.2.2.

Zusätzlich wird eine Probandengruppe als *Kontrollgruppe* eingeführt, die mit einer neutralen Situation, d.h. einer Nicht-Krisensituation, und einem dritten Produkt (Produkt C) eines völlig unbekannten Anbieters („ohne Reputation") konfrontiert wird. Die Berücksichtigung einer solchen, mehrere Referenzgrößen (neutraler Situations- und Anbieterstimulus, dritter Produktstimulus) umfassenden Kontrollgruppe erfolgt insbesondere vor dem Hintergrund der Testung spezifischer Basishypothesen zum Negativitätseffekt, die auf einen Vergleich der ‚Krisengruppen' mit einer neutralen ‚Nicht-Krisengruppe' abstellen, mithin um die Wirkung des experimentellen Faktors ‚Produktkrisensituation' aus den Beobachtungswerten herauszufiltern.[452]

Die Kombination der Ausprägungen aller unabhängigen Variablen (Treatmentvariablen und Kontrollvariablen) ergibt so insgesamt 3 (Situationsausprägungen) x 2 (Reputationsausprägungen) x 2 (Produktausprägungen) + 1 Kontrollgruppe = 13 Gruppen, die mit insgesamt 13 unterschiedlichen Fragebogenversionen korrespondieren. Die Zuweisung der Probanden zu den einzelnen Gruppen wird randomisiert vorgenommen.[453] Hierdurch soll gewährleistet werden, dass die Wirkungen der nicht kontrollierbaren Einflussfaktoren sich, bis auf zufällige Abweichungen, gleichmäßig in den Experimentgruppen und in der Kontrollgruppe niederschlagen. Dieser Schritt erfolgt zur Verbesserung der internen Validität der im Rahmen des Experiments gewonnenen Messungen.[454] Die Randomisierung stellt gleichzeitig eine Anwendungsvoraussetzung für die Überprüfung von Forschungshypothesen mittels parametrischer Tests, etwa t-Tests, dar.

Innerhalb der Gruppen (‚*within*') wird die unabhängige Variable „*Bewältigungsstrategie*" auf die abhängigen Variablen getestet. Es werden insgesamt *fünf Bewältigungsstrategien* betrachtet: vier gemischte Strategien, die sich jeweils systematisch in zwei Ausprägungsgraden des Merkmals *Kompensationshöhe* (Überkompensation, Vollkompensation) und des Merkmals *defensive Kommunikation* (stark, schwach) unterscheiden; hinzu tritt eine reine, stark offensive kommunikative Referenzstrategie, die auf den Einsatz kompensatorischer Elemente vollends verzichtet. Der Vorteil einer Testung der Variable „Bewältigungsstrategie" innerhalb der Gruppen besteht darin, dass eine Vielzahl von unterschiedlichen Strategien testbar wird

---

[452] Die Einrichtung einer weiteren separaten Kontrollgruppe zur Ermittlung des experimentellen Faktors "Reputation" kann unterbleiben, da die entsprechenden Hypothesen auf einen Vergleich der Gruppen „hohe Reputation" (Hochqualitätsanbieter) und „niedrige Reputation" (Niedrigqualitätsanbieter) abstellen. Mithin lässt sich jeweils die eine Gruppe als Kontrollgruppe für die jeweils andere Gruppe als Experimentgruppe betrachten. Die Berücksichtigung der Ausprägung der „neutralen Reputation" (noch unbekannter, neuer Anbieter) in der Kontrollgruppe wie auch die Berücksichtigung eines dritten Produkts erfolgen vor dem Hintergrund, eine den anderen Szenarien (in Inhalt, Umfang und Layout) vergleichbare Situationsbeschreibung zu liefern.

[453] Vgl. Rack, O.; Christophersen, T. (2006), S. 33.

[454] Vgl. Hammann, P.; Erichson, B. (1994), S. 161.

bei einer insgesamt begrenzten respektive vergleichsweise geringeren Anzahl an Gruppen. Damit werden insgesamt weniger Versuchspersonen benötigt.[455] Zudem ist die Kontamination durch Gruppenunterschiede geringer. Etwaige Nachteile bestehen in dem Auftreten von Reihenfolge- bzw. Positionseffekten durch mehrmaliges Abfragen derselben bzw. ähnlicher Itembatterien nach Präsentation der Bewältigungsstrategiestimuli bei denselben Probanden. Zur Sicherstellung bzw. Erhöhung interner Validität und Reliabilität kommt es innerhalb der Gruppen folglich insbesondere auf die Homogenität der Bedingungen hinsichtlich des Wirksamwerdens etwaiger Störgrößen darstellender Reihenfolge- bzw. Positionseffekten an. Diesem Problem soll durch ein *Ausbalancieren* (‚counterbalancing') der Treatments, der Ausprägungen der unabhängigen Variable „Bewältigungsstrategie", begegnet werden, indem (so weit wie möglich) jeder Versuchsperson einer Gruppe eine andere Reihenfolge der Treatments präsentiert wird. Die Zuweisung der Probanden zu den systematisch variierenden Strategieabfolgen erfolgt randomisiert. Diese Vorgabe ist entsprechend im Rahmen der Programmierung der unterschiedlichen Fragebogenversionen zu berücksichtigen.[456] Analog zur Kontrollgruppe im between-subject-Design dient als *Kontrollbedingung* zur Überprüfung der Wirkungen des experimentellen Faktors „Bewältigungsstrategie" im within-subject-Design die Situation *vor* der Konfrontation mit dem jeweiligen Bewältigungsstimulus (Vorher-Nachher-Messung).

Insgesamt lässt sich der so resultierende Untersuchungsplan zur Gewinnung von Daten zur Überprüfung des dargelegten Hypothesensystems als ein *zufälliges, vollfaktorielles, gemischtes between-within-subject-Design mit Kontrollgruppe und Kontrollbedingungen kennzeichnen.*[457] Der Zufallscharakter rührt aus der randomisierten Zuordnung der Probanden einerseits zu systematisch gebildeten Strategieabfolgen (Faktorstufen) im within-subject-Teil des Untersuchungsplans sowie zu den systematisch im Hinblick auf die Treatmentvariablenkombinationen variierenden Gruppen im between-subject-Teil des Untersuchungsplans. Im within-subject-Teil des vorliegenden Untersuchungsplans erfolgen Messungen vor und nach dem Einsatz des Bewältigungsstimulus in denselben Gruppen, wobei sich die „Vorher"-Situation im Sinne einer Kontrollbedingung (analog zur Kontrollgruppe im between-design) interpretieren lässt.[458] Im between-subject-Teil des Untersuchungsplans erfolgen Messungen in der Experimentgruppe nach Konfrontation mit dem Krisensituationsstimulus und in der Kontrollgruppe nach Konfrontation mit einem Nicht-Krisenstimulus. Letzteres läuft inhaltlich auf eine Mes-

[455] Bei (vollfaktorieller) Berücksichtigung der Bewältigungsstrategie-Variable in fünf Ausprägungen im between-Design würden insgesamt 60 Gruppen (+ 1 Kontrollgruppe) resultieren.

[456] Vgl. hierzu die Ausführungen zur Fragebogengestaltung in Abschnitt 3.2.4. Ein besonderer methodischer Vorteil computergestützter Befragungen liegt gerade in der zufallsgesteuerten Fragen- und Itemrotation. Vgl. Zou, B. (1998), S. 51 f.

[457] Vgl. Hammann, P.; Erichson, B. (1994), S. 162 ff.; Hüttner, M. (1988), S. 132 ff.

[458] Im within-subject-Design fungiert quasi jeder Proband als eigene Kontrollgruppe.

sung vor Einsatz des Krisenstimulus hinaus, so dass hier inhaltlich von einer Messung vor Einsatz des Testfaktors (einer Vorher-Messung) gesprochen werden kann. Zusammenfassend lässt sich das experimentelle Design (hier aus Gründen der Übersichtlichkeit ohne Kontrollgruppe dargestellt) wie folgt veranschaulichen (vgl. *Abbildung 17*):

between

within

Beschwerdesituation				**Reklamationssituation**				**Rückrufsituation**			
Hohe Reputation		Niedrige Reputation		Hohe Reputation		Niedrige Reputation		Hohe Reputation		Niedrige Reputation	
Produkt A	Produkt B	Produkt A	Produkt B	Produkt A	Produkt B	Produkt A	Produkt B	Produkt A	Produkt B	Produkt A	Produkt B
Gruppe 1	Gruppe 2	Gruppe 3	Gruppe 4	Gruppe 5	Gruppe 6	Gruppe 7	Gruppe 8	Gruppe 9	Gruppe 10	Gruppe 11	Gruppe 12
$VP_{1,1}$		...			$VP_{1,6}$			...			$VP_{1,12}$
...					...						...
$VP_{k,1}$		...			$VP_{k,6}$			...			$VP_{k,12}$
...					...						...
$VP_{n,1}$		...			$VP_{n,6}$			...			$VP_{n,12}$

Legende:
$VP_{i,j}$ = Versuchsperson mit zu beurteilenden (2 x 2 + 1) Bewältigungsstrategien in Reihenfolge i und Zugehörigkeit zu Gruppe j
n = Gesamtzahl unterschiedlicher Reihenfolgen von Bewältigungsstrategien

Abb. 17: Der Versuchsplan im Überblick Quelle: Eigene Darstellung

3.1.3 Der Ablauf der Datengewinnung

Den Ablauf der Datengewinnung im Zeitstrahl veranschaulicht *Abbildung 18.* Als erstes erfolgt im Zeitpunkt t_1 vor der Präsentation jedweder Stimuli (‚vor Krise') die Messung von Kontrollvariablen zur Erfassung etwaiger gruppenspezifischer ungleicher Ausgangsbedingungen, die die interne Validität der Messergebnisse gefährden könnten.[459] In bereits durchgeführten, vergleichbaren Untersuchungen haben sich insbesondere soziodemografische Rezipientenmerkmale, das (situationsunabhängige) Produktinvolvement, die bereits in der Vergangenheit erlebten (mittelbaren oder unmittelbaren) Problemerfahrungen (etwa Beschwerde- bzw. Reklamationserfahrungen) sowie Beanstandungsneigungen (etwa Beschwerdeneigungen, in die allgemeine Grundhaltungen der Rezipienten, z.B. Werthaltungen zur Rolle des Anbieters im Kontext von Produktproblemen einfließen) als relevante und daher zu kontrollierende Störgrößen erwiesen, von denen ein systematisch verzerrender Einfluss auf das weitere Antwortverhalten vermutet werden kann. Im Zeitpunkt t_2 werden die 12 Experimentgruppen mit den sich aus dem Versuchsplan ergebenden Kombinationen der Krisensituations-, Reputations- und Produktstimuli sowie die Kontrollgruppe mit dem ‚neutralen' Situations- und weiteren Reputations- und Produktstimuli konfrontiert. In t_3 (‚nach Krise, vor Strategieeinsatz') erfolgt die Messung der Rezipientenreaktionen (abhängige Variablen) auf die Kombinationen der situations- und anbieterbezogenen (reputations- und produktbezogenen) Stimuli in allen Gruppen, wobei die Testung etwaiger, aus der systematischen Variation dieser Stimuli resultierender Unterschiede in den abhängigen Variablen zwischen den Gruppen (‚between') erfolgt.

[459] Ein Experiment besitzt dann eine hohe interne Validität, wenn Veränderungen in den abhängigen Variablen eindeutig auf die bewusste Veränderung der unabhängigen Variablen (das Treatment) zurückzuführen sind. Um dies zu gewährleisten, werden etwaig ungleiche Ausgangsbedingungen zwischen den Gruppen als Störvariablen kontrolliert.

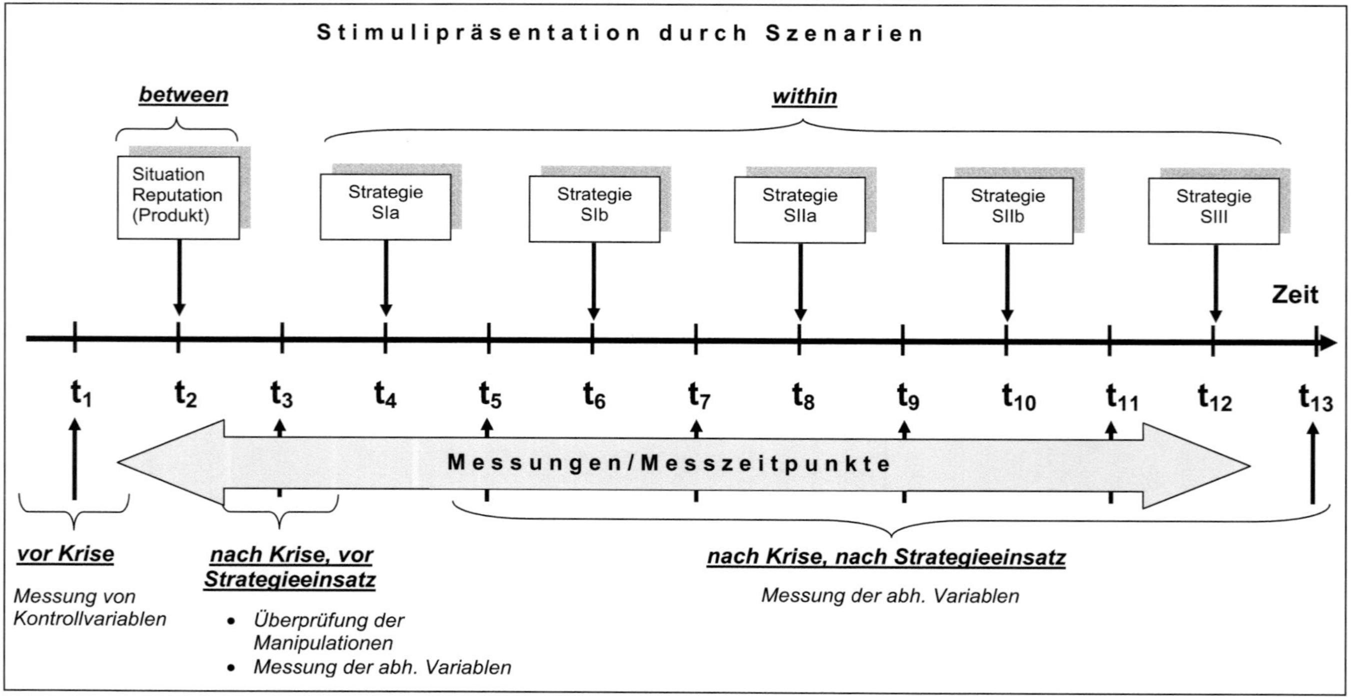

Abb. 18: Der Ablauf der Datengewinnung im Überblick Quelle: Eigene Darstellung

Zudem erfolgen zu diesem Zeitpunkt Messungen zur Überprüfung erfolgreicher Manipulationen der Treatmentvariablen.[460] Sodann wird jede Gruppe in t_4, t_6, t_8, t_{10} und t_{12} mit denselben, jedoch über diese Zeitpunkte systematisch in der Reihenfolge variierten Bewältigungsstrategiestimuli (drei Basisstrategien SI, SII, SIII), von denen jeweils zwei Strategien, SI und SII, weiter in Unterarten variiert werden, nämlich SIa, SIb und SIIa, SIIb) konfrontiert, wobei, zur Kontrolle etwaiger Störeinflüsse, die Zuordnung der Probanden zu den systematisch variierten Strategieabfolgen zufällig vorgenommen wird. Da sich die Strategien SIa und SIb respektive SIIa und SIIb jeweils nur in der Ausprägung der Kompensationshöhe, nicht jedoch in den kommunikativen Bewältigungsmerkmalsausprägungen, unterscheiden, erfolgt zunächst die Konfrontation der Probanden mit dem für die Strategien SIa und SIb einerseits respektive SIIa und SIIb andererseits jeweils einheitlich formulierten kommunikativen Bewältigungsstrategiestimulus und jeweils einer Ausprägung des kompensatorischen Stimulus. Im Anschluss erfolgt die Konfrontation mit dem modifizierten kompensatorischen Stimulus, ohne erneute Konfrontation mit dem (unverändert gebliebenen) kommunikativen Stimulus, wobei der Zusammenhang zu dem jeweiligen kommunikativen Stimulus durch ein verknüpfendes Textelement hergestellt wird, um die ganzheitliche Wahrnehmung der kommunikativen und kompensatorischen Elemente als Teilbestandteile jeweils einer (gemischten) Strategie zu unterstützen.[461] Jeweils im Anschluss an die Präsentation eines Bewältigungsstrategiestimulus (‚nach Krise, nach Strategieeinsatz') zu den Zeitpunkten t_5, t_7, t_9, t_{11} und t_{13} erfolgt in allen Gruppen die wiederholte Messung der bereits im Zeitpunkt vor dem Strategieeinsatz gemessenen Rezipientenreaktionen durch Abfrage der abhängigen Variablen. Die Testung der Wirkung der Strategiestimuli erfolgt innerhalb der Gruppen (‚within') durch Vorher-Nachher-Vergleiche bzw. Differenzenbildung der Messwerte und deren anschließender Signifikanzprüfung.

---

[460] Der Umfang von Manipulationsüberprüfungen im Rahmen der Hauptuntersuchung wird auf ein Mindestmaß begrenzt, um Erwünschtheitseffekte im Antwortverhalten, die durch eine Sensibilisierung von Probanden durch die Abfrage von (zahlreichen) Items zur Manipulationsüberprüfung resultieren mögen, soweit wie möglich zu vermeiden. Auf Probleme im Zusammenhang mit umfangreichen Manipulationsüberprüfungen in Hauptuntersuchungen weisen *Perdue/Summers* (1986) hin. Weitere, ausführlichere Manipulationsüberprüfungen wurden daher im Rahmen eines Pretests vorgenommen, insbesondere zur Aufdeckung von für die Hauptuntersuchung adäquater, hinreichend diskriminierender Ausprägungsgrade der unabhängigen Variablen, die ein Auftreten von Bodeneffekten (‚floor effects') und Deckeneffekten (‚ceiling effects') weniger wahrscheinlich erscheinen lassen. Bei einer nicht-adäquaten Wahl der Ausprägungsgrade der Treatmentvariablen mögen *Bodeneffekte* insbesondere im Zusammenhang mit der Beurteilung der Krisenszenarien auftreten, die darin bestehen, dass Probanden situationsübergreifend zu ähnlich niedrigen Beurteilungen etwa bei der wahrgenommenen Problemschwere der Situationen gelangen. *Deckeneffekte* mögen insbesondere im Zusammenhang mit der Beurteilung der Strategiestimuli auftreten, wenn strategieübergreifend hohe (positive) Beurteilungen der Probanden resultieren.

[461] Der Verzicht auf eine abermalige Wiederholung des unverändert gebliebenen kommunikativen Stimulus erfolgt vor dem Hintergrund einer Vermeidung monotoner Strategieabfolgen und der zu wahrenden Kürze des Fragebogens, zwei Faktoren, die sich tendenziell ungünstig auf die Durchlaufquote der Fragebögen auswirken.

3.2 Spezielle Aspekte der Datengewinnung

3.2.1 Die Manipulation der unabhängigen Variablen

3.2.1.1 Anbieterstimuli

3.2.1.1.1 Produktstimuli

Insgesamt gilt es, bei der Auswahl der Produktstimuli zu berücksichtigen, dass die Analyse produktspezifischer Einflussfaktoren keinen Untersuchungsgegenstand dieser Arbeit bildet und demzufolge keinen Niederschlag in Forschungshypothesen findet. Eine theoretisch fundierte *produktspezifische* Interpretation etwaig gefundener Variationen in den Messergebnissen wird somit nicht angestrebt. Der Einbezug mehrerer Produkte bzw. Produktstimuli erfolgt einzig und allein vor dem Hintergrund der Verbesserung der *externen Validität* der Untersuchungsergebnisse durch die Möglichkeit produktübergreifender und damit anbieterkontextübergreifender Vergleiche der jeweils abgeleiteten Handlungsempfehlungen für die Bewältigung von Produktkrisen.[462]

Umso mehr gilt es, im Rahmen der Produktwahl mögliche produktbedingte Störeinflüsse zu antizipieren und bereits bei der Definition der Produktstimuli zu berücksichtigen, um deren umfangreiche Kontrolle und Interpretation zur Wahrung (Erhöhung) *interner Validität* der Untersuchungsergebnisse im Nachhinein, so eine solche denn überhaupt noch sinnvoll möglich ist, zu vermeiden bzw. in einem vertretbaren Umfang zu halten. Andernfalls erscheint eine eindeutige Zurechenbarkeit gefundener Effekte zu den in den Forschungshypothesen theoretisch verankerten erklärenden Variablen nicht bzw. kaum mehr möglich (Konfundierungsproblem), was sich wiederum negativ auf die *Konstruktvalidität* auswirken mag: *„In such a situation confidence in the investigator`s causal explanation (expressed in theoretical terms) of the experimental results is greatly reduced because the construct validity of the manipulations as operationalizations of the intended independent variables would be questionable“.*[463]

Hieraus leiten sich einige *Anforderungen* für die Auswahl bzw. Konstruktion der Produktstimuli ab. Die im Rahmen der Szenarien zu berücksichtigenden Produktstimuli sollten einerseits von vornherein von sich aus *nicht zu extrem (negativ wie positiv) gefärbten Reaktionen, etwa starken Emotionalisierungen, der Rezipienten führen*, die deren weiteres Antwortverhalten systematisch beeinflussen (verzerren) mögen. Zudem sollten die Produkte allen Pro-

[462] Vgl. Siomkos, G. J.; Malliaris, P. G. (1992), S. 61.
[463] Vgl. Perdue, B. C.; Summers, J. O. (1986), S. 317.

banden *hinreichend vertraut* sein, um etwaig wirksam werdende Effekte *unterschiedlicher Produktkenntnisse* der Probanden auf ihr weiteres Antwortverhalten, etwa bei der Beurteilung von Bewältigungsstrategien, weitestgehend ausschließen zu können bzw. um umfangreiche Kontrollen solcher Störeinflüsse zur Herstellung interner Validität der Untersuchungsergebnisse von vornherein zu vermeiden. Um Messergebnisse zu erhalten, die eine Generalisierung der aus den Untersuchungsergebnissen abgeleiteten Handlungsempfehlungen für die Bewältigung *realer* Produktkrisensituationen gestatten, sind Krisenszenarien zu konstruieren, die in möglichst realistischer Weise die in den jeweiligen Situationen dominierenden Produktprobleme reflektieren. Dies wiederum erfordert die Verwendung unterschiedlicher, realer, nicht fiktiver Produkte als Stimuli sowie die Berücksichtigung der hier gegebenen situativen Kontexte: Die Rückrufsituation bildet mit dem Eintritt schwerer physischer Schäden an Gesundheit und Leben einer mit dem Produkt in Kontakt kommenden Person und dem bereits öffentlich thematisierten erfolgten Produktrückruf die engste Schranke hinsichtlich der Auswahl der für alle drei zu betrachtenden Gruppen von Produktkrisensituationen typischen Produktkategorien. Alle im Rahmen der Untersuchung zu betrachtenden Produkte müssen folglich *realitätsnahe, sicherheitsrelevante Qualitätsmängel* aufweisen können, von denen prinzipiell ernsthafte Gefährdungen im Sinne der hier betrachteten physischen Produktrisiken ausgehen mögen, die zudem einen *Produktrückruf* erforderlich machen können. Eine gewisse Qualitätsvarianz muss bei den in die Untersuchung einzubeziehenden Produkten möglich und realistisch sein, um auch Anbieter unterschiedlicher vor der Krise gegebener Qualitätsreputation durch Reputationsstimuli unterscheiden und ausweisen zu können. Um Effekte unterschiedlicher Ausprägungen der vor der Krise gegebenen Qualitätsreputation sinnvoll untersuchen zu können, sind ausschließlich *Erfahrungsgüter* als Produkte einzubeziehen, bei denen die hier zur Disposition stehenden sicherheitsrelevanten Produkteigenschaften sich erst durch Produktkonsum (nach dem Kauf) im Wege (unmittelbarer oder mittelbarer) Erfahrungen erschließen lassen, so dass der betrachtete Einflussfaktor eine für Rezipienten relevante Funktion als Qualitätssignal zur Reduktion von Qualitätsunsicherheit respektive der Ersparnis von Transaktionskosten zu erfüllen vermag, die wiederum auf deren Beurteilung gegebener Produktkrisensituationen bzw. Bewältigungsmaßnahmen ausstrahlen mag.[464]

Um unterschiedliche, gegebenenfalls vorhandene Markenkenntnisse der Rezipienten bereits im Vorfeld von einer Beeinflussung ihrer Reaktionen fernzuhalten, soll auf fiktive Marken im Rahmen der Konstruktion der Reputationsstimuli zurückgegriffen werden. Dies wiederum erfordert Produkte bzw. Produktkategorien, bei denen die Markenkenntnis der Konsumenten im Allgemeinen als wenig ausgeprägt gelten kann.

---

[464] Vgl. Spremann, K. (1988), S. 613.

Als Anhaltspunkt zur Definition und Eingrenzung in diesem Sinne potentiell geeigneter Produktkategorien lässt sich auf die vom Europäischen Verbraucherzentrum (EVZ) im Rahmen des Europäischen Schnellwarnsystems für unsichere Produkte (kurz: RAPEX) zugrunde gelegte Einteilung rekurrieren, die in *Abbildung 19* wiedergegeben ist.

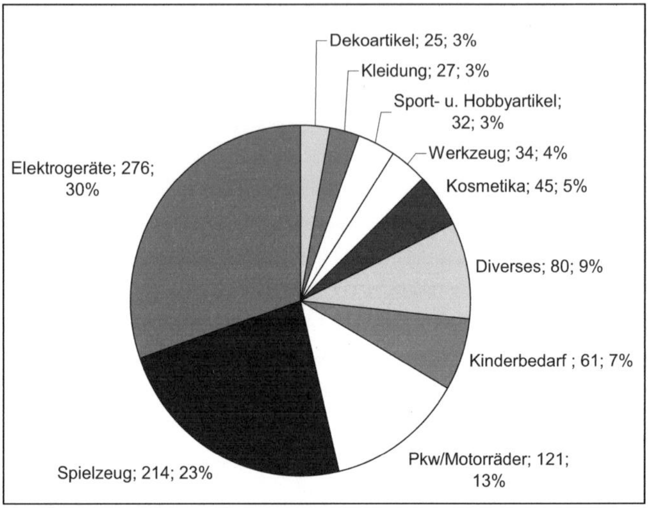

Abb. 19: Unsichere Produkte nach Kategorie 2006 Quelle: RAPEX-Auswertung 2006

Die Rapex-Auswertung zeigt, dass die Gruppe der im Haushaltsbereich eingesetzten Elektrogeräte am häufigsten in den Rapex-Meldungen vertreten ist. Aus dieser Gruppe lassen sich Produktstimuli generieren, die sich realitätsnah in allen drei betrachteten Situationen als entsprechende Problemquellen ansehen lassen und realistische Problembeschreibungen, umgesetzt in den Krisenszenarien, ermöglichen. Die Wahl fällt dabei auf die Produkte *elektrischer Rasenmäher* und *Kaffeemaschine*[465], wobei das Produkt Kaffeemaschine als Stimulus für die Kontrollgruppe vorgesehen wird. Beide Produkte dürften die eingangs erwähnte Voraussetzung in Bezug auf eine hohe Produktbekanntheit (etwa angesichts einer weiten Produktverbreitung in der Bevölkerung) respektive probandenübergreifend relativ homogener Produktkenntnisse (etwa infolge vergleichsweise leichter Bedienbarkeit) in hohem Maße erfüllen. Etwaig vorhandene unterschiedliche Problemerfahrungen mit diesen Produkten sowie ein

[465] Beide Produkte wurden bereits erfolgreich in einem Pretest auf Eignung getestet. Als weiteres, der Produktkategorie ‚Elektrogeräte' zuzuordnendes, Produkt wurden in einem Pretest *Mobiltelefone (Handys)* untersucht. Hierbei ergaben sich jedoch Probleme bei der Formulierung vergleichsweise realistischer Beschreibungen der Risikoanlässe in der Rückrufsituation. Dies führte zum Ausschluss von Handys als Produktstimulus in der Hauptuntersuchung.

potentiell unterschiedliches Produktinvolvement als mögliche Störeinflüsse, die systematische Antwortverzerrungen induzieren mögen, werden in den entsprechenden Kontrollvariablen ‚Problemerfahrung' respektive ‚Produktinvolvement' erfasst.[466]

Die Rapex-Produtkategorien ‚Kosmetika', ‚Werkzeug' und ‚Dekoartikel' bilden eher spezielle Produktgruppen, bei denen von einer vergleichsweise breiten Diffusion über unterschiedliche Bevölkerungsgruppen hinweg nicht ausgegangen werden kann und Produktkenntnisse über unterschiedliche Bevölkerungsgruppen somit nicht zufällig variieren werden. Produkte dieser Kategorien lassen sich folglich nicht sinnvoll als Produktstimuli in die anstehende Untersuchung einbeziehen. Die Rapex-Kategorien ‚Spielzeug' und ‚Kinderbedarf' kommen aus zwei Gründen als Produktstimuli im Rahmen dieser Untersuchung nicht in Betracht. Zum einen ist zu erwarten, dass infolge einer durch potentielle Mängel bei Produkten dieser Produktkategorien gegebenen Betroffenheit von Kindern als besonders schützensbedürftigem Anwenderkreis in Relation zu anderen Produktkategorien insgesamt extremere negative Rezipientenreaktionen zu erwarten sind. Im Speziellen mögen solche Produktstimuli, bei denen Kinder als potentiell Betroffene im Fokus stehen, zu hohen Emotionalisierungen der Probanden führen, die sich wiederum verzerrend auf die Beurteilung von Krisenszenarien und, nachgelagert, auch auf die Beurteilung von Bewältigungsstrategien auswirken mögen. Zum anderen lässt sich a priori nicht ausschließen, dass Probanden mit Kindern oder regelmäßigen Kinderkontakten Sachverhalte systematisch anders beurteilen als kinderlose Probanden. Der Einbezug solcher Produktkategorien würde folglich eine Kontrolle weiterer Störeinflüsse zur Sicherstellung der internen Validität der Untersuchungsergebnisse erforderlich machen. Unter Berücksichtigung dieser Aspekte kommen die genannten Produktkategorien für die Definition der Produktstimuli nicht sinnvoll in Betracht.[467] Produktstimuli aus der Rapex-Produktkategorie ‚Pkw/Motorräder' sind deshalb für die anstehende Untersuchung wenig geeignet als Produktrückrufe hier bereits in der Vergangenheit sehr häufig zu einer vergleichsweise hohen massenmedialen Anteilnahme bis hin zu ‚kommunikativen Inszenierungen' geführt haben[468], so dass sich systematisch verzerrtes Vorwissen (‚Krisenkenntnisse') respektive negative Assoziationen hinsichtlich großer Teile der Anbieterschaft einer Produktgruppe, die sich wiederum verzerrend in der Beurteilung sowohl der Krisensituationen als auch der An-

---

466 Vgl. Smith, A. K.; Bolton, R. N.; Wagner, J. (1999), S. 363.

467 Die Produktkategorie *‚Kleidung'* bildet bereits den Untersuchungsgegenstand zahlreicher anderer Arbeiten der Beschwerdemanagement- und Kundenrückgewinnungsliteratur (vgl. etwa die Arbeit von Folkes/Kotsos (1986)). Die dort analysierten Produktprobleme nähern sich inhaltlich jedoch eher den in den Beschwerde- und Reklamationssituationen betrachteten Problemkategorien an; eine Konstruktion von Problemszenarien im Sinne der hier betrachteten Rückrufsituationen scheint bei dieser Produktkategorie grundsätzlich möglich, doch in einer zwischen den Produktkrisensituationen gut diskriminierenden und realistischen Weise vergleichsweise schwierig möglich, weshalb andere Produkte als Stimuli geeigneter erscheinen.

468 Vgl. Rother, A. (2003), S. 130 ff. Man denke etwa an den Rückruf der A-Klasse von Daimler-Benz im Jahre 1997.

bieterreaktionen niederschlagen mögen, kaum mehr ausschließen lässt, was somit angemessen zu kontrollieren wäre.[469] Anders dürfte es sich dagegen bei der Produktgruppe ‚Fahrräder' verhalten, in der entsprechende Effekte kaum zu erwarten sind; von einer allgemeinen Bekanntheit der dieser Gruppe zuzuordnenden Produkte kann überdies ausgegangen werden. Fahrräder werden auch gerade unter Sicherheitsaspekten ausgiebig diskutiert.[470] Die Wahl fällt daher auf das Produkt *‚Fahrrad'*, das den dritten in die Untersuchung einbezogenen Produktstimulus bildet. Aus der Vielzahl möglicher Fahrradtypen wird dabei als Stimulus ein Mountain- bzw. Cross-Trekking-Rad gewählt.

Als Oberbegriff für alle in die Untersuchung einbezogenen Produktstimuli ist somit die Bezeichnung der *langlebigen Gebrauchsgüter* (‚consumer durables') zutreffend, zu denen die Gesellschaft für Konsumforschung (GfK) alle Produkte rechnet, die für den längerfristigen Gebrauch angeschafft werden.[471] Nach dem Umfang der Qualitätstransparenz lassen sich alle betrachteten Produkte näher als *Erfahrungsgüter* charakterisieren, deren Eigenschaften sich erst nach dem Kauf durch Gebrauch erschließen lassen, so dass eigene (unmittelbare) bzw. fremde (mittelbare) Erfahrungen einerseits sowie Qualitätssignale des Anbieters andererseits, insbesondere die Qualitätsreputation des Anbieters, für eine Beurteilung der Produkte vor dem Kauf tendenziell an Bedeutung gewinnen.[472] Dies wiederum ist zweckmäßig vor dem Hintergrund der intendierten Variationen der vor der Krise bestandenen Qualitätsreputation des Anbieters, deren Effekte im Rahmen der anstehenden Untersuchung überprüft werden sollen. Ansatzpunkte für produktbezogene Generalisierungen der Untersuchungsergebnisse und Ergebnisinterpretationen ergeben sich aus den beabsichtigten Variationen der einbezogenen Produktstimuli. Die beiden für die Experimentgruppen vorgesehenen Stimuli ‚elektrischer Rasenmäher' und ‚Fahrrad' lassen sich jeweils unterschiedlichen Rapex-Produktkategorien zuordnen: das Produkt ‚elektrischer Rasenmäher' der Gruppe der ‚Elektro-(Garten-)geräte', das Produkt ‚Fahrrad' der Kategorie ‚Sport- und Hobbyartikel'. Der für die Kontrollgruppe vorgesehene Stimulus ‚Kaffeemaschine' lässt sich den ‚Elektro-(Haushalts-/Küchen-)geräten' zuordnen. Insgesamt, abstellend auf die jeweiligen Produktverwendungssituationen, lassen sich die Produkte ‚elektrischer Rasenmäher' und ‚Kaffeemaschine' eher der ‚Arbeits-, Alltags- oder Pflichtsphäre' der Konsumenten zuordnen und der hier betrachtete Fahrradstimulus (Cross-Trekking- bzw. Mountainbike) eher dem ‚Freizeit- und Hobbybereich'.

[469] Zudem wird es bei Produkten dieser Produktkategorie vergleichsweise schwerer möglich sein, realistische fiktive Anbietermarken im Rahmen der Konstruktion der Reputationsstimuli zu finden, da bei einem Großteil der Probanden eine nahezu vollständige Kenntnis hinsichtlich der am Markt existierenden Pkw-Anbieter vorherrschend sein wird.

[470] Vgl. Standop, D. (2006), S. 100.

[471] Vgl. http://www.gfk.com/group/services/markets/durable_goods/Index.de.html.

[472] Vgl. Homburg, C.; Krohmer, H. (2003), S. 82 f.

Unterschiedliche situations- und anbieterbezogene Beurteilungen der Rezipienten mögen sich jedoch nicht nur als Reaktion auf die Konfrontation mit den so festgelegten Produktstimuli und Krisensituationsstimuli ergeben, sondern mögen bereits unmittelbar aus unterschiedlich hohen *Preisvorstellungen* der Probanden hinsichtlich der in die Krisenszenarien einbezogenen Produktstimuli resultieren.[473] So mag etwa ein vergleichbares Produktproblem im Sinne ein und derselben Krisensituation bei dem Produkt ‚Fahrrad' (Cross-Trekking- bzw. Mountainbike) per se systematisch anders beurteilt werden als bei dem Produkt ‚elektrischer Rasenmäher', da ein unterschiedlich hoher Preis assoziiert wird; unterschiedlich hohe Preisvorstellungen mögen sich wiederum in unterschiedlicher Weise in der Einschätzung der Problemschwere von Rezipienten reflektieren. Ein solcher Effekt ist jedoch nicht intendiert, da sich ein Teil der Antwortvarianz nicht mehr auf die Manipulation der unabhängigen Variablen, einschließlich der oben definierten Produktstimuli, zurückführen ließe. Diesem Problem könnte durch eine präzisere Beschreibung der Produktstimuli begegnet werden, indem der Produktpreis als Merkmal bei der Konstruktion der Produktstimuli einbezogen und über alle betrachteten Produkte weitestgehend (d.h. in engen Grenzen) konstant gehalten wird. Bei Nennung bestimmter Preise ergibt sich jedoch das Problem, das auch der Preis, neben der als unabhängigen Variablen fungierenden Qualitätsreputation des Anbieters vor der Krise, zunehmend (andere qualitätsbezogene Stimuli komplementierend oder substituierend) als Qualitätsindikator von Rezipienten herangezogen werden würde, was insbesondere für die hier gewählten Produkte als Erfahrungsgüter zu erwarten ist, bei denen eine hinreichende Qualitätsinspektion vor dem Kauf nicht oder kaum möglich scheint.[474] Die Annahme scheint plausibel, dass für unterschiedliche Produktkategorien (etwa Kaffeemaschinen, Rasenmäher, Fahrräder etc.) unterschiedliche psychische Richtpreise in der Vorstellung von Konsumenten existieren.[475] Über- oder unterschreiten nun die in bestimmter Weise festgelegten Produktpreise der in die Untersuchung einbezogenen Produktstimuli diese psychischen, produktkategoriebezogenen Richtpreise, so dürfte dies erhebliche Auswirkungen im Hinblick auf die Eignung und Heranziehung des Merkmals ‚Preis' als Qualitätsindikator durch Rezipienten haben. Solche Effekte wären bei einem Einbezug bestimmter Angebotspreise in die Szenarien entsprechend zu berücksichtigen. Insofern mag es ebenfalls durch die Nennung bestimmter Produktpreise zu einer Konfusion oder Überlappung mit anderen manipulierten Stimuli, insbesondere der vor der Krise gegebenen Qualitätsreputation des Anbieters, kommen. Das Wirksamwerden eines solchen Konfundierungsproblems mag wiederum die Konstruktvalidität der Messungen in negativer Weise beeinflussen.[476] Aus diesem Grund wird auf die Angabe bestimmter (konkreter) Produktpreise bei der Konstruktion der Produktstimuli verzichtet. Da

[473] Vgl. Conlon, D. E.; Murray, N. M. (1996), S. 1045.
[474] Vgl. Rao, A. R.; Monroe, K. B. (1989), S. 351 ff.; Gerstner, E. (1985), S. 209 ff.; Diller, H. (1991), S. 117 ff.
[475] Vgl. Diller, H. (1991), S. 97 ff.
[476] Vgl. Perdue, B. C.; Summers, J. O. (1986), S. 317.

aber eben gerade ein schlechtes bzw. ungünstiges Preis-Leistungs-Verhältnis ein hoch relevantes Problem insbesondere der hier zu betrachtenden Beschwerdesituationen bildet, lässt sich auf die Angabe grober Preisklassen (etwa durch Hinweise auf ein vergleichsweise teueres Produkt) zur Beschreibung eines spezifischen Produktproblems in der Gruppe der Beschwerdesituationen nicht vollständig verzichten.

3.2.1.1.2 Reputationsstimuli

Was *allgemein* unter der *Qualitätsreputation eines Anbieters vor der Krise* zu verstehen ist, leitet sich aus dem theoretischen Teil dieser Arbeit ab. Hierunter lässt sich der auf einen Zeitraum vor der Krise bezogene Ruf bzw. das Ansehen eines Anbieters bei relevanten Anspruchsgruppen, hier insbesondere (potentiellen) Nachfragern, hinsichtlich des Angebotes von Produkten einer bestimmten Beschaffenheit (Qualität) fassen. Eine hohe (niedrige) Qualitätsreputation vor der Krise (kurz: hohe bzw. niedrige Reputation) steht folglich für einen Ruf für ein Angebot von Produkten von überwiegend hoher (geringer) Beschaffenheit (Qualität) des betreffenden Anbieters in der Vergangenheit (vor der Krise). Im Rahmen dieser Untersuchung sollen die Effekte systematisch unterschiedlicher, in den Stufen ‚niedrige' und ‚hohe Reputation' variierenden Vorinformationen der Rezipienten einer so verstandenen Qualitätsreputation des Anbieters getestet werden. Betrachtet wird also eine Art von anbieterbezogener Vorgeschichte, die in die Beurteilung der Krisensituationen durch Probanden, analog zu einer Beurteilung *realer* Krisensituationen, als Vorwissen einfließen soll.[477]

Unabdingbare Voraussetzung für eine valide vergleichende Messung und Befundinterpretation reputationsspezifischer Effekte bildet eine klare Definition und Abgrenzung der Reputationsstimuli, durch die ein Anbieter im Zeitpunkt der Krise (vor einer Bewältigung) in den Produktkrisenszenarien – neben den bereits betrachteten Produktstimuli – vollständig beschrieben wird. Nur so lässt sich dem übergeordneten Ziel einer Ableitung von Handlungsempfehlungen für Anbieter hoher und niedriger vor der Krise gegebener Qualitätsreputation nähern. Die oben angeführte abstrakt allgemein-begrifflich gehaltene inhaltliche Kennzeich-

[477] Neben dem eigentlichen Hauptzweck der Einbeziehung dieser Variablen zur Testung potentiell moderierender Reputationseffekte einschließlich der Ableitung von Handlungsempfehlungen für unterschiedliche Anbietertypen kann ein Nebeneffekt der Berücksichtigung unterschiedlicher Ausprägungsgrade dieser Variablen darin gesehen werden, dass für Probanden eine realistischere Beurteilungssituation geschaffen wird. Dies wiederum mag einen Beitrag zur Steigerung der *externen Validität* der Untersuchungsergebnisse leisten. Im Unterschied zu den als abhängigen Variablen fungierenden, weiter gefassten Reputationsdimensionen, die sich im weiteren Sinne als Komponenten der ‚Einstellung' von Rezipienten gegenüber einem Anbieter auffassen lassen und zudem auf das Anbieterangebot nach der Krise zielen, liegen mit den Variationen der hier betrachteten unabhängigen Variable speziellere (enger gefasste) wissensbezogene, auf die Vergangenheit gerichtete Informationen über einen Anbieter vor.

nung dieser Variable ist zu weit gefasst, um etwaige Antwortvarianzen allein oder vorrangig auf intendierte Reputationsaspekte zurückführen zu können; sie bedarf einer entsprechenden inhaltlichen Präzisierung, um Interpretationsspielräume der Probanden in engen Grenzen zu halten.

Ansätze einer *Präzisierung* ergeben sich sachlogisch aus dem Kontext der hier betrachteten Produktkrisensituationen, wonach die ‚Beschaffenheit des Produktangebotes' in der oben allgemein angegebenen Reputationsdefinition bezogen werden muss auf die in den Produktkrisensituationen thematisierten konkretisierten Produktrisiken. Zu betrachten ist also eine spezifische Form von Qualitätsreputation, nämlich eben eine solche, die sich ausschließlich auf die von dem betreffenden Unternehmen angebotenen Produkte bzw. deren Eigenschaften bezieht, die die in den Krisensituationen thematisierten Produktprobleme tangiert. Bezeichnet man das Ausbleiben bzw. die Abwesenheit dieser Probleme mit ‚Produktsicherheit'[478], so lässt sich die hier gemeinte Facette der Qualitätsreputation vor der Krise näher als ‚*Sicherheitsreputation*' kennzeichnen, die ausschließlich auf die sicherheitsrelevante Beschaffenheit (Qualität) des Produktangebotes des betreffenden Anbieters vor der Krise bezogen ist, so wie diese in den beschriebenen Problemen der Produktkrisensituationen reflektiert wird. Ausdrücklich nicht gemeint ist eine Form von Qualitätsreputation, die nicht-sicherheitsrelevante Teile der Qualität des Produktangebotes fokussiert oder mit einbezieht wie etwa Aspekte der *sozialen Verantwortlichkeit*[479] des Unternehmens (z.B. in Bezug auf die Rohstoff und Lieferantenwahl, Standortwahl[480], Produktions- und Arbeitsbedingungen, Integrität des Managements). Einen Überblick über die denkbaren unterschiedlichen Facetten der Qualitätsreputation, die es bei der Festlegung der Reputationsstimuli zu berücksichtigen und abzugrenzen gilt, zeigt *Abbildung 20*.

Betrachtet man nun die für die Definition der Reputationsstimuli dieser Untersuchung relevante Sicherheitsreputation eines Anbieters näher, so ergeben sich, gemäß *Abbildung 20*, zwei unterschiedliche Operationalisierungsmöglichkeiten: Die Sicherheitsreputation eines Anbieters mag sich *zum einen* beziehen auf eine bestimmte *eingebaute Produktsicherheit*, die ein Konsument mit dem Kauf eines Produktes als Eigenschaftsbündel, in dem bestimmte Sicherheitseigenschaften enthalten sind, erhält bzw. erwirbt.[481] Legt man den Reputationsstimulus in dieser Weise fest, so steht eine hohe (niedrige) Reputation entsprechend für einen hohen (geringen) Anteil eingebauter Produktsicherheit bei Produkten des betreffenden Anbieters im Zeitraum vor der Krise.

---

[478] Vgl. Hempelmann, B. (1993), S. 1; Klinger, E. (1998), S. 1; Asche, T. (1990), S. 1.
[479] Diese Facette der Anbieterreputation wird in der Studie von *Dean* (2004) untersucht.
[480] Qualitätsreputationsrelevante Teilaspekte der Standortwahl mögen etwa die Ansiedlung oder Verlagerung der Produktion in Niedriglohnländer betreffen.
[481] Vgl. Asche, T. (1990), S. 23.

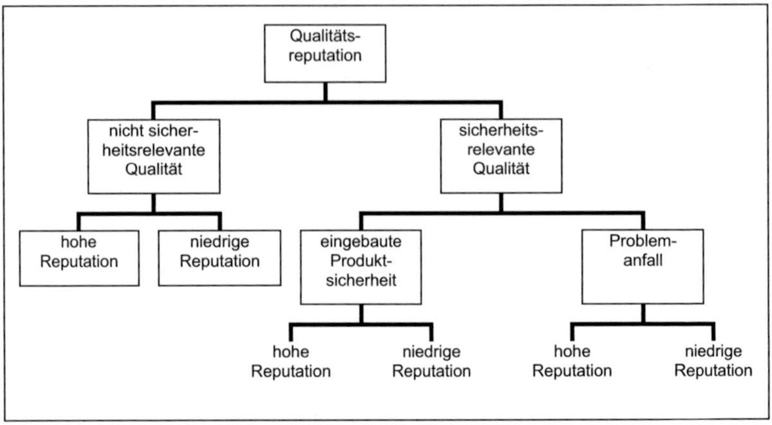

Abb. 20: Ausprägungen der Qualitätsreputation Quelle: Eigene Darstellung

Zum anderen lässt sich die Sicherheitsreputation auch auf den *tatsächlichen Problemanfall* (etwa Schadens- oder Mangelanfall im weiteren, nicht streng juristisch gemeinten Sinne) beziehen, der in kausaler Weise mit der Produktqualität des Anbieters in Zusammenhang gebracht werden kann, so wie er sich etwa näherungsweise anhand von Schadens- und Unfallstatistiken, vergleichenden Warentests, Beschwerdestatistiken, Kundenbarometern usw. für die hier betrachteten Produkte des Heim-, Garten- und Freizeitbereichs, bezogen auf einen Zeitraum vor der Krise, abschätzen lässt.[482] Eine hohe (niedrige) Reputation würde bei einer solchen Auslegung des Sicherheitsreputationsbegriffs folglich ein Angebot überwiegend problem- bzw. mangelfreier (problem- bzw. mangelbehafteter) Produkte implizieren. Ein solches Begriffsverständnis von Sicherheitsreputation spiegelt die hier betrachteten Inhalte der Produktkrisensituationen am ehesten wider und wird daher bei der Konstruktion der Reputationsstimuli zugrunde gelegt.[483]

[482] Vgl. Klinger, E. (1998), S. 2.

[483] Gegen eine Operationalisierung der Reputation im Sinne eingebauter Produktsicherheit spricht zudem folgender Aspekt. Würde man die Sicherheitsreputation durch den Anteil eingebauter Produktsicherheit operationalisieren, ließe sich a priori kaum ausschließen, dass Probanden aus einem bestimmten (besonders hohen vs. besonders geringen) Umfang eingebauter Produktsicherheit auf einen bestimmten Produktpreis schließen, der wiederum in die Beurteilung situations- und anbieterspezifischer Aspekte, etwa der wahrgenommenen Problemschwere, einfließen würde. Ein weiteres Problem ergibt sich hinsichtlich einer möglichst realistischen Konstruktion der so ausgelegten Reputationsstimuli in Verbindung mit der Definition der Produktstimuli: Bei der Konstruktion der Reputations- und Produktstimuli stellt sich die Frage, in welchen Grenzen sich ein besonders hoher Anteil eingebauter Produktsicherheit einerseits (Reputationsstimulus in Ausprägung ‚hoch') und ein besonders niedriger Anteil eingebauter Produktsicherheit andererseits (Reputationsstimulus in Ausprägung ‚niedrig') noch realitätsnah und damit glaubwürdig zu ein und demselben Produktpreis abbilden lässt. Auch wenn die Testung der Effekte der Variationen dieser Stimuli zwischen den Gruppen (im ‚between-subject'-Teil des Experiments) erfolgt, lässt sich ein solches

Bedingung für eine valide, einzelne Produktkrisensituationen vergleichende Befundinterpretation reputationsspezifischer Effekte stellt ein situationsübergreifend einheitliches Reputationsverständnis der Probanden dar, das durch eine entsprechend klare, der jeweiligen Situation angemessene und passende Formulierung herbeizuführen ist. Eine über alle Situationen in allen Punkten streng konstant gehaltene Formulierung des Reputationsstimulus würde indes keineswegs zu homogenen Interpretationen führen, sondern gerade umgekehrt, fragwürdige Artefakte ergeben. Marginale Adaptationen stellen insofern kein Hindernis, sondern gerade eine Voraussetzung für eine Gewinnung valider Messergebnisse dar. Um etwaig ergebnisverzerrende Einflüsse potentiell vorhandenen Vorwissens (wie beispielsweise bereits gespeicherte Markenassoziationen) der Probanden bei realen, bereits am Markt etablierten Anbietermarken auszuschließen, wird bei der Konstruktion der Reputationsstimuli auf einen *fiktiven Anbieternamen* zurückgegriffen.[484] Der gewählte fiktive Anbietername *‚Centuri'* wird über alle Produkte und Situationen konstant gehalten.

Die Manipulationen des Reputationsstimulus werden in den Krisenszenarien der Experimentgruppen in der folgenden Weise vorgenommen: Ein Anbieter *hoher Reputation* zeichnet sich in der Beschreibung der Krisenszenarien dadurch aus, dass seine Produkte in Schadensstatistiken und vergleichenden Produkttests regelmäßig positiv abschneiden und er insgesamt dafür bekannt ist, einwandfreie und zuverlässige Produkte anzubieten, die er zudem mit einer Garantie ausstattet, die deutlich über der marktüblichen Gewährleistungsdauer liegt.[485] Ein Anbieter *niedriger Reputation* zeichnet sich umgekehrt dadurch aus, dass seine Produkte in Schadensstatistiken und Produkttests regelmäßig eher mittelmäßig bis schlecht abschneiden und er insgesamt dafür bekannt ist, eher anfällige, wenig zuverlässige Produkte anzubieten. Eine über die marktübliche Gewährleistungsfrist hinausgehende Garantiezusage wird nicht gegeben bzw. eine solche Angabe fehlt in den Szenarien. Für die Kontrollgruppe wird der Reputationsstimulus auf eine neutrale Ausprägung gesetzt: bei dem betrachteten Anbieter handelt es sich um ein noch junges, unbekanntes Unternehmen, das in der Vergangenheit noch keine Sicherheitsreputation aufbauen konnte. Etwaige Testergebnisse vergleichender

---

Glaubwürdigkeitsproblem, das sich aus einer Konfrontation der Probanden mit insgesamt wenig realistischen Stimuli ergeben würde, nicht ausschließen. Dies wiederum hätte unweigerlich eine tendenziell sinkende externe Validität der Untersuchungsergebnisse zur Folge. Die Operationalisierung der Reputation im Sinne eingebauter Produktsicherheit ist somit mit spezifischen Problemen behaftet. Auch aus dieser Sicht lässt sich die gewählte Operationalisierung des Reputationsstimulus als sinnvoll begründen.

484 Vgl. abweichend zu dieser Vorgehensweise Ahluwalia, R.; Burnkrant, R. E.; Unnava, H. R. (2000). Vgl. zu einer analogen Vorgehensweise Siomkos, G. J.; Malliaris, P. G. (1992), S. 61.

485 Der Einbezug der Garantiedauer zur Diskriminierung zwischen Anbietern hoher und niedriger Reputation hat sich im Rahmen des Pretests als sinnvolle Zusatzinformation erwiesen, da sie zur Varianzvergrößerung der zur Manipulationsüberprüfung einbezogenen Variablen beigetragen hat. Ökonomisch begründen lässt sich der Einbezug dieser Zusatzinformation mit der der Reputation vergleichbaren Wirkungsweise von Garantien, nämlich ihrer Funktion als Qualitätsindikator bei asymmetrisch zwischen Anbietern und Nachfragern verteilten Produktinformationen, auf die bereits im theoretischen Teil dieser Arbeit Bezug genommen wurde. Vgl. Tolle, E. (1994); Spremann, K. (1988).

Warentests liegen für dieses Produkt noch nicht vor. Die jeweiligen situationsspezifischen Adaptationen dieser Basis-Reputationsstimuli können *Tabelle 8* entnommen werden.

3.2.1.1.3 Bewältigungsstrategiestimuli

Untersucht werden drei Basisstrategien, von denen zwei weiter in jeweils zwei Kompensationshöhen unterschieden werden. Insgesamt resultieren so *fünf unterschiedliche Bewältigungsstrategien*, die es durch die Konstruktion von Bewältigungsstrategiestimuli zu operationalisieren gilt. Für die Wahrung der externen Validität der Untersuchungsergebnisse ist bedeutsam, dass jeder Bewältigungsstrategiestimulus sowohl in der Beschwerde-, der Reklamations-, als auch in der Rückrufsituation aus Anbietersicht eine *realitätsnahe*, *praktisch einsetzbare* alternative Form der Bewältigung darstellt. Hieraus ist abzuleiten, dass sich der Gesamtcharakter der zu formulierenden Bewältigungsstrategiestimuli an die in der Wirtschaftspraxis häufig vorzufindenden, hoch relevanten Strategien annähern muss. Im Rahmen eines Marktforschungspraktikums am Fachgebiet Absatz/Marketing des Fachbereichs Wirtschaftswissenschaften der Universität Osnabrück wurden in Zusammenarbeit mit Marketing-Studierenden des Hauptstudiums als Reaktionen auf reale Produktkrisensituationen im Sinne dieser Arbeit vorliegende Presseerklärungen von Unternehmen durch Internet- und Printmedien-Recherche generiert und ausgewertet. Ergänzend wurden Szenariobeschreibungen einschlägiger wissenschaftlicher Publikationen mit Fokus auf die hier betrachteten sowie vergleichbare Krisensituationen herangezogen.[486] Auf der Grundlage dieser Quellen wurden realistisch anmutende Strategiestimuli im Stile typischer Unternehmensstellungnahmen formuliert.

Um Probanden die Unterschiedlichkeit der nacheinander zu beurteilenden Strategiestimuli zu verdeutlichen, wurden diese durch vergleichsweise plakative Formulierungen der Ausprägungsgrade der selektierten Bewältigungsmerkmale markant voneinander abgegrenzt.

[486] Hinweise auf geeignete Operationalisierungen von Bewältigungsstrategien im Sinne dieser Arbeit liefern insbesondere die Arbeiten von *Mowen* (1974), *Coombs* (1998) und *Benoit* (1997).

Beschwerde-situation		Reklamations-situation		Rückruf-situation		Kontroll-situation
Reputation hoch	***Reputation niedrig***	***Reputation hoch***	***Reputation niedrig***	***Reputation hoch***	***Reputation niedrig***	***Reputation neutral***
„…Firma *Centuri* – alles andere als ein kleiner Fisch oder gar schwarzes Schaf der Branche. *Centuri*-Produkte schneiden in Schadensstatistiken regelmäßig positiv ab und die Firma *Centuri* ist insgesamt dafür bekannt, einwandfreie und zuverlässige Produkte anzubieten, die sie regulär mit einer Garantiedauer ausstattet, die deutlich über dem Marktdurchschnitt liegt.“	„…Firma *Centuri,* deren Produkte in Schadensstatistiken regelmäßig eher mittelprächtig bis schlecht abschneiden und die insgesamt dafür bekannt ist, eher anfällige, wenig zuverlässige Produkte anzubieten.“	„…Produkt der bekannten Marke *Centuri* … der für ihre ansonsten einwandfreien und zuverlässigen Fahrräder der bekannten Firma *Centuri*…Das überrascht insofern als es sich bei der Firma *Centuri* um alles andere als einen kleinen Fisch oder gar schwarzes Schaf der Branche handelt, deren Produkte in Schadensstatistiken regelmäßig positiv abschneiden und die ihre Produkte regulär mit einer Garantiedauer ausstattet, die deutlich über dem Marktdurchschnitt liegt.“	„…mir ein Produkt des Herstellers *Centuri* zugelegt habe, der in Schadensstatistiken schon mal auf den hinteren Plätzen landet… als es sich bei der Firma *Centuri* um einen Anbieter handelt, der bekannt dafür ist, eher anfällige, wenig zuverlässige Produkte anzubieten.“	Bei der Firma *Centuri* handelt es sich um alles andere als einen kleinen Fisch oder gar schwarzes Schaf der Branche. In Schadensstatistiken schneidet dieser Hersteller regelmäßig positiv ab und ist auch ansonsten bekannt für seine einwandfreien und zuverlässigen Produkte.	Die Firma *Centuri* ist bekannt für ihre eher anfälligen und wenig zuverlässigen Produkte. Auch in Schadensstatistiken schneiden die *Centuri*-Produkte oft eher mittelprächtig bis schlecht ab.	„… Produkt der relativ neuen und noch unbekannten Firma *Centuri*, die offenbar zum ersten Mal von der Stiftung Warentest getestet wurde…“

Tab. 8: Operationalisierung der Reputationsstimuli in den Produktkrisenszenarien Quelle: Eigene Darstellung

Ein und derselbe Strategiestimulus wurde zudem situationsspezifisch geringfügig angepasst, um eine inhaltliche *Vergleichbarkeit* der Strategien über unterschiedliche Krisensituationen hinweg zu gewährleisten. Da sich die Strategien SIa und SIb einerseits und SIIa und SIIb andererseits jeweils nur in den Ausprägungsgraden der kompensatorischen Bewältigungsmerkmale unterscheiden, wurde für beide Basisstrategien SI und SII jeweils ein einheitlicher Text zur Operationalisierung der identischen kommunikativen Bewältigungsmerkmalsausprägungen formuliert, der den Probanden lediglich ein einziges Mal präsentiert wurde.[487] Die Operationalisierung der kompensatorischen Merkmalsausprägungen (Vollkompensation, Überkompensation) erfolgt durch einen im Anschluss an ein verbindendes Textelement an diesen Basistext angehängten kurzen Satz. Zwar wird die Kompensationsart nicht als unabhängiger Faktor zwischen den Bewältigungsstrategien variiert; der Einbezug der Kompensationsart in Ausprägung des Produktumtauschs in die Beschreibung der gemischten Strategiestimuli erfolgt vor dem Hintergrund der intendierten Konstruktion möglichst realitätsnaher Bewältigungsstrategien. Die Operationalisierungen der fünf betrachteten Bewältigungsstrategien im Überblick zeigt *Tabelle 9*.

[487] Dieser Text steht den Probanden in Form eines auf Wunsch zu öffnenden *Pop-up-Windows* in der programmierten Fragebogenversion während der Beantwortung der Fragen zur Verfügung.

	Bewältigungs-merkmale/ Ausprägungen[1]	Kompensationshöhe: Überkompensation (In Aussicht gestellter Produktumtausch gegen höherwertiges Produkt)	Vollkompensation (In Aussicht gestellter Produktumtausch gegen gleichwertiges Produkt)	Nichtkompensation (Verzicht auf jedwede Kompensationsankündigung)
Kommunikation	**Stark defensiv** (Nicht-Anerkennung der Problemexistenz i. V. m. Gegenargumentation; Verzicht auf Einräumung von Verantwortlichkeit)	***Strategie Ia*** „Wir sind von dem schlechten Testurteil[2] sehr überrascht worden. Wir weisen darauf hin, dass es in der Vergangenheit immer wieder Fälle gegeben hat, wo Produkte von Fachzeitschriften unter völlig unrealistischen Bedingungen getestet wurden, so dass die Ergebnisse äußerst fragwürdig waren[3]. Bei dem leisesten Verdacht auf einen Mangel werden wir Ihnen einen Coupon für den kostenlosen Umtausch Ihres X-300-Produktes gegen ein höherwertiges *Centuri*-Produkt zur Verfügung stellen."	***Strategie Ib*** „Wir sind von dem schlechten Testurteil[2] sehr überrascht worden. Wir weisen darauf hin, dass es in der Vergangenheit immer wieder Fälle gegeben hat, wo Produkte von Fachzeitschriften unter völlig unrealistischen Bedingungen getestet wurden, so dass die Ergebnisse äußerst fragwürdig waren[3]. Bei dem leisesten Verdacht auf einen Mangel werden wir Ihnen einen Coupon für den kostenlosen Umtausch Ihres X-300-Produktes gegen ein gleichwertiges *Centuri*-Produkt zur Verfügung stellen."	
	schwach defensiv (Anerkennung der Problemexistenz i. V. m. deren Abschwächung durch Reduktion des Informationswertes; Verzicht auf Einräumung von Verantwortlichkeit)	***Strategie SIIa*** „Wir sind von dem schlechten Testurteil[2] in der Zeitschrift (.) nicht im mindesten überrascht. Heutzutage werden alle möglichen Produkte Tests ausgesetzt und die meisten Tests werden auch durchaus gewissenhaft durchgeführt[4]. Die Tester scheinen aber häufig zu vernachlässigen, dass es kaum noch echte Qualitätsunterschiede zwischen den getesteten Produkten einer Preisklasse gibt, wie in diesem Fall. Größtenteils verwenden die Hersteller baugleiche Komponenten, um den Kunden einen fairen Preis machen zu können. Im Ergebnis ist es nur Zufall, ob in einem Test der eine oder der andere Hersteller schlecht abschneidet. Leider hat es dieses Mal uns erwischt. Im Prinzip könnte es aber jeden Hersteller zu jeder Zeit erwischen. Das bedeutet aber noch nicht, dass die Produkte auch wirklich schlecht oder gar unsicher sind. Bei dem leisesten Verdacht auf einen Mangel werden wir Ihnen einen Coupon für den kostenlosen Umtausch Ihres X-Produktes gegen ein höherwertiges *Centuri*-Produkt zur Verfügung stellen."	***Strategie SIIb*** „Wir sind von dem schlechten Testurteil[2] in der Zeitschrift (.) nicht im mindesten überrascht. Heutzutage werden alle möglichen Produkte Tests ausgesetzt und die meisten Tests werden auch durchaus gewissenhaft durchgeführt[4]. Die Tester scheinen aber häufig zu vernachlässigen, dass es kaum noch echte Qualitätsunterschiede zwischen den getesteten Produkten einer Preisklasse gibt, wie in diesem Fall. Größtenteils verwenden die Hersteller baugleiche Komponenten, um den Kunden einen fairen Preis machen zu können. Im Ergebnis ist es nur Zufall, ob in einem Test der eine oder der andere Hersteller schlecht abschneidet. Leider hat es dieses Mal uns erwischt. Im Prinzip könnte es aber jeden Hersteller zu jeder Zeit erwischen. Das bedeutet aber noch nicht, dass die Produkte auch wirklich schlecht oder gar unsicher sind." „Bei dem leisesten Verdacht auf einen Mangel werden wir Ihnen einen Coupon für den kostenlosen Umtausch Ihres X-300-Produktes gegen ein gleichwertiges *Centuri*-Produkt zur Verfügung stellen."	
	Stark offensiv (Anerkennung der Problemexistenz ohne Abschwächung + Einräumung von Verantwortlichkeit durch Entschuldigung und zukunftsgerichteter Verantwortungsbekundung)			***Strategie SIII*** „Selbstverständlich übernehmen wir als kundenorientiertes Unternehmen die volle Verantwortung für Qualitätsmängel und entschuldigen uns für etwaige Unannehmlichkeiten. Schließlich ist niemand perfekt und auch wir lernen ständig dazu, um unsere Produkte noch besser zu machen. Um unserem Qualitätsanspruch gerecht zu werden, sind wir auf Ihre Mithilfe angewiesen. Schreiben Sie uns, wenn Sie Grund zur Beanstandung haben. Wir sind stets um eine faire Lösung bemüht – denn Ihre Probleme sind unsere Probleme."

1 Die hier abgedruckten Formulierungen sind bezogen auf die Beschwerdesituation. Die angegebenen Fußnoten verweisen auf abweichende Formulierungen in der Reklamations- und Rückrufsituation.

2 Abweichende Formulierung in der Reklamationssituation: *„von den negativen Kommentaren und Testergebnissen"*; in der Rückrufsituation: *„von der negativen Berichterstattung"*

3 Abweichende Formulierung in der Rückrufsituation: *„wo Produkte auf der Grundlage von fragwürdigen Untersuchungen und Tests unter völlig unrealistischen Bedingungen als potentiell gefährlich eingestuft wurden, obwohl in Wirklichkeit eine Verkettung unglücklicher Umstände die wahre Unfallursache gewesen ist."*

4 Abweichende Formulierung in der Reklamationssituation: *„Heutzutage werden alle möglichen Produkte Tests und Meinungsumfragen ausgesetzt und die meisten Tests werden auch durchaus gewissenhaft durchgeführt"*; in der Rückrufsituation: „Heutzutage kann es statistisch gesehen bei jedem Produkt irgendwann einmal zum Unfall kommen. Auch ein negatives Testergebnis bei einem Produkttest ist heute – mehr denn je – fast nur noch Zufall.

Tab. 9: Operationalisierungen der Bewältigungsstrategien Quelle: Eigene Darstellung

3.2.1.2 Situationsstimuli

3.2.1.2.1 Beschwerdesituationsstimuli

Den Rahmen für alle hier betrachteten Produktkrisenszenarien bilden fiktive, journalistisch abgefasste Texte, die in strenger Anlehnung an reale Pressetexte verfasst sind, die die hier zu behandelnden Produktprobleme zum Gegenstand haben. Reale, entsprechende Produktprobleme behandelnde Zeitungs- und Zeitschriftenartikel, Pressenotizen und Leserbriefe sowie Weblog-Einträge wurden durch umfangreiche Internet- und Literatur-Recherche im Rahmen eines Marktforschungspraktikums mit Marketing-Studierenden generiert und pointiert auf die hier gegebenen Situationsspezifika zugeschnitten. Den realitätsnahen Kontext der Beschwerdesituationen bildet ein Stiftung-Warentest-Urteil, das in einer dem jeweiligen Produktstimulus angepassten Testzeitschrift wiedergegeben ist. Die Stiftung Warentest als allgemein bekanntes und als unabhängig anerkanntes Testinstitut wurde gewählt, um etwaige Glaubwürdigkeitszweifel der Probanden an der Korrektheit der gegebenen Informationen möglichst gering zu halten respektive eine (Mit-)Verantwortlichkeit des Anbieters für die Existenz der jeweiligen Produktprobleme zu betonen.[488]

Das thematisierte Produktproblem, die negative Konsumerfahrung, besteht bei dem Produkt ‚Fahrrad' in einer im Rahmen eines Warentests als wenig komfortabel befundenen Federung (ohne Luftdruck-Dämpfer) sowie einer schlechten Ergonomie im Vergleich zu konkurrierenden Angeboten der gleichen Preisklasse. Dem Produkt ‚elektrischer Rasenmäher' mangelt es an einer zentralen Schnitthöhenverstellung; außerdem ist die Kabellänge deutlich zu knapp bemessen. Auf die fehlende ‚rechtliche Relevanz' dieser Produktprobleme wird mit der Bemerkung hingewiesen, dass es sich nicht um Gewährleistungs- bzw. Garantiefälle handelt. Im Mittelpunkt der Berichterstattung stehen bei beiden Produkten konkretisierte *psychische Risiken* (sich einstellende Unzufriedenheit mit einem solchen Produkt, Enttäuschung, Verärgerung), *funktionale Risiken* (deutlich eingeschränkte Handhabbarkeit bzw. Untauglichkeit in bestimmten Verwendungssituationen) und *finanzielle Risiken* (bedingt durch ein schlechtes Preis-Leistungs-Verhältnis, Umtauscherfordernis).

Die ausformulierten Beschwerdestimuli für die beiden Produktstimuli der Experimentgruppen zeigt *Tabelle 10*.

[488] Vgl. zur Verbreitung und Wirkung neutraler Gütertestinformationen Silberer, G. (1978, 1979, 1985).

Beschwerdesituationsszenario	
Produkt ‚Fahrrad'	**Produkt ‚elektrischer Rasenmäher'**
Gemischte Testergebnisse bei Fahrrädern - Die Tests der Stiftung Warentest sind gefürchtet aber auch beliebt Wenn die Stiftung Warentest Fahrräder prüft, bekommen viele Hersteller Nervenflattern. Denn bei fast jedem Test bleiben ein Paar Räder auf der Strecke. Im jüngsten Fall testeten die Verbraucherschützer 15 Mountain- und sieben Cross-Trekking-Bikes. Das folgende Ergebnis war jedoch überraschend. Denn sämtliche getesteten Räder schnitten in punkto Belastbarkeit und Sicherheit mit mindestens „gut" ab. Selbst die niedrigpreisigen Produkte stehen den höherwertigen in punkto Sicherheit in nichts nach. In Sachen Funktionalität und Ausstattung/Komfort gibt es hingegen große Unterschiede. Schlusslicht in der Kategorie „Federung" des aktuellen Tests war das Fahrrad X-300 der Firma *Centuri* **(..)** Doch allein bei diesem, immerhin auch recht teueren, *Centuri*-Rad wurde an der Federung spürbar gespart. *Centuri* verzichtet beim X-300 offenbar auf eine fein einstellbare Federung mit Luftdruck-Dämpfern. Auch wenn es sich hierbei nicht um einen Produktfehler im rechtlichen Sinne bzw. einen Garantiefall handeln wird, so dürften doch viele Kunden mit einem solchen Produkt wohl eher unzufrieden sein. Bequemes Radfahren bedeutet aber eben nicht nur, auf schlechten Wegen wenig durchgeschüttelt zu werden. Komfort heißt auch: bequeme, funktionale Ergonomie, einfache Bedienung, geringe Hand- und Fußkräfte. Auch in diesem Punkt erreichte *Centuri* mit dem X-300 einen der hinteren Plätze. Der Test ergab natürlich auch, dass es auch gute Räder bei diesen Eigenschaften gibt. Mit Abstand Testsieger bei den Mountainbikes wurde das „Thunder" der Firma *Scorpion*, gefolgt von neun weiteren „guten" Rädern. Bestes Trekkingrad mit „gut" wurde das „Superior" von *Dutch*.	*„Im Schnitt gut" -Rasenmäher im Test Die Tests der Stiftung Warentest sind gefürchtet aber auch beliebt* Wenn die Stiftung Warentest Produkte prüft, bekommen viele Hersteller Nervenflattern. Denn bei fast jedem Test bleiben ein Paar Geräte auf der Strecke. Im jüngsten Fall testeten die Verbraucherschützer 15 elektrische Rasenmäher. Das folgende Ergebnis war jedoch überraschend. Denn sämtliche getesteten Produkte schnitten in punkto Belastbarkeit und Sicherheit mit mindestens „gut" ab. Selbst die niedrigpreisigen Produkte stehen den höherwertigen in punkto Sicherheit in nichts nach. In Sachen Funktionalität gibt es hingegen große Unterschiede. Schlusslicht in der Kategorie „Handhabung" des aktuellen Tests war das Modell X-300 des Gartengeräteherstellers *Centuri* **(..)** Doch allein bei diesem, immerhin auch recht teueren, *Centuri*-Mäher wurde an einer zentralen Schnitthöhenverstellung spürbar gespart. Soll der Mäher dem Gelände (Unebenheiten, Beetkanten) oder unterschiedlichen Grashöhen individuell angepasst werden, müssen jedes Mal alle vier Räder montiert werden. Das kann sehr lästig werden. Auch wenn es sich hierbei nicht um einen Produktfehler im rechtlichen Sinne bzw. einen Garantiefall handeln wird, so dürften doch viele Kunden mit einem solchen Produkt wohl eher unzufrieden sein. Elektrorasenmäher erfordern eine Steckdose in erreichbarer Nähe. Sie eignen sich also für jeden Hausgarten, nicht dagegen für das Gartengrundstück fernab vom nächsten Stromanschluss. Folglich kommt einer ausreichenden Kabellänge eine hohe Bedeutung beim Kauf eines Elektrorasenmähers zu. Auch in diesem Punkt erreichte *Centuri* mit dem X-300 einen der hinteren Plätze. Die Kabellänge ist mit 5 Metern hier deutlich zu knapp bemessen. Der Test ergab natürlich auch, dass es auch gute Mäher bei diesen Eigenschaften gibt. Mit Abstand Testsieger bei den Elektrorasenmähern wurde der „Thunder" der Firma *Scorpion*, gefolgt von neun weiteren „guten" Mähern.

(.) = *hier nicht dargestellter Reputationsstimulus*

Tab. 10: Beschwerdesituationsszenarien für die Produkte ‚Fahrrad' und ‚elektrischer Rasenmäher' Quelle: Eigene Darstellung

3.2.1.2.2 Reklamationssituationsstimuli

Als realitätsnaher Kontext für die Reklamationssituation dient ein kritischer Leserbrief sowie ein Redaktionskommentar in einer fiktiven Fachzeitschrift. Dieser, im Vergleich zur Beschwerdesituation, unterschiedliche mediale Stimulus soll dem insgesamt verschärften Problemtenor (etwa in Bezug auf den Grad der rechtlichen Substantiierung) der Reklamations- gegenüber der Beschwerdesituation Rechnung tragen und diese realistisch nachzeichnen. Der Leserbrief thematisiert eine negative Produkterfahrung eines Kunden mit dem jeweiligen Produkt, die in dem Redaktionskommentar mit dem Hinweis auf eine Vielzahl in ähnlicher Weise betroffener anderer Kunden und auf ein negatives Warentesturteil bekräftigt wird: Offenkundig konkretisiert sich in den Reklamationssituationsszenarien – neben den in Beschwerdesituationen thematisierten konkretisierten Produktrisiken – die Gefahr rechtlich substantiierter Mängel am Produkt. Das thematisierte Produktproblem, die negative Konsumerfahrung, besteht bei dem Produkt *‚Fahrrad'* des betreffenden Herstellers in einer mangelhaften Dynamotechnik; bei dem Produkt *‚elektrischer Rasenmäher'* liegt ein Defekt an der automatischen Kabelaufrollung vor. Die ‚rechtliche Relevanz' dieser festgestellten Mängel wird durch einen redaktionellen Hinweis (von Experten) auf bestehende Gewährleistungs- bzw. Garantiefälle gegeben, für die der jeweilige Hersteller einzustehen hat. Zu ersten Mangelfolgeschäden ist es jedoch, in Abgrenzung zur Gruppe der Rückrufsituationen, noch nicht gekommen. Gleichwohl mutet die Möglichkeit von Mangelfolgeschäden in der Zukunft als nicht völlig unwahrscheinlich an. So steht bei dem Produkt ‚Fahrrad' eine eingeschränkte Verkehrstauglichkeit bei Dunkelheit bzw. eine Unfallgefahr bei grober Unachtsamkeit im Raume und bei dem Produkt *‚elektrischer Rasenmäher'* die Möglichkeit eines leicht zu beschädigenden Stromkabels, wobei die Gefahr eines elektrischen Schocks nicht explizit in dem Szenario erwähnt wird. Ein Produktrückruf erscheint angesichts der Art der vorliegenden Probleme jedoch nicht an der Tagesordnung zu stehen und bildet keinen Gegenstand der öffentlichen Berichterstattung. Die (Mit-) Verantwortlichkeit des Anbieters wird indirekt durch einen Ausschluss kundenseitigen Fehlverhaltens bei der Produktverwendung betont. Die detailliert formulierten Szenarien sind in *Tabelle 11* dargestellt.

Reklamationssituationsszenario	
Produkt ‚Fahrrad'	**Produkt ‚elektrischer Rasenmäher'**
<u>*Leserbrief in der Zeitschrift „Radwelt": Defekte Dynamos bei Centuri-Fahrrädern: Reklamationen vorprogrammiert!*</u> Als ich mir vor einigen Monaten das Fahrrad X-300 der (.) Marke *Centuri* gekauft habe war ich zunächst von dem modernen Design und den guten Fahreigenschaften begeistert. Seit ein paar Wochen jedoch bekomme ich immer häufiger Probleme mit dem Licht und hätte neulich auch fast einen Zusammenstoß mit einem entgegenkommenden Fahrzeug gehabt. Anfangs glaubte ich, dass ich selbst versehentlich einen Kontakt bei der Lichtleitung unterbrochen hätte, doch weit gefehlt. Jetzt muss ich in einer Testzeitschrift lesen, dass bei dem *Centuri*-Rad an der Dynamo-Technik spürbar gespart wurde. *Centuri* verzichtet beim X-300 offenbar auf eine haltbare, wenig empfindliche Technik, denn nur nach wenigen Testkilometern reduzierte sich die Dynamoleistung spürbar. Das ist besonders ärgerlich, da ich glaubte, mit diesem auch recht teueren Rad der (..) Firma *Centuri* nichts falsch machen zu können. <u>*Hierzu der Kommentar der Redaktion der Zeitschrift „Radwelt":*</u> Das scheint in der Tat kein Einzelfall zu sein, denn auch weitere Leserbriefe von *Centuri*-Kunden und Kundenkommentare im Internet bestätigen diesen Eindruck. Zudem wurde das X-300 von *Centuri* Schlusslicht im wahrsten Sinne des Wortes in der Kategorie „Ausstattung" eines aktuellen Fahrradtests. (..) Unsere Empfehlung lautet, sich direkt an den Hersteller zu wenden, da solche Fälle in der Regel von der Garantie abgedeckt sind. Ein Dynamo muss übrigens – aus guten Gründen – an jedem Rad montiert sein. Hoffentlich funktioniert er.	<u>*Leserbrief in der Zeitschrift „Gartenwelt": Defekte Kabelaufrollung bei Centuri-Rasenmähern: Reklamationen vorprogrammiert!*</u> Als ich mir vor einigen Monaten den Rasenmäher X-300 der (.) Marke *Centuri* gekauft habe war ich zunächst von der leichten Handhabung und den guten Schnitteigenschaften begeistert. Seit ein paar Wochen jedoch bekomme ich immer häufiger Probleme mit der automatischen Kabelaufrollung, die für ein sicheres Nachziehen des Stromkabels sorgen soll. Anfangs glaubte ich, dass ich selbst versehentlich den Schalter für die Aufrollung zu stark betätigt hätte, doch weit gefehlt. Jetzt muss ich in einer Testzeitschrift lesen, dass bei dem *Centuri*-Mäher an der Kabelaufroll-Technik spürbar gespart wurde. *Centuri* verzichtet beim X-300 offenbar auf eine haltbare, wenig empfindliche Technik, denn nur nach wenigen Mähvorgängen reduzierte sich die Aufroll-Leistung spürbar. Das ist besonders ärgerlich, da ich glaubte mit diesem auch recht teueren Produkt (..) Firma *Centuri* nichts falsch machen zu können. <u>*Hierzu der Kommentar der Redaktion der Zeitschrift „Gartenwelt":*</u> Das scheint in der Tat kein Einzelfall zu sein, denn auch weitere Leserbriefe von *Centuri*-Kunden und Kundenkommentare im Internet bestätigen diesen Eindruck. Zudem wurde der X-300-Elektromäher von *Centuri* Schlusslicht in der Kategorie „Handhabung" eines aktuellen Rasenmähertests. (..) Unsere Empfehlung lautet, sich direkt an den Hersteller zu wenden, da solche Fälle in der Regel von der Garantie abgedeckt sind. Eine automatische Kabelaufrollung sollte übrigens – aus guten Gründen – an jedem Elektromäher montiert sein. Das Stromkabel kann sonst leicht überfahren und dabei beschädigt werden. Hoffentlich funktioniert sie.

(.) = *hier nicht dargestellter Reputationsstimulus*

<u>Tab. 11:</u> Reklamationssituationsszenarien für die Produkte ‚Fahrrad' und ‚elektrischer Rasenmäher' Quelle: Eigene Darstellung

3.2.1.2.3 Rückrufsituationsstimuli

Um der vergleichsweise größeren Tragweite der in den Rückrufsituationen beschriebenen Kundenprobleme Ausdruck zu verleihen, wird als Medium der Berichterstattung für den Rückrufsituationsstimulus eine überregionale Tageszeitung gewählt. Die Formulierungen der Pressetexte sind wiederum angelehnt an reale Zeitungsartikel mit inhaltlichem Fokus auf vergleichbare Produktprobleme.

Das thematisierte Produktproblem, die negative Konsumerfahrung, besteht für beide Produkte in einem bereits eingetretenen, vermeintlich durch das jeweilige Produkt (mit) ausgelöstem Personenschaden: starke Schürfwunden infolge Lenkerbruchs für das Produkt ‚*Fahrrad*' und verletzte Zehen infolge sich lösender Messerschraube im Falle des Produkts ‚*elektrischer Rasenmäher'*. Der Anbieter wird jeweils als (mit-) verantwortlich für die Existenz dieser Mangelfolgeschäden in den Szenarien angesehen; es werden Spekulationen über Materialmängel und vernachlässigte Sicherheitsstandards laut. Ein Produktrückruf wird offen thematisiert. Neben den bereits in den anderen Situationen thematisierten konkretisierten Produktrisiken tritt hier zusätzlich der Eintritt von Personenschäden als Mangelfolgeschäden bzw. eine akute produktbedingte Unfallgefahr deutlich hervor. Die ausführlich formulierten Szenarientexte können *Tabelle 12* entnommen werden.

Rückrufsituationsszenario	
Produkt ‚Fahrrad'	**Produkt ‚elektrischer Rasenmäher'**
Bericht in einer überregionalen Tageszeitung: „Bis der Lenker bricht – Fahrrad als Unfallquelle?" Bei einem sich vor einigen Wochen zugetragenen Unfall erlitt ein 23-jähriger Mann starke Schürfwunden als bei seinem X-300 Fahrrad der Marke *Centuri* aus noch ungeklärten Gründen ein Lenkerbruch auftrat. Mittlerweile schließen Polizei und technischer Überwachungsverein Materialmängel bei diesem Fahrrad nicht mehr kategorisch aus. (..) Ein Produktrückruf ist bereits angekündigt worden. Hat *Centuri* dieses Mal die Sicherheitsstandards vernachlässigt?	*Bericht in einer überregionalen Tageszeitung: „Rasenmäher als Unfallquelle?"* Bei einem sich vor einigen Wochen zugetragenen Unfall erlitt ein 23-jähriger Mann schwere Verletzungen als er mit einem X-300 Rasenmäher der Marke *Centuri* im Garten arbeitete. Aus noch ungeklärten Gründen löste sich die Messerschraube, das Messer durchschnitt seinen Arbeitsschuh und verletzte zwei Zehen so schwer, dass er zwei Mal operiert werden musste und noch immer unter starken Schmerzen leidet. Mittlerweile schließen Sachverständige Materialmängel bei diesem Rasenmäher nicht mehr kategorisch aus. (..) Ein Produktrückruf ist bereits angekündigt worden. Hat *Centuri* dieses Mal die Sicherheitsstandards vernachlässigt?

(.) = *hier nicht dargestellter Reputationsstimulus*

Tab. 12: Rückrufsituationsszenarien für die Produkte ‚Fahrrad' und ‚elektrischer Rasenmäher' Quelle: Eigene Darstellung

3.2.1.2.4 Kontrollsituationsstimulus

Für die Kontrollgruppe wird ein neutraler ‚Nicht-Krisen-Stimulus' vorgesehen. Wie bereits in der Beschwerdesituation, so dient auch hier als medialer Kontext zur Qualitätsbeschreibung des Produkts ‚Kaffeemaschine' ein Stiftung-Warentest-Urteil in einer Testzeitschrift. Es wird ausdrücklich kein (rechtlich oder nicht-rechtlich relevantes) Produktproblem, weder ein Mangel, noch ein Mangelfolgeschaden, noch ein diffuses Unbehagen, wie in den anderen Situationen, beschrieben, sondern eine insgesamt durchschnittliche Qualität des Produktes. Das Design, Aroma und die Brühzeit wie auch das Preis-Leistungs-Verhältnis der Kaffeemaschine des betreffenden Anbieters werden als durchweg mittelmäßig, weder besonders günstig (vorteilhaft) noch besonders ungünstig (unvorteilhaft), herausgestellt. Hinweise auf etwaige Produktgefahren finden sich in dem Szenario nicht bzw. erscheinen auf der Grundlage der in dem Text gegebenen Informationen als abwegig. *Tabelle 13* zeigt das ausformulierte Szenario für die Kontrollsituation.

Kontrollsituationsszenario
Produkt **‚Kaffeemaschine'**
<u>*Gemischte Testergebnisse bei Kaffeemaschinen - Die Tests der Stiftung Warentest sind gefürchtet aber auch beliebt*</u> Wenn die Stiftung Warentest Produkte prüft, bekommen viele Hersteller Nervenflattern. Denn bei fast jedem Test bleiben ein Paar Produkte auf der Strecke. Im jüngsten Fall testeten die Verbraucherschützer 15 Kaffeemaschinen. Das folgende Ergebnis war jedoch überraschend. Denn sämtliche getesteten Kaffeemaschinen schnitten in punkto Sicherheit und Elektronik mit mindestens „gut" ab. Selbst die niedrigpreisigen Produkte stehen den höherwertigen in punkto Sicherheit in nichts nach. In Sachen „Preis-Leistungs-Verhältnis" gibt es hingegen einige Unterschiede. Im Mittelfeld dieser Kategorie des aktuellen Tests mit der Note „befriedigend" (3,2) liegt die X-300 Kaffeemaschine der **(..)** Firma *Centuri* **(..)**. Die Profitester befanden hier z.B. das Design, das Aroma sowie die Brühzeit als durchweg mittelmäßig. Der Test ergab natürlich auch, dass es sowohl gute aber auch lediglich ausreichende Kaffeemaschinen bei diesen Eigenschaften gibt. Mit Abstand Testsieger in der Kategorie „Preis-Leistungs-Verhältnis" beispielsweise wurde die „Gourmet Xpress" der Firma *Scorpion*, gefolgt von neun weiteren „guten" Produkten. Das Schlusslicht in dieser Kategorie wurde mit der Note „ausreichend" (4,0) die „Bright Deluxe" der Firma *Dutch*.

(.) = *hier nicht dargestellter Reputationsstimulus*

<u>Tab. 13:</u> Kontrollsituationsszenario für das Produkt ‚Kaffeemaschine'
Quelle: Eigene Darstellung

3.2.2 Die Operationalisierung der abhängigen Variablen

3.2.2.1 Operationalisierung der Untersuchungsvariablen

3.2.2.1.1 Verantwortlichkeitszuweisung

Sämtliche Messungen der Variable „Verantwortlichkeitszuweisung“ sollen das (unmittelbare) Ergebnis von Attributionsprozessen der Rezipienten als einer Suche nach (vermeintlichen) Ursachen für die Existenz der jeweils thematisierten Produktprobleme in Form durch Urteil gebildeter Meinungen bzw. Überzeugungen (Kognitionen) widerspiegeln. In der Literatur finden sich sowohl *mehrdimensionale* als auch *eindimensionale* Operationalisierungen des Konstrukts „Verantwortlichkeitszuweisung“. Bei *mehrdimensionalen Operationalisierungen* wird zumeist auf die von *Weiner* geprägte Dreiteilung der attributionstheoretischen Kausaldimensionen in *Lokation, Kontrollierbarkeit und Stabilität* zurückgegriffen.[489] Die *Lokation* beschreibt den von Rezipienten attribuierten (zugeschriebenen) Ort der Ursache(n) für einen Erfolg oder Misserfolg des Konsumprozesses, der entweder (eher) *extern* dem Anbieter (Produzenten, Händler/Verkäufer) respektive der Situation bzw. äußeren Umständen oder (eher) *intern* dem Konsumenten selbst zugeschrieben werden mag. *Kontrollierbarkeit* stellt auf den Grad der von Rezipienten vermuteten Beeinflussbarkeit (durch Konsumenten und/oder Anbieter) der Ursache(n) ab, die für einen Erfolg oder Misserfolg des Konsumprozesses verantwortlich gemacht wird, wobei *(nicht) kontrollierbare* Ursachen (nicht) im Einfluss- bzw. Kontrollbereich des Anbieters und/oder des Kunden liegen. Die Dimension der *Stabilität* bezieht sich auf die Frage, ob der vermeintliche Grund für ein Produktproblem (eher) stabiler, d.h. permanenter (unveränderlicher), Natur ist, so dass es auch zukünftig erneut zu ähnlichen Problemlagen kommen kann oder nicht stabiler Art ist, so dass ein Auftreten ähnlicher Probleme in der Zukunft eher unwahrscheinlich erscheint. *Eindimensionale Operationalisierungsansätze* des Konstrukts „Verantwortlichkeitszuweisung“ beschränken sich dagegen auf nur eine der genannten Attributionsdimensionen, wobei in der Literatur die Erfassung der Verantwortlichkeitszuweisung in Form der Lokations-Dimension nach *Weiner* dominiert.[490] Ob eine mehrdimensionale oder eine eindimensionale Operationalisierung der Variable „Verantwortlichkeitszuweisung“ sinnvoll bzw. zweckmäßig ist, hängt maßgeblich von dem zugrunde gelegten Untersuchungsgegenstand ab. *Folkes* (1988) verweist auf Probleme eindimensionaler Messungen der Variable „Verantwortlichkeitszuweisung“ für den Fall, dass der Unter-

[489] Vgl. Weiner, B. (1980); Kelley, H. H. (1972, 1973); Folkes, V. S. (1984, 1988a); Erevelles, S.; Leavitt, C. (1992). Niemeyer, H.-G. (1993) rechtfertigt die Fokussierung auf diese drei Attributionsdimensionen respektive die Vernachlässigung weiterer Dimensionen, die sich auf dieses Schema reduzieren lassen. Vgl. Niemeyer, H.-G. (1993), S. 16.

[490] Vgl. Valle, V.; Wallendorf, M. (1977); Folkes, V. S. (1988a), S. 557.

suchungsgegenstand in der Erforschung von Wirkungen einzelner Attributionsdimensionen, wie etwa der Lokations-Dimension, auf andere Typen von Rezipientenreaktionen, etwa dem Attributionsergebnis nachgelagerte Verhaltensreaktionen wie Kundenempfehlungen, besteht.[491] Die Nicht-Berücksichtigung mehrerer bzw. sämtlicher der oben dargestellten Attributionsdimensionen hätte unweigerlich zur Konsequenz, dass Einflüsse verzerrt, überzeichnet oder unterzeichnet, wiedergegeben würden, so dass die Erklärung bzw. Prognose der abhängigen Variable(n) durch die einzelne in die Analyse einbezogene Attributionsdimension zu systematischen Fehlern führt, was wiederum die Validität der Untersuchungsergebnisse massiv beeinträchtigen würde[492]: *„Yet causes have additional properties or dimensions that could influence these same behaviors. Unless these dimensions are explicitly included in the research, misleading conclusions about the influcence of locus may result.“*[493] Der Untersuchungsgegenstand dieser Arbeit besteht jedoch nicht in der Erforschung von Wirkungen einer oder mehrerer Attributionsdimensionen, sondern gerade umgekehrt in der Überprüfung von Einflüssen gegebener Situationen, mit und ohne Berücksichtigung unterschiedlicher Bewältigungsaktivitäten eines Anbieters, von denen ein Einfluss auf die Ergebnisse von Attributionsprozessen der Rezipienten vermutet wird. Mit dem in den Szenariobeschreibungen enthaltenen globalen, inhaltlich nicht nach unterschiedlichen Kausaldimensionen differenzierten Verantwortlichkeitsstimulus einer thematisierten (Mit-) Verantwortlichkeit des Anbieters für die Problemexistenz wird global die Frage aufgeworfenen, in wessen Sphäre (der des Anbieters oder der des Nachfragers) etwaige Problemursachen (vorrangig) von Rezipienten verortet werden und welche Partei (Anbieter oder Nachfrager) das (vermeintliche) Problem lösen, d.h. bewältigen, sollte. Eine valide Messung eines so verstandenen Verantwortlichkeitsaspektes wird am ehesten durch eine Operationalisierung im Sinne der attributionstheoretischen Kausaldimensionen der *Lokation* und *Kontrollierbarkeit* nach *Weiner* ermöglicht.[494] Nach *Folkes* (1988) beeinflussen Rezipientenreaktionen auf diese speziellen Facetten der Verantwortlichkeitszuweisung auch wesentlich die Eignung unterschiedlicher kommunikativer wie kompensatorischer Bewältigungsmerkmale, im Hinblick auf deren Einsatz gerade Strategieempfehlungen abgeleitet werden sollen.

Da die Kausaldimension der *Stabilität* insbesondere die Rezipientenpräferenzen hinsichtlich der *Art* der Kompensation (etwa Geldzahlung vs. Produktumtausch) zu beeinflussen scheint[495], die Kompensationsart als Bewältigungsmerkmal jedoch nicht in den zu betrachtenden Bewältigungsstrategien variiert wird, kann auf eine Berücksichtigung dieser Kausaldimension im Rahmen der Operationalisierung der abhängigen Variable „Verantwortlichkeits-

[491] Vgl. Folkes, V. S. (1988a), S. 557.
[492] Vgl. Folkes, V. S. (1988a), S. 557; Hammann, P.; Erichson, P. (1994), S. 75.
[493] Folkes, V. S. (1988a), S. 557.
[494] Vgl. Folkes, V. S. (1988a), S. 556; Coombs, W. T. (1998), S. 181 f.
[495] Vgl. Folkes, V. S. (1988a), S. 557.

zuweisung“ verzichtet werden. Auch *Coombs* (1998) betont die Wichtigkeit der Kausaldimensionen der Lokation und Kontrollierbarkeit als Ansatzpunkte für die Bewältigung von Produktkrisen in dem hier verstandenen Sinne.[496] Aus diesen Überlegungen leitet sich die in *Tabelle 14* dargestellte zweidimensionale Operationalisierung der Variable „Verantwortlichkeitszuweisung“ ab. Die zwei Kausaldimensionen der Lokation und Kontrollierbarkeit werden jeweils durch zwei Items operationalisiert. Die Itemformulierungen sind zum Teil angelehnt an bereits vorliegende Messungen des betreffenden Konstrukts in einschlägigen attributionstheoretischen Untersuchungen zu vergleichbaren Produktproblemen.[497] Items werden sowohl positiv als auch negativ formuliert, um formulierungsbedingte Neigungen der Probanden zu gleichgerichtetem Antwortverhalten möglichst gering zu halten.

gemessener Teilaspekt der Variable	Item	Skala
Lokation	„In welchem Ausmaß ist *Centuri* verantwortlich für das beschriebene Kundenproblem?“[498]	6 Punkte-Skala mit Endpunkten *“überhaupt nicht verantwortlich … voll verantwortlich“*
	„Das beschriebene Problem beruht auf einem Versagen des Anbieters *Centuri*. Er hätte bei der Produktion und Auswahl seiner Lieferanten besser aufpassen müssen.“[499]	6-Punkte-Skala mit Endpunkten *“stimme überhaupt nicht zu … stimme stark zu“*
Kontrollierbarkeit	„*Centuri* hätte das Auftreten des Problems mit vertretbarem Aufwand verhindern können.“	6-Punkte-Skala mit Endpunkten *“stimme überhaupt nicht zu … stimme stark zu“*
	„Ich glaube, dass *Centuri* nicht gewusst hat, dass es Probleme mit dem X-300-Produkt geben wird.“[500]	6-Punkte-Skala mit Endpunkten *“stimme überhaupt nicht zu … stimme stark zu“*

Tab. 14: Operationalisierung der Variable ‚Verantwortlichkeitszuweisung'

Quelle: Eigene Darstellung

[496] Vgl. Coombs, W. T. (1998), S. 182.

[497] Vgl. insbesondere die Arbeiten von *Matos/Veiga* (2004) sowie *Griffin/Babin/Attaway* (1996). Siehe auch *Russell* (1982). *Matos/Veiga* (2004) weisen für eine ähnliche Skala zur Messung der Lokations-Dimension einen Chronbach-alpha-Koeffizienten von 0,794 aus, was für eine relativ gute Reliabilität der Messungen spricht. Vgl. Matos, C. A. de; Veiga, R. T. (2004), S. 27.

[498] Diese Itemformulierung ist angelehnt an die Formulierung von Griffin, M.; Babin, B. J.; Attaway, J. S. (1996), S. 314 ff.

[499] Diese Itemformulierung ist angelehnt an die von *Matos/Veiga* (2004) verwandte Formulierung. Vgl. Matos, C. A. de; Veiga, R. T. (2004), S. 27. Die Autoren weisen für eine ähnliche Skala zur Messung der Lokations-Dimension einen Chronbach-alpha-Koeffizienten von 0,794 aus.

[500] Die Skala zur Erfassung der Itemausprägungen ist im Rahmen der Dateneingabe aufgrund der negativen Formulierung des Items umzukodieren.

3.2.2.1.2 Wahrgenommene Problemschwere

Obgleich der Inhalt und Umfang (das Spektrum) der durch entsprechende negative Konsumerfahrungen Betroffener thematisierten konkretisierten Produktrisiken in den Krisensituationen systematisch in bestimmter Weise variiert, so ist das subjektiv von Rezipienten beurteilte Ausmaß des Problems, dessen Schwere bzw. Tragweite, resultierend aus einem kognitiven Abschätzungsprozess der Folgen bzw. Dimensionen des eingetretenen Problems, noch offen. Die Problemschwere selbst, etwa ausgedrückt durch den Grad an Unmut, Enttäuschung, nachträglich von Kunden aufzuwendender Mühen (etwa konkretisiert durch zusätzlich anfallende Suchkosten, Beschwerdekosten, Wechselkosten), Zeitverlust, finanzieller Schäden in bestimmter Höhe, Schmerzen, Arbeitsausfällen etc.,[501] ist in den Szenariobeschreibungen nicht durch die Manipulation der Stimuli von vornherein festgelegt, sondern als Reaktion der Rezipienten auf die Krisensituationsszenarien zu erfassen. In Abhängigkeit subjektiv verschiedenener Bewertungsmaßstäbe und Dispositionen werden Rezipienten wohlmöglich zu unterschiedlichen Beurteilungen der Schwere von ein und derselben Krisensituation gelangen. Dieses subjektiv von Rezipienten empfundene Ausmaß der in den Krisensituationen konkretisierten, nach Art und Umfang (Spektrum) variierten eingetretenen Produktrisiken soll durch die abhängige Variable „wahrgenommene Problemschwere“ (vor und nach dem Einsatz von Bewältigungsmaßnahmen) gemessen werden.[502]

Zwar stehen in den Krisenszenarien durch bereits vorliegende negative Konsumerfahrungen *konkretisierte*, d.h. eingetretene, *Produktrisiken* im Mittelpunkt. Gleichwohl mögen Rezipienten solcher Informationen diese eingetretenen Risiken zum Anlass nehmen, auch *latente Produktrisiken*, d.h. noch nicht durch eingetretene negative Erfahrungen konkretisierte, möglicherweise zukünftig drohende Produktprobleme in deren Schwere bzw. Ausmaß abzuschätzen.[503] Das Konstrukt der „wahrgenommenen Problemschwere“ weist folglich mindestens *zwei Dimensionen* auf, durch die es zu operationalisieren gilt: die Beurteilung der Schwere des bereits eingetretenen Produktproblems als *Risikoanlass* (*„was ist bereits passiert?“*) einer-

[501] Vgl. Kashyap, R. (2001), S. 9.

[502] Die Wahrnehmung der *Inhalte* von Beschwerde-, Reklamations- und Rückrufsituationen, mithin der Grad der rechtlichen Substantiierung des Produktproblems respektive der Inhalt der thematisierten konkretisierten Produktrisiken selbst bilden nicht den Gegenstand dieses Konstrukts. Die Sicherstellung der Wahrnehmung der die Situationen unterscheidenden Inhalte in der intendierten Weise ist Gegenstand der Manipulationsüberprüfungen.

[503] Das wahrgenommene Risiko entsteht dadurch, dass der Konsument (Rezipient) aufgrund der situativ verfügbaren Informationen Abweichungen zwischen seinen Standards (Erfolgserwartungen) und den voraussehbaren Folgen beobachteter Konsumprozesse wahrnimmt. Es lässt sich als kognitiver Konflikt auffassen, der Rezipienten dazu motiviert, Handlungen zur Herstellung ihres „inneren Gleichgewichts“ auszuführen. Vgl. Kroeber-Riel, W.; Weinberg, P. (1996), S. 248 f. Die Risikowahrnehmung umfasst dabei nicht nur die Entschlüsselung der aufgenommenen Reize (Informationen), sondern auch ihre gedankliche Weiterverarbeitung bis hin zur Beurteilung des wahrgenommenen Gegenstandes. Vgl. zum Wahrnehmungsbegriff: Kroeber-Riel, W.; Weinberg, P. (1996), S. 275 f.

seits und die Beurteilung der Schwere hierdurch angedeuteter, möglicherweise zukünftig drohender negativer Konsequenzen als Folge eines Produktkonsums bzw. -kontakts, mithin der *latenten Produktrisiken* („*was könnte noch passieren?*"), andererseits. Eine solche Operationalisierung der wahrgenommenen Problemschwere lehnt sich an die Definition negativer Ereignisse von *Taylor* (1991) an: „*A negative event is one that has the potential or actual ability to create adverse outcomes for the individual. Thus, the definition includes events that have not occured but are perceived as potentially threatening, as well as those that have occured and are perceived as harmful.*"[504]

Beide Komponenten des Konstrukts, die wahrgenommene Schwere des Risikoanlasses einerseits und die wahrgenommene Schwere der latenten Produktrisiken andererseits, lassen sich im Grundsatz sowohl zweidimensional als auch eindimensional ermitteln.[505] Die *zweidimensionale Messung* stellt darauf ab, dass sich die konkretisierten bzw. latenten Produktrisiken in zwei unabhängige Komponenten zerlegen lassen: die *Problemhöhe* (etwa Schadenshöhe) einerseits und die *Problemhäufigkeit* andererseits. Bezogen auf die Beurteilung des *Risikoanlasses* lässt sich die Problemhöhe als bewertete negative Konsequenz des bereits eingetretenen Problems bei einzelnen betroffenen Kunden, die Problemhäufigkeit als Anzahl insgesamt betroffener Kunden (Problemanfall) oder als wahrgenommene Regelmäßigkeit des Auftretens solcher Probleme fassen. Formal ließe sich dann die wahrgenommene Schwere des Risikoanlasses multiplikativ aus der Problem- bzw. Schadenshöhe bei einzelnen Betroffenen und der Anzahl insgesamt betroffener Produkte bzw. Kunden bestimmen. Bezogen auf die Beurteilung der noch nicht eingetretenen Probleme im Sinne der *latenten Produktrisiken* lässt sich die *Problemhöhe* analog als Bewertung der wahrgenommenen *möglichen* Folgen des Produktkonsums bzw. -kontakts, die *Problemhäufigkeit* als wahrgenommene Unsicherheit über das Eintreten dieser Folgen, etwa als Abschätzung von deren Eintrittswahrscheinlichkeit, interpretieren. Rein rechnerisch ließe sich dann die wahrgenommene Problemschwere bezogen auf die latenten Risiken ebenfalls als Produkt dieser beiden von Rezipienten abzuschätzenden Teilkomponenten ermitteln.[506] Die insgesamt für die Variable „wahrgenommene Problemschwere" resultierenden Variablenausprägungen mögen sich dann additiv als Summe dieser sich multiplikativ aus zwei Teilkomponenten ergebenden bewerteten Risikoanlässe und latenten Risiken ergeben. Gegen eine solche zweidimensionale, durch separate Erfassung der Problemhöhe und Problemhäufigkeit gekennzeichnete, Vorgehensweise sprechen jedoch gewichtige Gründe: Zum einen wirft die Abfrage von Problemhäufigkeiten, etwa als Wahrscheinlichkeitsurteil, massive Validitätsprobleme auf. Denn anders als in der be-

[504] Taylor, S. E. (1991), S. 67.
[505] Vgl. Kroeber-Riel, W.; Weinberg, P. (1996), S. 386 ff.
[506] Vgl. Renn, O. (1997), S. 87 sowie die dort angegebene Literatur; Kroeber-Riel, W.; Weinberg, P. (1996), S. 387.

triebswirtschaftlichen Entscheidungstheorie, in der sich Risikosituationen dadurch auszeichnen, dass die Menge der möglichen Umweltzustände vollständig bekannt ist und sich jedem Umweltzustand eine Eintrittswahrscheinlichkeit zuordnen lässt[507], drückt die hier betrachtete wahrgenommene Problemschwere eine höchst subjektive Einschätzung bereits eingetretener bzw. noch drohender, Konsequenzen aus, die realistischerweise nur selektiv von Rezipienten wahrgenommen und bewertet werden. Eine Abfrage kalkulatorischer Werte wie Wahrscheinlichkeiten mutet damit als eine höchst unrealistische Bewertungsaufgabe für Rezipienten an. Zudem lassen sich Problemhöhe und -häufigkeit kaum als voneinander unabhängige Komponenten eines Konstruktes ansehen, so dass deren multiplikative Verknüpfung fragwürdig erscheint.[508] Infolge dieser gravierenden Kritikpunkte wird für die Operationalisierung der beiden als relevant erkannten Komponenten der wahrgenommenen Problemschwere jeweils eine *eindimensionale Vorgehensweise* gewählt: Durch zwei unterschiedliche Items wird die wahrgenommene Problemschwere jeweils *aggregiert*, und nicht separat (disaggregiert) nach Problemhöhe und -häufigkeit getrennt, erfasst. *Tabelle 15* zeigt die Operationalisierung der Variable *„wahrgenommene Problemschwere"* im Überblick.

gemessener Teilaspekt der Variable	Item	Skala
Beurteilung (der Schwere) des Risikoanlasses	„Das beschriebene Problem mit dem Produkt schätze ich als sehr ernst ein."	6-Punkte Skala mit Endpunkten *"stimme überhaupt nicht zu … stimme stark zu"*
	„Einen Rückruf des X-300-Produktes von *Centuri* halte ich momentan nicht für erforderlich."[509]	6-Punkte Skala mit Endpunkten *"stimme überhaupt nicht zu … stimme stark zu"*
Beurteilung (der Schwere) latenter Risiken	„Verglichen mit anderen Produkten derselben Produktklasse ist das Produkt X-300 von *Centuri* gefährlich."[510]	6-Punkte Skala mit Endpunkten *"stimme überhaupt nicht zu … stimme stark zu"*
	„Das Problem mit dem Produkt ist in Wirklichkeit schlimmer, als es sich in der Öffentlichkeit darstellt."	6-Punkte Skala mit Endpunkten *"stimme überhaupt nicht zu … stimme stark zu"*

Tab. 15: Operationalisierung der Variable ‚Wahrgenommene Problemschwere'
Quelle: Eigene Darstellung

Im Mittelpunkt sämtlicher Itemformulierungen steht die Erfassung *kognitiver Komponenten* der wahrgenommenen Problemschwere gemäß der allgemeinen Kennzeichnung dieser Variable. Auf die Erfassung (primär) affektiver respektive emotionaler Elemente der wahrge-

[507] Vgl. Bitz, M. (1981), S. 14 f.

[508] Vgl. Tversky, A.; Kahneman, D. (1974), S. 1124 ff.; Asche, T. (1990), S. 37 ff., S. 107 f.; Klinger, E. (1998), S. 142 ff.

[509] Die Skala dieses Items ist im Rahmen der Dateneingabe aufgrund der negativen Itemformulierung umzukodieren.

[510] Diese Itemformulierung ist angelehnt an die Formulierung von *Griffin/Babin/Attaway* (1996).

nommenen Problemschwere wird hier verzichtet; eine solche Art der Messung scheint insbesondere geeignet, die (hier nicht zu messenden) Reaktionen unmittelbar von Produktproblemen Betroffener einzufangen, welche häufig stärker von solchen Elementen geprägt sein mögen.[511]

3.2.2.1.3 Wahrgenommene Gerechtigkeit

Die Variable *„wahrgenommene Gerechtigkeit"* lässt sich allgemein als (primär) affektive Reaktion der Rezipienten auf die im Rahmen vorangegangener Abgleichungsprozesse wahrgenommenen bewerteten Inputs und Outputs beobachteter Austauschbeziehungen kennzeichnen. In der Literatur dominiert eine *dreidimensionale Messung* der wahrgenommenen Gerechtigkeit durch Aspekte der bereits allgemein im theoretischen Teil dieser Arbeit (Kapitel 2.2.2.1.1) gekennzeichneten *distributiven, prozeduralen* und *interaktionalen Gerechtigkeitsdimensionen*, die es hier zu präzisieren gilt.[512]

Die *distributive Gerechtigkeitsdimension* stellt auf das Verteilungsergebnis einer durch eine spezielle Situation (etwa Produktkrisensituation) gegebene Austauschbeziehung ab, die primär durch kompensatorische, dagegen weniger stark durch kommunikative Bewältigungselemente beeinflussbar scheint.[513] Die *prozedurale Gerechtigkeitsdimension* fokussiert die auf ein von einer konkreten (Krisen-) Situation unabhängiges Verfahrens- bzw. Regelwerk (etwa die vorab krisenpräventiv festgelegte Organisation der Bewältigungsabwicklung bzw. -logistik[514]) bezogenen Output-Input-Relationen. Diese Dimension scheint somit primär von Elementen der Logistik einer Bewältigung (etwa des Verfahrens einer Beschwerdeabwicklung) beeinflussbar, weniger stark jedoch von kommunikativen respektive kompensatorischen Bewältigungselementen.[515] Die *interaktionale Gerechtigkeitsdimension* bezieht sich auf die im Einzelfall, etwa in einer speziellen Krisensituation, angewandte Art und Weise der Behandlung des Konsumenten durch den Anbieter. Sie scheint primär durch kommunikative, dagegen weniger stark durch kompensatorische Bewältigungselemente beeinflussbar.[516] *Tabelle 16* stellt die unterschiedlichen Operationalisierungsansätze der „wahrgenommenen Gerechtigkeit" durch die drei genannten Gerechtigkeitsdimensionen vergleichend gegenüber.

---

[511] Beispielsweise lassen sich Furcht- oder Angstreaktionen als stärker emotional aufgeladene Reaktionstypen valide primär bei unmittelbar (direkt) von Produktproblemen Betroffenen erheben.

[512] Vgl. Blodgett, J. G.; Hill, D. J.; Tax, S. S. (1997) ; Blodgett, J. G.; Tax, S. S. (1993); Tax, S. S.; Brown, S. W.; Chandrashekaran, M. (1998); Smith, A. K.; Bolton, R. N.; Wagner, J. (1999).

[513] Vgl. Smith, A. K.; Bolton, R. N.; Wagner, J. (1999), S. 358.

[514] Eine zentrale Variable bildet hier die *Reaktionsgeschwindigkeit* des Anbieters bzw. die Schnelligkeit der Beschwerdebearbeitung.

[515] Vgl. Smith, A. K.; Bolton, R. N.; Wagner, J. (1999), S. 358.

[516] Vgl. Smith, A. K.; Bolton, R. N.; Wagner, J. (1999), S. 358.

Gerechtigkeits-dimensionen / Merkmal	„Wahrgenommene Gerechtigkeit“		
	Distributive Gerechtigkeits-dimension	***Prozedurale Gerechtigkeits-dimension***	***Interaktionale Gerechtigkeits-dimension***
Inhalt	verteilungsergebnis-bezogene Output-Input-Relation	verfahrens-/ regelbezogene Output-Input-Relation	behandlungs-/ kontaktbezogene Output-Input-Relation
(Krisen-) Situationsbezug	hoch	niedrig	hoch
Hauptbewältigungs-determinante	Kompensation	Bewältigungs-logistik/ krisenpräventive Maßnahmen	Kommunikation

Tab. 16: Operationalisierungsansätze für die Variable ‚Wahrgenommene Gerechtigkeit'
Quelle: Eigene Darstellung

Die Merkmalsausprägungen der prozeduralen Gerechtigkeitsdimension verdeutlichen, dass diese die Inhalte der im Rahmen dieser Arbeit fokussierten Arten von Produktkrisensituationen und Bewältigungsstrategien von allen Gerechtigkeitsdimensionen am wenigsten reflektiert. Diese Dimension wird weder in den gewählten Krisensituationen noch in den zugrunde gelegten Bewältigungsstrategien durch die dort enthaltenen Elemente tangiert. Aspekte der Bewältigungslogistik, wie etwa die Ablauforganisation der Beschwerdebearbeitung (z.B. die für betroffene Kunden zur Verfügung stehenden, eingerichteten Meldewege), bleiben, in den hier betrachteten Bewältigungsstrategien unberücksichtigt. Im Fokus der Bewältigungsstrategien stehen kompensatorische und kommunikative Bewältigungsmerkmale, deren Effekte sich vergleichsweise stärker in den zudem viel spezieller auf eine einzelne Krisensituation ausgerichteten Dimensionen der distributiven und interaktionalen Gerechtigkeit niederschlagen. Insofern sollte auf einen Einbezug der prozeduralen Gerechtigkeitsdimension zugunsten eines Einbezugs der distributiven und interaktionalen Gerechtigkeitsdimensionen zur Operationalisierung des Konstrukts „wahrgenommene Gerechtigkeit“ verzichtet werden. Eine Operationalisierung dieses Konstrukts durch Aspekte der prozeduralen Gerechtigkeitsdimension hätte nämlich umgekehrt zur Folge, dass Effekte erfasst würden, die sich nicht (primär) durch Manipulation der unabhängigen Variablen ergeben, sondern Artefakte überrationalisierter Probandenreaktionen abbilden. In der Konsequenz wären somit Messungen der Variable „wahrgenommene Gerechtigkeit“ mit massiven Validitätsmängeln behaftet.

Obwohl der Untersuchungsgegenstand dieser Arbeit nicht in der Aufdeckung von Wirkungen der hier betrachteten Bewältigungsstrategien auf spezifische Gerechtigkeitsdimensionen liegt, wird hier eine *zweidimensionale Messung* des Konstrukts „wahrgenommene Gerechtigkeit" durch Aspekte der Dimensionen der distributiven und interaktionalen Gerechtigkeit favorisiert. Im Vergleich zu eindimensionalen Messungen lässt sich durch diese Vorgehensweise ein vergleichsweise weites Spektrum relevanter Reaktionen der Rezipienten auf die hier betrachteten Produktkrisensituationen bei Ab- und Anwesenheit von Bewältigungsstrategien einfangen. Bei der Operationalisierung der „wahrgenommenen Gerechtigkeit" durch die distributive und interaktionale Gerechtigkeitsdimensionen gilt es insbesondere auch solche emotionale Aspekte der Rezipientenreaktionen auf das krisensituations-/bewältigungsstrategiebezogene wahrgenommene Output-Input-Verhältnis zu erfassen, die die *Glaubwürdigkeit* der Bewältigungsreaktionen des Anbieters betreffen.[517] So lässt sich, abgleitet aus Überlegungen im Rahmen der *Equity Theorie*, insbesondere bei einer stark nach oben abweichenden Output-Input-Relation zugunsten des Kunden im Sinne positiver Ungerechtigkeit (positive inequity) eine sinkende Glaubwürdigkeit des Anbieters erwarten.[518] Dabei kommen sowohl kompensatorische als auch kommunikative Bewältigungselemente als Outputs aus einer (wahrgenommenen, beobachteten) Austauschbeziehung bei gegebenem Input als Auslöser einer positiven Ungerechtigkeitsreaktion und geringer wahrgenommener Glaubwürdigkeit in Betracht. Insofern spielen Glaubwürdigkeitsaspekte in jeder der beiden einbezogenen Gerechtigkeitsdimensionen eine Rolle und sind als spezifischer Teilaspekt in jeder dieser Dimensionen zu erfassen.

Die nach diesen Gesichtspunkten gewählte Operationalisierung der Variable „wahrgenommene Gerechtigkeit" zeigt *Tabelle 17* im Überblick. Der Glaubwürdigkeitsaspekt wird in beiden Dimensionen durch das jeweils als zweites aufgeführte Item erfasst.

---

[517] Vgl. Greenberg, J. (1990), S. 138 ff.

[518] Vgl. die Ausführungen zur Equity Theorie im theoretischen Teil (Kapitel 2.1.2.2.3 und 2.2.2.1.1) dieser Arbeit.

gemessener Teilaspekt der Variable	Item	Skala
distributive Gerechtigkeit	„*Centuri* behandelt seine Kunden im Ergebnis fair."[519]	6-Punkte Skala mit Endpunkten *"stimme überhaupt nicht zu … stimme stark zu"*
	Ich halte *Centuri* für einen ehrlichen Anbieter, der zu seinem Wort steht.[520]	6-Punkte Skala mit Endpunkten *"stimme überhaupt nicht zu … stimme stark zu"*
interaktionale Gerechtigkeit	*Centuri* behandelt seine Kunden mit Höflichkeit und Respekt.[521]	6-Punkte Skala mit Endpunkten *"stimme überhaupt nicht zu … stimme stark zu"*
	Der Anbieter *Centuri* nimmt seine Kunden nicht ernst.[522]	6-Punkte Skala mit Endpunkten *"stimme überhaupt nicht zu … stimme stark zu"*

Tab. 17: Operationalisierung der Variable ‚Wahrgenommene Gerechtigkeit'
Quelle: Eigene Darstellung

3.2.2.1.4 Wahrgenommene Leistung

Durch die abhängige Variable *wahrgenommene Leistung* soll die *kognitive Beurteilung* der Rezipienten in Bezug auf die Qualität der vom Anbieter angebotenen Produkte erfasst werden. Die Variable lässt sich als der rationale, auf Fähigkeiten bzw. Kompetenzen des Anbieters hinsichtlich seiner Leistungserstellung abstellende kognitiv geprägte Teil seiner Reputation auffassen.[523] Geht man von der Vorstellung aus, dass Nachfrager Produkte ganzheitlich als Bündel nutzenstiftender Produkteigenschaften wahrnehmen und bewerten, so lässt sich die wahrgenommene Leistung nun präziser als mit dem Kauf- bzw. Konsumerlebnis einhergehendes globales Urteil eines Nachfragers bezüglich der Erfüllung bestimmter Nutzenkategorien (etwa Grund- und Zusatznutzen) durch das Produkt bzw. dessen Eigenschaften charakterisieren.[524]

Der Tenor der hier betrachteten Produktkrisensituationen besteht, vereinfachend ausgedrückt, darin, dass ein intendierter Erfolg eines Konsumprozesses im Sinne der Erfüllung von Grund- und Zusatznutzen durch das Produkt bzw. dessen Eigenschaften (vollständig bzw. teilweise)

[519] Die Formulierung dieses Items ist angelehnt an die Operationalisierung der Variable *„distributive justice"* in der Studie von Blodgett, J. G.; Hill, D. J.; Tax, S. S. (1997), S. 185 ff.
[520] Die Formulierung dieses Items ist angelehnt an die Operationalisierung der Variable *„honesty"* in der Studie von *Bradford/Garrett* (1995). Vgl. Bradford, J. L.; Garrett, D. E. (1995), S. 890.
[521] Diese Itemformulierung ist angelehnt an die Operationalisierung der Variable *„interactional justice"* in der Studie von Blodgett, J. G.; Hill, D. J.; Tax, S. S. (1997), S. 185 ff.
[522] Aufgrund der negativen Formulierung dieses Items ist die betreffende Skala im Rahmen der Dateneingabe umzukodieren.
[523] Vgl. Schwaiger, M.; Cannon, H. M. (2004), S. 245.
[524] Vgl. Herrmann, A. (1998), S. 37 f.

ausbleibt respektive ein Konsumprozess (zusätzlich) gar mit erkennbaren negativen Konsequenzen (Mangelschäden respektive Mangelfolgeschäden beim Benutzer oder Dritten) verbunden ist. Angesichts dieses Inhalts der in den Produktkrisensituationen thematisierten Produktprobleme erscheinen somit *zwei Gruppen von Produkteigenschaften* im Hinblick auf die Beurteilung der wahrgenommenen Leistung der Produkte des von der Krise betroffenen Anbieters wesentlich: *zum einen* die *Zwecktauglichkeit* (Funktionstüchtigkeit, Zuverlässigkeit) im Sinne der Erfüllung von Grund- und Zusatznutzen des von Rezipienten zu beurteilenden Produktangebotes, also der Grad der positiven Erfüllung bestimmter Eigenschaften, und *zum anderen* negativ der Grad des Ausbleibens produktbedingter negativer Beeinträchtigungen des (durchschnittlichen) Nachfragers oder Dritten im Sinne der *Sicherheit*[525] des angebotenen Produktes. Sicherheit als Produkteigenschaft mag sich konkret auf den (von Rezipienten wahrgenommenen) Anteil eingebauter Sicherheitseigenschaften zur Verhinderung bzw. Eindämmung solch negativer Konsequenzen eines Produktkonsums beziehen. Zur Erfassung der Beurteilungen der Rezipienten hinsichtlich des Vorhandenseins dieser beiden, im Kontext der hier betrachteten Produktkrisensituationen hoch relevanten, Eigenschaften bei dem in die öffentliche Kritik geratenen Produktangebotes, wird jeweils ein Item formuliert.

Regelmäßig dient dem Nachfrager die *Erwartung* an die Produktqualität, welche ein bestimmtes erhofftes oder mögliches Qualitätsniveau repräsentiert[526], als Beurteilungsmaßstab, an dem er die Qualität der betreffenden Leistung misst.[527] Qualitätserwartungen fließen somit in den Produktbeurteilungsprozess der Konsumenten mit ein und sollten entsprechend bei der Operationalisierung des Konstrukts „wahrgenommene Leistung“ Berücksichtigung finden. Das Niveau der Erwartung resultiert dabei einerseits aus den bereits mit dem betreffenden Produkt gemachten Erfahrungen und andererseits vor allem aus den Preisen der zur Auswahl stehenden Alternativen.[528] Da *grobe* Preisklassenangaben in den Krisenszenarien enthalten sind, liegt die ergänzende Operationalisierung der wahrgenommenen Leistung durch Einbezug eines relativen Qualitätsurteils, nämlich die Beurteilung der *Preiswürdigkeit*[529] der betreffenden Produkte in Form des Preis-Leistungs-Verhältnisses, nahe.[530] Durch die Formulierung

---

[525] Vgl. Hempelmann, B. (1993), S. 1: *Hempelmann* definiert den Begriff der Produktsicherheit als die *„Abwesenheit von Gefährdungen für das menschliche Leben, die menschliche Gesundheit oder das Eigentum infolge eines Produktgebrauchs oder -verbrauchs.“*

[526] Vgl. Bruhn, M. (2000), S. 1033.

[527] Vgl. Herrmann, A. (1998), S. 38; Teas, R. K. (1993), S. 18 ff.; Parasuraman, A.; Berry, L. L.; Zeithaml, V. A. (1988), S. 16; Parasuraman, A.; Zeithaml, V. A.; Berry, L. L. (1985), S. 42; Parasuraman, A.; Berry, L. L.; Zeithaml, V. A. (1991), S. 39 ff.; Parasuraman, A.; Berry, L. L.; Zeithaml, V. A. (1993), S. 140 ff.; Zeithaml, V. A.; Berry, L. L.; Parasuraman, A. (1988), S. 35 ff.; Olshavsky, R. W.; Miller, J. C. (1972), S. 19 ff.; Carman, J. M. (1990), S. 33 ff.; Cronin Jr., J. J.; Taylor, S. A. (1992), S. 55 ff.

[528] Vgl. Herrmann, A. (1998), S. 38.

[529] Vgl. Diller, H. (1991), S. 110.

[530] Vgl. hierzu auch die Operationalisierung der Kompetenz-Dimension des Reputationskonstruktes nach *Schwaiger/Cannon* (2004) durch die Erfassung des Preis-Leistungs-Verhältnisses. Vgl. Schwaiger, M.; Cannon, H. M. (2004), S. 253.

eines dritten Items wird dieser relative, Erwartungen der Nachfrager mit berücksichtigende, Teilaspekt in der Beurteilung der wahrgenommenen Leistung durch Rezipienten erfasst.

Tabelle 18 zeigt die Operationalisierung der Variable „wahrgenommene Leistung“ durch die genannten drei Items im Überblick.

gemessener Teilaspekt der Variable	**Item**	**Skala**
Sicherheit (eingebaut)	„Dass *Centuri*-Produkte in punkto Sicherheit qualitativ hochwertig ausgestattet sind, halte ich für…“	6 Punkte-Skala mit Endpunkten *„sehr unwahrscheinlich…sehr wahrscheinlich“*
Zwecktauglichkeit (Funktionstüchtigkeit, Zuverlässigkeit)	„*Centuri* stellt heute einwandfreie, funktionstüchtige Produkte her.“	6-Punkte Skala mit Endpunkten *“stimme überhaupt nicht zu … stimme stark zu“*
Preiswürdigkeit	„*Centuri* bietet Produkte mit einem schlechten Preis-Leistungs-Verhältnis an.“[531]	6-Punkte Skala mit Endpunkten *“stimme überhaupt nicht zu … stimme stark zu“*

Tab. 18: Operationalisierung der Variable ‚Wahrgenommene Leistung’
Quelle: Eigene Darstellung

Tabelle 19 gibt einen Gesamtüberblick über die zur Operationalisierung der vier abhängigen Variablen herangezogenen Items.

[531] Die Skala zur Messung der Ausprägungen dieses Items ist aufgrund der negativen Itemformulierung im Rahmen der Dateneingabe umzukodieren.

Nr.	Abhängige Variable/ Item	Item-Formulierung	Messzeitpunkte: nach Krise, vor Strategie-einsatz *(nk)*	nach Krise, nach SIa *(nSIa)*	nach Krise, nach SIb *(nSIb)*	nach Krise, nach SIIa *(nSIIa)*	nach Krise, nach SIIb *(nSIIb)*	nach Krise, nach SIII *(nSIII)*
			Variablenname *(für Auswertungen):*					
(a)	***Verantwortlich-keitszuweisung***	*aggregierte Verantwortlichkeitszuweisung* →	MEAN_nk_attr	MEAN_nSIa_attr	MEAN_nSIb_attr	MEAN_nSIIa_attr	MEAN_nSIIb_attr	MEAN_nSIII_attr
	Lokation	„In welchem Ausmaß ist *Centuri* verantwortlich für das beschriebene Kundenproblem?"	nk_attr_a	nSIa_attr_a	nSIb_attr_a	nSIIa_attr_a	nSIIb_attr_a	nSIII_attr_a
		„Das beschriebene Problem beruht auf einem Versagen des Anbieters *Centuri*. Er hätte bei der Produktion und Auswahl seiner Lieferanten besser aufpassen müssen."	nk_attr_b	nSIa_attr_b	nSIb_attr_b	nSIIa_attr_b	nSIIb_attr_b	nSIII_attr_b
	Kontrollierbarkeit	„*Centuri* hätte das Auftreten des Problems mit vertretbarem Aufwand verhindern können."	nk_attr_c	nSIa_attr_c	nSIb_attr_c	nSIIa_attr_c	nSIIb_attr_c	nSIII_attr_c
		„Ich glaube, dass *Centuri* nicht gewusst hat, dass es Probleme mit dem X-300-Produkt geben wird."	nk_attr_d	nSIa_attr_d	nSIb_attr_d	nSIIa_attr_d	nSIIb_attr_d	nSIII_attr_d
(b)	***Wahrgenommene Problemschwere***	*aggregierte wahrgenommene Problemschwere* →	MEAN_nk_risk	MEAN_nSIa_risk	MEAN_nSIb_risk	MEAN_nSIIa_risk	MEAN_nSIIb_risk	MEAN_nSIII_risk
	Beurteilung (der Schwere) des Risikoanlasses	„Das beschriebene Problem mit dem Produkt schätze ich als sehr ernst ein."	nk_risk_a	nSIa_risk_a	nSIb_risk_a	nSIIa_risk_a	nSIIb_risk_a	nSIII_risk_a
		„Einen Rückruf des X-300-Produktes von *Centuri* halte ich momentan nicht für erforderlich."	nk_risk_b	nSIa_risk_b	nSIb_risk_b	nSIIa_risk_b	nSIIb_risk_b	nSIII_risk_b
	Beurteilung (der Schwere) latenter Risiken	„Verglichen mit anderen Produkten derselben Produktklasse ist das Produkt X-300 von *Centuri* gefährlich."	nk_risk_c	nSIa_risk_c	nSIb_risk_c	nSIIa_risk_c	nSIIb_risk_c	nSIII_risk_c
		„Das Problem mit dem Produkt ist in Wirklichkeit schlimmer, als es sich in der Öffentlichkeit darstellt."	nk_risk_d	nSIa_risk_d	nSIb_risk_d	nSIIa_risk_d	nSIIb_risk_d	nSIII_risk_d
(c)	***Wahrgenommene Gerechtigkeit***	*aggregierte wahrgenommene Gerechtigkeit* →	MEAN_nK_ger	MEAN_nSIa_ger	MEAN_nSIb_ger	MEAN_nSIIa_ger	MEAN_nSIIb_ger	MEAN_nSIII_ger
	distributive Gerechtigkeit	„*Centuri* behandelt seine Kunden im Ergebnis fair."	nk_ger_a	nSIa_ger_a	nSIb_ger_a	nSIIa_ger_a	nSIIb_ger_a	nSIII_ger_a
		Ich halte *Centuri* für einen ehrlichen Anbieter, der zu seinem Wort steht.	nk_ger_b	nSIa_ger_b	nSIb_ger_b	nSIIa_ger_b	nSIIb_ger_b	nSIII_ger_b
	interaktionale Gerechtigkeit	*Centuri* behandelt seine Kunden mit Höflichkeit und Respekt.	nk_ger_c	nSIa_ger_c	nSIb_ger_c	nSIIa_ger_c	nSIIb_ger_c	nSIII_ger_c
		Der Anbieter *Centuri* nimmt seine Kunden nicht ernst.	nk_ger_d	nSIa_ger_d	nSIb_ger_d	nSIIa_ger_d	nSIIb_ger_d	nSIII_ger_d
(d)	***Wahrgenommene Leistung***	*aggregierte wahrgenommene Leistung* →	MEAN_nK_komp	MEAN_nSIa_komp	MEAN_nSIb_komp	MEAN_nSIIa_komp	MEAN_nSIIb_komp	MEAN_nSIII_komp
	Sicherheit (eingebaut)	„Dass *Centuri*-Produkte in punkto Sicherheit qualitativ hochwertig ausgestattet sind, halte ich für…"	nk_komp_a	nSIa_komp_a	nSIb_komp_a	nSIIa_komp_a	nSIIb_komp_a	nSIII_komp_a
	Zwecktauglichkeit	„*Centuri* stellt einwandfreie, funktionstüchtige Produkte her."	nk_komp_b	nSIa_komp_b	nSIb_komp_b	nSIIa_komp_b	nSIIb_komp_b	nSIII_komp_b
	Preiswürdigkeit	„*Centuri* bietet Produkte mit einem schlechten Preis-Leistungs-Verhältnis an."	nk_komp_c	nSIa_komp_c	nSIb_komp_c	nSIIa_komp_c	nSIIb_komp_c	nSIII_komp_c

Tab. 19: Operationalisierungen der Untersuchungsvariablen im Überblick Quelle: Eigene Darstellung

3.2.2.2 Operationalisierung der Kontrollvariablen

Die Messung von Kontrollvariablen in allen 13 Gruppen (mithin in jedem der 13 Fragebögen) erfolgt vor dem Hintergrund der Erfassung etwaiger gruppenspezifischer ungleicher Ausgangsbedingungen, die potentiell einen negativen Einfluss auf die interne Validität der Untersuchungsergebnisse ausüben.[532] Die Auswertung bereits vorliegender, ähnlich ausgerichteter empirischer Untersuchungen[533] zeigt, dass vor allem das (situationsunabhängige, überdauernde) *Produktinvolvement*[534] der Rezipienten, deren bereits gemachte (mittelbare oder unmittelbare) *Erfahrungen* mit Produktproblemen der hier betrachteten Art (Beschwerde-, Reklamations-, Rückruferfahrungen), deren *Beanstandungsneigungen* (z.B. Beschwerdeneigungen) sowie deren *soziodemografische Merkmale* vielfach einen systematisch verzerrenden Einfluss auf ihre Beurteilungen ausüben. Da auch mit diesen Variablen Konstrukte vorliegen, gilt es, diese mögliche Störgrößen erfassenden Kontrollvariablen zu operationalisieren.

3.2.2.2.1 Produktinvolvement

Im *Produktinvolvement* drückt sich die persönliche Relevanz aus, die das Produkt für einen Konsumenten besitzt. Es bezeichnet das jeweilige, von einer spezifischen Situation losgelöste und daher vergleichsweise überdauernde Interesse, das verschiedene Konsumenten einem Produkt entgegenbringen: *„Enduring Involvement represents an ongoing concern with a product that transcends situational influences."*[535] Etwaige interindividuelle Involvementunterschiede beruhen folglich darauf, dass Konsumenten dem jeweiligen Bezugsobjekt in unterschiedlichem Ausmaß und Inhalt spezifische Interessen entgegen bringen.[536] Das produktbezogene Involvement lässt sich mithin als vergleichsweise stabile Eigenschaft des Rezipienten betrachten.[537] Dieser Aspekt soll bei der Messung des Konstrukts *„Produktinvolvement"* im Vordergrund stehen.

532 Vgl. Bortz, J. (1999), S. 301.

533 Vgl. zusammenfassend zu relevanten Kontrollvariablen Smith, A. K.; Bolton, R. N.; Wagner, J. (1999), S. 363.

534 Theoretisch begründen lässt sich ein die Beurteilungen der Rezipienten potentiell verzerrender Einfluss des Involvements mit Hilfe des Informationsverarbeitungs-Wahrscheinlichkeits-Modells von *Petty/Cacioppo* (1986). Vgl. Petty, R. E.; Cacioppo, J. T.; Schumann, D. (1983); Petty, R. E.; Cacioppo, J. T. (1986). Vgl. zum Einfluss des Produktinvolvements auf Rezipientenreaktionen im Kontext von Produktkrisen Somasundaram, T. N. (1993), S. 215 ff.; Ahluwalia, R. (2002), S. 270 ff.

535 Richins, M. L.; Bloch, P. H. (1986), S. 280.

536 Vgl. Trommsdorff, V. (1989), S. 47; Jeschke, K. (1995), S. 138. Im Unterschied dazu lässt sich *situatives Involvement* als situationsbezogene Ich-Beteiligung oder wahrgenommene persönliche Wichtigkeit (Relevanz) einer Situation auffassen, das häufig von den in einer Wahrnehmungs- und Entscheidungssituation auftretenden Konflikten und Risiken bestimmt wird. Vgl. Kroeber-Riel, W.; Weinberg, P. (1996), S. 248; Richins, M. L.; Bloch, P. H. (1986, 1991).

537 Vgl. Borth, B.-O. (2004), S. 131.

Als wesentliche Komponenten eines so verstandenen Produktinvolvements gelten in der einschlägigen Literatur die (subjekive) Produktbedeutung, das Produktinteresse, sowie die beim Kauf des betreffenden Produkts (bei Käufen in der relevanten Produktkategorie) aufgewandte Mühe, etwa approximiert durch das produktbezogene Informationsverhalten des Konsumenten.[538] Diese drei Aspekte finden bei der Operationalisierung der Variable „Produktinvolvement" durch jeweils ein Item Berücksichtigung (vgl. *Tabelle 20*).[539]

gemessener Teilaspekt der Variable	Item	Skala
Produktbedeutung	Das Produkt *„Fahrrad"*[540] ist für mich ein wichtiges Produkt.	6 Punkte-Skala mit Endpunkten *„trifft überhaupt nicht zu… trifft stark zu"*
Produktinteresse	Im Großen und Ganzen habe ich ein starkes Interesse an *Fahrrädern*.	6 Punkte-Skala mit Endpunkten *„trifft überhaupt nicht zu… trifft stark zu"*
Produktbezogenes Informationsverhalten	Ich informiere mich regelmäßig über neue Produkte und Anbieter von *Fahrrädern*.	6 Punkte-Skala mit Endpunkten *„trifft überhaupt nicht zu… trifft stark zu"*

Tab. 20: Operationalisierung der Kontrollvariable ‚Produktinvolvement'
Quelle: Eigene Darstellung

3.2.2.2.2 Problemerfahrung

Problemerfahrungen beziehen sich auf Rezipienten selbst[541] (d.h. unmittelbar, direkt) zuteil gewordene und/oder ihnen glaubhaft durch Dritte (Bezugspersonen) vorgetragene (d.h. mittelbare, indirekte)[542] als negativ empfundene Konsumerlebnisse in der Vergangenheit.[543] Umfangreiche Problemerfahrungen der Rezipienten mit den in die Analyse einbezogenen bzw. vergleichbaren Produkten (Produktkategorien), etwa in Form von Beschwerdeerfahrungen, lassen sich als Ausdruck häufiger Kundenprobleme interpretieren, die sich insgesamt negativ auf deren reputationsrelevante Reaktionen (anbieter- und situationsbezogene Beurteilungen)

[538] Vgl. zur Messung des (Produkt-)Involvements: Van Trijp, H. C. M.; Hoyer, W. D.; Inman, J. J. (1996), S. 281 ff.; Zaichkowsky, J. L. (1985), S. 341 ff.; Cho, H.; Boster, F. J. (2005), S. 235 ff.; Mitchell, A. A. (1979), S. 191 ff.; Laurent, G.; Kapferer, J.-N. (1985), S. 41 ff.; Richins, M. L.; Bloch, P. H. (1986), S. 280 ff.; Richins, M. L.; Bloch, P. H. (1991), S. 145 ff.; Giering, A. (2000) S. 265.

[539] *Giering* weist für ihre, aus ähnlichen Items bestehende, Skala zur Messung des Involvement-Konstrukts einen Chronbach-alpha-Koeffizienten von 0,90 aus, was für eine sehr gute Reliabilität (interne Konsistenz) der Skala spricht. Vgl. Giering, A. (2000), S. 265.

[540] Abhängig von der jeweiligen Fragebogenversion erscheint an dieser Stelle die jeweilige Produkt(kategorie-)bezeichnung (Fahrrad, Rasenmäher, Kaffeemaschine).

[541] Man spricht auch von Eigenerfahrungen. Vgl. Jeschke, K. (1995), S. 180.

[542] Man spricht auch von Fremderfahrungen. Vgl. Jeschke, K. (1995), S. 180.

[543] Vgl. Herrmann, A. (1998), S. 38.

im Kontext der hier betrachteten Produktkrisensituationen auswirken mögen.[544] Divergieren diese bereits (unmittelbar oder mittelbar) gemachten Problemerfahrungen der Rezipienten in den unterschiedlichen Gruppen in nicht-zufälliger, systematischer Weise, so lassen sich die gefundenen Effekte in den abhängigen Variablen nicht mehr eindeutig auf die vorgenommenen Manipulationen der unabhängigen Variablen zurückführen. Hieraus ergibt sich die Notwendigkeit des Einbezugs der Variable *„Problemerfahrung"*, die hier durch insgesamt zwei Items operationalisiert wird (vgl. *Tabelle 21*).

Item	Skala
(a) Haben Sie selbst schon einmal Qualitätsprobleme (z.B. Rahmen- oder Lenkerbruch, Materialmängel) bei einem Fahrrad erfahren?	Ja / Nein
(b) Falls Frage a) mit „Ja" beantwortet wurde: Wie ernst schätzen Sie Ihr erfahrenes Qualitätsproblem ein?	5 Punkte-Skala mit Endpunkten *„überhaupt nicht ernst...ziemlich ernst"*

Tab. 21: Operationalisierung der Kontrollvariable ‚Problemerfahrung'
Quelle: Eigene Darstellung

3.2.2.2.3 Beanstandungsneigung

Die *Beanstandungsneigung* lässt sich als eine erworbene Persönlichkeitsdisposition des Rezipienten (Konsumenten) im Sinne einer situative Gegebenheiten überdauernden (grundständigen) Einstellung zum Umgang mit Produktproblemen fassen.[545] In sie fließen neben allgemeinen Werthaltungen der Rezipienten zur grundsätzlichen Aufgaben- bzw. Pflichtenverteilung zwischen Anbieter und Konsument im Kontext von Produktproblemen auch die wahrgenommenen Beeinflussungsmöglichkeiten der Ergebnisse von Konsumprozessen durch Rezipienten im Sinne einer Machtverteilung zwischen Anbieter und Konsument ein. Da der Beanstandungsneigung der Rezipienten vermutlich ein Einfluss auf deren Beurteilung gegebener Bewältigungsaktivitäten des Anbieters zukommt und sich die Ausprägungen dieser Variable möglicherweise systematisch verzerrt in den einzelnen Gruppen niederschlagen werden, sind die Inhalte auch dieser Variable vor der Präsentation der Krisensituations- bzw. Bewältigungsstimuli in jeder Gruppe zu erfassen. Es lassen sich zwei extreme Ausprägungsgrade dieser Variable denken, die das Spektrum abzubildender Effekte verdeutlichen mögen: wäh-

[544] Vgl. Hennig-Thurau, T. (1998), S. 16 f.; Schoefer, K.; Ennew, C. (2005), S. 261 ff.; Severt, D. E. (2002); Tax, S. S.; Brown, S. W.; Chandrashekaran, M. (1998), S. 60 ff.

[545] Vgl. Hennig-Thurau, T. (1998), S. 16; Bruhn, M. (1982), S. 72, 76; Bearden, W. O.; Mason, J. B. (1984), S. 490 ff.; Bearden, W. O.; Teel, J. E. (1983), S. 21 ff.; Crié, D. (2003), S. 60 ff.; Maute, M. F.; Forrester Jr., W. R. (1993), S. 219 ff.; Richins, M. L. (1985), S. 82 ff.

rend *paternalistisch* eingestellte Konsumenten bei dem leisesten Verdachtsmoment auf das Vorliegen eines Problems stets den Anbieter bzw. andere Personen in der (Fürsorge-)Pflicht sehen und ihre eigene Mitwirkungspflicht bei der Herbeiführung wünschenswerter, positiver Konsumerlebnisse negieren, betonen umgekehrt stark *eigenverantwortlich* eingestellte Konsumenten ihre eigene Rolle in Bezug auf eine günstige Beeinflussung ihrer Konsumerlebnisse und verlassen sich nicht auf die Gunst des Anbieters bzw. anderer Parteien. Aus einem so ausgelegten Konstruktverständnis resultiert die nachfolgend in *Tabelle 22* dargestellte Operationalisierung der Kontrollvariable *„Beanstandungsneigung"*.

gemessener Teilaspekt der Variable	**Item**	**Skala**
Wahrgenommene Aufgaben- bzw. Pflichtenverteilung	Beim Auftreten von Qualitätsproblemen bei solchen Produkten sind zunächst einmal die Anbieter in der Pflicht, die Probleme schnell und für mich kostenlos zu beseitigen. Auf meine Mitwirkung bei der Problemlösung kommt es dabei grundsätzlich nicht an.	6 Punkte-Skala mit Endpunkten *„lehne stark ab…stimme stark zu"*
Wahrgenommene Beeinflussungsmöglichkeiten/Macht	Konsumenten haben heute sehr viel Macht wenn es darum geht, ihre Rechte (z.B. eine Nachbesserung im Falle eines Produktversagens) gegenüber den Anbietern solcher Produkte durchzusetzen.	6 Punkte-Skala mit Endpunkten *„lehne stark ab…stimme stark zu"*

Tab. 22: Operationalisierung der Kontrollvariable ‚Beanstandungsneigung'
Quelle: Eigene Darstellung

3.2.2.2.4 Soziodemografische Merkmale

Auch von den *soziodemografischen Merkmalen* der Rezipienten (Konsumenten) mag ein Einfluss auf die Beurteilung der gegebenen Krisensituationen und Bewältigungsaktivitäten des Anbieters ausgehen. In Untersuchungen haben sich vor allem das *Alter* und *Geschlecht* der Rezipienten als relevante, (gegebenenfalls zu kontrollierende) Einflussgrößen erwiesen.[546] Aufgrund von Anspruchssenkungstendenzen mit zunehmendem Alter lässt sich vermuten, dass etwa eine im Rahmen einer Bewältigungsstrategie gegebene Kompensationshöhe von jüngeren Rezipienten signifikant anders beurteilt werden wird als von älteren. Zudem gelten weibliche im Vergleich zu männlichen Rezipienten als stärker gefühlsorientiert, was sich ebenfalls auf deren Beurteilung der Bewältigungsanstrengungen eines in die Produktkrise geratenen Anbieters auswirken mag.[547] So sieht *Borth* (2004) etwa einen Zusammenhang zwischen dem Geschlecht und der Bedeutung interaktionsbezogener (kommunikativer) Leis-

[546] Vgl. Hennig-Thurau, T. (1998), S. 15 f.; Borth, B.-O. (2004), S. 134; Richins, M. L. (1985), S. 82 ff.
[547] Vgl. Goodwin, C.; Ross, I. (1989), S. 89.

tungsmerkmale bei der Beschwerdebearbeitung für den Bewältigungserfolg (dort die Bildung von Beschwerdezufriedenheit). Bei Frauen sei deren Bedeutung größer als bei Männern.[548] Die Operationalisierung der soziodemografischen Variablen, Alter und Geschlecht, erfolgt durch einfaches Abfragen (Eintragen bzw. Ankreuzen). *Tabelle 23* zeigt die Operationalisierungen aller Kontrollvariablen im Überblick mit den jeweiligen, in der Datenanalyse verwendeten Variablenkürzeln.

Nr.	Abhängige Variable/ Item	Item- Formulierung	Variablenname
(a)	***Produktinvolvement***	*aggregiertes Produktinvolvement →*	MEAN_prodinv
	Produktbedeutung	Das Produkt „*Fahrrad*" ist für mich ein wichtiges Produkt.	prodInv_a
	Produktinteresse	Im Großen und Ganzen habe ich ein starkes Interesse an *Fahrrädern.*	prodInv_b
	Produktbezogenes Informationsverhalten	Ich informiere mich regelmäßig über neue Produkte und Anbieter von *Fahrrädern.*	prodInv_c
(b)	***Problemerfahrung***	*(Aggregation nicht möglich)*	
	Haben Sie selbst schon einmal Qualitätsprobleme (z.B. Rahmen- oder Lenkerbruch, Materialmängel) bei einem Fahrrad erfahren?		problemerf_a
	Falls Frage a) mit „Ja" beantwortet wurde: Wie ernst schätzen Sie Ihr erfahrenes Qualitätsproblem ein?		problemerf_b
(c)	***Beanstandungs-neigung***	*aggregierte Beanstandungsneigung →*	MEAN_allgeinst
	Wahrgenommene Aufgaben- bzw. Pflichtenverteilung	Beim Auftreten von Qualitätsproblemen bei solchen Produkten sind zunächst einmal die Anbieter in der Pflicht, die Probleme schnell und für mich kostenlos zu beseitigen. Auf meine Mitwirkung bei der Problemlösung kommt es dabei grundsätzlich nicht an.	allgeinst_a
	Wahrgenommene Beeinflussungs-möglichkeiten/Macht	Konsumenten haben heute sehr viel Macht wenn es darum geht, ihre Rechte (z.B. eine Nachbesserung im Falle eines Produkt-versagens) gegenüber den Anbietern solcher Produkte durchzusetzen.	allgeinst_b
(d)	***Soziodemografische Merkmale***		
	Alter	Geben Sie bitte zunächst Ihr Alter und Ihr Geschlecht an.	age
	Geschlecht		sex

Tab. 23: Operationalisierung der Kontrollvariablen im Überblick
Quelle: Eigene Darstellung

548 Vgl. Borth, B.-O. (2004), S. 134.

3.2.3 Skalierungen

Die Messung der abhängigen Variablen erfolgt auf *Intervallskalenniveau*, um eine varianzanalytische Auswertung der Daten zu ermöglichen.[549] Obwohl die zugrunde gelegten Skalen im strengen Sinne ordinalskaliert sind, kann mit *Hammann/Erichson* (1994) davon ausgegangen werden, dass die semantischen Abstände entweder sämtlich gleich sind oder zumindest subjektiv so eingeschätzt und interpretiert werden können.[550] Dies bedeutet, dass den einzelnen semantischen Ausprägungen des Beurteilungskriteriums feste Zahlenwerte mit gleich bleibendem Intervall zugeordnet werden, wodurch die Rating-Skala die Eigenschaften einer Intervallskala annimmt und entsprechende Behandlung erfährt. Die hier zur Messung der abhängigen Variablen (Untersuchungs- wie Kontrollvariablen mit Ausnahme der nominalskalierten Variablen) herangezogenen Skalen können damit als intervallskaliert betrachtet werden. Studien zeigen zudem, dass sich Unterschiede im Skalenniveau nur marginal auf das Rechenergebnis auswirken und dass sich Ordinalwerte mit parametrischen Verfahren verrechnen lassen.[551]

Um dem Problem der *Gleichgerichtetheit* im Antwortverhalten der Probanden, das insbesondere bei stets monoton positiver bzw. negativer Itemformulierung entsteht[552], entgegenzuwirken, werden Items sowohl positiv als auch negativ formuliert.[553]

Bezüglich der Anzahl der je Skala *vorgegebenen Antwortkategorien* werden größtenteils Sechser- und Fünfer-Skalen zugrunde gelegt, welche sich bezüglich der Reliabilität und Validität in Studien als optimal erwiesen haben.[554] Die Vorteile einer solchen geringeren Vorgabe von Antwortkategorien liegen darin, dass es nicht zu einer mentalen Überforderung und Überrationalisierung der Probanden kommt, ein Problem das gerade bei einer Vorgabe vieler Antwortkategorien oftmals auftritt.

Ein weiteres Entscheidungsproblem bei der Festlegung der Skalierungen betrifft die Frage, ob eine *gerade oder ungerade Zahl von Skalenwerten* vorgegeben wird.[555] Bei der Messung der abhängigen Variablen kommen überwiegend Skalen mit gerader Vorgabe von Skalenwerten zum Einsatz. Einerseits wird hiermit dem so genannten Zentralitätseffekt vorgebeugt, der darin besteht, dass Probanden extreme Beurteilungen von Untersuchungsobjekten zugunsten

549 Vgl. Backhaus, K.; Erichson, B.; Plinke, W.; Weiber, R. (1996), S. 56; Hammann, P.; Erichson, B. (1994), S. 256.
550 Vgl. Hammann, P.; Erichson, B. (1994), S. 274.
551 Vgl. Kroeber-Riel, W.; Weinberg, P. (1996), S. 193.
552 Vgl. Kroeber-Riel, W.; Weinberg, P. (1996), S. 193; Asche, T. (1990), S. 112.
553 Vgl. die Darstellung der Operationalisierungen der abhängigen Variablen in Kapitel 3.2.2.
554 Vgl. Asche, T. (1990), S. 112.
555 Vgl. Asche, T. (1990), S. 112.

gemäßigter Einschätzungen vermeiden.[556] Andererseits entfällt die problematische Interpretation des Mittelpunktes bei zweipoligen Rating-Skalen. Das Problem hierbei besteht darin, dass im Ergebnis nicht unterschieden werden kann, ob tatsächlich Indifferenz („weder noch"), Ambivalenz („sowohl als auch") oder Nichtwissen respektive das Fehlen einer eigenen Meinung vorliegt.[557]

3.2.4 Aufbau und Umfang des Fragebogens

In den der Untersuchung zugrunde gelegten, einheitlich gestalteten 13 Fragebogenversionen kommen durchweg standardisierte, *geschlossene Fragen* zum Einsatz.[558] Zum einen reduziert sich hierdurch der Codierungsaufwand der Probandenreaktionen erheblich; da die Antworten unterschiedlicher Befragter durch die vorgegebenen Kategorien vergleichbar sind, ist zum anderen auch die statistische Auswertung unproblematisch. Ein solches Vorgehen scheint insbesondere dann angemessen, wenn die gewählten Antwortkategorien das Reaktionsspektrum der Befragten angemessen erfassen, wovon hier ausgegangen werden kann, und nicht zentrale Aspekte in deren Antworten unterdrückt werden.[559] Um eine übersichtliche Gestaltung des Fragebogens zu gewährleisten, werden unterschiedliche Teile des Fragebogens gebildet, von denen wiederum jeder in mehrere inhaltlich verschiedene Fragenblöcke (mit jeweils einer Mehrzahl inhaltlich zusammengehöriger Fragen) zerlegt wird.[560]

Im Anschluss an die Abfrage der soziodemografischen Merkmale Alter und Geschlecht erfolgt in *Teil A* des Fragebogens die Abfrage der psychografischen Empfängermerkmale als Kontrollvariablen bezüglich des Produktinvolvements, der Problemerfahrung und der Beanstandungsneigung vor Präsentation der Stimuli.

In *Teil B* erfolgt die Konfrontation der Probanden mit den zu einem Text kombinierten Krisensituations-, Produkt- und Anbieter- bzw. Reputationsstimuli und anschließend die Überprüfung erfolgreicher Manipulationen des Krisensituationsstimulus durch zwei Variablen und des Anbieter- bzw. Reputationsstimulus durch eine Variable, bevor erstmalig die Untersu-

---

[556] Vgl. Hammann, P.; Erichson, B. (1994), S. 275.
[557] Vgl. Hammann, P.; Erichson, B. (1994), S. 275; Asche, T. (1990), S. 112 f.
[558] Zur Problematik der Verwendung geschlossener Fragen vgl. Klinger, E. (1998), S. 177.
[559] Um dies zu überprüfen, wurde im Rahmen eines Pretests ein inhaltlich vergleichbarer Fragebogen erhoben, in den jedoch vermehrt offene bzw. halboffene Fragen eingestreut wurden. Die Auswertung der Probandenantworten zu den offenen bzw. halboffenen Fragen zeigte, dass sich mit den in den Fragebögen der Hauptuntersuchung gewählten vorgegebenen Antwortkategorien die Bandbreite der tatsächlichen Ausprägungen der Rezipientenreaktionen gut annähern lässt.
[560] Exemplarisch für alle 13 Fragebogenversionen sei auf den Fragebogen im *Anhang A* verwiesen.

chungsvariablen abgefragt werden.[561] Die Abfrage von Items zur Kontrolle erfolgreicher Manipulationen der unabhängigen Variablen erfolgt unmittelbar nach Präsentation der Krisensituations- und Reputationsstimuli vor der Konfrontation mit den Bewältigungsstrategiestimuli, um gleiche Ausgangsbedingungen in allen Gruppen im Hinblick auf ein einheitliches Verständnis der nicht-trivialen Krisenszenarien zu gewährleisten respektive Störeinflüsse, die aus einem eingeschränkten, nicht die Manipulationen adäquat reflektierenden Verständnisses der Situationen resultieren mögen, zu vermeiden. Auf die Kontrolle von Manipulationsüberprüfungen der insgesamt fünf Bewältigungsstrategiestimuli wird in den Fragebögen verzichtet. Dies geschieht zum einen, um die Länge der Fragebögen in einem noch vertretbaren Rahmen zu halten. Zum anderen können so auch Erwünschtheitseffekte (vom Untersuchungsleiter erwünschtes, streng manipulationskonsistentes Antwortverhalten), vermieden werden, welche häufig bei sehr umfangreichen und von Probanden bemerkten Manipulationsüberprüfungen auftreten.[562] Durch das häufige Abfragen nach dem Verständnis der einzelnen Strategiestimuli würde für die Probanden eine künstliche, realitätsentfernte Antwortsituation geschaffen, die deren natürliche Reaktionen stark lenkt und mit einer Überrationalisierung der Probanden einhergeht, aus der wiederum ein manipulationskonsistentes und erwünschtes Antwortverhalten resultiert. Letzteres wiederum kann als ein die externe Validität der Ergebnisses des Experiments bedrohender Faktor angesehen werden.[563] Überprüfungen der Manipulationen der Bewältigungsstrategiestimuli wurden daher vorweg im Rahmen eines Pretests vorgenommen. Die Untersuchungsvariablen werden wiederum in thematischen Blöcken abgefragt. Im Anschluss an die Manipulationsüberprüfungen des Krisenstimulus erfolgt in demselben thematischen Block die Erhebung der *wahrgenommenen Problemschwere*, da es sich hierbei um einen thematisch verwandten Sachverhalt handelt. Die Einbindung der Fragen zur Manipulationsüberprüfung in die thematischen Blöcke der eigentlich interessierenden Untersuchungsvariablen hat zum Vorteil, dass die Befragungsabsicht der Erhebung von Fragen zur Manipulationsüberprüfung für Probanden stärker verschleiert werden kann. Hieran schließt sich in einem zweiten Block die Erhebung der „*wahrgenommenen Leistung*“ an, wobei auch hier ein Item zur Überprüfung erfolgreicher Manipulation des Reputationsstimulus thematisch passend eingebunden wird. Sodann folgt jeweils ein Fragenblock zur Abfrage der „*wahrgenommenen Gerechtigkeit*“ und schließlich zur „*Verantwortlichkeitszuweisung*“.

In *Teil C* des Fragebogens werden Probanden mit den Stimuli der Bewältigungsstrategien SIa und SIb konfrontiert, wiederum gefolgt von der Erhebung der Untersuchungsvariablen nach thematischen Blöcken in der beschriebenen Weise. Das gleiche wiederholt sich in *Teil D* für die Strategien SIIa und SIIb und schließlich in *Teil E* für die Referenzstrategie SIII.

561 Vgl. zu den vorgenommenen Manipulationsüberprüfungen Kapitel 4.1.2.
562 Vgl. Perdue, B. C.; Summers, J. O. (1986), S. 320.
563 Vgl. Perdue, B. C.; Summers, J. O. (1986), S. 320.

Die Reihenfolge der Teile C, D und E des Fragebogens wird aus den bereits erwähnten Gründen im Rahmen der Online-Befragung randomisiert, wobei jeweils innerhalb der Blöcke C und D auch die Reihenfolge der Präsentation der Strategiestimuli SIa und SIb respektive SIIa und SIIb zufällig variiert wird. Ebenso werden auch die thematischen Fragenblöcke innerhalb dieser Fragebogenteile C, D und E durch Zufallsmechanismus rotiert. Hier kommen die methodischen Vorteile der online durchgeführten Erhebung zum Tragen: Mit Hilfe entsprechender Befragungsprogramme können Fragen, Fragenblöcke und Antwortvorgaben innerhalb einer Frage zufallsgesteuert rotiert werden, um zu vermeiden, dass die Reihenfolge der Fragen oder Antwortvorgaben die Antworten des Befragten beeinflussen.[564]

3.2.5 Die Stichprobenauswahl

Die Wirkungen von Produktkrisensituationen und Bewältigungsstrategien sollen an Untersuchungssubjekten überprüft werden, die als gegenwärtige und potentielle Käuferschaft der betrachteten Produkte und Rezipienten negativer Publizität bezüglich dieser Produkte in der Bundesrepublik Deutschland im Zeitpunkt der Befragung grundsätzlich in Betracht kommen, wodurch die *Grundgesamtheit* festgelegt ist.[565] Im Hinblick auf die hier betrachteten, alltäglich gebräuchlichen und als allgemein bekannt voraussetzbaren Produkte als Massenprodukte (‚Allerweltsprodukte') lässt sich die Grundgesamtheit hinreichend genau durch die gesamte erwachsene Bevölkerung der Bundesrepublik Deutschland im Alter ab 15 Jahren im Befragungszeitpunkt als Zielgruppe approximieren.[566] Eine Kontaktmöglichkeit zu entsprechenden Medien, durch die sich diese Bevölkerungsgruppe zudem als potentielle Rezipienten negativer Produktpublizität qualifizieren ließe, lässt sich infolge der weiten Verbreitung und regelmäßigen Nutzung mindestens eines der relevanten Informationsmedien in dieser Bevölkerungsgruppe unterstellen.[567]

---

[564] Vgl. Zou, B. (1998), S. 51 f.

[565] Unter *Grundgesamtheit* wird eine sachlich, räumlich und zeitlich abgegrenzte Anzahl von Personen verstanden, über die Aussagen getroffen werden sollen. Vgl. Eckey, H.-F.; Mann, A.; Türck, M. (2006), S. 66.

[566] Etwaige Sprachbarrieren der Rezipienten im Hinblick auf das Verständnis in bestimmter Sprache vorliegender negativer Publizität (z.B. abgefasste Pressemeldungen) verlieren durch die vermehrt mehrsprachig vorliegenden Produkt- und Anbieterinformationen und deren zunehmend einfacheren Zugangsmöglichkeiten, insbesondere über das Internet mehr und mehr an Bedeutung (vgl. etwa die mehrsprachig vorliegenden RAPEX-Meldungen).

[567] Einen Anhaltspunkt für die Verbreitung und Nutzung moderner Informationstechnologien liefern die Ergebnisse der Einkommens- und Verbrauchsstichprobe 1998 und 2003 des Statistischen Bundesamtes im Hinblick auf die Ausstattung privater Haushalte mit Informations- und Kommunikationstechnik.

Angesichts dieser vergleichsweise großen Grundgesamtheit[568] kommt eine Vollerhebung aus forschungsökonomischen Gründen (vor allem zeitlichen, finanziellen und technisch-organisatorischen Restriktionen) nicht in Betracht.[569] Die Ziehung einer *Stichprobe* aus der definierten Grundgesamtheit ist für das vorliegende Untersuchungsvorhaben insofern unumgänglich. Nur eine *repräsentative Stichprobe* gestattet indes einen erwartungstreuen Rückschluss der Merkmalsverteilung innerhalb der Stichprobe auf die Merkmalsverteilung in der Grundgesamtheit, mithin eine Übertragbarkeit (Verallgemeinerbarkeit, Hochrechenbarkeit) der Stichprobenergebnisse auf die Verhältnisse in der Grundgesamtheit.[570] Repräsentativität kann als gegeben angesehen werden, sofern die Stichprobe in ihrer Zusammensetzung in Bezug auf die ausgewählten Merkmale der Grundgesamtheit entspricht, wenn sich also die Verhältnisse in der Grundgesamtheit möglichst verzerrungsfrei in der Stichprobe reflektieren.[571] Repräsentativität der Stichprobe wird in der vorliegenden Untersuchung im Hinblick auf die soziodemografischen Merkmale Alter und Geschlecht angestrebt.[572] Dies lässt sich damit rechtfertigen, dass Anbieter betrachtet werden, bei denen die gegenwärtige und potentielle Käuferschaft (als mögliche Rezipienten negativer Publizität) in ihrer demografischen Struktur der der erwachsenen Bevölkerung der Bundesrepublik Deutschland angenähert angesehen werden kann. Wenn nun eine Auswahl aus dieser allgemeinen Bevölkerung erfolgt, entspricht dies einer Auswahl aus der gegenwärtigen und potentiellen Käuferschaft der betrachteten Anbieter. Die Repräsentativität einer Stichprobe wird wesentlich bestimmt von dem zugrunde gelegten *Auswahlverfahren*, mit dem festgelegt wird, wie die Elemente der Stichprobe aus der Grundgesamtheit respektive der *Auswahlbasis* als irgendwie gearteter Abbildung der Grundgesamtheit entnommen werden, von der *Ausschöpfung* als dem Prozentsatz der tatsächlich durchgeführten Interviews an einer um qualitätsneutrale Ausfälle[573] bereinigten Bruttostichprobe sowie von der *Stichprobengröße*.[574] Im Hinblick auf diese, die Repräsentativität der Ergebnisse der vorliegenden Untersuchung maßgeblich beeinflussenden Faktoren, wurden die folgenden Entscheidungen getroffen.

Die *Auswahlbasis* bilden die nach soziodemografischen Strukturmerkmalen der Grundgesamtheit in einer Datenbank erfassten rekrutierten Mitglieder eines nationalen Online-Access-Panels im Befragungszeitraum, die hinsichtlich der interessierenden soziodemografischen

[568] Laut Angaben des Statistischen Bundesamtes umfasst die so definierte Grundgesamtheit im Jahre 2005 70.788.200 Personen.
[569] Vgl. Hammann, P.; Erichson, B. (1994), S. 105 f.
[570] Vgl. Scheffler, H. (1999), S. 63; Hammann, P.; Erichson, B. (1994), S. 106.
[571] Vgl. Hammann, P.; Erichson, B. (1994), S. 106; Kaya, M.; Himme, A. (2006), S. 90; Scheffler, H. (1999), S. 63, 68.
[572] Vgl. Eckey, H.-F.; Mann, A.; Türck, M. (2006), S. 67.
[573] „Zu den qualitätsneutralen Ausfällen zählen vor allem Personen außerhalb der definierten Grundgesamtheit (z.B. Ausländer bei einer Befragung der deutschen Wohnbevölkerung),…“ Scheffler, H. (1999), S. 73.
[574] Vgl. Scheffler, H. (1999), S. 68, 73.

Merkmale (v.a. Alter und Geschlecht) eine Strukturäquivalenz zur Grundgesamtheit aufweist.[575] Ein besonderes Repräsentativitätsproblem bei Online-Panels ergibt sich insbesondere bei einer Rekrutierung der Panel-Teilnehmer im Fall der freiwilligen Einwahl und damit der Selbstselektion der Probanden, wodurch sich eine Stichprobe gleichsam selbst konstituiert.[576] Hierbei gilt es zu bedenken, dass selbst eine korrekt durchgeführte Zufallsauswahl nicht zu einer repräsentativen Stichprobe führt, wenn sie aus einer Teilmenge entnommen wird, in der hinsichtlich der interessierenden Merkmale keine Strukturäquivalenz zur Grundgesamtheit besteht.[577] Ein wesentliches Qualitätskriterium für ein Online-Panel stellt somit die Art der Rekrutierung der Panelisten dar. Bei der Auswahl des Panel-Betreibers wurde auf möglichst breite Rekrutierungskanäle, online wie offline, geachtet, denn umso eher vermag ein Panel die zugrunde gelegte Grundgesamtheit zu repräsentieren. Das Problem mangelnder Repräsentativität der Stichproben bei Online-Befragungen bestand zu Beginn der Online-Forschung Ende der 90er Jahre vor allem darin, dass nur wenige Personen das Internet nutzten, die sich zudem in wesentlichen Merkmalen (z.B. hinsichtlich ihrer technischen Affinität, soziodemografischen Merkmalen) von der Rest-Bevölkerung der Nicht-Nutzer unterschieden, und zudem vielfach über Werbebanner auf Websites mit einer bestimmten inhaltlichen Ausrichtung rekrutiert wurden. Mittlerweile hat sich dieses Problem durch die hohe und zunehmende Reichweite des Internet und durch die Einrichtung großer Online-Panels mit breiten Rekrutierungswegen reduziert, so dass die Panelforschung mittlerweile als hinreichend repräsentativ akzeptiert wird.[578]

Die *Auswahl* der Elemente der Stichprobe erfolgte, einer Empfehlung von *Fischer* (2005) für Online-Stichproben folgend, als *einfache Zufallsstichprobe* aus der Auswahlbasis, der Gruppe der Panelisten des für die Untersuchung gewählten Online-Access-Panels, die eine weitere wesentliche Voraussetzung zur Herstellung der Repräsentativität der Untersuchungsergebnisse darstellt.[579] Nur die gezogenen Elemente wurden aktiv zur Teilnahme aufgefordert. Um zu vermeiden, dass andere Befragte durch Zufall oder durch Selbstselektion teilehmen, wurden die selektierten Elemente der Auswahlbasis über einen nur ihnen einzeln mitgeteilten Link privilegiert.

Ein weiteres methodisches Problem (nicht nur, aber insbesondere) von online durchgeführten Erhebungen besteht in einem hohen Anteil von Interviewabbrechern, durch die die *Aus-*

[575] Ein Repräsentativitätsabgleich kann anhand soziodemografischer Variablen erfolgen, die für die Grundgesamtheit aus der amtlichen Statistik vorliegen. Vgl. Eckey, H.-F.; Mann, A.; Türck, M. (2006), S. 66 f.

[576] Vgl. Fischer, M. (2005), S. 25; Lütters, H. (2004), S. 124 ff.; Hauptmanns, P.; Lander, B. (2003), S. 30 ff.

[577] Vgl. Reinboth, C. (2007), S. 237 ff.

[578] Vgl. Scheffler, H. (1999), S. 72; Lütters, H. (2004), S. 126. Im Jahr 2007 sind mit 60,2% erstmals mehr als 60% der Bevölkerung ab 14 Jahren in Deutschland online. Vgl. (N)Onliner Atlas 2007, S. 10.

[579] Vgl. Fischer, M. (2005), S. 26; Eckey, H.-F.; Mann, A.; Türck, M. (2006), S. 67; Reinboth, C. (2007), S. 237.

schöpfung der Stichprobe sinkt, was sich wiederum negativ auf die Repräsentativität der Untersuchungsergebnisse auswirken kann, insbesondere dann, wenn sich die Nicht-Antwortenden von den Antwortenden systematisch unterscheiden:[580] *„Eine hohe Ausschöpfung ist also identisch mit hoher Antwortbereitschaft und damit Qualitätskriterium für die Repräsentativität der Stichprobe."*[581] In einer von *El-Menouar/Blasius* (2005) durchgeführten Studie zum Thema „Abbrüche bei Online-Befragungen" hat interessanterweise die Länge des Fragebogens (mit dort 71 Fragen auf 21 Seiten) nur einen geringen Effekt auf die Abbruchquote ausgeübt.[582] Hieraus lässt sich ableiten, dass insbesondere der Gestaltung des Fragebogens einschließlich einer im Rahmen der Programmierung erzielbaren ansprechenden Benutzerführung ein hoher Stellenwert bei der Erhöhung der Ausschöpfung zukommen dürfte.[583] Standardmäßig ist zur Erhöhung der Ausschöpfung in dem ausgewählten Online-Access-Panel zudem eine Incentivierung in Form eines monetären Anreizes bei vollständigem Durchlauf des Fragebogens implementiert. Im Rahmen der Programmierung wurde überdies bei den in Betracht kommenden Fragen ein Antwortzwang eingearbeitet.

Für die Festlegung des *Stichprobenumfangs* bei Zufallsstichproben gilt es zu bedenken, dass eine Vergrößerung des Stichprobenumfangs die Wahrscheinlichkeit einer größeren Abweichung der erfassten Merkmalsverteilungen von denen der Grundgesamtheit senkt.[584] Bei der Bestimmung des Stichprobenumfangs sind zu berücksichtigen: (1) die *Vertrauens- ($1-\alpha$) bzw. Irrtumswahrscheinlichkeit (α)*, mit der die unbekannten Parameter einer Grundgesamtheit bestimmt werden (können), (2) die *Fehlerspanne (e),* die maximal bei der Bestimmung der Parameter toleriert werden soll sowie (3) die *Streuung* (Abweichungen vom Mittelwert), mit der das Merkmal in der Grundgesamtheit auftritt.[585] Zusammenfassend lässt sich festhalten, dass eine (valide) Schätzung von Parametern einer Grundgesamtheit aus den Parametern einer Stichprobe immer dann gewährleistet ist, wenn für die Verteilung der Stichprobenkennwerte (Parameter) eine Standardnormalverteilung angenommen werden kann. Dies ist nach dem *Zentralen Grenzwertsatz* immer dann der Fall, wenn der Stichprobenumfang eine gewisse Größe erreicht und zwar mindestens 30 Fälle ($n \geq 30$).[586] Die Testung des dieser Untersuchung zugrunde liegenden Hypothesensystems durch den gewählten Experimentaufbau erfordert die Bildung von insgesamt *13 Untergruppen* (einschließlich Kontrollgruppe), die sich in Ausprägungen des experimentellen Faktors systematisch unterscheiden, wobei sowohl Vergleiche zweier Mittelwerte aus unabhängigen Stichproben

---

[580] Vgl. Hammann, P.; Erichson, B. (1994), S. 109.
[581] Scheffler, H. (1999), S. 73.
[582] Vgl. El-Menouar, Y.; Blasius, J. (2005), S. 70 ff.
[583] Vgl. Fischer, M. (2005), S. 12 f.
[584] Vgl. Reinboth, C. (2007), S. 237 ff.
[585] Vgl. Bortz, J. (1999), S. 85 ff.; Hammann, P.; Erichson, B. (1994), S. 105 ff.
[586] Vgl. Bortz, J. (1999), S. 93 f.

(zwischen den gebildeten Gruppen als Unterstichproben) als auch Vergleiche zweier Mittelwerte aus abhängigen Stichproben (Messwiederholungen innerhalb einer Gruppe) vorzunehmen sind. Die Anzahl der für die Untersuchung erforderlichen Untergruppen (Unterstichproben) wirkt sich auf die Gesamtstichprobengröße aus, da nur größere Stichprobenumfänge auch die Bildung einer solchen Anzahl von Untergruppen in einer Fallzahl je Untergruppe zulassen, die noch Interpretationen erlaubt.[587] Für den (mit parametrischen Methoden durchzuführenden) Vergleich zweier Stichprobenmittelwerte aus unabhängigen respektive abhängigen Stichproben finden sich in der Literatur Empfehlungen in Abhängigkeit der geforderten Effektgröße[588] und der Irrtumswahrscheinlichkeit.[589] Unter Berücksichtigung der größtenteils im Rahmen des Pretests gefundenen signifikanten Mittelwertdifferenzen bei inhaltlich für die Hauptuntersuchung zentralen, hoch relevanten Variablen wird aus praktischen Erwägungen heraus eine Mindesteffektstärke ε von 0,50 (mittlerer Effekt) für angemessen gehalten. Bei zugrunde gelegtem $\alpha = 0{,}05$ und $1\text{-}\beta = 0{,}80$ ergibt sich nach den Empfehlungen bei dieser vorher festgelegten Mindesteffektstärke für den Vergleich zweier Stichprobenmittelwerte aus *unabhängigen* (Unter-) Stichproben ein ‚optimaler' Stichprobenumfang[590] von n = 50 und für den Mittelwertvergleich aus *abhängigen* Stichproben ein ‚optimaler' Umfang[591] (hier Anzahl der Messwertpaare) von n = 26. Um die Signifikanz der Ergebnisse bei einer vorher festgelegten Mindesteffektstärke von $\varepsilon = 0{,}5$ statistisch absichern zu können, resultiert aus diesen Überlegungen heraus ein optimaler *Stichprobenumfang* über 13 Gruppen von n = 13 * 50 = 650. Zwar lässt sich die Wahrscheinlichkeit für ein signifikantes Ergebnis durch Vergrößerung dieses Stichprobenumfangs erhöhen, jedoch riskiert man, dass auch minimale, praktisch unbedeutende Effekte signifikant werden.[592] Insbesondere im Hinblick auf die zur Aufdeckung etwaiger moderierender Effekte anzuwendende mehrfaktorielle Varianzanalyse wird daher empfohlen, mit ‚optimalen' Stichprobenumfängen zu arbeiten.[593]

---

[587] Vgl. Scheffler, H. (1999), S. 68.

[588] Die Effektgröße legt fest, wie stark der H1-Parameter μ_1 (mindestens) von μ_0 abweichen muss, um von einem praktisch bedeutsamen Test sprechen zu können. Vgl. Bortz, J. (1999), S. 120.

[589] Vgl. Bortz, J. (1999), S. 140 ff.; Cohen, J. (1988).

[590] Vgl. Bortz, J. (1999), S. 140.

[591] Vgl. Bortz, J. (1999), S. 142.

[592] Vgl. Bortz, J. (1999), S. 280.

[593] Vgl. Bortz, J. (1999), S. 280.

4 Ergebnisse der empirischen Untersuchung

4.1 Vorbereitende Auswertungen

4.1.1 Deskriptive Analyse und Überprüfung gleicher Ausgangsbedingungen der Stichproben

In der Feldzeit[594] des Fragebogens wurden insgesamt 1.482 Fragebogenkontakte erzielt. Hiervon wurden 230 Kontakte (15,52%) infolge nicht erfüllter Voraussetzungen (Bundesbürger als Zielgruppenfilter, Stratifikation gemäß soziodemografischer Merkmale) selektiert, in weiteren 541 Fällen wurde der Fragebogen nicht bis zum Ende durchlaufen, die *Abbruchquote* liegt bei 36,50%.[595] Die Statistik der abgebrochenen Interviews zeigt, dass am häufigsten Fragen abgebrochen wurden, die sich auf die *Manipulationsüberprüfung der Situationen* beziehen (Frage 4a in 87 Fällen [16,08%]), gefolgt von Fragen zur *Kontrolle gleicher Ausgangsbedingungen* in den Gruppen, insbesondere Fragen zur Kontrolle der *Beanstandungsneigung* der Probanden (Fragen 3a bzw. 3b in 59 Fällen [10,91%]). Letzteres lässt sich mit dem wohlmöglich als heikel empfundenen Inhalt der Fragen in Zusammenhang bringen, deren Beantwortung aus Probandensicht offenbar unerwünschte Einblicke in deren Persönlichkeitsstruktur und Weltanschauung preiszugeben vermag; dies umso mehr als die Intention der Befragung zu diesem Befragungszeitpunkt (vor Konfrontation mit den Szenarien) den Befragten (noch) nicht vollends offenbart wurde. Am dritthäufigsten blieben Fragen nach dem *Produktinvolvement* der Probanden (Frage 1 in 45 Fällen [8,32%]) unbeantwortet. Der übrige Teil der nicht beantworteten Fragen ist nahezu gleich über den gesamten Fragebogen verteilt. Der frühzeitige Abbruch der Befragung wird insbesondere dann für die Interpretation der Ergebnisse relevant, wenn dieser systematisch erfolgt, also mit für die Untersuchung relevanten Merkmalen zusammenhängt.[596] Für die vorliegende Untersuchung wäre demnach die Interpretation der Befunde erschwert, wenn beispielsweise Befragungsabbrecher Personen sind, die nur in geringerem Maße die thematisierten Produkte nutzten und (bislang) über deutlich geringere Problemerfahrungen mit diesen Produkten verfügten als Teilnehmer, die an der Befragung bis zum Ende teilgenommen haben. Starke Produktnutzer (‚Experten') und

[594] Die Feldzeit der im Jahre 2006 durchgeführten Online-Erhebung betrug 13 Tage. In einer von *Göritz/Reinhold/Batinic* (2000) durchgeführten Untersuchung unter Betreibern von 64 Online-Panels wurde ermittelt, dass die durchschnittliche Dauer der Datenerhebungsphase bei neun Tagen liegt. Vgl. Göritz, A. S. (2003), S. 229.

[595] Die durchschnittliche Bearbeitungsdauer des Fragebogens, die bei Online-Erhebungen standardmäßig mit erfasst wird, liegt bei 21,54 Minuten, was knapp unter der Bearbeitungsdauer des Pretest-Fragebogens (bei vergleichbarer Fragebogenlänge) liegt, der in klassisch-schriftlicher Befragung erhoben wurde. Zu einer erheblichen Verkürzung der durchschnittlichen Bearbeitungsdauer konnte also offenbar die Methode der Online-Befragung nicht beitragen.

[596] Vgl. Hahn, A.; Jerusalem, M. (2003), S. 169.

verstärkt (unmittelbar) von einem Problem Betroffene wären dann in der Stichprobe überrepräsentiert, was wiederum die externe Validität der Messergebnisse in Frage stellen würde. Hierfür liegen jedoch in der Abbruchstatistik, nach Auswertung der abgebrochenen Fragebögen mit Hilfe von Kreuztabellen, keinerlei Anzeichen vor.

Letztendlich verbleiben so 711 erfolgreich durchgeführte Interviews (vollständig durchlaufene Fragebögen), von denen 61 im Zuge weitergehender Qualitätsprüfungen zwecks Filterung von Ausreißern (Fragebögen, die auf nicht seriös motiviertes, extremes Antwortverhalten hindeuten) von einer weiteren Betrachtung ausgeschlossen werden. Der *gesamte Datensatz,* die *Gesamtstichprobe,* besteht somit aus den anvisierten N = 650 Fällen. Bezieht man diese Zahl auf die insgesamt in der ersten Stufe kontaktierten Probanden, so ergibt sich hieraus eine *Ausschöpfung* (*bereinigte Rücklaufquote*) von 43,86%. Die Gesamtstichprobe teilt sich auf insgesamt 13 *Unterstichproben (Teilstichproben, Gruppen)* mit je vorgegeben N = 50 Fällen auf, die mit den 13 unterschiedlichen Fragebogenversionen konfrontiert werden, gemäß des zugrunde gelegten Untersuchungsaufbaus. Die *Altersstruktur* in der Gesamtstichprobe veranschaulicht *Abbildung 21.*

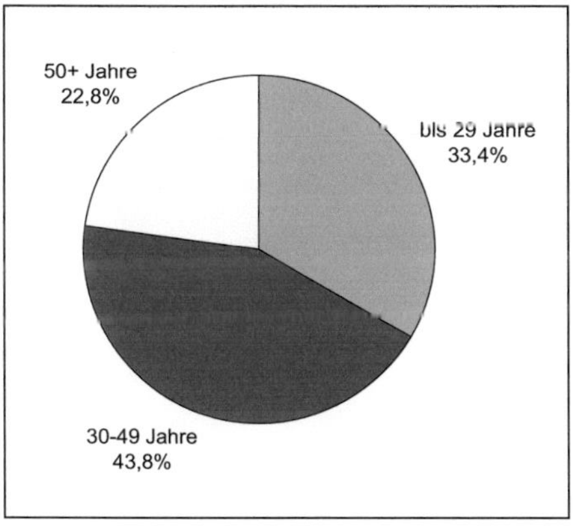

Abb. 21: Verteilung des Merkmals Alter in der Gesamtstichprobe (N= 650)
Quelle: Eigene Darstellung

Am häufigsten repräsentiert ist die Altersgruppe der 30-49jährigen (285), gefolgt von der Gruppe der bis 29jährigen (217). Leicht unterrepräsentiert ist die Gruppe der über 50jährigen (148). Das Durschschnittsalter liegt bei 38,21 Jahren, die Standardabweichung beträgt 13,13 Jahre; das minimale Alter liegt bei 15, das maximale bei 87 Jahren, woraus sich eine Spannweite von 72 Jahren ergibt.

Weibliche Probanden sind mit 46,6% (303) in der Gesamtstichprobe leicht unterrepräsentiert. Nach dem Ergebnis der univariaten Varianzanalyse (ANOVA) weisen die Gruppen nach den Merkmalen Alter (F = .074, p = 1,000) und Geschlecht (F = .031, p = 1,000) keine signifikanten Unterschiede auf. Der Levene-Test zur Überprüfung auf Varianzhomogenität liefert für beide Merkmale (Alter wie Geschlecht) kein signifikantes Ergebnis (vgl. *Tabelle 24*), d.h. die Gruppen unterscheiden sich nicht signifikant bezüglich der Varianz (bei einem p > 0,05), sie können als homogen betrachtet werden.[597]

	Levene-Statistik	df1	df2	Signifikanz
Alter	.080	12	637	1.000
Geschlecht	.054	12	637	1.000

Tab. 24: Test der Homogenität der Varianzen für die Merkmale Alter und Geschlecht in den Teilstichproben Quelle: Eigene Darstellung

Die deskriptive Analyse der Gruppen in Bezug auf die erhobenen Kontrollvariablen *Produktinvolvement* (MEAN_prodinv) und *Beanstandungsneigung* (MEAN_allgeinst) zeigt das in *Tabelle 25* dargestellte Bild. Das *Produktinvolvement* beträgt in der Gesamtstichprobe im Mittel 3,61 (Standardabweichung 1,068). Zur Überprüfung etwaiger gruppenspezifischer ungleicher Ausgangsbedingungen in Bezug auf diese Variable wurde eine einfaktorielle Varianzanalyse (ANOVA) gerechnet. Der Levene-Test liefert auch hier ein nicht signifikantes Ergebnis (p = 0,548). Dies bedeutet, dass Varianzhomogenität gegeben ist. Der Scheffé-Test[598] zum Vergleich der einzelnen Gruppen zeigt, dass sich die Gruppen hinsichtlich des Produktinvolvements (Mean_prodinv) nicht signifikant unterscheiden (p > 0,05).

Die Auswahl der Produkte (Massenprodukte) hat offenbar, wie beabsichtigt, dazu beigetragen, dass keinerlei über die Gruppen systematisch stark verzerrtes Produktinvolvement vorliegt.

[597] Die Varianzhomogenität der Stichprobenvariablen stellt, neben deren Normalverteilung, eine der Anwendungsvoraussetzungen für Varianzanalysen dar. Die Überprüfung erfolgt mit dem Levene-Test.

[598] Beim *Scheffé-Test* handelt es sich um simultan durchgeführte Vergleichstests auf der Basis der F-Verteilung. Dieser Test wird hier und im Weiteren angewandt, da er sich gegenüber Verletzungen von Voraussetzungen als relativ robust erwiesen hat und zudem tendenziell eher konservativ (d.h. zugunsten der Nullhypothese) entscheidet. Vgl. Bortz, J. (1999), S. 263; Fahrmeier, L.; Hamerle, A. (1984), S. 165 f.

		N	Mittel-wert	Standard-abwei-chung	Standard-fehler	95%-Konfidenz-intervall für den Mittelwert		Mini-mum	Maxi-mum
						Unter-grenze	Ober-grenze		
MEAN_prodinv	Gruppe 1	50	3,70	,943	,133	3,43	3,97	2	6
	Gruppe 2	50	3,74	1,082	,153	3,43	4,05	2	6
	Gruppe 3	50	3,79	,973	,138	3,52	4,07	1	5
	Gruppe 4	50	3,84	1,015	,144	3,55	4,13	2	6
	Gruppe 5	50	3,67	,976	,138	3,39	3,94	2	6
	Gruppe 6	50	3,93	,916	,130	3,67	4,19	2	6
	Gruppe 7	50	3,34	1,126	,159	3,02	3,66	1	6
	Gruppe 8	50	3,43	1,063	,150	3,12	3,73	1	6
	Gruppe 9	50	3,15	1,127	,159	2,83	3,47	1	6
	Gruppe 10	50	3,45	,996	,141	3,16	3,73	2	5
	Gruppe 11	50	3,58	1,090	,154	3,27	3,89	2	6
	Gruppe 12	50	3,42	1,129	,160	3,10	3,74	1	6
	Gruppe 13	50	3,91	1,208	,171	3,57	4,26	1	6
	Gesamt	650	3,61	1,068	,042	3,53	3,69	1	6
MEAN_allgeinst	Gruppe 1	50	4,26	,777	,110	4,04	4,48	3	6
	Gruppe 2	50	4,41	,837	,118	4,17	4,65	3	6
	Gruppe 3	50	4,39	,944	,133	4,12	4,66	2	6
	Gruppe 4	50	4,58	,847	,120	4,34	4,82	3	6
	Gruppe 5	50	4,39	,804	,114	4,16	4,62	3	6
	Gruppe 6	50	4,55	,888	,126	4,30	4,80	2	6
	Gruppe 7	50	4,50	,782	,111	4,28	4,72	3	6
	Gruppe 8	50	4,27	1,006	,142	3,98	4,56	1	6
	Gruppe 9	50	4,09	1,219	,172	3,74	4,44	1	6
	Gruppe 10	50	4,25	,905	,128	3,99	4,51	1	6
	Gruppe 11	50	4,42	,944	,134	4,15	4,69	1	6
	Gruppe 12	50	4,28	1,107	,157	3,97	4,59	1	6
	Gruppe 13	50	4,49	,786	,111	4,27	4,71	3	6
	Gesamt	650	4,38	,922	,036	4,30	4,45	1	6

Tab. 25: Mittelwerte und Standardabweichungen für die Merkmale Produktinvolvement und Beanstandungsneigung für die Teilstichproben   Quelle: Eigene Darstellung

Die *Beanstandungsneigung* in der Gesamtstichprobe liegt im Mittel bei 4,38 (Standardabweichung 0,922). Die Ergebnisse der Überprüfung etwaiger ungleicher Ausgangsbedingungen in den Gruppen bezüglich der Variable *Beanstandungsneigung* (MEAN_allgeinst) können den nachfolgenden *Tabellen 26-27* entnommen werden. Das Ergebnis der einfaktoriellen Varianzanalyse (ANOVA) zeigt einen nicht signifikanten Einfluss dieser Variable ($F = 1{,}157$, $p = 0{,}311 > 0{,}05$).

	Quadrat-summe	df	Mittel der Quadrate	F	Signifikanz
Zwischen den Gruppen	11,766	12	,981	1,157	,311
Innerhalb der Gruppen	539,640	637	,847		
Gesamt	551,406	649			

Tab. 26: Ergebnis der einfaktoriellen Varianzanalyse (ANOVA) zur Überprüfung gleicher Ausgangsbedingungen in den Gruppen für das Merkmal Beanstandungsneigung
Quelle: Eigene Darstellung

Der Levene-Test ergibt mit p = 0,089 ein nicht signifikantes Ergebnis. Varianzhomogenität liegt somit vor.

Levene-Statistik	df1	df2	Signifikanz
1,593	12	637	,089

Tab.27: Test der Homogenität der Varianzen für das Merkmal Beanstandungsneigung in den Teilstichproben Quelle: Eigene Darstellung

Der *Scheffé-Test* zum Vergleich der einzelnen Gruppen zeigt, dass sich die Gruppen hinsichtlich des Merkmals Beanstandungsneigung nicht signifikant unterscheiden (p > 0,05).

Die *Problemerfahrung* wurde in zwei Schritten erhoben. In einem ersten Schritt wurden die Probanden aufgefordert anzugeben, ob sie bereits selbst Qualitätsprobleme bei dem betreffenden Produkt erfahren haben. In einem zweiten Schritt wurden sodann diejenigen Probanden, die bereits über eigene Qualitätsprobleme berichteten, aufgefordert anzugeben, wie ernst sie ihr erfahrenes Qualitätsproblem einschätzen.[599] Der Kreuztabelle (Gruppe * Problemerfahrung (ja/nein)) (vgl. *Tabelle 28*) kann entnommen werden, dass lediglich rund 28% (=180/650) aller Befragten über entsprechende Problemerfahrungen verfügen. Der Rest, rund 72% aller Probanden, verfügt über keine (nennenswerten) Problemerfahrungen mit dem jeweilig interessierenden Produkt. Der Chi-Quadrat-Test nach Pearson, der die Unabhängigkeit der beiden Variablen der Kreuztabelle und damit indirekt den Zusammenhang der beiden Merkmale prüft, zeigt ein nicht signifikantes Ergebnis (p > 0,05).[600] Folglich scheint es keinen Zusammenhang zwischen der Gruppenzugehörigkeit der Probanden und ihrer Problemerfah-

[599] Die Auswertung der Antworten auf diese letztere Frage wird jedoch nur für den Fall relevant, dass sich als Ergebnis der Auswertung der ersten Frage ein signifikanter Zusammenhang zwischen der Gruppenzugehörigkeit und dem Vorhandensein von Problemerfahrung zeigt.

[600] Der Chi-Quadrat-Test hat zur Voraussetzung, dass nur in maximal 20% der Felder der Kreuztabelle erwartete Häufigkeiten kleiner 5 auftreten dürfen und keine der Zellen eine erwartete Häufigkeit von kleiner 1 besitzen. Vgl. Bühl, A.; Zöfel, P. (2005), S. 247. Im vorliegenden Fall ist diese Voraussetzung erfüllt. 0 Zellen (0%) haben eine erwartete Häufigkeit kleiner 5. Die minimale erwartete Häufigkeit ist 13,85.

rung zu geben. Insofern erübrigt sich die weitergehende Analyse der Antworten auf die zweite Frage nach der Schwere bzw. Ernsthaftigkeit eines erfahrenen Qualitätsproblems.

	Anzahl	2a Problemerfahrung (ja/nein)		Gesamt
		Ja	Nein	
Gruppe	Gruppe 1	12	38	50
	Gruppe 2	14	36	50
	Gruppe 3	9	41	50
	Gruppe 4	15	35	50
	Gruppe 5	14	36	50
	Gruppe 6	18	32	50
	Gruppe 7	11	39	50
	Gruppe 8	9	41	50
	Gruppe 9	14	36	50
	Gruppe 10	12	38	50
	Gruppe 11	14	36	50
	Gruppe 12	14	36	50
	Gruppe 13	24	26	50
Gesamt		180	470	650

Tab. 28: Verteilung des Merkmals Problemerfahrung (ja/nein) in den Teilstichproben (N = 50) Quelle: Eigene Darstellung

Als Quintessenz dieser Analysen lässt sich festhalten, dass sich offenbar die Gruppen als homogen in Bezug auf die untersuchten Kontrollvariablen kennzeichnen lassen. Durchgeführte Korrelationsanalysen mit den metrisch skalierten Kontrollvariablen und den im Zeitpunkt nK (= nach Krise, vor Einsatz von Bewältigungsstrategien) gemessenen abhängigen Variablen zeigen, dass die Kontrollvariablen MEAN_prodinv und MEAN_allgeinst größtenteils (bis auf eine Ausnahme) nicht-signifikant mit den abhängigen Variablen korrelieren (vgl. *Tabelle 29*).[601] Eine effektive Bereinigung des Datensatzes um systematische Fehler bzw. eine nicht-zufällige Reduktion der Fehlervarianz ist indes nur möglich, wenn die abhängigen Variablen (Untersuchungsvariablen) mit den Kontrollvariablen (Kovariablen) korrelieren.[602] Da diese Prämisse der Kovarianzanalyse nicht erfüllt ist, wird sich der Aussagegehalt der durchzuführenden Varianzanalysen nicht durch den Einbezug der Kontrollvariablen als Kovariable im Rahmen von Kovarianzanalysen erhöhen.[603] Auf die Rechnung von Kovarianzanalysen sollte folglich verzichtet werden.[604]

[601] Das gleiche Bild zeigt sich auch für den Zeitpunkt nach der Krise, nach Strategieeinsatz.

[602] Vgl. Eschweiler, M.; Evanschitzky, H.; Woisetschläger, D. (2007), S. 12.

[603] Vgl. Herrmann, A.; Seilheimer, C. (1999), S. 291. Wenn die Kontrollvariable hingegen mit den abhängigen Variablen korreliert ist, kann ein Teil der nicht erklärten Varianz eliminiert werden.

[604] Vgl. Eschweiler, M.; Evanschitzky, H.; Woisetschläger, D. (2007), S. 12.

Korrelationen		MEAN_ nk_risk	MEAN_ nk_attr	MEAN_ nk_ger	MEAN_ nk_komp
MEAN_prodinv	Korrelation nach Pearson	,002	,008	,047	,031
	Signifikanz (2-seitig)	,955	,842	,230	,427
	N	650	650	650	650
MEAN_allgeinst	Korrelation nach Pearson	,107(**)	,060	,006	,055
	Signifikanz (2-seitig)	,006	,128	,881	,161
	N	650	650	650	650

** Die Korrelation ist auf dem Niveau von 0,01 (2-seitig) signifikant.

Tab. 29: Korrelationen zwischen den Kontrollvariablen MEAN_prodinv bzw. MEAN_allgeinst mit den Untersuchungsvariablen Quelle: Eigene Darstellung

4.1.2 Überprüfung erfolgreicher Manipulationen der unabhängigen Variablen

Um sicherzustellen, dass die in den Szenarien beschriebenen *Krisensituationen* und *Anbietereigenschaften* (Qualitätsreputation des Anbieters vor der Krise) in der intendierten Weise von Rezipienten wahrgenommen werden, werden folgende Manipulationsüberprüfungen nach Präsentation der Situations- und Anbieterstimuli durchgeführt. Die Variablen *„rechtliche Relevanz des Problems“* (nk_manip_sit_a) und *„Problemart/*-umfang*“* (nk_manip_sit_b) dienen zur Überprüfung der Manipulationen der *Krisensituationsstimuli*. Sie werden im Fragebogen in den Fragen (Items) 4a und 4b wie folgt über 6-Punkte-Skalen abgefragt (vgl. *Tabelle 30*).[605]

		stimme…					
4a	Das in dem Text beschriebene Problem halte ich für rechtlich relevant und eindeutig, d.h. der Hersteller ist zum Handeln verpflichtet.	*überhaupt nicht zu* 1	2	3	4	5	*stark zu* 6
4b	Das beschriebene Problem besteht überwiegend in Sach- *und* Personenschäden.	*überhaupt nicht zu* 1	2	3	4	5	*stark zu* 6

Tab. 30: Items zur Überprüfung erfolgreicher Manipulationen der Krisensituationsstimuli Quelle: Eigene Darstellung

[605] Auf umfangreichere Manipulationsüberprüfungen des situativen Stimulus wird hier aufgrund der hiermit verbundenen Probleme verzichtet. Vgl. Perdue, B. C.; Summers, J. O. (1986), S. 320.

Eine erfolgreiche (gelungene) Manipulation von *Beschwerdesituationen* wäre dann gegeben, wenn Probanden überproportional häufig Werte am unteren Rand beider Skalen ankreuzten, wodurch eine wahrgenommene fehlende rechtliche Relevanz und mangelnde Sach- bzw. Personenschäden zum Ausdruck gebracht werden. Kennzeichnend für *Reklamationssituationen* ist eine gegebene rechtliche Relevanz des Produktproblems in Verbindung mit dem Vorliegen von Sachschäden, so dass sich eine erfolgreiche Manipulation dieser Situation folglich in hohen Werten auf der ersten (4a) und mittleren bis geringen Werten auf der zweiten Skala (4b) widerspiegeln sollte. *Rückrufsituationen* sind durch eine gegebene rechtliche Relevanz der thematisierten Produktprobleme in Verbindung mit konkretisierten, physischen Produktrisiken (Vorliegen von Sach- und Personenschäden) gekennzeichnet, so dass – bei erfolgreicher Manipulation – relativ hohe Werte auf beiden Skalen zu erwarten sind. Für die *Kontrollgruppe*, die mit einem neutralen Nicht-Krisen-Stimulus konfrontiert wurde, wird erwartet, dass die Ausprägungen beider Variablen zur Manipulationsüberprüfung im Durchschnitt im Situationsvergleich die niedrigsten Werte annehmen. Alle erwarteten Unterschiede sollten zwischen den Gruppen signifikant sein. Die Überprüfung erfolgt mittels einfaktorieller Varianzanalyse (ANOVA) mit dem in 4 Ausprägungen (Beschwerde-, Reklamations-, Rückrufsituation und Kontrollgruppe) vorliegenden Faktor „Gruppe". Die Ergebnisse können der folgenden *Tabelle 31* entnommen werden. Im vorliegenden Fall liefert die Varianzanalyse ein höchst signifikantes Ergebnis ($p < 0{,}001$) für beide Variablen.[606]

		Quadrat-summe	df	Mittel der Quadrate	F	Signifikanz
nk_manip_sit_a (rechtl. Relevanz)	Zwischen den Gruppen	1240,952	3	413,651	311,621	,000
	Innerhalb der Gruppen	857,510	646	1,327		
	Gesamt	2098,462	649			
nk_manip_sit_b (Problemart/ -umfang)	Zwischen den Gruppen	1038,727	3	346,242	258,888	,000
	Innerhalb der Gruppen	863,975	646	1,337		
	Gesamt	1902,702	649			

Tab. 31: Ergebnisse der einfaktoriellen Varianzanalyse (ANOVA) zur Überprüfung erfolgreicher Manipulationen der Situationsstimuli Quelle: Eigene Darstellung

Die *deskriptive Analyse* (vgl. *Tabelle 32*) zeigt die Art der gefundenen Unterschiede auf. Es bestätigen sich die erwarteten Skalenausprägungen:[607] In *Beschwerdesituationen* wird das

606 Der Levene-Test auf Varianzhomogenität liefert ein nicht-signifikantes Ergebnis (p>0,05). Varianzhomogenität liegt somit vor.

607 In Klammern werden im Weiteren mit MW der Mittelwert und mit SA die Standardabweichung ausgewiesen.

thematisierte Produktproblem, wie intendiert, als rechtlich irrelevant erachtet (MW = 2,39; SA = 1,218). Mit Sach- und Personenschäden wird das in den Szenarien beschriebene Produktproblem nicht bzw. kaum in Verbindung gebracht (MW = 2,51; SA = 1,276). In *Reklamationssituationen* wird das Produktproblem als größtenteils rechtlich relevant befunden (MW = 4,94; SA = 1,282). Das beschriebene Problem wird, wie erwartet, nur in geringem Maße bzw. kaum mit Sach- *und* Personenschäden assoziiert (MW = 2,53; SA = 1,169). *Rückrufsituationen* sind in der Wahrnehmung der Probanden gekennzeichnet durch eine hohe rechtliche Relevanz des thematisierten Produktproblems (MW = 5,03; SA = 1,039) sowie durch das Vorliegen von Sach- und Personenschäden (Mittelwert = 5,06; SA = 1,126). Für die *Kontrollgruppe* ergeben sich hinsichtlich beider Variablen die geringsten Mittelwerte, so dass von Probanden offenbar keinerlei Produktproblem wahrgenommen wird.

		N	Mittelwert	Standardabweichung	Standardfehler	95%-Konfidenzintervall für den Mittelwert		Minimum	Maximum
						Untergrenze	Obergrenze		
nk_manip_sit_a	Beschwerdesituation	200	2,39	1,218	,086	2,22	2,55	1	6
	Reklamationssituation	200	4,94	1,282	,091	4,76	5,12	1	6
	Rückrufsituation	200	5,03	1,039	,073	4,88	5,17	1	6
	Kontrollgruppe	50	1,40	,639	,090	1,22	1,58	1	3
	Gesamt	650	3,91	1,798	,071	3,77	4,05	1	6
nk_manip_sit_b	Beschwerdesituation	200	2,51	1,276	,090	2,33	2,69	1	6
	Reklamationssituation	200	2,53	1,169	,083	2,37	2,69	1	6
	Rückrufsituation	200	5,06	1,126	,080	4,90	5,21	1	6
	Kontrollgruppe	50	1,38	,567	,080	1,22	1,54	1	3
	Gesamt	650	3,21	1,712	,067	3,08	3,34	1	6

Tab. 32: Deskriptive Statistiken zur Überprüfung erfolgreicher Manipulationen der Situationsstimuli Quelle: Eigene Darstellung

Die Ergebnisse des *Scheffé-Tests*, der im Falle eines signifikanten Ergebnisses der Varianzanalyse anzeigt, welche Gruppen sich im Einzelnen signifikant voneinander unterscheiden, zeigen die nachfolgenden *Tabellen 33 und 34*. Dieser Test liefert auf dem Niveau p = 0,05 für beide Variablen drei homogene Untergruppen: Hinsichtlich der *rechtlichen Relevanz des Problems* (vgl. *Tabelle 33*) weisen, wie erwartet, Reklamations- und Rückrufsituationen im Mittel ähnliche Werte auf, sie bilden folglich eine homogene Untergruppe. Die Kontrollgruppe und die Beschwerdesituation bilden jeweils eine separate homogene Untergruppe. Sie weichen jeweils in unterschiedlich starker Weise hinsichtlich der rechtlichen Relevanz von den eine homogene Untergruppe bildenden Reklamations- und Rückrufsituationen ab.

Scheffé-Prozedur[a,b]

Situationsspezifische Zugehörigkeit	N	Untergruppe für Alpha = .05.		
		1	2	3
Kontrollgruppe	50	1,40		
Beschwerdesituation	200		2,39	
Reklamationssituation	200			4,94
Rückrufsituation	200			5,03
Signifikanz		1,000	1,000	,958

Die Mittelwerte für die in homogenen Untergruppen befindlichen Gruppen werden angezeigt.
a Verwendet ein harmonisches Mittel für Stichprobengröße = 114,286.
b Die Gruppengrößen sind nicht identisch. Es wird das harmonische Mittel der Gruppengrößen verwendet. Fehlerniveaus des Typs I sind nicht garantiert.

Tab. 33: Ergebnisse des Scheffé-Tests für die Variable nk_manip_sit_a
Quelle: Eigene Darstellung

Bezüglich der *Problemart* bzw. des *Problemumfangs* ergeben sich aus *Tabelle 34* ähnlich ausgeprägte Mittelwerte für die Beschwerde- und Reklamationssituationen, die eine homogene Untergruppe bilden; die Kontrollgruppe und die Rückrufsituation weichen in den Ausprägungen dieser Variable signifikant voneinander ab, sie bilden jeweils zwei separate homogene Untergruppen.

Scheffé-Prozedur[a,b]

Situationsspezifische Zugehörigkeit	N	Untergruppe für Alpha = .05.		
		1	2	3
Kontrollgruppe	50	1,30		
Beschwerdesituation	200		2,51	
Reklamationssituation	200		2,53	
Rückrufsituation	200			5,06
Signifikanz		1,000	,999	1,000

Die Mittelwerte für die in homogenen Untergruppen befindlichen Gruppen werden angezeigt.
a Verwendet ein harmonisches Mittel für Stichprobengröße = 114,286.
b Die Gruppengrößen sind nicht identisch. Es wird das harmonische Mittel der Gruppengrößen verwendet. Fehlerniveaus des Typs I sind nicht garantiert.

Tab. 34: Ergebnisse des Scheffé-Tests für die Variable nk_manip_sit_b
Quelle: Eigene Darstellung

Zur Überprüfung der Manipulation des *Reputationsstimulus* („vor der Krise gegebene Qualitätsreputation des Anbieters") dient die Variable nk_manip_rep. Sie wird im Fragebogen in der Frage (Item) 5b gemäß *Tabelle 35* über eine 6-Punkte-Skala abgefragt. Variiert wird der Faktor „Reputation" in den Experimentgruppen (Krisengruppen) in zwei Ausprägungsgraden (hohe vs. niedrige Reputation). Für die Kontrollgruppe wird ein neutraler Reputationsstimulus vorgesehen.

5b	Die Firma Centuri hat sich in der Vergangenheit einen guten Ruf als Anbieter einwandfreier und zuverlässiger Produkte erworben.	*stimme…* *überhaupt nicht zu* 1 2 3 4 5 6 *stark zu*

Tab. 35: Item zur Überprüfung erfolgreicher Manipulation des Reputationsstimulus
Quelle: Eigene Darstellung

Tabelle 36 zeigt das Ergebnis der einfaktoriellen Varianzanalyse (ANOVA), die auf hoch signifikante Unterschiede hinsichtlich der Wahrnehmung der Reputationsausprägungen hinweist ($p < 0{,}001$).

	Quadrat-summe	df	Mittel der Quadrate	F	Signifikanz
Zwischen den Gruppen	534,027	2	267,014	209,260	,000
Innerhalb der Gruppen	825,567	647	1,276		
Gesamt	1359,594	649			

Tab. 36: Ergebnisse der einfaktoriellen Varianzanalyse (ANOVA) zur Überprüfung erfolgreicher Manipulation des Reputationsstimulus Quelle: Eigene Darstellung

Die *deskriptive Auswertung* (vgl. *Tabelle 37*) zeigt die Art der signifikanten Unterschiede auf. In der Gruppe „*Reputation hoch*" wird die vor der Krise gegebene Qualitätsreputation des Anbieters im Mittel als hoch eingeschätzt (MW = 4,55; SA = 1,085). Die Gruppe „*Reputation niedrig*" weist hier deutlich geringere Ausprägungen auf (MW = 2,66; SA = 1,161), was darauf hindeutet, dass die vor der Krise gegebene Qualitätsreputation von Probanden als sehr gering erachtet wird. In der *Kontrollgruppe* zeigt sich, wie erwartet, eine durchschnittliche Reputationsausprägung, die sich im Sinne einer neutralen Reputation des Anbieters interpretieren lässt (MW = 3,56; SA = 1,198).

nk_manip_rep	N	Mittelwert	Standardabweichung	Standardfehler	95%-Konfidenzintervall für den Mittelwert		Minimum	Maximum
					Untergrenze	Obergrenze		
Reputation hoch	300	4,55	1,085	,063	4,43	4,67	1	6
Reputation niedrig	300	2,66	1,161	,067	2,53	2,80	1	5
Kontrollgruppe	50	3,56	1,198	,169	3,22	3,90	1	6
Gesamt	650	3,60	1,447	,057	3,49	3,71	1	6

Tab. 37: Deskriptive Statistiken zur Überprüfung erfolgreicher Manipulationen des Reputationsstimulus Quelle: Eigene Darstellung

Der Scheffé-Test weist auf dem Niveau p = 0,05 drei homogene Untergruppen aus (vgl. *Tabelle 38*), die sich signifikant in den Ausprägungen der wahrgenommenen Reputation des Anbieters unterscheiden.

Scheffé-Prozedur[a,b]

Reputationsspezifische Zugehörigkeit	N	Untergruppe für Alpha = .05.		
		1	2	3
Reputation niedrig	300	2,66		
Kontrollgruppe	50		3,56	
Reputation hoch	300			4,55
Signifikanz		1,000	1,000	1,000

Die Mittelwerte für die in homogenen Untergruppen befindlichen Gruppen werden angezeigt.
a Verwendet ein harmonisches Mittel für Stichprobengröße = 112,500.
b Die Gruppengrößen sind nicht identisch. Es wird das harmonische Mittel der Gruppengrößen verwendet. Fehlerniveaus des Typs I sind nicht garantiert.

Tab. 38: Ergebnisse des Scheffé-Tests für die Variable nk_manip_rep
Quelle: Eigene Darstellung

Als zusammenfassendes Ergebnis dieser Manipulationsüberprüfungen lässt sich festhalten, dass sämtliche die Krisensituationen sowie die Reputationsgruppen diskriminierenden Elemente in der intendierten Weise von den Probanden unterschiedlich wahrgenommen werden. Insofern lassen sich die vorgenommenen Manipulationen als erfolgreich charakterisieren. Um den Umfang der Manipulationsüberprüfungen insgesamt, aus den bereits in Kapitel 3 erörterten Gründen, möglichst gering zu halten, wurden Manipulationsüberprüfungen der Bewältigungsstimuli im Rahmen eines Pretests vorgenommen, die ebenfalls die intendierten signifikanten Unterschiede in der Wahrnehmung der Probanden zeigen.

4.1.3 Reliabilitäts- und Validitätsprüfungen

Da für sämtliche Konstrukte (Variablen) mehrere Items als Indikatoren vorliegen, lassen sich für diese Variablen *Reliabilitätsprüfungen* im Wege der Halbierungs- bzw. Internen-Konsistenz-Methode durchführen.[608] Im vorliegenden Fall wurde die *interne Konsistenz* aller eine Variable repräsentierenden Variablenitems anhand des *Chronbach-alpha-Koeffizienten* berechnet. Dieser gibt in Abhängigkeit von der Itemanzahl die Höhe der mittleren Itemzusammenhänge an.[609] Diese Maßgröße kann Werte zwischen Null und Eins annehmen, wobei ein hoher Wert auf eine hohe Reliabilität hindeutet.[610] Vor Berechnung dieses Koeffizienten wurden die Variablen, bei denen eine entgegengesetzte Polung der Skala verwendet wurde (negative Formulierung der Items), umkodiert.[611] Der *Chronbach-alpha-Koeffizient* weist für die Items der Variablen *wahrgenommene Problemschwere* mit 0,982 einen hohen Wert aus, der für eine sehr gute Reliabilität der betreffenden Skala spricht. Für die *wahrgenommene Gerechtigkeit* beträgt dieser Koeffizient 0,795, was auf eine befriedigende interne Konsistenz der Items hindeutet. Für die Items der Variable *Verantwortlichkeitszuweisung* ergibt sich ein Wert von 0,800, welcher eine befriedigende bis gute Reliabilität indiziert und schließlich für die Items der Variable *wahrgenommene Leistung* ein Wert von 0,734, der eine noch befriedigende interne Konsistenz anzeigt.[612] Werden – wie hier – inhaltlich zusammenpassende Items zu einer Skala zusammengefasst, so gibt der Chronbach-alpha-Koeffizient Auskunft darüber, wie gut sich die Antworten zu einer Gesamttendenz zusammenfügen. Die insgesamt relativ hohen Werte dieses Koeffizienten für die vier Skalen lassen folglich eine Aggregation der jeweiligen eine Variable repräsentierenden Items durch Mittelwertbildung als angemessen erscheinen. Die Konstruktwerte werden daher durch Mittelwertbildung der den Variablen zugeordneten Items gebildet.[613]

Auf vorgenommene Maßnahmen zur Verbesserung bzw. Gewährleistung der *internen* und *externen Validität* der Untersuchung bzw. Untersuchungsergebnisse wurde bereits verschiedentlich im *dritten Kapitel* dieser Arbeit hingewiesen. Hinsichtlich der Überprüfung der *Konstruktvalidität* wurde dort angemerkt, dass sich für den Fall, dass sich die auf theoretischer Ebene abgeleiteten Beziehungen anhand der erhobenen Messergebnisse bestätigen und von

---

608 Vgl. hierzu die Ausführungen zur Güte der Datengewinnung in Kapitel 3.

609 Vgl. Bühner, M. (2004), S. 123.

610 Als Faustregel gilt, dass bei Skalen ab alpha = 0,75 eine befriedigende und ab $\alpha = 0{,}85$ eine gute Skalenqualität vorliegt. Vgl. Nunnally (1967), S. 226; Bühner, M. (2004), S. 122 f.

611 Vgl. hierzu die Operationalisierungen der abhängigen Variablen und die entsprechenden Fußnoten in Kapitel 3.2.2.

612 Da sich die jeweils berechneten Chronbach-alpha-Koeffizienten bei Elimination jeweils eines der Items im Verhältnis zum Chronbach-alpha-Koeffizienten der gesamten Skala nicht erhöhen, werden jeweils alle Items zur Messung der Variablen herangezogen. Vgl. Bühner, M. (2004), S. 136 f.

613 Das heißt, es wird das arithmetische Mittel (*MEAN*) über alle Items der jeweiligen Variable gebildet. Zur Kennzeichnung dieser Aggregation erhalten die jeweiligen Variablennamen das Kürzel *MEAN_*.

der Gültigkeit der Operationalisierungen für zumindest einzelne beteiligte Konstrukte ausgegangen werden kann, auch auf die Validität der übrigen Operationalisierungen geschlossen werden kann, wovon im vorliegenden Fall ausgegangen werden kann.[614] Die Überprüfung der *Inhaltsvalidität* beschränkt sich regelmäßig auf eine theoretische Begründung für die eine Variable konstituierenden Items, die bereits umfangreich in die Operationalisierungen der Variablen eingeflossen ist. Besonderes Augenmerk wurde dabei auf eine sehr präzise inhaltliche Definition der Konstrukte gelegt.[615] Ein objektiver, quantitativer Validitätswert kann hier nicht angegeben werden.[616] Zur Überprüfung der *externen Validität* der Untersuchungsergebnisse wurde eine Teilung der Gesamtstichprobe nach den unterschiedlichen, als Zwischenfaktoren in die Analyse einbezogenen, Produktkategorien *„Rasenmäher"* vs. *„Fahrrad"* durchgeführt. Die hieraus resultierenden Unterstichproben wurden auf etwaige Unterschiede hinsichtlich der hier interessierenden Rezipientenreaktionen auf Produktkrisen bzw. Bewältigungsstrategien untersucht. Die Befunde zeigen eine weitestgehende Generalisierbarkeit der bereits für die Gesamtstichprobe gewonnen Ergebnisse auf beide Produktkategorien.

4.1.4 Prüfung der abhängigen Variablen auf normalverteilte Grundgesamtheiten

Vor der Überprüfung der Forschungshypothesen ist festzustellen, ob die Bedingungen für parametrische Tests und Analyseverfahren erfüllt sind. Diese Verfahren liefern nur dann gültige Ergebnisse, wenn angenommen werden kann, dass die jeweils abhängigen Variablen aus normalverteilten Grundgesamtheiten stammen.[617] Zu diesem Zweck werden die Untersuchungsvariablen einem statistischen Test auf Normalverteilung unterzogen. Im vorliegenden Fall zeigen die Ergebnisse des Lilliefors-Tests (einer Modifikation des Kolmogorov-Smirnov-Tests) und des Shapiro-Wilks-Tests zur Überprüfung auf Normalverteilung eine Irrtumswahrscheinlichkeit p kleiner als 0,05.[618] Dies bedeutet, dass die gegebene Verteilung signifikant von der Normalverteilung abweicht.[619] Die detaillierten Ergebnisse der explorativen Datenanalyse können dem *Anhang B* entnommen werden. Von der näherungsweisen Erfüllung der Normalverteilungsprämisse kann nach dem *Zentralen Grenzwertsatz* jedoch ausgegangen werden, sofern der Stichprobenumfang eine gewisse Größe erreicht und zwar min-

[614] Vgl. Peter, J. P. (1981), S. 134 f.; Himme, A. (2006), S. 391 ff. Gegen eine quantitative Überprüfung von Konvergenz- und Diskriminanzvalidität im Rahmen der sog. Multitrait-Multimethod-Matrix (MTMM-Matrix) sprechen gewichtige Gründe. Neben dem hohen Aufwand gelten die vagen Auszählregeln als besonders problematisch, die keine Aussagen darüber enthalten, wann eine Verletzung der Regeln, welche regelmäßig vorkommt, als gravierend einzustufen ist. Vgl. Himme, A. (2006), S. 394.

[615] Vgl. die Ausführungen in Kapitel 3.2.2.1.

[616] Vgl. Himme, A. (2006), S. 391.

[617] Vgl. Backhaus, K.; Erichson, B.; Plinke, W.; Weiber, R. (1996), S. 85.

[618] Vgl. Bortz, J. (1999), S. 161.

[619] Vgl. Bühl, A.; Zöfel, P. (2005), S. 229.

destens 30 Fälle ($n \geq 30$).[620] Der dieser Untersuchung zugrunde liegende Stichprobenumfang beträgt n = 50 Fälle pro Gruppe, was einer Gesamtstichprobengröße von n = 650 Fällen entspricht. Hiermit kann über den Zentralen Grenzwertsatz die Normalverteilungsannahme als näherungsweise erfüllt angesehen werden.

Zur Frage der Anwendbarkeit der Varianzanalyse bei Prämissenverletzungen (insbesondere in Bezug auf die Normalverteilungsprämisse und Varianzhomogenitätsprämisse) weisen *Backhaus et al.* (1996) sowie *Bortz* (1999) darauf hin, dass die Varianzanalyse bei Stichproben bzw. Experimenten mit gleichen Zellenbesetzungen, wie in der vorliegenden Untersuchung gegeben, verhältnismäßig robust gegenüber Verletzungen der Prämissen ihres linearen Grundansatzes ist, so dass der Einsatz dieser Verfahren zur Testung von Hypothesen auch aus dieser Sicht angemessen erscheint:[621] *„Verletzungen der Voraussetzungen führen im Fall hinreichend großer und gleicher Stichprobenumfänge zu keinen gravierenden Entscheidungsfehlern.“*[622]

4.2 Überprüfung der Forschungshypothesen und Ergebnisdiskussion

4.2.1 Überprüfung der Hypothesen der Gruppe 1

4.2.1.1 Situationsspezifische Hypothesen

Die situationsspezifischen Hypothesen werden in der nachfolgenden *Tabelle 39* wiedergegeben. Die Testung dieser Hypothesen erfolgt produkt- und reputationsübergreifend durch Vergleich der Mittelwerte der Untersuchungsvariablen, die unmittelbar nach der Präsentation der Situationsstimuli und vor Einsatz der Bewältigungsstrategien erhoben wurden, von *zwei unabhängigen Stichproben*, nämlich der in einer Gruppe fusionierten Krisensituationen (Gruppen 1 bis 12) mit der Kontrollgruppe (Gruppe 13), mittels t-Test bei unabhängigen Stichproben.[623]

620 Vgl. Bortz, J. (1999), S. 93 f.
621 Vgl. Backhaus, K.; Erichson, B.; Plinke, W.; Weiber, R. (1996), S. 85; Bortz, J. (1999), S. 276, 319.
622 Bortz, J. (1999), S. 319; vgl. ähnlich auch Herrmann, A.; Seilheimer, C. (1999), S. 294.
623 Vgl. Bühl, A.; Zöfel, P. (2005), S. 280 ff. Alle Hypothesenprüfungen erfolgen auf dem 5%-Signifikanzniveau.

Hypothesengruppe H 1 – situationsspezifisch	
Hypo-thesen-nummer	**Postulierter Zusammenhang**
H1.1a	*In allen Krisensituationen ist die Verantwortlichkeitszuweisung an den Anbieter höher als in der Nicht-Krisensituation.*
H1.1b	*In allen Krisensituationen ist die wahrgenommene Problemschwere größer als in der Nicht-Krisensituation.*
H1.1c	*In allen Krisensituationen ist die wahrgenommene Gerechtigkeit des Anbieters geringer als in der Nicht-Krisensituation.*
H1.1d	*In allen Krisensituationen ist die wahrgenommene Leistung des Anbieters geringer als in der Nicht-Krisensituation.*

Tab. 39: Situationsspezifische Hypothesen der Gruppe 1 Quelle: Eigene Darstellung

In *Tabelle 40* sind die Mittelwerte der betrachteten abhängigen Variablen in den Experimentgruppen (Krisengruppen) und der Kontrollgruppe (Nicht-Krisensituation) wiedergegeben.

Abhängige Variable	Experimentgruppen (Gruppen 1 bis 12) N = 600	Kontrollgruppe (Gruppe 13) N = 50
MEAN_nK_risk[624]	4,01*	1,60*
MEAN_nK_komp[625]	3,13*	4,25*
MEAN_nK_ger[626]	2,91*	3,50*
MEAN_nk_attr[627]	3,72*	2,49*

* signifikante Mittelwertdifferenz (p<0,01)

Tab. 40: Ergebnisse der Prüfung der situationsspezifischen Hypothesen von Gruppe 1
Quelle: Eigene Darstellung

Ein Vergleich der Mittelwerte der abhängigen Variablen zwischen Experimentgruppen und Kontrollgruppe zeigt für die Variable MEAN_nK_risk (wahrgenommene Problemschwere) und die Variablen MEAN_nk_attr (Verantwortlichkeitszuweisung) in den Experimentgruppen höhere Mittelwerte als in der Kontrollgruppe. Für die Variablen MEAN_nK_komp (wahrgenommene Leistung) und MEAN_nK_ger (wahrgenommene Gerechtigkeit) ergeben sich in der Kontrollgruppe höhere Mittelwerte als in den Experimentgruppen. Das Vorzeichen der Differenz der Gruppenmittelwerte entspricht damit durchweg den in den situationsspezifischen Hypothesen zum Ausdruck kommenden Vermutungen. Der t-Test weist zudem signifikante Mittelwertdifferenzen für alle Untersuchungsvariablen, MEAN_nK_risk (t = 22,487, df

624 Niedrige (hohe) Skalenwerte stehen für eine geringe (hohe) wahrgenommene Problemschwere.
625 Hohe (niedrige) Skalenwerte stehen für eine hohe (geringe) wahrgenommene Leistung des Anbieters.
626 Hohe (niedrige) Skalenwerte repräsentieren eine hohe (geringe) wahrgenommene Gerechtigkeit.
627 Niedrige (hohe) Skalenwerte stehen für eine niedrige (hohe) Zuweisung von Verantwortlichkeit an den Anbieter.

= 114, $p < 0,01$), MEAN_nk_attr ($t = 10,322$, $df = 69$, $p < 0,01$), MEAN_nK_komp ($t = -6,677$, $df = 648$, $p < 0,01$), MEAN_nK_ger ($t = -4,997$, $df = 67$, $p < 0,01$), aus und deutet somit auf einen signifikanten Einfluss der Krisensituationen auf die Rezipientenreaktionen hin. Aufgrund der vorgenommenen Auswertungen können die situationsspezifischen Hypothesen der Hypothesengruppe 1 nicht verworfen werden. Das Vorhandensein eines der in den Krisensituationen thematisierten Produktprobleme in dem gewählten Kontext negativer Publizität vermag offenbar die reputationsrelevanten Reaktionen der Rezipienten in den Dimensionen der *Verantwortlichkeitszuweisung*, der *wahrgenommenen Problemschwere, wahrgenommenen Gerechtigkeit und wahrgenommenen Leistung* signifikant in negativer, aus Sicht des Anbieters ungünstiger, Weise zu beeinflussen. Dieses Ergebnis steht im Einklang mit einem Großteil bereits vorliegender Untersuchungen zum Negativitätseffekt, der besagt, dass negative Informationen in Relation zu positiven bzw. neutralen Informationen gleicher Stärke in Eindrucksbildungs- bzw. Beurteilungsprozessen überproportional stark gewichtet werden. Der hier gefundene Effekt auf die *Verantwortlichkeitszuweisungen* lässt sich attributionstheoretisch über eine durch den Negativitätseffekt bedingt gesteigerte Suche nach Gründen für die Existenz der in den Krisensituationen thematisierten Produktprobleme begründen, die im Ergebnis vergleichsweise extreme Attributionen hervorbringt. In diesem Zusammenhang mag insbesondere der in allen Situationsszenarien (nicht variiert) gegebene Hinweis auf eine Vielzahl betroffener Konsumenten (hoher Konsensus) beigetragen haben. Die relativ stärkere Gewichtung negativer Informationen konkretisiert sich zudem in höheren Schadens- bzw. Verlustbewertungen der Rezipienten, abgeleitet aus Überlegungen im Rahmen von Prospect Theorie und Mental Accounting, die sich wiederum deutlich in der *wahrgenommenen Problemschwere* reflektieren. Anhand des in allen Krisensituationen offenbar wirksamen fundamentalen Attributionsfehlers lassen sich die in den Krisensituationen im Vergleich zur neutralen Nicht-Krisensituation vergleichsweise negativen Beurteilungen der *wahrgenommenen Leistung* des Anbieters in Bezug auf die Aspekte der Produktsicherheit und die Funktionstüchtigkeit plausibel machen. Die Ergebnisse lassen somit insgesamt erkennen, dass in allen Krisensituationen eine Bewältigung seitens des Anbieters angezeigt ist, ein Bewältigungsbedarf also mithin besteht. Die Beurteilungen des Anbieters fallen in allen betrachteten Reputationsdimensionen deutlich und signifikant unter die einer neutralen Nicht-Krisensituation zurück.

4.2.1.2 Situationsübergreifende Hypothesen

Die situationsübergreifenden, auf einen Vergleich einzelner Krisensituationen abstellenden, Hypothesen der Gruppe 1 sind in der nachfolgenden *Tabelle 41* zusammengefasst. Die Überprüfung der zugrunde gelegten situationsübergreifenden Hypothesen erfordert einen Vergleich der Mittelwerte der abhängigen Variablen von mehr als zwei unabhängigen Stichproben, nämlich der betrachteten drei Krisengruppen, mittels einfaktorieller univariater Varianzanalyse (ANOVA) mit dem Faktor „Situation" in drei Stufen (Beschwerde-, Reklamations- und Rückrufsituation).[628]

Hypothesengruppe H 1 – situationsübergreifend	
Hypothesennummer	**Postulierter Zusammenhang**
H1.2a	*In Rückrufsituationen (Reklamationssituationen) ist die Verantwortlichkeitszuweisung an den Anbieter höher als in Reklamations- und Beschwerdesituationen (Beschwerdesituationen).*
H1.2b	*In Rückrufsituationen (Reklamationssituationen) ist die wahrgenommene Problemschwere größer als in Reklamations- und Beschwerdesituationen (Beschwerdesituationen).*
H1.2c	*In Rückrufsituationen (Reklamationssituationen) ist die wahrgenommene Gerechtigkeit des Anbieters geringer als in Reklamations- und Beschwerdesituationen (Beschwerdesituationen).*
H1.2d	*In Rückrufsituationen (Reklamationssituationen) ist die wahrgenommene Leistung des Anbieters geringer als in Reklamations- und Beschwerdesituationen (Beschwerdesituationen).*

Tab. 41: Situationsübergreifende Hypothesen der Gruppe 1 Quelle: Eigene Darstellung

Die Varianzanalyse liefert ein insgesamt signifikantes Ergebnis ($p<0,05$) für sämtliche Variablen (vgl. *Tabelle 42*).[629]

[628] Da die abhängigen Variablen untereinander nur schwach korrelieren, kann auf die Durchführung einer multivariaten Varianzanalyse MANOVA verzichtet werden. Eine multivariate Varianzanalyse liegt vor, wenn der Einfluss von Faktoren auf mehrere abhängige Variable in derselben Varianzanalyse gleichzeitig untersucht wird. Die Durchführung einer solchen Analyse führt hier jedoch zu identischen Ergebnissen und Interpretationen. Vgl. Bühl, A.; Zöfel, P. (2005), S. 414; Goodwin, C.; Ross, I. (1992), S. 155.

[629] Der Levene-Test auf Varianzhomogenität liefert für alle Variablen ein nicht signifikantes Ergebnis ($p > 0,05$). D.h. die Fallgruppen können als homogen betrachtet werden. Varianzhomogenität, neben der Normalverteilung eine der beiden Voraussetzungen zur Durchführbarkeit einer Varianzanalyse, ist folglich gegeben.

		Quadrat-summe	df	Mittel der Quadrate	F	Signifi-kanz
MEAN_nk_risk	Zwischen den Gruppen	730,566	2	365,283	301,320	,000
	Innerhalb der Gruppen	723,729	597	1,212		
	Gesamt	1454,295	599			
MEAN_nk_attr	Zwischen den Gruppen	172,288	2	86,144	79,995	,000
	Innerhalb der Gruppen	642,887	597	1,077		
	Gesamt	815,175	599			
MEAN_nk_ger	Zwischen den Gruppen	249,338	2	124,669	156,666	,000
	Innerhalb der Gruppen	475,070	597	,796		
	Gesamt	724,407	599			
MEAN_nk_komp	Zwischen den Gruppen	87,111	2	43,556	37,968	,000
	Innerhalb der Gruppen	684,866	597	1,147		
	Gesamt	771,978	599			

Tab. 42: Ergebnisse der einfaktoriellen Varianzanalyse (ANOVA) zur Überprüfung von Hypothesen H1.2a-d Quelle: Eigene Darstellung

Die Mittelwerte können der folgenden *Tabelle 43* entnommen werden. Die deskriptive Analyse zeigt, dass sich die Mittelwerte allesamt in der erwarteten Richtung unterscheiden.

Abhängige Variable	**Beschwerde-situation N = 200**	**Reklamations-situation N = 200**	**Rückruf-situation N=200**
MEAN_nK_risk[630]	2,45	4,73	4,84
MEAN_nK_komp[631]	3,60	3,13	2,67
MEAN_nK_ger[632]	3,73	2,84	2,16
MEAN_nk_attr[633]	3,01	3,85	4,31

Tab. 43: Mittelwerte zur Prüfung der situationsübergreifenden Hypothesen von Gruppe 1 Quelle: Eigene Darstellung

Die *Problemschwere* (MEAN_nk_risk) wird von den Rezipienten angesichts der in *Tabelle 43* dargestellten Ergebnisse in der Rückrufsituation als am höchsten, in der Reklamationssituation als am zweithöchsten und in der Beschwerdesituation als am geringsten eingestuft. Rezipienten weisen dem Anbieter in Rückrufsituationen eine höhere *Verantwortlichkeit* (MEAN_nk_attr) für das jeweils thematisierte Produktproblem zu als in der Reklamationssituation und dort wiederum eine höhere Verantwortlichkeit als in der Beschwerdesituation. Die *wahrgenommene Leistung* des Anbieters (MEAN_nk_komp) wird offenbar von Rezi-

630 Niedrige (hohe) Skalenwerte stehen für eine geringe (hohe) wahrgenommene Problemschwere.
631 Hohe (niedrige) Skalenwerte stehen für eine hohe (geringe) wahrgenommene Leistung des Anbieters.
632 Hohe (niedrige) Skalenwerte repräsentieren eine hohe (geringe) wahrgenommene Gerechtigkeit.
633 Niedrige (hohe) Skalenwerte stehen für eine niedrige (hohe) Zuweisung von Verantwortlichkeit an den Anbieter.

pienten in der Beschwerdesituation als am höchsten, in der Reklamationssituation als am zweithöchsten und in der Rückrufsituation als am geringsten eingeschätzt. Die gleiche Reihenfolge gilt auch für die *wahrgenommene Gerechtigkeit* (MEAN_nk_ger).

Um zu überprüfen, welche Gruppen sich im Einzelnen signifikant voneinander unterscheiden, werden Post-Hoc-Mehrfachvergleiche mittels des *Scheffé-Tests* durchgeführt.[634] Die Ergebnisse dieser Tests können den nachfolgenden Tabellen entnommen werden. Der Test weist für die Variable MEAN_nk_risk (*wahrgenommene Problemschwere*) auf dem Niveau p = 0,05 zwei homogene Untergruppen aus (vgl. *Tabelle 44*): die Beschwerdesituation unterscheidet sich signifikant in Bezug auf die Mittelwerte dieser Variable von den eine homogene gemeinsame Untergruppe bildenden Reklamations- und Rückrufsituationen, die untereinander aber keinen signifikanten Unterschied aufweisen.

MEAN_nk_risk	Situationsspezifische Zugehörigkeit	N	Untergruppe für Alpha = .05.	
			1	2
Scheffé-Prozedur(a)	Beschwerdesituation	200	2,45	
	Reklamationssituation	200		4,73
	Rückrufsituation	200		4,84
	Signifikanz		1,000	,594

Die Mittelwerte für die in homogenen Untergruppen befindlichen Gruppen werden angezeigt.
a Verwendet ein harmonisches Mittel für Stichprobengröße = 200,000.

Tab. 44: Ergebnisse des Scheffé-Tests für die Variable MEAN_nk_risk zur Prüfung der situationsübergreifenden Hypothesen von Gruppe 1 Quelle: Eigene Darstellung

D.h. konform zu Hypothese H1.2b ist sowohl in Rückrufsituationen als auch in Reklamationssituationen die wahrgenommene Problemschwere größer als in Beschwerdesituationen. Anders als in Hypothese H1.2b postuliert, ist jedoch die wahrgenommene Problemschwere in der Rückrufsituation nicht signifikant höher als in der Reklamationssituation. Hieraus folgt, dass Hypothese H1.2b partiell verworfen werden muss. Offenbar schätzen Rezipienten die manifesten, rechtlich relevanten Produktprobleme in Rückruf- und Reklamationssituationen hinsichtlich der Problemschwere als ähnlich gravierend ein. Auch wenn ein Produktrückruf in der Gruppe der Reklamationssituationen keinen Gegenstand der negativen Publizität bildet, so halten Rezipienten auch in dieser Situation offenbar bereits einen Produktrückruf, ähnlich wie

[634] Beim *Scheffé-Test* handelt es sich um simultan durchgeführte Vergleichstests auf der Basis der F-Verteilung. Dieser Test wird hier und im Weiteren angewandt, da er sich gegenüber Verletzungen von Voraussetzungen als relativ robust erwiesen hat und zudem tendenziell eher konservativ (d.h. zugunsten der Nullhypothese) entscheidet. Vgl. Bortz, J. (1999), S. 263; Fahrmeier, L.; Hamerle, A. (1984), S. 165 f.

in der Rückrufsituation, für angezeigt, vermutlich da die bereits eingetretenen Probleme hier ebenfalls Schlimmeres ankündigen.

Für alle übrigen Variablen, die *wahrgenommene Leistung* (MEAN_nk_komp), die *wahrgenommene Gerechtigkeit* (MEAN_nk_ger) und die *Verantwortlichkeitszuweisung* (MEAN_nk_attr) ergibt sich aus den durchgeführten Tests hingegen vollständig das erwartete Ergebnis. Der Scheffé-Test zum Vergleich der einzelnen Gruppen zeigt, dass die *wahrgenommene Leistung* in der Rückrufsituation signifikant geringer eingeschätzt wird als in der Reklamationssituation und dort wiederum geringer als in der Beschwerdesituation gemäß Hypothese H1.2d (vgl. *Tabelle 45*). Hypothese H1.2d kann folglich nicht verworfen werden.

MEAN_nk_komp	Situationsspezifische Zugehörigkeit	N	Untergruppe für Alpha = .05. 1	2	3
Scheffé-Prozedur(a)	Rückrufsituation	200	2,67		
	Reklamationssituation	200		3,13	
	Beschwerdesituation	200			3,60
	Signifikanz		1,000	1,000	1,000

Die Mittelwerte für die in homogenen Untergruppen befindlichen Gruppen werden angezeigt.
a Verwendet ein harmonisches Mittel für Stichprobengröße = 200,000.

Tab. 45: Ergebnisse des Scheffé-Tests für die Variable MEAN_nk_komp zur Prüfung der situationsübergreifenden Hypothesen von Gruppe 1 Quelle: Eigene Darstellung

Für die *wahrgenommene Gerechtigkeit* ergibt der Test ebenfalls drei homogene Untergruppen, die sich signifikant in den Ausprägungen dieser Variable unterscheiden (vgl. *Tabelle 46*).

MEAN_nk_ger	Situationsspezifische Zugehörigkeit	N	Untergruppe für Alpha = .05. 1	2	3
Scheffé-Prozedur(a)	Rückrufsituation	200	2,16		
	Reklamationssituation	200		2,84	
	Beschwerdesituation	200			3,73
	Signifikanz		1,000	1,000	1,000

Die Mittelwerte für die in homogenen Untergruppen befindlichen Gruppen werden angezeigt.
a Verwendet ein harmonisches Mittel für Stichprobengröße = 200,000.

Tab. 46: Ergebnisse des Scheffé-Tests für die Variable MEAN_nk_ger zur Prüfung der situationsübergreifenden Hypothesen von Gruppe 1 Quelle: Eigene Darstellung

Der Anbieter wird von Rezipienten in der Rückrufsituation als weniger gerecht empfunden als in der Reklamationssituation und dort wiederum als weniger gerecht als in der Beschwerdesituation. Hypothese H1.2c kann somit nicht verworfen werden. Entgegen der situationsbezogenen Einschätzung der Rezipienten hinsichtlich der Problemschwere empfinden Rezipienten den Anbieter in allen drei Situationen als unterschiedlich gerecht. Die Rezipienten der negativen Publizität unterscheiden hier offenbar auch zwischen der Reklamations- und der Rückrufsituation. Ein Grund könnte darin liegen, dass die Abwesenheit jedweder Bewältigungsaktivität (von der in dieser Hypothesengruppe stets ausgegangen wird) in Verbindung mit manifesten Personenschäden in Rückrufsituationen die hier wahrgenommene Output-Input-Relation um ein Vielfaches unter diejenige in Reklamationssituationen absinken lässt. Ein Produktproblem mit der Gesundheit bezahlen zu müssen wirkt sich in entsprechend negativer Weise auf die Beurteilungen des Anbieters hinsichtlich seiner Gerechtigkeit durch Rezipienten aus.

Auch in Bezug auf die *Verantwortlichkeitszuweisungen* an den Anbieter durch Rezipienten ergibt der durchgeführte Scheffé-Test das erwartete Bild (vgl. *Tabelle 47*). Wie zu erkennen ist, weisen Rezipienten dem Anbieter in Rückrufsituationen eine signifikant höhere Verantwortlichkeit zu als in Reklamationssituationen und dort wiederum eine höhere Verantwortlichkeit als in Beschwerdesituationen.

MEAN_nk_attr	Situationsspezifische Zugehörigkeit	N	Untergruppe für Alpha = .05. 1	2	3
Scheffé-Prozedur(a)	Beschwerdesituation	200	3,01		
	Reklamationssituation	200		3,85	
	Rückrufsituation	200			4,31
	Signifikanz		1,000	1,000	1,000

Die Mittelwerte für die in homogenen Untergruppen befindlichen Gruppen werden angezeigt.
a Verwendet ein harmonisches Mittel für Stichprobengröße = 200,000.

Tab. 47: Ergebnisse des Scheffé-Tests für die Variable MEAN_nk_attr zur Prüfung der situationsübergreifenden Hypothesen von Gruppe 1 Quelle: Eigene Darstellung

Hypothese H1.2a kann somit ebenfalls nicht verworfen werden. Die in Beschwerdesituationen thematisierten rechtlich nicht substantiierten Produktprobleme mögen somit von Rezipienten stärker auf kundenseitige als auf anbieterseitige Problemursachen zurückgeführt werden als die den Gegenstand von Reklamations- und Rückrufsituationen bildenden manifesten Probleme. Der Grund kann in der geringeren Wirksamkeit des attributionstheoretischen Abwertungs- bzw. Vernachlässigungsprinzips (discounting principle) in Rückruf- respektive Reklamationssituationen im Vergleich zu Beschwerdesituationen erkannt werden. Der Negativitätseffekt bleibt somit voll wirksam.

4.2.2 Überprüfung der Hypothesen der Gruppe 2

4.2.2.1 Situationsspezifische Hypothesen

Die situationsspezifischen Hypothesen der Hypothesengruppe 2 sind in der nachfolgenden *Tabelle 48* wiedergegeben. Die situationsspezifische Analyse stellt auf einen Vergleich aller zu einem Aggregat zusammengefassten Krisengruppen (gewissermaßen als durchschnittliche Krisensituation) über die zwei Stufen des betrachteten Einflussfaktors „Qualitätsreputation vor der Krise" (Reputation hoch, Reputation niedrig) ab. Die Testung der Hypothesen erfolgt mittels t-Test bei unabhängigen Stichproben.

Hypothesengruppe H 2 – situationsspezifisch	
Hypo-thesen-nummer	**Postulierter Zusammenhang**
H2.1a	*Der Einfluss der Krisensituationen auf die Rezipientenreaktionen wird in allen Krisensituationen moderiert von der vor der Krise gegebenen Qualitätsreputation des Anbieters: Bei gegebener hoher Qualitätsreputation des Anbieters vor der Krise ist die Verantwortlichkeitszuweisung an den Anbieter geringer als bei gegebener niedriger Qualitätsreputation des Anbieters vor der Krise.*
H2.1b	*Der Einfluss der Krisensituationen auf die Rezipientenreaktionen wird in allen Krisensituationen moderiert von der vor der Krise gegebenen Qualitätsreputation des Anbieters: Bei gegebener hoher Qualitätsreputation des Anbieters vor der Krise ist die wahrgenommene Problemschwere geringer als bei gegebener niedriger Qualitätsreputation des Anbieters vor der Krise.*
H2.1c	*Der Einfluss der Krisensituationen auf die Rezipientenreaktionen wird in allen Krisensituationen moderiert von der vor der Krise gegebenen Qualitätsreputation des Anbieters: Bei gegebener hoher Qualitätsreputation des Anbieters vor der Krise ist die wahrgenommene Gerechtigkeit höher als bei gegebener niedriger Qualitätsreputation des Anbieters vor der Krise.*
H2.1d	*Der Einfluss der Krisensituationen auf die Rezipientenreaktionen wird in allen Krisensituationen moderiert von der vor der Krise gegebenen Qualitätsreputation des Anbieters: Bei gegebener hoher Qualitätsreputation des Anbieters vor der Krise ist die wahrgenommene Leistung des Anbieters höher als bei gegebener niedriger Qualitätsreputation des Anbieters vor der Krise.*

Tab. 48: Situationsspezifische Hypothesen der Gruppe 2 Quelle: Eigene Darstellung

In *Tabelle 49* sind die Mittelwerte der betrachteten abhängigen Variablen in den beiden unabhängigen Stichproben bzw. Gruppen „Reputation hoch" und „Reputation niedrig" ausgewiesen.[635] Zum Vergleich sind nochmals die Mittelwerte für die Gesamtstichprobe (ohne Kontrollgruppe) in der letzten Spalte angegeben (vgl. die Auswertungen zu den situationsspezifischen Hypothesen der Gruppe 1). Sämtliche Mittelwerte zeigen die in den Hypothesen

[635] Der Levene-Test auf Gleichheit der Varianzen ergibt für alle Variablen ein $p > 0{,}05$ (Varianzenhomogenität).

zum Ausdruck kommende Richtung. In der Gruppe „Reputation hoch" ergeben sich im Durchschnitt eine geringere wahrgenommene Problemschwere (MEAN_nk_risk) und geringere Verantwortlichkeitszuweisungen an den Anbieter (MEAN_nk_attr) sowie eine höhere wahrgenommene Leistung (MEAN_nk_komp) und wahrgenommene Gerechtigkeit (MEAN_nk_ger) als in der Gruppe „Reputation niedrig" sowie im Vergleich zu den Mittelwerten der Gesamtstichprobe (mit durchschnittlich ausgeprägter Reputation bzw. gleicher Anzahl an Fällen mit hoher und niedriger Reputation).

Abhängige Variable	Gruppe Reputation hoch (N = 300)	Gruppe Reputation niedrig (N = 300)	Experimentgruppen (Gruppen 1 bis 12) (N = 600)
MEAN_nK_risk[636]	3,96	4,06	4,01
MEAN_nK_komp[637]	3,61*	2,66*	3,13
MEAN_nK_ger[638]	3,35*	2,47*	2,91
MEAN_nk_attr[639]	3,24*	4,21*	3,72

* signifikante Mittelwertdifferenz (p<0,01)

Tab. 49: Ergebnisse der Prüfung der situationsspezifischen Hypothesen von Gruppe 2
Quelle: Eigene Darstellung

Der t-Test weist auf signifikante Mittelwertdifferenzen zwischen den Gruppen „Reputation hoch" und „Reputation niedrig" jedoch lediglich in den Variablen MEAN_nk_komp (wahrgenommene Leistung) ($t = 11{,}213$, $df = 598$, $p < 0{,}01$), MEAN_nk_ger (wahrgenommene Gerechtigkeit) ($t = 10{,}626$, $df = 598$, $p < 0{,}01$) und MEAN_nk_attr (Verantwortlichkeitszuweisung) ($t = -11{,}085$, $df = 598$, $p < 0{,}01$) hin. Der Reputationsfaktor führt hingegen zu keinen signifikanten Mittelwertunterschieden zwischen den beiden Gruppen hinsichtlich der Variable MEAN_nk_risk (wahrgenommene Problemschwere) ($t = -0{,}779$, $df = 598$, $p = 0{,}436$).

Somit können die situationsspezifischen *Hypothesen H2.1a, H2.1c und H2.1d* nicht verworfen werden. *Hypothese H2.1b* hingegen kann angesichts dieses Ergebnisses nicht aufrechterhalten werden. Es liegt also in Bezug auf die Variablen „wahrgenommene Gerechtigkeit", „wahrgenommene Leistung" und „Verantwortlichkeitszuweisung" ein den Negativitätseffekt „moderierender" (hier im Sinne von abschwächender) Einfluss der vor der Krise gegebenen Qualitätsreputation des Anbieters auf die reputationsrelevanten Rezipientenreaktionen vor. Eine

[636] Niedrige (hohe) Skalenwerte stehen für eine geringe (hohe) wahrgenommene Problemschwere.
[637] Hohe (niedrige) Skalenwerte stehen für eine hohe (geringe) wahrgenommene Leistung des Anbieters.
[638] Hohe (niedrige) Skalenwerte repräsentieren eine hohe (geringe) wahrgenommene Gerechtigkeit.
[639] Niedrige (hohe) Skalenwerte stehen für eine niedrige (hohe) Zuweisung von Verantwortlichkeit an den Anbieter.

hohe vor der Krise gegebene Reputation des Anbieters vermag also die Kundenreaktionen auf alle hier als Aggregat betrachteten Produktkrisen günstig zu beeinflussen; niedrige Reputation bewirkt in Bezug auf diese Variablen einen gegenteiligen Effekt. Allerdings scheint der Faktor Reputation zu keiner grundlegend anderen Beurteilung der wahrgenommenen Problemschwere aller hier betrachteten Krisensituationen durch Rezipienten zu führen. Eine hohe Reputation schützt den Anbieter also offensichtlich nicht hinreichend vor einer Produktkrise in Bezug auf die Wahrnehmung der Problemschwere durch Konsumenten. Der vermeintliche Grund für diese divergierenden Wirkungen des Reputationsfaktors könnte darin erkannt werden, dass die Anbieterreputation von Konsumenten stärker mit anbieterbezogenen als mit situationsbezogenen Beurteilungsdimensionen in Verbindung gebracht wird. Eine hohe (niedrige) Reputation des Anbieters mag aus Sicht von Konsumenten primär als positives (negatives) Signal hinsichtlich der Verlässlichkeit bzw. Vertrauenswürdigkeit der vom Anbieter angebotenen Produkte (wahrgenommene Leistung) einerseits und seines Verhaltens vor bzw. in der Krise (wahrgenommene Gerechtigkeit, Verantwortlichkeit) andererseits gesehen werden. Der Reputation kommt dagegen eine weniger ausgeprägte Signalfunktion hinsichtlich der Beeinflussung stärker situationsbezogener (problembezogener) Beurteilungsaspekte, wie der wahrgenommenen Problemschwere, zu, in die unter anderem auch die Beurteilung (latenter) Produktrisiken durch Rezipienten einfließt.

4.2.2.2 Situationsübergreifende Hypothesen

Die situationsübergreifenden Hypothesen der Gruppe 2, die auf einen Vergleich einzelner Krisensituationen abstellen, sind in *Tabelle 50* zusammengestellt. Der in diesen Hypothesen thematisierte „moderierende Effekt" drückt, in Abgrenzung zu dem in der situationsspezifischen Analyse betrachteten Effekt, eine Wechselwirkung (Interaktion)[640] des Faktors Reputation mit dem Faktor Situation aus. Es wird also davon ausgegangen, dass die Wirkung des Faktors Reputation für verschiedene Stufen des Faktors Situation sehr spezifisch ist. Im Rahmen der nachfolgend zur Testung dieser Hypothesen durchzuführenden Analyse gilt es also, etwaige Interaktionseffekte zwischen den Faktoren Reputation und Situation aufzuspüren und zu interpretieren. Dies wiederum bildet die Voraussetzung für eine adäquate Beschreibung und sinnvolle Interpretation eines potentiellen Einflusses des Hauptfaktors Reputation.[641]Die Überprüfung der in den situationsübergreifenden Hypothesen zum Ausdruck kommenden Zusammenhänge zur Wirkung des Einflussfaktors „Qualitätsreputation vor der Krise" auf die

[640] Die Interaktion kennzeichnet einen über die Haupteffekte hinausgehenden Effekt, der nur dadurch zu erklären ist, dass mit der Kombination einzelner Faktorstufen eine eigenständige Wirkung verbunden ist. Vgl. Bortz, J. (1999), S. 285.

[641] Vgl. Eschweiler, M.; Evanschitzky, H.; Woisetschläger, D. (2007), S. 14.

betrachteten Rezipientenreaktionen als abhängige Variablen erfordert einen Vergleich von mehr als zwei unabhängigen Stichproben, nämlich der drei Krisengruppen (Beschwerde-, Reklamations-, Rückrufsituation), jeweils gestuft nach den zwei Ausprägungen des Reputationsfaktors (Reputation hoch vs. Reputation niedrig).

Hypothesengruppe H 2 – situationsübergreifend	
Hypothesennummer	**Postulierter Zusammenhang**
H2.2a	*Der moderierende Einfluss der vor der Krise gegebenen Qualitätsreputation des Anbieters auf die Wirkung gegebener Krisensituationen variiert in den einzelnen Krisensituationen: Rückrufsituationen (Reklamationssituationen) führen im Vergleich zu Reklamations- und Beschwerdesituationen (Beschwerdesituationen) zu relativ geringeren Verantwortlichkeitszuweisungen an den Anbieter, wenn die Reputation des Anbieters hoch ist im Vergleich zu einer niedrigen Reputation.*
H2.2b	*Der moderierende Einfluss der vor der Krise gegebenen Qualitätsreputation des Anbieters auf die Wirkung gegebener Krisensituationen variiert in den einzelnen Krisensituationen: Rückrufsituationen (Reklamationssituationen) führen im Vergleich zu Reklamations- und Beschwerdesituationen (Beschwerdesituationen) zu einer relativ geringeren wahrgenommenen Problemschwere, wenn die Reputation des Anbieters hoch ist im Vergleich zu einer niedrigen Reputation.*
H2.2c	*Der moderierende Einfluss der vor der Krise gegebenen Qualitätsreputation des Anbieters auf die Wirkung gegebener Krisensituationen variiert in den einzelnen Krisensituationen: Rückrufsituationen (Reklamationssituationen) führen im Vergleich zu Reklamations- und Beschwerdesituationen (Beschwerdesituationen) zu einer relativ höheren wahrgenommenen Gerechtigkeit, wenn die Reputation des Anbieters hoch ist im Vergleich zu einer niedrigen Reputation.*
H2.2d	*Der moderierende Einfluss der vor der Krise gegebenen Qualitätsreputation des Anbieters auf die Wirkung gegebener Krisensituationen variiert in den einzelnen Krisensituationen: Rückrufsituationen (Reklamationssituationen) führen im Vergleich zu Reklamations- und Beschwerdesituationen (Beschwerdesituationen) zu einer relativ höheren wahrgenommenen Leistung, wenn die Reputation des Anbieters hoch ist im Vergleich zu einer niedrigen Reputation.*

Tab. 50: Situationsübergreifende Hypothesen der Gruppe 2 Quelle: Eigene Darstellung

Es werden zweifaktorielle Varianzanalysen mit den zwei Faktoren (unabhängigen Variablen) Reputation und Situation und den vier abhängigen Variablen durchgeführt.[642] Da die abhängigen Variablen untereinander nur schwach korrelieren, werden univariate Varianzanalysen (ANOVA) gerechnet.[643] Um Aussagen über die Stärke bzw. die relative Wichtigkeit einzelner (signifikanter) Faktoren bzw. Faktorkombinationen (Interaktionen) für die Erklärung der Abweichungen der abhängigen Variablen treffen zu können, wird als Schätzer für die Effekt-

[642] Der Levene-Test auf Varianzhomogenität liefert für alle Variablen ein nicht signifikantes Ergebnis ($p > 0,05$). D.h. die Fallgruppen können als homogen betrachtet werden. Varianzhomogenität, neben der Normalverteilung eine der beiden Voraussetzungen zur Durchführbarkeit einer Varianzanalyse, ist folglich gegeben.

[643] Multivariate Varianzanalysen (MANOVA) sind den univariaten Einzelanalysen (ANOVA) dann (und nur dann) vorzuziehen, wenn die abhängigen Variablen nicht unabhängig voneinander sind, sondern untereinander Korrelationen aufweisen. Vgl. Bühl, A.; Zöfel, P. (2005), S. 414. Die multivariate Varianzanalyse führt hier zu denselben Interpretationen.

größe ein partielles-Eta-Quadrat für jeden Effekt berechnet.[644] Die zudem ausgewiesene Größe R-Quadrat (das sog. Bestimmtheitsmaß) gibt denjenigen Anteil der Variation an der Gesamtvariation an, der durch das Modell erklärt werden kann.[645] Zur näheren Charakterisierung etwaig signifikanter Interaktionen werden Interaktionsdiagramme[646] (Profildiagramme) erstellt sowie Mittelwerte bzw. Mittelwertdifferenzen getrennt nach den drei Situationen, jeweils gestuft nach den beiden Reputationsausprägungen und vice versa, mittels t-Tests analysiert.

Die Ergebnisse der Varianzanalyse zur Überprüfung von *Hypothese H2.2b* können *Tabelle 51* entnommen werden.[647]

Abhängige Variable: MEAN_nk_risk   Tests der Zwischensubjekteffekte

Quelle	Quadratsumme vom Typ III	df	Mittel der Quadrate	F	Signifikanz	Partielles Eta-Quadrat
Korrigiertes Modell	732,572(a)	5	146,514	120,586	,000	,504
Konstanter Term	9626,018	1	9626,018	7922,504	,000	,930
gruppe_situation	730,566	2	365,283	300,639	,000	,503
gruppe_reputation	1,475	1	1,475	1,214	,271	,002
gruppe_situation * gruppe_reputation	,531	2	,265	,218	,804	,001
Fehler	721,723	594	1,215			
Gesamt	11080,313	600				
Korrigierte Gesamtvariation	1454,295	599				

a R-Quadrat = ,504 (korrigiertes R-Quadrat = ,500)

Tab. 51: Ergebnisse der univariaten Varianzanalyse (ANOVA) zur Überprüfung von Hypothese H2.2b   Quelle: Eigene Darstellung

Bei der Beurteilung der *Problemschwere* (MEAN_nk_risk) werden 50,4% der Varianz durch das Modell (R-Quadrat = 0,504) und dabei primär durch den Faktor Situation erklärt (Partielles Eta-Quadrat = 0,503), welcher zudem hoch signifikant ist (p<0,001). Sowohl der Faktor Reputation (p = 0,271) als auch die Wechselwirkung zwischen Reputation und

644 Vgl. Herrmann, A.; Seilheimer, C. (1999), S. 287; Bortz, J. (1999), S. 269 f., 289 sowie Bühl, A.; Zöfel, P. (2005), S. 406, 408.

645 Vgl. Bühl, A.; Zöfel, P. (2005), S. 408.

646 *Interaktionsdiagramme* (Profildiagramme) erleichtern die Interpretation einer signifikanten Interaktion. Hierbei werden die Gruppenmittelwerte in einer Grafik abgetragen. Für die Klassifikation einer Interaktion fertigt man sinnvollerweise zwei Interaktionsdiagramme an. Im ersten Diagramm werden die Stufen des Faktors A und im zweiten Diagramm die Stufen des Faktors B auf der Abszisse abgetragen. Die Ordinate bezeichnet die abhängige Variable (Mittelwerte der Faktorstufenkombinationen). Vgl. Bortz, J. (1999), S. 289 ff.; Herrmann, A.; Seilheimer, C. (1999), S. 285 f.

647 Da wir an einer Varianzanalyse (und nicht an einer Regressionsanalyse) interessiert sind, lassen wir den Intercept (konstanter Term) bei der Interpretation außer Betracht.

Situation ($p = 0{,}804$) üben einen nicht signifikanten Einfluss auf die abhängige Variable aus. Der Faktor Reputation erklärt lediglich 0,2% der Varianz der wahrgenommenen Problemschwere. Die Interaktion beider Faktoren leistet mit 0,1% ebenfalls einen vernachlässigbar geringen Erklärungsbeitrag. Diese Ergebnisse deuten darauf hin, dass die Beurteilung der Problemschwere durch Rezipienten offenbar dominiert wird durch den situativen Stimulus selbst, mithin durch einen vergleichsweise stark wirksamen Negativitätseffekt der Krisensituationen. Dieser Effekt führt dazu, dass Rezipienten dem (positiven wie negativen) Reputationssignal in allen Krisensituationen anscheinend keinerlei Bedeutung beimessen. Das Reputationssignal scheint für die Beurteilung der Schwere des Problems also insgesamt bedeutungslos. Die wahrgenommene Problemschwere ist unabhängig von der vor der Krise gegebenen Qualitätsreputation des Anbieters. Der Negativitätseffekt konterkariert scheinbar etwaige, von einem positiven Reputationsstimulus ausgehende Abschwächungseffekte (Signaling-Effekt, Bestätigungseffekt) derart, dass die Problemschwere allein anhand krisensituationsbezogener Merkmale, wie insbesondere des Problemspektrums bzw. der Art der thematisierten konkretisierten Produktrisiken und der rechtlichen Relevanz des Problems, beurteilt wird. Umgekehrt vermag aber auch eine niedrige Reputation des Anbieters nicht zu einer Verschlechterung der Beurteilung der Problemschwere durch Rezipienten beizutragen. Die Reputation der Firma führt nicht zu signifikanten Unterschieden bei der Beurteilung der Problemschwere durch die Konsumenten. Deren Beurteilung unterscheidet sich bei hoher im Vergleich zu niedriger Reputation nicht. *Standop* (2006), der in seiner Analyse bezüglich der Wirkungen des Faktors „Bekanntheit" auf unterschiedliche Reputationsdimensionen einen ähnlichen Effekt aufdeckt, führt hierzu aus: *„Im Urteil der Konsumenten sind offenbar auch bekannte und renommierte Firmen immer öfter durch alleiniges Streben nach Gewinn zu Lasten der Kunden gekennzeichnet. Dies äußert sich z.B. in Umweltskandalen, in die bedeutende Firmen häufig ebenso verwickelt sind wie kleine Firmen, in Qualitätsvergleichen, bei denen teure Produkte von bekannten Herstellern nicht besser abschneiden als andere Produkte oder auch direkt bei Rückrufen, wenn große Hersteller in dem gleichen Maß wie andere Anbieter Entwicklungs- oder Konstruktionsfehler bei ihren Produkten zugeben müssen."*[648] Dies wiederum führt dazu, dass Rezipienten der negativen Publizität in relativ hohem Maße sensibilisiert sind und dem Anbieter nicht allein aufgrund seines großen Namens einen Vertrauensvorschuss zubilligen. Für die Bewältigung von Produktkrisen ergeben sich in Bezug auf die Beeinflussung der wahrgenommenen Problemschwere ebenfalls wichtige Folgerungen: Angesichts des vernachlässigbaren Einflusses der Anbieterreputation auf die Beurteilung der Schwere der in den Krisensituationen thematisierten Produktprobleme, kommen adäquaten Bewältigungsmaßnahmen des Anbieters, die die negative Valenz der Krisenstimuli wirksam abzuschwächen vermögen, insofern eine

[648] Standop, D. (2006), S. 102.

herausragende Bedeutung zu. Die Reputation eines Anbieters leistet bzw. übernimmt hinsichtlich der Beurteilung der Problemschwere durch Konsumenten keinerlei Bewältigungsarbeit. Im Lichte dieses Ergebnisses scheint nun die Vorstellung von einem substitutiven Verhältnis zwischen hoher Reputation einerseits und entsprechenden Bewältigungsmaßnahmen andererseits, im Hinblick auf die Beeinflussung der wahrgenommenen Problemschwere zumindest fragwürdig, auch wenn dieser Effekt hier noch nicht untersucht wurde, sondern der Analyse zu Hypothesengruppe 4 vorbehalten bleibt. Der symmetrische Aufbau der Hypothesengruppen erweist sich an dieser Stelle im Hinblick auf die Gewinnung profunder Erkenntnisse über die Bewältigung von Produktkrisen als besonders fruchtbar.

Die nicht signifikante bzw. in ihrem Erklärungswert bedeutungslose Interaktion beider Faktoren weist darauf hin, dass die Effekte der beiden Faktoren unabhängig voneinander sind.[649] In Rückrufsituationen (Reklamationssituationen) ist der Einfluss der Reputation auf die wahrgenommene Problemschwere nicht größer bzw. anders als in den Reklamations- und Beschwerdesituationen (Beschwerdesituationen). Dies wird auch in den Interaktionsdiagrammen deutlich (vgl. *Abbildung 22*). Der annähernd parallele Verlauf der Verbindungslinien der Mittelwerte zeigt an, dass es keine Interaktionen gibt.

Auch der nicht signifikante Unterschied zwischen den beiden Reputationsgruppen wird aus den Diagrammen deutlich (vgl. hierzu auch die situationsübergreifend nicht signifikanten Mittelwertdifferenzen, dargestellt in *Tabelle 52*). *Hypothese H2.2b* muss angesichts dieser Ergebnisse somit verworfen werden.

[649] Vgl. Herrmann, A.; Seilheimer, C. (1999), S. 283.

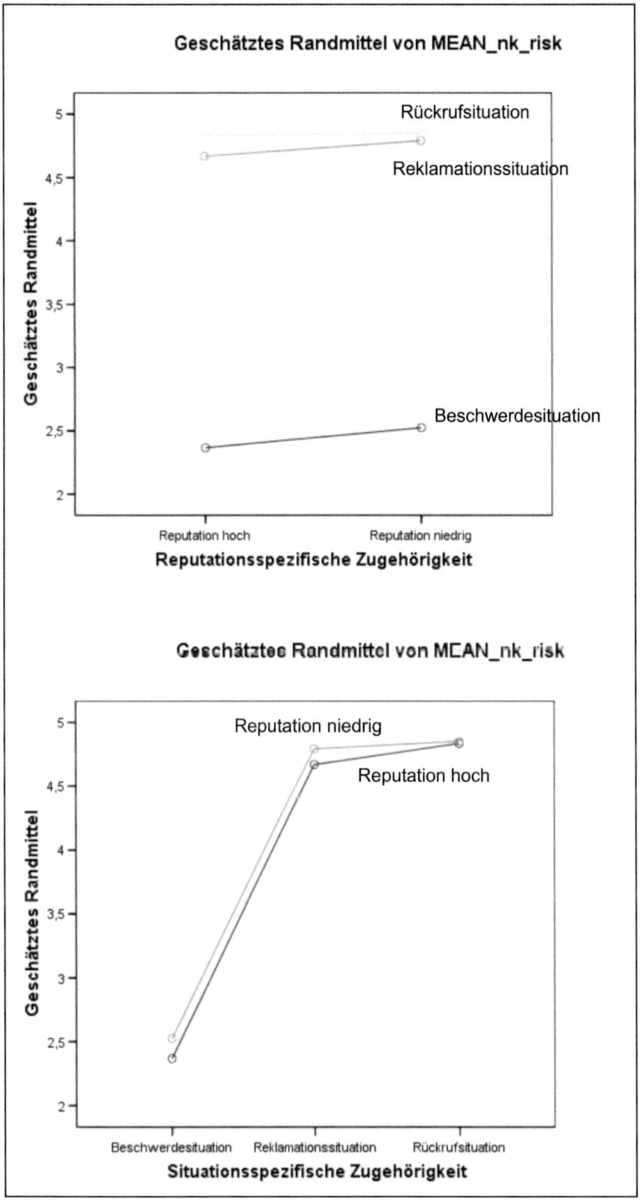

Abb. 22: Interaktionsdiagramme zu Hypothese H2.2b Quelle: Eigene Darstellung

Abhängige Variable	Beschwerde-situation			Reklamations-situation			Rückruf-situation		
	Reputation hoch (N=100)	Reputation niedrig (N=100)	gesamt (N=200)	Reputation hoch (N=100)	Reputation niedrig (N=100)	gesamt (N=200)	Reputation hoch (N=100)	Reputation niedrig (N=100)	gesamt (N=200)
MEAN_nK_risk	2,37	2,53	2,45	4,67	4,79	4,73	4,83	4,85	4,84
Diff. T p	-,158 -1,029 (,305)			-,123 -,700 (,485)			-,018 -,128 (,899)		

Diff. = mittlere Differenz; p-Werte in Klammern Sig.(2-seitig)

Tab. 52: Zellenmittelwerte und Mittelwertdifferenzen für die Variable MEAN_nk_risk nach situationsspezifischer und reputationsspezifischer Zugehörigkeit Quelle: Eigene Darstellung

Die Ergebnisse der Varianzanalyse zur Testung von *Hypothese H2.2a* sind in *Tabelle 53* wiedergegeben. Die beiden Haupteffekte, Reputation und Situation, sind hoch signifikant (p < 0,001). Der Faktor Reputation trägt mit 22,1% (Partielles Eta-Quadrat) und der Faktor Situation leicht mehr mit 26,1% zur Erklärung der *Verantwortlichkeitszuweisung* der Rezipienten (MEAN_nk_attr) bei. Ihre Interaktion trägt wesentlich weniger, nämlich lediglich 3,1%, zur Erklärung der Verantwortlichkeitszuweisung bei als die beiden Haupteffekte, der Interaktionseffekt ist jedoch hoch signifikant (p < 0,001). Das Gesamtmodell erklärt 40,1% der Varianz (R-Quadrat=0,401), ist also von mittlerer Erklärungskraft.

Abhängige Variable: MEAN_nk_attr Tests der Zwischensubjekteffekte

Quelle	Quadratsumme vom Typ III	df	Mittel der Quadrate	F	Signifikanz	Partielles Eta-Quadrat
Korrigiertes Modell	326,726(a)	5	65,345	79,466	,000	,401
Konstanter Term	8323,513	1	8323,513	10122,168	,000	,945
gruppe_situation	172,288	2	86,144	104,759	,000	,261
gruppe_reputation	138,961	1	138,961	168,989	,000	,221
gruppe_situation * gruppe_reputation	15,477	2	7,738	9,411	,000	,031
Fehler	488,449	594	,822			
Gesamt	9138,688	600				
Korrigierte Gesamtvariation	815,175	599				

a R-Quadrat = ,401 (korrigiertes R-Quadrat = ,396)

Tab. 53: Ergebnisse der univariaten Varianzanalyse (ANOVA) zur Überprüfung von Hypothese H2.2a Quelle: Eigene Darstellung

Die Art der vorliegenden Interaktion lässt sich durch Inspektion der in *Abbildung 23* dargestellten Interaktionsdiagramme näher charakterisieren. Die Verbindungslinien der Mittelwerte verlaufen nicht parallel, was auf die Existenz einer Wechselwirkung zwischen dem Faktor

„Reputation" und dem Faktor „Situation" hindeutet. Es liegt eine ordinale Interaktion vor:[650] Die Linienzüge weisen sowohl im oberen als auch im unteren Diagramm von *Abbildung 23* den gleichen Trend auf. D.h. der Einfluss der Reputation auf die Verantwortlichkeitszuweisung ist nicht in allen Situationen gleich, die Rangfolge der Effekte ändert sich jedoch nicht. Die Rangfolge der Stufen des Faktors „Situation" ist für die Stufen „Reputation hoch" und „Reputation niedrig" identisch und die Rangfolge der Stufen des Faktors „Reputation" ist für die Stufen des Faktors „Situation" identisch. Beide Haupteffekte sind damit eindeutig interpretierbar. Die Rangfolge der Mittelwerte des Haupteffektes „Situation" gilt für beide Stufen des Faktors „Reputation" und die Rangfolge der Mittelwerte des Haupteffektes „Reputation" gilt für alle Stufen des Faktors „Situation".

Wie aus *Abbildung 23* hervorgeht, weisen die Rezipienten dem Anbieter in allen Krisensituationen bei niedriger Reputation mehr Verantwortlichkeit für die Existenz der jeweiligen Produktprobleme zu als bei hoher Reputation. Unter der Bedingung hoher Reputation wird in der Rückrufsituation ein geschätzter Randmittelwert für die Verantwortlichkeitszuweisung von 3,85 ausgewiesen (vgl. unteres Interaktionsdiagramm), der signifikant geringer ist als der geschätzte Randmittelwert der Verantwortlichkeitszuweisung wenn die vor der Krise gegebene Qualitätsreputation des Anbieters niedrig ist ($MW_{RÜ}$= 4,77; t = -8,386; p < 0,001). Die entsprechenden Mittelwerte und Mittelwertdifferenzen für die Variable MEAN_nk_attr zur Analyse des Interaktionseffektes können *Tabelle 54* entnommen werden.

Dieses Ergebnis deutet darauf hin, dass höhere Niveaus der Reputation den negativen Einfluss von Situationen mit dem vergleichsweise umfangreichsten Spektrum thematisierter Produktprobleme (konkretisierter Produktrisiken) auf die Verantwortlichkeitszuweisung durch Rezipienten wirksam abzuschwächen vermögen. Jedoch resultiert auch in Situationen mit einem relativ weniger umfangreichen Problemspektrum, nämlich in Reklamations- und Beschwerdesituationen, eine geringere Verantwortlichkeitszuweisung wenn die vor der Krise gegebene Qualitätsreputation des Anbieters hoch ist (MW_{RE} = 3,56; MW_{BE} = 2,33) im Unterschied zu einem niedrigen vor der Krise gegebenen Reputationsniveau (MW_{RE} = 4,15; t = -4,165; p < 0,001 bzw. MW_{BE} = 3,70; t = -10,558; p < 0,001). Unter der Bedingung hoher Reputation weichen die Mittelwerte zwischen den Rückruf-, Reklamations- und Beschwerdesituationen signifikant voneinander ab (p<0,05); das gleiche gilt unter der Bedingung niedriger Reputation (p<0,002).

---

[650] Vgl. Bortz, J. (1999), S. 290 f.; Herrmann, A.; Seilheimer, C. (1999), S. 285 f.

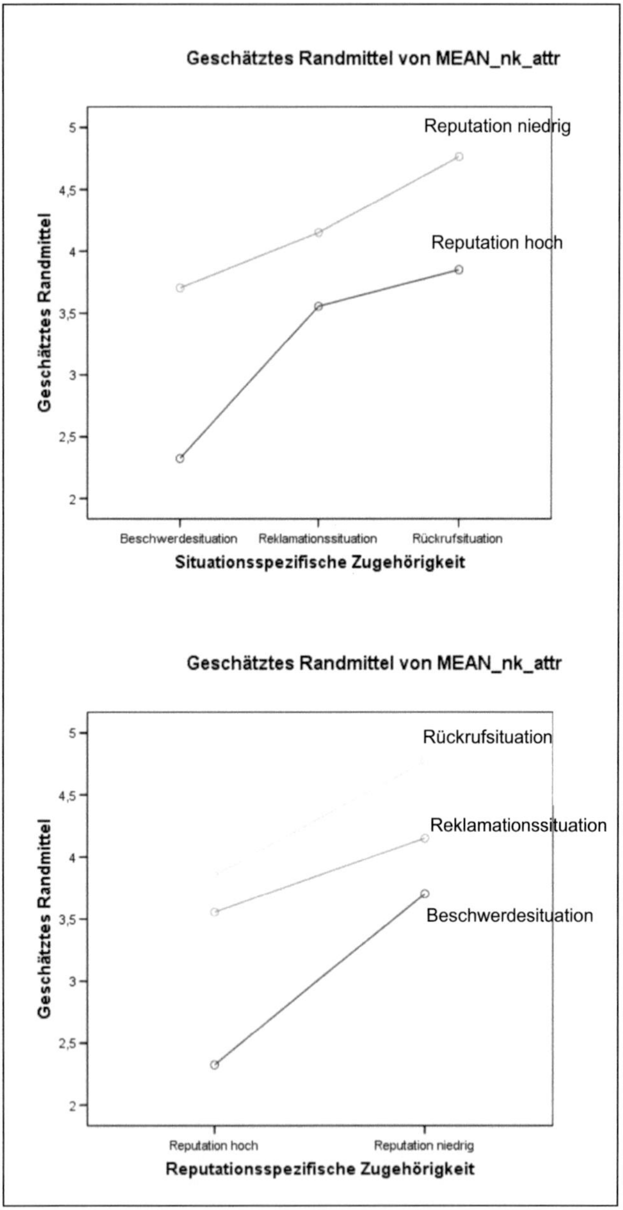

Abb. 23: Interaktionsdiagramme zu Hypothese H2.2a Quelle: Eigene Darstellung

Abhängige Variable	Beschwerdesituation			Reklamationssituation			Rückrufsituation		
	Reputation hoch (N=100)	Reputation niedrig (N=100)	gesamt (N=200)	Reputation hoch (N=100)	Reputation niedrig (N=100)	gesamt (N=200)	Reputation hoch (N=100)	Reputation niedrig (N=100)	gesamt (N=200)
MEAN_nk_attr	2,33	3,70	3,01	3,56	4,15	3,85	3,85	4,77	4,31
Diff. T p	-1,378 -10,558 (,000)			-,595 -4,165 (,000)			-,915 -8,386 (,000)		

Diff. = mittlere Differenz; p-Werte in Klammern Sig.(2-seitig)

Tab. 54: Zellenmittelwerte und Mittelwertdifferenzen für die Variable MEAN_nk_attr nach situationsspezifischer und reputationsspezifischer Zugehörigkeit Quelle: Eigene Darstellung

Von einem relativ größeren Einfluss des Faktors Reputation in der Gruppe der Rückrufsituation (Reklamationssituation) im Vergleich zu den Gruppen der Reklamations- und Beschwerdesituationen (Beschwerdesituation) könnte etwa in dem hier nicht vorliegenden Fall ausgegangen werden, dass die Mittelwertdifferenzen zwischen den Reputationsgruppen in den Beschwerde- respektive Reklamationssituationen nicht signifikant, in der Rückrufsituation (Reklamationssituation) dagegen signifikant wären.[651] Da ein solcher Fall hier nicht gegeben ist, lässt sich anhand des Interaktionsdiagrammes nur eine grobe Aussage über das Muster der Interaktion bzw. die relative Stärke des Interaktionseffektes in unterschiedlichen Krisensituationen anhand des Abstands zwischen den Linien treffen.[652] Der Abstand der Verbindungslinien der Mittelwerte ist ein Zeichen für die Differenz zwischen den Kategorien, die die Linien konstituieren. Das hier vorliegende Muster der signifikanten Interaktion verdeutlicht, dass eine hohe vor der Krise gegebene Qualitätsreputation des Anbieters in Beschwerdesituationen stärker reduzierend (abschwächend) auf die Verantwortlichkeitszuweisungen der Rezipienten wirkt als in Reklamations- und Rückrufsituationen bzw. in Rückrufsituationen stärker abschwächend als in Reklamationssituationen (vgl. die Abstände zwischen den Linienzügen in dem oberen Interaktionsdiagramm in *Abbildung 23*). Hypothese H2.2a postuliert zum einen eine stärker dämpfende Wirkung des Faktors Reputation (hohe vs. niedrige Reputation) auf die Verantwortlichkeitszuweisung in Rückrufsituationen im Vergleich zu Reklamationssituationen, zum anderen aber auch in Reklamationssituationen im Vergleich zu Beschwerdesituationen. Anhand des Musters des gefundenen Interaktionseffektes lässt sich Hypothese H2.2a somit nur teilweise (nicht jedoch insgesamt), nämlich in Bezug auf die Relation von Rückruf-

[651] Vgl. zu einer ähnlichen Interpretation moderierender Effekte die Analyse von Kerr, A. H. (2004), S. 78 ff und Matos, C. A. de; Veiga, R. T. (2004), S. 11 f.

[652] Vgl. Bortz, J. (1999), S. 290. Viele der einschlägigen Studien beschränken sich auf eine solche Interpretation von Interaktionseffekten. Vgl. etwa die Analysen von Goodwin, C.; Ross, I. (1992), S. 155 ff. und Mowen, J. C.; Ellis, H. W. (1981), S. 167 f.

und Reklamationssituationen, und zudem nur relativ schwach stützen. Der geringe Varianzerklärungsbeitrag der Interaktion relativiert diese Interpretation zusätzlich.

Verglichen mit dem Effekt der Reputation auf die wahrgenommene Problemschwere kommt der vor der Krise gegebenen Qualitätsreputation des Anbieters in Bezug auf die Verantwortlichkeitszuweisungen der Rezipienten also offenbar ein signifikanter und relativ hoher Einfluss zu. Dieser Einfluss scheint in etwa gleich stark zu sein wie der der Krisensituationen selbst (abzulesen an dem in etwa gleich hohen Wert für das Partielle Eta-Quadrat in *Tabelle 53*). Die positiven Effekte einer hohen Reputation im Hinblick auf die Bewältigung von Produktkrisen werden hier also offenbar nicht, wie im Falle der Beurteilung der wahrgenommenen Problemschwere, konterkariert durch einen dominanten Negativitätseffekt der Krisensituationen. Das Gegenteil trifft zu: Die bereits aufgebaute hohe Reputation vermag einen Teil der Bewältigungsarbeit für einen Anbieter zu übernehmen, und zwar dergestalt, dass diese für etwaig zusätzlich anstehende Bewältigungsaktivitäten eine günstigere Ausgangslage schafft. Hohe im Vergleich zu niedriger Reputation bewirkt eine aus Anbietersicht günstigere Attributionstätigkeit der Rezipienten in allen Krisensituationen. Die sich aus den beiden Faktoren, Situation und Reputation, ergebende Interaktion ist zwar signifikant, sie leistet für sich betrachtet jedoch kaum einen Erklärungsbeitrag für die Beurteilung der Verantwortlichkeit des Anbieters durch Rezipienten. Die Analyse des Interaktionseffektes (vgl. *Abbildung 23*, oberer Teil) zeigt jedoch, dass schwache Anzeichen dafür bestehen, dass der Reputation in Krisensituationen mit der vergleichsweise geringsten Substantiierung von Produktproblemen (Beschwerdesituationen) und in Situationen mit der vergleichsweise stärksten Substantiierung von Produktproblemen (Rückrufsituationen) jeweils eine relativ höhere Wirkung im Hinblick auf die Verbesserung der Verantwortlichkeitszuweisungen durch Rezipienten zugesprochen werden kann als in Situationen mit einem mittleren Substantiierungsniveau thematisierter Produktprobleme (Reklamationssituationen). Die Vorstellung eines U-förmigen Verlaufs der Kurve der relativen Stärke des Reputationseffektes in Abhängigkeit der hier betrachteten, aufsteigend nach dem Grad der Substantiierung der Produktprobleme geordneten, Krisensituationen liegt also nahe (vgl. *Abbildung 24*).

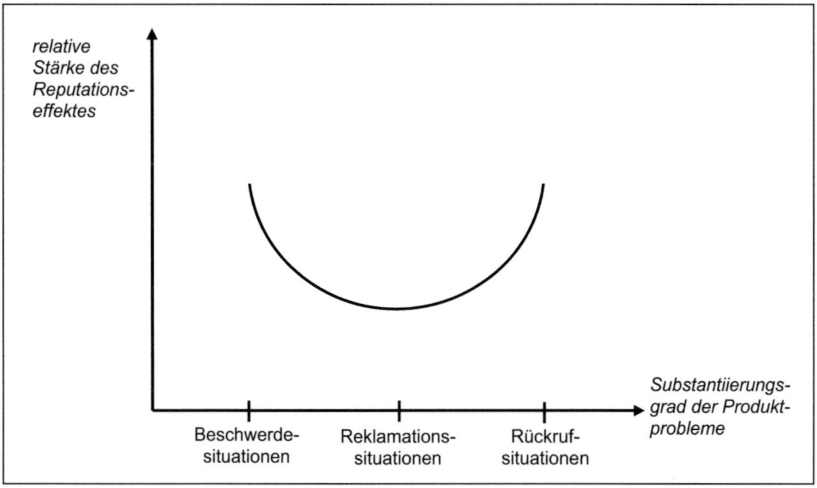

Abb. 24: Relative Stärke des moderierenden Einflusses der vor der Krise gegebenen Qualitätsreputation des Anbieters auf die Verantwortlichkeitszuweisungen der Rezipienten Quelle: Eigene Darstellung

Hieraus lässt sich ableiten, dass einem Anbieter eine etwaig bereits aufgebaute hohe Reputation in Reklamationssituationen relativ weniger nützt bzw. einem Anbieter niedriger Reputation vergleichsweise weniger schadet. Die relativ geringere Wirkung der Reputation in Reklamationssituationen auf die Verantwortlichkeitszuweisung der Rezipienten lässt sich damit begründen, dass sich Kunden hier vergleichsweise stärker durch wahrgenommene Garantie bzw. Gewährleistungsansprüche geschützt fühlen als in den übrigen Situationen. Hieraus resultiert eine geringere Ursachensuche und -zuschreibung als potentielles Ventil einer Unmutsreaktion auf ein vermeintliches Produktproblem. In Reklamationssituationen vorhandene bzw. wahrgenommene Garantie- bzw. Gewährleistungsansprüche der Rezipienten vermögen hier partiell die von einer hohen Reputation ausgehenden günstigen Effekte auf den Abbau der Verantwortlichkeitszuweisungen an den Anbieter abzumildern. Den theoretischen Hintergrund für einen solchen Effekt liefern Analysen im Rahmen der *Signaling-Theorie* zur Erforschung der (wechselseitigen) Wirkungen von Garantien und Reputation als Qualitätssignale. Erste bereits vorliegende empirische wie modelltheoretische Analysen legen den Schluss nahe, dass sich das Verhältnis zwischen Reputation und Garantien in gewissen Grenzen als substitutional charakterisieren lässt.[653]

[653] Vgl. hierzu insbesondere die Arbeiten von Price, L. J.; Dawar, N. (2002); Innis, D. E.; Unnava, H. R. (1991); Gerhard, A. (1995), S. 163 ff.; von Ungern-Sternberg, T. R. (1984).

Die Ergebnisse der Varianzanalyse zur Überprüfung von *Hypothese H2.2c* sind in *Tabelle 55* dargestellt.

Abhängige Variable: MEAN_nk_ger Tests der Zwischensubjekteffekte

Quelle	Quadratsumme vom Typ III	df	Mittel der Quadrate	F	Signifi-kanz	Partielles Eta-Quadrat
Korrigiertes Modell	367,972(a)	5	73,594	122,645	,000	,508
Konstanter Term	5079,405	1	5079,405	8464,829	,000	,934
gruppe_situation	249,338	2	124,669	207,761	,000	,412
gruppe_reputation	115,063	1	115,063	191,752	,000	,244
gruppe_situation * gruppe_reputation	3,571	2	1,786	2,976	,052	,010
Fehler	356,436	594	,600			
Gesamt	5803,813	600				
Korrigierte Gesamt-variation	724,407	599				

a R-Quadrat = ,508 (korrigiertes R-Quadrat = ,504)

Tab. 55: Ergebnisse der univariaten Varianzanalyse (ANOVA) zur Überprüfung von Hypothese H2.2c Quelle: Eigene Darstellung

Die Analyse zeigt, dass beide Haupteffekte, der Faktor Situation wie auch der Faktor Reputation, einen hoch signifikanten Einfluss auf die von Rezipienten *wahrgenommene Gerechtigkeit* des Anbieters (MEAN_nk_ger) ausüben (p<0,001). Der Faktor Situation trägt mit 41,2% (Partielles Eta-Quadrat) nahezu doppelt so viel zur Erklärung der wahrgenommenen Gerechtigkeit bei als der Faktor Reputation (Partielles Eta-Quadrat = 24,4%). Die Interaktion dieser beiden Faktoren trägt mit 1% nur äußerst gering zur Erklärung der Varianz der abhängigen Variable bei; der Effekt ist zudem bei einem Signifikanzniveau von 5% streng genommen nicht bzw. allenfalls nur schwach signifikant (p=0,052 > 0,05). Der Faktor Reputation übt also unabhängig von dem Faktor Situation einen Einfluss auf die abhängige Variable aus. Dies wird auch aus dem Interaktionsdiagramm (*Abbildung 25*) deutlich. Der annähernd parallele Verlauf der Verbindungslinien der Mittelwerte indiziert, dass es keine Interaktion gibt.

Das Gesamtmodell erklärt 50,8% der Varianz (R-Quadrat = 0,508), was auf eine mittlere Erklärungskraft hindeutet. Angesichts des nicht signifikanten Interaktionseffektes muss Hypothese H2.2c, die einen situativ variierenden Einfluss der Reputation auf die wahrgenommene Gerechtigkeit postuliert, verworfen werden. Ein Anbieter kann somit nicht darauf bauen, dass ihn seine in früheren Zeiten (vor der Krise) aufgebaute hohe Reputation gegen Imageschäden in Zeiten heftiger Produktkrisen, etwa Rückrufsituationen, stärker schützt als in Situationen negativer Publizität, die vergleichsweise weniger substantielle und manifeste Produktprobleme ans Tageslicht befördern.

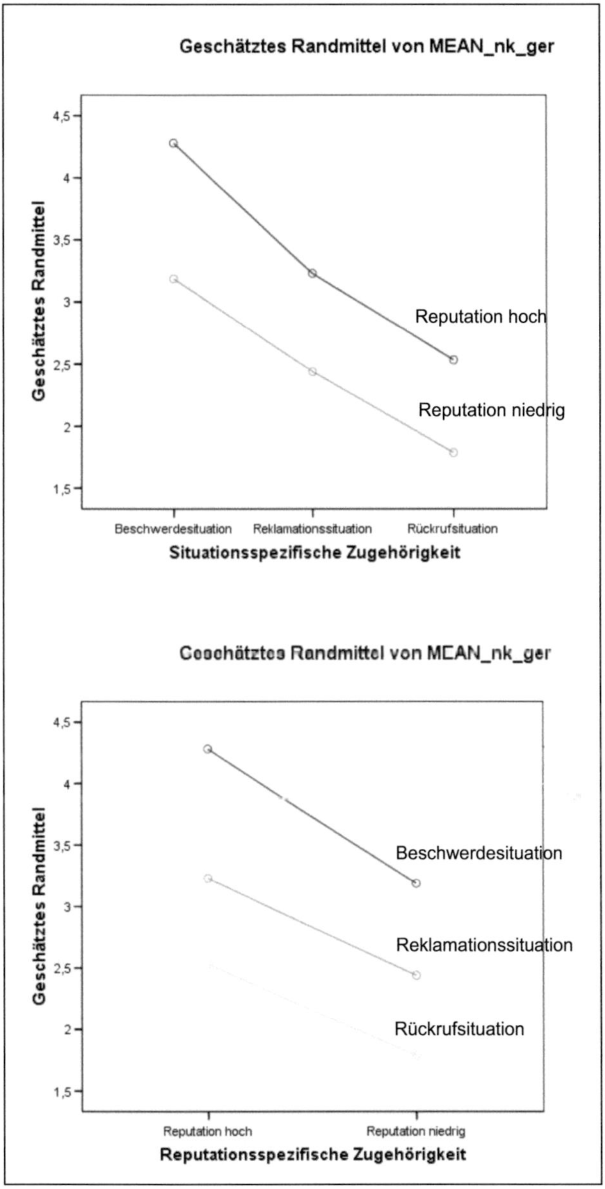

Abb. 25: Interaktionsdiagramme zu Hypothese H2.2c Quelle: Eigene Darstellung

Die Linienverläufe machen zudem deutlich, dass Rezipienten den Anbieter unter den Bedingungen hoher Reputation in allen Situationen (situationsübergreifend) im Hinblick auf die Gerechtigkeit positiver beurteilen als unter den Bedingungen niedriger Reputation (vgl. die Mittelwerte und Mittelwertdifferenzen in *Tabelle 56*). Hierdurch ist der Haupteffekt der Reputation gekennzeichnet, der sich hier direkt interpretieren lässt.

Abhängige Variable	**Beschwerdesituation**			**Reklamationssituation**			**Rückrufsituation**		
	Reputation hoch (N=100)	Reputation niedrig (N=100)	gesamt (N=200)	Reputation hoch (N=100)	Reputation niedrig (N=100)	gesamt (N=200)	Reputation hoch (N=100)	Reputation niedrig (N=100)	gesamt (N=200)
MEAN_nK_ger	4,28	3,19	3,73	3,23	2,44	2,84	2,53	1,79	2,16
Diff. T p	1,093 10,205 (,000)			,790 7,327 (,000)			,745 6,555 (,000)		

Diff. = mittlere Differenz; p-Werte in Klammern Sig.(2-seitig)

Tab. 56: Zellenmittelwerte und Mittelwertdifferenzen für die Variable MEAN_nk_ger nach situationsspezifischer und reputationsspezifischer Zugehörigkeit Quelle: Eigene Darstellung

Hierbei gilt es jedoch zu berücksichtigen, dass der Faktor Situation im Vergleich zum Faktor Reputation einen etwa doppelt so hohen Einfluss auf die wahrgenommene Gerechtigkeit ausübt. In Verbindung mit dem nicht signifikanten Interaktionseffekt der beiden Faktoren verdeutlicht dies auch hier, wie bereits bei der Analyse der Effekte auf die wahrgenommene Problemschwere zu Hypothese H2.2b erörtert, dass der Reputation insgesamt ein relativ mäßiger Einfluss zukommt. Ein von einer Produktkrise betroffener Anbieter wird sich insofern kaum allein auf sein hohes Ansehen bei seiner Kundschaft verlassen können, um einen ausreichenden Bewältigungserfolg herbeizuführen.

Tabelle 57 zeigt die Ergebnisse der Varianzanalyse zur Überprüfung von *Hypothese H2.2d* hinsichtlich des moderierenden Einflusses der Reputation auf die *wahrgenommene Leistung* des Anbieters (MEAN_nk_komp). Sowohl der Haupteffekt der Reputation als auch der Haupteffekt der Situation sind hoch signifikant ($p<0{,}001$). Ebenfalls ist die Interaktion zwischen diesen beiden Faktoren signifikant ($p<0{,}05$).

Abhängige Variable: MEAN_nk_komp Tests der Zwischensubjekteffekte

Quelle	Quadratsumme vom Typ III	df	Mittel der Quadrate	F	Signifikanz	Partielles Eta-Quadrat
Korrigiertes Modell	227,674(a)	5	45,535	49,692	,000	,295
Konstanter Term	5888,578	1	5888,578	6426,224	,000	,915
gruppe_situation	87,111	2	43,556	47,533	,000	,138
gruppe_reputation	134,111	1	134,111	146,356	,000	,198
gruppe_situation * gruppe_reputation	6,451	2	3,226	3,520	,030	,012
Fehler	544,303	594	,916			
Gesamt	6660,556	600				
Korrigierte Gesamtvariation	771,978	599				

a R-Quadrat = ,295 (korrigiertes R-Quadrat = ,289)

Tab. 57: Ergebnisse der univariaten Varianzanalyse (ANOVA) zur Überprüfung von Hypothese H2.2d Quelle: Eigene Darstellung

Anhand des Partiellen Eta-Quadrats für den Interaktionseffekt kann abgelesen werden, dass dieser mit 1,2% nur sehr geringfügig zur Erklärung der wahrgenommenen Leistung beiträgt. Einen erheblich höheren Erklärungsbeitrag leisten dagegen die Hauptfaktoren Reputation (mit 19,8%) und Situation (mit 13,8%). Das Gesamtmodell erklärt nur 29,5% der Varianz (R-Quadrat=0,295), was auf eine relativ schwache Erklärungskraft hindeutet. Die Interpretation des signifikanten Interaktionseffektes kann analog zu Hypothese H2.2a erfolgen. Auch hier liegt eine ordinale Interaktion vor, die impliziert, dass beide Haupteffekte eindeutig interpretierbar sind (vgl. *Abbildung 26*).[654]

Wie man unmittelbar erkennt, resultieren in allen Situationen bei hoher im Vergleich zu niedriger Reputation höhere geschätzte Randmittelwerte für die wahrgenommene Leistung, ein Ergebnis, das bereits in der situationsspezifischen Analyse zu Hypothesengruppe 2 abgeleitet wurde (dort jedoch auf aggregierter Ebene).

[654] Vgl. Bortz, J. (1999), S. 290.

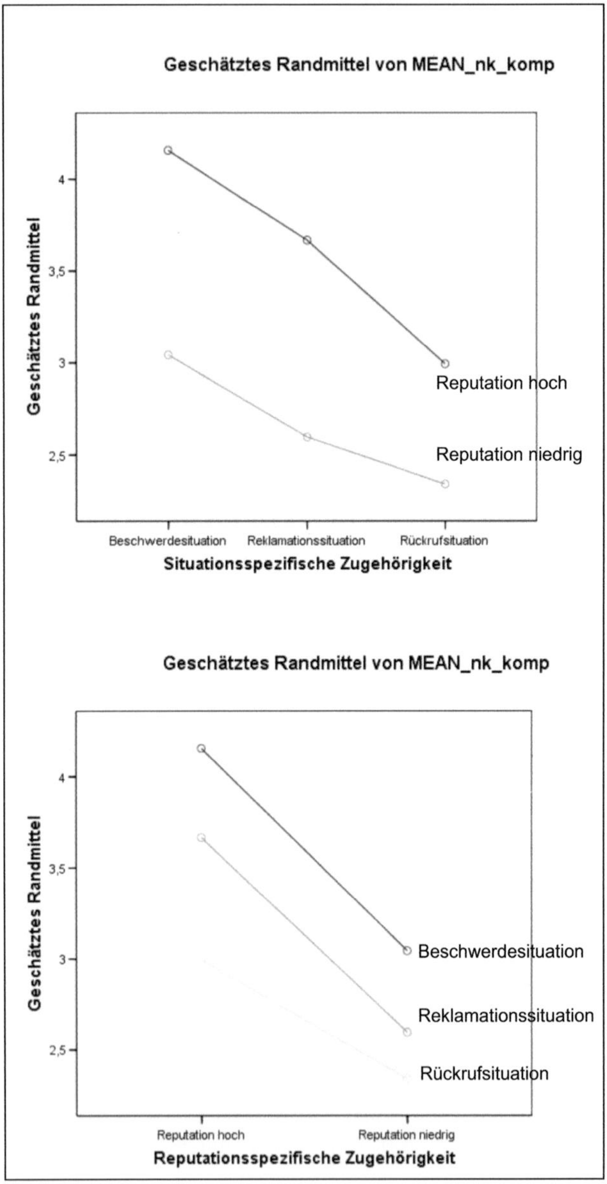

Abb. 26: Interaktionsdiagramme zu Hypothese H2.2d   Quelle: Eigene Darstellung

Die in *Tabelle 58* dargestellten Ergebnisse des t-Tests zeigen die hohe Signifikanz der Mittelwertunterschiede zwischen den beiden Reputationsgruppen in allen Situationen.

Abhängige Variable	**Beschwerde-situation**			**Reklamations-situation**			**Rückruf-situation**		
	Reputation hoch (N=100)	Reputation niedrig (N=100)	gesamt (N=200)	Reputation hoch (N=100)	Reputation niedrig (N=100)	gesamt (N=200)	Reputation hoch (N=100)	Reputation niedrig (N=100)	gesamt (N=200)
MEAN_nK_komp	4,16	3,04	3,60	3,67	2,60	3,13	2,99	2,34	2,67
Diff.	1,113			1,070			,653		
T	8,806			7,754			4,625		
p	(,000)			(,000)			(,000)		

Diff. = mittlere Differenz; p-Werte in Klammern Sig.(2-seitig)

Tab. 58: Zellenmittelwerte und Mittelwertdifferenzen für die Variable MEAN_nk_komp nach situationsspezifischer und reputationsspezifischer Zugehörigkeit Quelle: Eigene Darstellung

Weitere t-Tests zum Vergleich der Mittelwerte unterschiedlicher Situationsgruppen bei identischen Reputationsstufen ergeben, dass bei *niedriger Reputation* die Krisengruppen der Rückrufsituation und der Reklamationssituation hinsichtlich der wahrgenommenen Leistung *nicht* signifikant differieren ($t = -1,834$, $df = 198$, $p = 0,068 > 0,05$). Im Falle gegebener niedriger Qualitätsreputation des Anbieters vor der Krise beurteilen also Konsumenten den Anbieter hinsichtlich der Qualität der von ihm angebotenen Produkte (Leistungen) offenbar in Rückruf wie in Reklamationssituationen (nahezu) gleich schlecht. Die Mittelwerte der Variable *wahrgenommene Problemschwere* unterscheiden sich dagegen signifikant zwischen der Reklamations- und der Beschwerdesituation ($t = -3,456$, $df = 198$, $p < 0,01$) sowie zwischen der Rückruf- und der Beschwerdesituation ($t = -5,263$, $df = 198$, $p < 0,01$) jeweils bei *niedriger Reputation*. Bei *hoher Reputation* unterscheiden sich hingegen die geschätzten Randmittelwerte für die wahrgenommene Leistung in *allen* Gruppen signifikant voneinander ($p < 0,01$). Es ergeben sich signifikante Verbesserungen in der Beurteilung der Rezipienten in beiden Situationen. Die Wirkung des Faktors Reputation auf die wahrgenommene Leistung unterscheidet sich folglich in der Rückrufsituation von der in der Reklamationssituation bei hoher im Vergleich zu niedriger Reputation signifikant. Die Veränderung in der Beurteilung der Leistung durch Konsumenten ist infolge eines wirksam werdenden Interaktionseffektes in den beiden Situationen unterschiedlich groß. Aus dem relativ größeren Abstand zwischen beiden Linienzügen der Mittelwerte von hoher und niedriger Reputation in der Reklamationssituation im Vergleich zur Rückrufsituation in dem oberen Interaktionsdiagramm von *Abbildung 26* lässt sich ablesen, dass der moderierende Einfluss der Reputation auf die wahrgenommene Leistung in der Reklamationssituation größer ist als in der Rückrufsituation bzw. umgekehrt in der Rückrufsituation geringer ist als in der Reklamationssituation. Dies ist genau konträr zu Hypothese H2.2d, in der unter anderem ein relativ stärkerer moderierender Effekt der Reputation in Rückrufsituationen als in Reklamationssituationen postuliert wurde. Die sich in diesem empirischen Befund zeigende Umkehrung des postulierten Effektes deutet darauf hin, dass der Negativitätseffekt in Rückrufsituationen offenbar stärker als erwartet ausfällt. Nur wenn das öffentlich diskutierte Produktproblem ein für Rezipienten im Hinblick auf die Art und das Spektrum konkretisierter Produktrisiken gerade noch akzeptables Niveau erreicht bzw. nicht überschreitet, das sich durch ein Ausbleiben jedweder Mangelfolgeschäden als konkretisierter Produktrisiken im Sinne der Reklamationssituationen kennzeichnen lässt, kommt der Reputation ein relativ stärkerer Effekt im Hinblick auf die Verbesserung der wahrgenommenen Leistung durch Rezipienten zu als in Produktkrisensituationen, die jenes Niveau aus Sicht der Rezipienten überschreiten, nämlich in Rückrufsituationen. Eine plausible Begründung für einen solchen Effekt liefert die *Prospect Theorie*: In Verlustsituationen mit vergleichsweise umfangreichem Problemspektrum, wie in Rückruf- im Vergleich zu Reklamationssituationen, ist der differentielle Effekt der Reputation, die sich als positives Gegengewicht (‚Gewinn') gegen die wahrgenommenen Verluste begreifen lässt, relativ geringer. Dies wiederum leitet sich aus dem im theoretischen Teil dieser Arbeit vorgestellten typischen Verlauf der Wertfunktion der Prospect Theorie ab. Eine alternative Begründung liefern *Reaktanztheorien*, die allgemein davon ausgehen, dass sich Individuen einem bestimmten Beeinflussungsdruck von außen widersetzen, sobald eine gewisse Schwelle überschritten ist.[655] Im vorliegenden Fall sind Rezipienten von Rückrufsituationen mit einer stärker negativen Valenz der Informationen konfrontiert als etwa in Reklamationssituationen. So besteht regelmäßig der Gegenstand von Rückrufsituationen – im Unterschied zu Reklamationssituationen – in bereits vermeintlich produktbedingt verursachten eingetretenen oder noch drohenden Personenschäden, gar von Todesfällen. Auch ein Rückrufsignal wird häufig in negativer Weise von Rezipienten dekodiert, als es gemäß der (bereits im theoretischen Teil dieser Arbeit erörterten) Krisen-Signaltheorie als Vorbote für noch gravierendere Ereignisse angesehen werden mag als jene, die ohnehin schon eingetreten sind. Der Konfrontation mit solchen, stark negativ geprägten, Publizitätssituationen über einen Anbieter wird sich der durchschnittliche Rezipient vermutlich widersetzen, sobald seine subjektive Reaktionsschwelle überschritten ist.[656] In der Folge nimmt der Konsument auch in solchen stark negativen Kontexten vorhandene positive Stimuli, wie etwa eine gegebene hohe Qualitätsreputation des Anbieters, kaum noch wahr bzw. diskontiert diese Information stärker als in weniger bedrohlich empfundenen (die eigene Freiheit beschränkenden) Situationen. Der positive Signalgehalt der Reputation sinkt damit ab. Das Wirksamwerden solcher, im Rahmen von Prospect Theorie und Reaktanztheorie abgeleiteten, Effekte mag in der Rückrufsituation dazu geführt haben, dass jene Effekte konterkariert wurden, die zur Ableitung von Hypothese H2.2d geführt haben: eine relativ höhere Qualitätsungewißheit der Nachfrager in der Rückrufsituation

[655] Vgl. Kroeber-Riel, W.; Weinberg, P. (1996), S. 205 ff.
[656] Vgl. Kroeber-Riel, W.; Weinberg, P. (1996), S. 207.

im Vergleich zur Reklamationssituation, die die Bedeutung der Reputation als Qualitätssignal graduell ansteigen lässt einerseits sowie das Wirksamwerden eines *Bestätigungseffekts* (*‚confirmatory bias effect'*) andererseits. Angesichts des parallelen Verlaufs der Verbindungslinien der Mittelwerte für die Reklamations- und die Rückrufsituation in den Interaktionsdiagrammen, welcher eine fehlende Interaktion anzeigt, lässt sich folgern, dass sich der Einfluss der Reputation in seiner Stärke zwischen diesen beiden Situationen offenbar nicht unterscheidet. Auch dieses Ergebnis steht nicht im Einklang mit Hypothese H2.2d. Somit lässt sich Hypothese H2.2d insgesamt nicht aufrechterhalten bzw. muss verworfen werden.

4.2.3 Überprüfung der Hypothesen der Gruppe 3

4.2.3.1 Situationsspezifische Hypothesen

Alle situationsspezifischen Hypothesen von Hypothesengruppe 3 stellen auf einen Vergleich mehrerer Bewältigungsstrategien *in einer gegebenen Krisensituation* ab, von denen sich vier Strategien in Ausprägungsgraden der zwei Faktoren *Kompensationshöhe* (Überkompensation vs. Vollkompensation) und *defensive Kommunikation* (stark vs. schwach) systematisch unterscheiden und eine fünfte Strategie als Referenzstrategie in die Analyse einbezogen wird. Da die Effekte der Bewältigungsstrategien nicht zwischen den Experimentgruppen, sondern *innerhalb* der jeweiligen Gruppen unter denselben Untersuchungseinheiten getestet werden, somit abhängige Stichproben vorliegen, kommen zur Testung dieser Hypothesen t-Tests bei gepaarten Stichproben zur Anwendung.[657]

Hypothesen H3.1.1a - H3.1.1d sowie Hypothesen H3.1.3a - H3.1.3d stellen auf einen Vorteilhaftigkeitsvergleich von Bewältigungsstrategien in der Gruppe der *Beschwerde-situation* ab. Hypothesen H3.1.2a - H3.1.2d sowie Hypothesen H3.1.4a - H3.1.4d stellen auf einen Vorteilhaftigkeitsvergleich von Strategien in der gemeinsam (als Aggregat) betrachteten Gruppe der *Reklamations- und Rückrufsituationen* ab.

In *Tabelle 59* sind die Hypothesen aufgelistet, die auf einen Strategievergleich in der Gruppe der *Beschwerdesituation* abstellen. Ihre Testung erfolgt zunächst. Im Anschluss daran erfolgt die Überprüfung der Hypothesen, die einen Strategievergleich innerhalb der Gruppen der Rückruf- und Reklamationssituationen fokussieren.

---

[657] Vgl. zum Begriff der Abhängigkeit und Unabhängigkeit von Stichproben: Bühl, A.; Zöfel, P. (2005), S. 111; vgl. zu der hier gewählten Vorgehensweise zur Testung der Hypothesen von Gruppe 3 die Studie von Bradford, J. L.; Garrett, D. E. (1995), S. 882 ff.

H y p o t h e s e n g r u p p e H 3 – situationsspezifisch	
Hypo-thesen-nummer	**Postulierter Zusammenhang**
H3.1.1a	*In Beschwerdesituationen bewirken stark defensive Strategien (SIa, SIb) eine stärkere Reduzierung der Zuweisung von Verantwortlichkeit an den Anbieter als schwach defensive Strategien (SIIa, SIIb), bei jeweils gegebener kompensatorischer Ausrichtung (Voll- vs. Überkompensation), bzw. als eine reine stark offensive Strategie (SIII).*
H3.1.1b	*In Beschwerdesituationen bewirken stark defensive Strategien (SIa, SIb) eine stärkere Reduzierung der wahrgenommenen Problemschwere als schwach defensive Strategien (SIIa, SIIb), bei jeweils gegebener kompensatorischer Ausrichtung (Voll- vs. Überkompensation) bzw. als eine reine stark offensive Strategie (SIII).*
H3.1.1c	*In Beschwerdesituationen bewirken stark defensive Strategien (SIa, SIb) eine größere Erhöhung der wahrgenommenen Gerechtigkeit als schwach defensive Strategien (SIIa, SIIb), bei jeweils gegebener kompensatorischer Ausrichtung (Voll- vs. Überkompensation), bzw. als eine reine stark offensive Strategie (SIII).*
H3.1.1d	*In Beschwerdesituationen bewirken stark defensive Strategien (SIa, SIb) eine größere Erhöhung der wahrgenommenen Leistung des Anbieters als schwach defensive Strategien (SIIa, SIIb), bei jeweils gegebener kompensatorischer Ausrichtung (Voll- vs. Überkompensation), bzw. als eine reine stark offensive Strategie (SIII).*
H3.1.3a	*(I) In Beschwerdesituationen bewirken Strategien der Vollkompensation (SIIb) eine stärkere Reduzierung der Zuweisung von Verantwortlichkeit an den Anbieter als Strategien der Überkompensation (SIIa), jedoch nur bei jeweils gegebener schwach defensiver kommunikativer Ausrichtung; (II) bei stark defensiver kommunikativer Ausrichtung führen Strategien der Überkompensation (SIa) zu einer stärkeren Reduzierung der Zuweisung von Verantwortlichkeit an den Anbieter als Strategien der Vollkompensation (SIb).*
H3.1.3b	*(I) In Beschwerdesituationen bewirken Strategien der Vollkompensation (SIIb) eine stärkere Reduzierung der wahrgenommenen Problemschwere als Strategien der Überkompensation (SIIa), jedoch nur bei jeweils gegebener schwach defensiver kommunikativer Ausrichtung; (II) bei stark defensiver kommunikativer Ausrichtung führen Strategien der Überkompensation (SIa) zu einer stärkeren Reduzierung der wahrgenommenen Problemschwere als Strategien der Vollkompensation (SIb).*
H3.1.3c	*(I) In Beschwerdesituationen bewirken Strategien der Vollkompensation (SIIb) eine stärkere Erhöhung der wahrgenommenen Gerechtigkeit als Strategien der Überkompensation (SIIa), jedoch nur bei jeweils gegebener schwach defensiver kommunikativer Ausrichtung; (II) bei stark defensiver kommunikativer Ausrichtung führen Strategien der Überkompensation (SIa) zu einer stärkeren Erhöhung der wahrgenommenen Gerechtigkeit als Strategien der Vollkompensation (SIb).*
H3.1.3d	*(I) In Beschwerdesituationen bewirken Strategien der Vollkompensation (SIIb) eine stärkere Erhöhung der wahrgenommenen Leistung des Anbieters als Strategien der Überkompensation (SIIa), jedoch nur bei jeweils gegebener schwach defensiver kommunikativer Ausrichtung; (II) bei stark defensiver kommunikativer Ausrichtung führen Strategien der Überkompensation (SIa) zu einer stärkeren Erhöhung der wahrgenommenen Leistung des Anbieters als Strategien der Vollkompensation (SIb).*

Tab. 59: Situationsspezifische Hypothesen der Gruppe 3 mit Fokus auf die Gruppe der Beschwerdesituation Quelle: Eigene Darstellung

Um zu prüfen, welche Strategien zu einer signifikanten Veränderung in der Beurteilung der Krisensituationen bzw. des Anbieters durch Rezipienten geführt haben, werden eine Reihe gepaarter t-Tests (t-Tests bei gepaarten Stichproben) durchgeführt. Dabei werden die Mittelwerte der vier abhängigen Variablen im Zeitpunkt nach der Krise *vor* Einsatz der Strategien (nK) mit den Mittelwerten *nach* dem Einsatz der jeweiligen Strategien (nSIa/nSIb/nSIIa/nSIIb/nSIII) verglichen und auf Signifikanz geprüft.[658] Die Ergebnisse dieser Vorher-Nachher-Vergleiche für die Gruppe der Beschwerdesituation (N=200) zeigt *Tabelle 60.*

Messzeitpunkte / Abhängige Variable	nach Krise, vor Strategieeinsatz (X=nk)	nach Krise, nach SIa (X=nSIa)	nach Krise, nach SIb (X=nSIb)	nach Krise, nach SIIa (X=nSIIa)	nach Krise, nach SIIb (X=nSIIb)	nach Krise, nach SIII (X=nSIII)
Wahrgenommene Problemschwere (MEAN_X_risk)[659]	2,45	2,1150** [,33125]	2,2775 [,16875]	3,3025** [-,85625]	2,2900 [,15625]	3,5525** [-1,10625]
Wahrgenommene Leistung (MEAN_X_komp)[660]	3,60	4,2717** [-,67167]	3,7800* [-,18000]	2,3017** [1,29833]	2,6533** [,94667]	2,2867** [1,31333]
Wahrgenommene Gerechtigkeit (MEAN_X_ger)[661]	3,73	4,5413** [-,80750]	4,2938** [-,56000]	2,6900** [1,04375]	3,4838* [,25000]	2,1638** [1,57000]
Verantwortlichkeitszuweisung (MEAN_X_attr)[662]	3,01	2,2263** [,78750]	2,3288** [,68500]	3,5913** [-,57750]	2,6750** [,33875]	3,4863** [-,47250]

Mittelwertdifferenzen in eckigen Klammern, Sig.(2-seitig)
* signifikante Mittelwertdifferenz (p<0,05)
** hoch signifikante Mittelwertdifferenz (p<0,01)

Tab. 60: Überprüfung der Mittelwertdifferenzen zwischen den Zeitpunkten nach Krise, vor Strategieeinsatz (nk) und nach Krise, nach Strategieeinsatz (nSIa bis III) in der Beschwerdesituation (N=200) Quelle: Eigene Darstellung

In *Hypothese H3.1.1b* wird postuliert, dass Strategien SIa *und* SIb (also stark defensive Strategien bei *gegebener* Kompensationshöhe, d.h. unabhängig von der gewählten Kompensationshöhe) eine stärkere *Reduzierung* der *wahrgenommenen Problemschwere* bewirken als

658 Da bereits – wie die Ergebnisse der Analysen zu Hypothesengruppe 1 zeigen – in *allen* Krisensituationen eine Bewältigung seitens des Anbieters angeraten scheint, also in allen Situationen die Beurteilungen der Rezipienten signifikant hinter die einer neutralen Nicht-Krisensituation (Kontrollgruppe) zurückfallen, kann hier und im Weiteren ein Vergleich der Strategiewirkungen zwischen Experiment- und Kontrollgruppe entfallen.

659 Niedrige (hohe) Mittelwerte stehen für eine geringe (hohe) *wahrgenommene Problemschwere*. Ein negatives (positives) Vorzeichen der Mittelwertdifferenz steht für eine Erhöhung (Reduzierung) der wahrgenommenen Problemschwere.

660 Hohe (niedrige) Mittelwerte stehen für eine hohe (geringe) *wahrgenommene Leistung* des Anbieters. Ein negatives (positives) Vorzeichen der Mittelwertdifferenz steht für eine Erhöhung/Verbesserung (Verminderung/Verschlechterung) der wahrgenommenen Leistung.

661 Hohe (niedrige) Mittelwerte repräsentieren eine hohe (geringe) *wahrgenommene Gerechtigkeit*. Ein negatives (positives) Vorzeichen der Mittelwertdifferenz steht für eine Erhöhung/Verbesserung (Verminderung/ Verschlechterung) der wahrgenommenen Gerechtigkeit.

662 Niedrige (hohe) Mittelwerte stehen für eine niedrige (hohe) *Zuweisung von Verantwortlichkeit* an den Anbieter. Ein negatives (positives) Vorzeichen der Mittelwertdifferenz steht für eine Erhöhung (Reduzierung) der Verantwortlichkeitszuweisung.

Strategien SIIa, SIIb (also schwach defensive Strategien bei *gegebener* Kompensationshöhe) und SIII. Mit den gefundenen Ergebnissen bestätigt sich diese Aussage jedoch nur teilweise: Zum einen führt Strategie SIb zu keiner *Reduzierung* der wahrgenommenen Problemschwere, sondern zu keiner signifikanten Veränderung ($t = 1{,}862$, $df = 199$, $p = 0{,}064 > 0{,}05$). Scheinbar kommt es in Bezug auf die wirksame Beeinflussung der wahrgenommenen Problemschwere in Beschwerdesituationen also doch auf die Wahl der richtigen Kompensationshöhe an. Nur bei Wahl einer Überkompensation führt nämlich eine defensive Strategie zu einer wirksamen Reduzierung der wahrgenommenen Problemschwere, nicht jedoch bei Wahl einer Vollkompensation. Zum anderen führt Strategie SIb in den Daten zu keiner grundsätzlich anderen Wirkung als Strategie SIIb, deren Einfluss ebenfalls nicht signifikant ist ($t = 1{,}520$, $df = 199$, $p = 0{,}130 > 0{,}05$). D.h. ein Einsatz dieser Strategien würde einem Anbieter im Hinblick auf die Bewältigung dieser Form von Produktkrise nichts nutzen, aber offenbar auch nicht schaden. Alle anderen, in der Hypothese zum Ausdruck gebrachten, Relationen finden sich in den Daten bestätigt. Während Strategie SIa (= stark defensive Strategie der Überkompensation) zu einer aus Anbietersicht erwünschten signifikanten Reduzierung im Sinne einer Verbesserung der *wahrgenommenen Problemschwere* führt ($t = 3{,}659$, $df = 199$, $p < 0{,}01$), resultiert ein Einsatz von Strategie SIIa (= schwach defensive Strategie der Überkompensation) respektive von Strategie SIII (= reine, stark offensive Strategie) in Beschwerdesituationen in einer signifikanten Erhöhung der wahrgenommenen Problemschwere, also einer Verschlechterung dieser Beurteilungsdimension (SIIa: $t = -8{,}238$, $df = 199$, $p < 0{,}01$; SIII: $t = -8{,}827$, $df = 199$, $p < 0{,}01$). Beide Strategien führen, anders als alle anderen Strategien, zu einer Ausbreitung der Krise hinsichtlich der Beurteilung der Problemschwere durch (potentielle) Kunden. Auf den Einsatz von Strategien SIIa und SIII sollte in dieser Krisensituation folglich verzichtet werden. Insgesamt leitet sich hieraus folgende Rangfolge der Strategien im Hinblick auf deren günstige Beeinflussung der wahrgenommenen Problemschwere in Beschwerdesituationen ab: SIa > SIb, SIIb > SIIa, SIII. Somit kann *Hypothese H3.1.1b* partiell nicht verworfen werden. Es lässt sich somit nicht generell sagen, dass der Einsatz stark defensiv kommunikativ ausgerichteter Strategien dem Einsatz schwach defensiver bzw. offensiver Strategien in Beschwerdesituationen überlegen ist. Nur eine stark defensive Strategie, die auf *Überkompensation* ausgerichtet ist, vermag den gewünschten Bewältigungserfolg zu erbringen.

Damit ist die Überleitung zur Untersuchung der *Wirkungen kompensatorischer bei gegebenen kommunikativen Bewältigungsmerkmalen* geschaffen, die bezüglich der abhängigen Variable *wahrgenommene Problemschwere* den Untersuchungsgegenstand von *Hypothese H3.1.3b* bildet. Für die Gruppe der Beschwerdesituation wurde hier aus theoretischen Überlegungen im Rahmen der ceteris-paribus-Analyse heraus abgeleitet, dass *bei gegebener schwach defensiver kommunikativer Strategieausrichtung* eine Strategie der Vollkompensation (SIIb) im Hinblick auf die Reduzierung der wahrgenommenen Problemschwere wirksamer ist als eine

Strategie der Überkompensation (SIIa) *und* umgekehrt bei stark defensiver kommunikativer Ausrichtung Strategien der Überkompensation (SIa) erfolgversprechender sind als Strategien der Vollkompensation (SIb). Unter der Bedingung einer stark defensiven kommunikativen Ausrichtung, so zeigt bereits die Analyse der Mittelwertunterschiede zu Hypothese H3.1.1b, erweist sich Strategie SIa in der Tat im Hinblick auf den Abbau der wahrgenommenen Problemschwere als wirksamer im Vergleich zu Strategie SIb, welche nicht signifikant zu einer Reduzierung der wahrgenommenen Problemschwere beiträgt. Hinsichtlich der wahrgenommenen Problemschwere bewirkt also scheinbar ein Übergang von einer Vollkompensation auf eine Überkompensation bei *gegebener stark defensiver kommunikativer Strategieausrichtung* eine Wirkungsverbesserung der Strategie. Zu einem Plateau-Effekt im Sinne einer Wirkungsreduzierung von auf Überkompensation ausgerichteter Strategien in Situationen mit einem vergleichsweise geringen Spektrum thematisierter konkretisierter Produktrisiken (Beschwerdesituationen) kommt es bei dieser Beurteilungsdimension also nicht, *sofern stark defensive kommunikative Bewältigungselemente präsent sind.* Die zweite Aussage von Hypothese H3.1.3b lässt sich also anhand der Daten bestätigen. Der erste Teil von Hypothese H3.1.3b kann in der Form jedoch *nicht* aufrechterhalten werden: Bei gegebener schwach defensiver kommunikativer Ausrichtung der Strategie führt Strategie SIIb *nicht* zu einer größeren *Reduzierung* der wahrgenommenen Problemschwere als Strategie SIIa. Es lässt sich anhand des empirischen Befundes lediglich sagen, dass Strategie SIIb, im Unterschied zu Strategie SIIa, in Bezug auf die untersuchte Variable zu keiner Verschlechterung führt. Für beide Strategien, SIIb und SIIa, gilt jedoch die Aussage, dass sie keinen Beitrag zur Bewältigung der hier betrachteten Produktkrise in Form der Beschwerdesituation leisten. Bei gegebener schwach defensiver kommunikativer Strategieausrichtung nützt einem Anbieter folglich ein Übergang von einer Vollkompensation zu einer Überkompensation im Hinblick auf eine Krisenbewältigung nichts. Insgesamt muss Hypothese H3.1.3b somit teilweise verworfen werden.

Bezüglich der Beurteilungsdimensionen der *wahrgenommenen Leistung* und der *wahrgenommenen Gerechtigkeit* ergeben die Daten ein anderes Bild. Sämtliche Mittelwertdifferenzen sind hier – im Unterschied zur abhängigen Variable *wahrgenommene Problemschwere* – signifikant (vgl. *Tabelle 60*). Das Vorzeichen der Änderung der Rezipientenreaktionen fällt dabei wie erwartet aus. Strategien SIa und SIb führen zu einer signifikanten Steigerung von *wahrgenommener Gerechtigkeit* (SIa: $t = -8{,}721$, $df = 199$, $p < 0{,}01$; SIb: $t = -6{,}124$, $df = 199$, $p < 0{,}001$) und *wahrgenommener Leistung* (SIa: $t = -7{,}811$, $df = 199$, $p < 0{,}01$; SIb: $t = -2{,}227$, $df = 199$, $p < 0{,}05$). Strategien SIIa, SIIb und SIII bewirken hingegen eine signifikante Verschlechterung der *wahrgenommenen Gerechtigkeit* (SIIa: $t = 14{,}045$, $df = 199$, $p < 0{,}01$; SIIb: $t = 2{,}974$, $df = 199$, $p < 0{,}05$; SIII: $t = 18{,}701$, $df = 199$, $p < 0{,}01$) und *wahrgenommenen Leistung* (SIIa: $t = 14{,}055$, $df = 199$, $p < 0{,}01$; SIIb: $t = 10{,}748$, $df = 199$, $p < 0{,}01$; SIII: $t = 13{,}656$, $df = 199$, $p < 0{,}01$). Damit können *Hypothesen H3.1.1c* und *H3.1.1d* anhand der Daten nicht verworfen werden. Bei gegebener kompensatorischer Ausrichtung leisten also stark defensiv ausgerichtete Strategien im Hinblick auf die beiden betrachteten Variablen einen größeren Beitrag zur Bewältigung von Beschwerdesituationen als schwach defensive Strategien und sogar als eine reine, stark offensive Strategie, die sich den öffentlichen Vorwürfen in einem vergleichsweise hohen Maße annähert. Letzterer Strategie wird in wissenschaftlichen wie praxisorientierten Publikationen zum Umgang mit negativer Publizität vielfach und geradezu universell für ein weites Spektrum an Produktkrisen die höchste Relevanz bescheinigt. Solchen Einschätzungen muss angesichts dieses Ergebnisses widersprochen werden.

Hypothesen H3.1.3c bzw. H3.1.3d betreffen die Analyse *kompensatorischer Bewältigungsmerkmale bei gegebener kommunikativer Ausrichtung* hinsichtlich der Variablen *wahrgenommene Gerechtigkeit* bzw. *wahrgenommene Leistung*. In Bezug auf beide Variablen wird postuliert, dass bei gegebener schwach defensiver kommunikativer Strategieausrichtung eine Vollkompensation (SIIb) einen höheren Bewältigungserfolg verspricht als eine Überkompensation (SIIa). Umgekehrt wird bei stark defensiver Ausrichtung der Strategie einer Überkompensation (SIa) eine höhere bewältigende Wirkung zugesprochen als einer Vollkompensation (SIb). Die Analyse der Mittelwertunterschiede (vgl. *Tabelle 60*) zeigt, dass sowohl Strategie SIIb als auch Strategie SIIa zu einer signifikanten Verschlechterung der wahrgenommenen Gerechtigkeit und wahrgenommenen Leistung des Anbieters durch Rezipienten führen. Hiermit erübrigt sich also die Prüfung, welche der beiden Strategien, SIIb oder SIIa, zu einer stärkeren Erhöhung von wahrgenommener Gerechtigkeit bzw. Leistung beitragen, da ein negativer Effekt vorliegt. Somit lässt sich die jeweils erste Aussage in den Hypothesen *H3.1.3c bzw. H3.1.3d* anhand der Daten *nicht* bestätigen. Es verbleibt also noch zu prüfen, welche der beiden anderen Strategien, nämlich SIa und SIb, im Hinblick auf die Erhöhung beider Beurteilungsgrößen der Rezipienten relativ vorteilhafter ist. Diese Prüfung erfolgt für beide Variablen mittels weiterer t-Tests bei gepaarten Stichproben. Es werden die Mittelwerte nach dem Einsatz beider Strategien, SIa und SIb, miteinander verglichen. Die Ergebnisse dieses Tests können *Tabelle 61* entnommen werden.

Es zeigt sich, dass Strategie SIa hinsichtlich beider Beurteilungsdimensionen, der *wahrgenommenen Leistung* ($t = 6{,}123$, $df = 199$, $p < 0{,}01$) und der *wahrgenommenen Gerechtigkeit* ($t = 2{,}837$, $df = 199$, $p < 0{,}01$), signifikant höhere Werte erzielt als Strategie SIb.

Messzeitpunkte / Abhängige Variable	nach Krise, nach SIa (X=nSIa)	nach Krise, nach SIb (X=nSIb)
Wahrgenommene Leistung (MEAN_X_komp)	4,2717	3,7800
	[,49167]**	
Wahrgenommene Gerechtigkeit (MEAN_X_ger)	4,5413	4,2938
	[,24750] **	

Mittelwertdifferenzen in eckigen Klammern, Sig.(2-seitig)
** hoch signifikante Mittelwertdifferenz (p<0,01)

Tab. 61: Ergebnisse des t-Tests bei gepaarten Stichproben zur Überprüfung von Hypothesen H3.1.3c bzw. H3.1.3d – Mittelwerte und Mittelwertdifferenzen (N=200)
Quelle: Eigene Darstellung

Hieraus lässt sich auf die relative Vorteilhaftigkeit von Strategie SIa gegenüber Strategie SIb im Hinblick auf die Bewältigung von Beschwerdesituationen bezüglich beider Variablen schließen. Somit kann der zweite Teil (die zweite Aussage) der *Hypothesen H3.1.3c bzw. H3.1.3d* nicht verworfen werden. Insgesamt können daher beide Hypothesen nur teilweise durch die Daten bestätigt bzw. nicht verworfen werden.

Im Hinblick auf die Reduzierung der *Verantwortlichkeitszuweisungen* an den Anbieter durch Rezipienten postuliert *Hypothese H3.1.1a* eine höhere Wirksamkeit von Strategien SIa und SIb im Vergleich zu den Strategien SIIa, SIIb und SIII. Die zur Testung dieser Hypothese durchgeführten gepaarten t-Tests (vgl. *Tabelle 60*) zeigen, dass alle Strategien zu signifikanten Veränderungen der Verantwortlichkeitszuweisung durch Rezipienten führen. Während Strategien SIa ($t = 9{,}234$, $df = 199$, $p < 0{,}01$), SIb ($t = 7{,}510$, $df = 199$, $p < 0{,}01$) und SIIb ($t = 3{,}395$, $df = 199$, $p < 0{,}01$) zu einer signifikanten, aus Anbietersicht erwünschten, Verringerung der Verantwortlichkeitszuweisung durch (potentielle) Kunden führen, bewirken Strategien SIIa ($t = -6{,}974$, $df = 199$, $p < 0{,}01$) und SIII ($t = -4{,}823$, $df = 199$, $p < 0{,}01$) genau das Gegenteil von dem, was sie bewirken sollen: diese beiden Strategien tragen zu einer signifikanten Erhöhung der Verantwortlichkeitszuweisungen durch Rezipienten und damit zu einer Verschlimmerung der Krise bei und können somit im Hinblick auf eine Bewältigung von Beschwerdesituationen als kontraproduktiv angesehen werden. Um zu prüfen, ob tatsächlich, wie in der Hypothese behauptet, Strategien SIa und SIb zu einer relativ größeren Reduzierung der Verantwortlichkeitszuweisung von Rezipienten führen als Strategie SIIb, werden erneut gepaarte t-Tests durchgeführt. Hierbei werden die Mittelwerte der abhängigen Variable *Verantwortlichkeitszuweisung* im Zeitpunkt nach Strategieeinsatz zwischen den Strategien SIa und SIIb sowie zwischen Strategien SIb und SIIb verglichen und auf Signifikanz getestet. Im Ergebnis zeigt sich, dass Strategie SIIb sowohl im Vergleich mit Strategie SIa ($t = -4{,}955$, $df = 199$, $p < 0{,}01$) als auch im Vergleich mit Strategie SIb ($t = -3{,}761$, $df = 199$, $p < 0{,}01$) zu signifikant höheren Verantwortlichkeitszuweisungen, also schlechteren Beurteilungen, führt. Strategien SIa und SIb sind folglich im Hinblick auf eine günstige Beeinflussung der Verantwortlichkeitszuweisungen der Rezipienten in der Tat als vorteilhafter zu beurteilen als alle übrigen Strategien. Dieser empirische Befund steht im Einklang mit Hypothese H3.1.1a. Somit kann *Hypothese H3.1.1a* nicht verworfen werden. Insgesamt scheint damit die Wahl stark defensiver kommunikativer Bewältigungselemente angeraten, um Verantwortlichkeitszuweisungen der Rezipienten wirksam zu reduzieren. Die Leugnung der Existenz eines in der Öffentlichkeit thematisierten Produktproblems, für das der Anbieter (mit-) verantwortlich gemacht wird, sowie der Verzicht auf jedwede Einräumung von Verantwortlichkeit erscheint in dieser Krisensituation als probates Mittel, um Zweifel an der Berechtigung der Vorwürfe zu schüren. Sofern eine solche Information mit stichhaltigen Gegenargumenten gegen eine Problemexistenz verknüpft wird, mögen die Attributionsprozesse der Rezipienten der negativen Publizität wirksam im Sinne des Anbieters beeinflusst werden können.

Hypothese H3.1.3a, die auf das Verhältnis kompensatorischer Bewältigungsmerkmale bei gegebenen kommunikativen Merkmalen abstellt, postuliert im ersten Teil eine relative Überlegenheit von Strategien der Vollkompensation (SIIb) im Hinblick auf den Abbau von *Verantwortlichkeitszuweisungen* an den Anbieter zu Strategien der Überkompensation (SIIa) bei jeweils unterstellter schwach defensiver kommunikativer Ausrichtung. Bei gegebener stark defensiver kommunikativer Ausrichtung werden im zweiten Teil der Hypothese umgekehrt Strategien der Überkompensation (SIa) diesbezüglich als wirksamer erachtet als Strategien der Vollkompensation (SIb). Der erste Teil von *Hypothese H3.1.3a* kann anhand der Daten bestätigt werden (vgl. *Tabelle 60*). Der zweite Teil der Hypothese bedarf einer Überprüfung im Rahmen eines weiteren gepaarten t-Tests. Hierbei werden die Mittelwerte für die Variable *Verantwortlichkeitszuweisung* nach dem Einsatz beider Strategien, SIa und SIb, miteinander verglichen und auf Signifikanz geprüft. Das Ergebnis dieses Tests zeigt, dass Strategie SIa hinsichtlich der Verantwortlichkeitszuweisung durch Rezipienten nicht signifikant niedrigere Werte generiert als Strategie SIb ($t = -1{,}419$, $df = 199$, $p = 0{,}158 > 0{,}05$). Strategie SIa kann somit nicht als vorteilhafter im Hinblick auf eine günstige Beeinflussung der Attributionsprozesse von Rezipienten negativer Publizität in der Variante der Beschwerdesituationen erachtet werden als Strategie SIb. Damit ist *Hypothese H3.1.3a* partiell zu verwerfen.
Die Ergebnisse der situationsspezifischen Analyse in Form von Strategieempfehlungen für die Gruppe der *Beschwerdesituation* sind in *Tabelle 62* zusammengefasst.

Abhängige Variable	Reihenfolge der Vorteilhaftigkeit			Strategie-empfehlung
	positive (=günstige) Wirkung	*neutrale Wirkung*	*negative (=ungünstige) Wirkung*	
Wahrgenommene Problemschwere	*SIa >*	*SIb, SIIb*	*> SIIa, SIII*	*stark defensive Strategie der Überkompensation (SIa)*
Wahrgenommene Leistung	*SIa > SIb*	*>*	*SIIa, SIIb, SIII*	*stark defensive Strategie der Überkompensation (SIa)*
Wahrgenommene Gerechtigkeit	*SIa > SIb*	*>*	*SIIa, SIIb, SIII*	*stark defensive Strategie der Überkompensation (SIa)*
Verantwortlichkeitszuweisung	*SIa ~ SIb > SIIb*	*>*	*SIIa, SIII*	*stark defensive Strategie der Vollkompensation (SIb) [Überkompensation verpufft]*
~ = keine signifikanten Wirkungsunterschiede > = signifikant größere Wirkung als... < = signifikant kleinere Wirkung als... , = nicht statistisch getestete Vorteilhaftigkeitsrelation				

Tab. 62: Strategieempfehlungen für die Bewältigung von Beschwerdesituationen
Quelle: Eigene Darstellung

Die *krisensituationsspezifische Analyse* zu Hypothesengruppe 3 zeigt bis zu diesem Punkt, dass in *Beschwerdesituationen* im allgemeinen stark defensiv ausgerichtete Strategien (SIa, SIb) offenbar eine stärkere Reduzierung der *Zuweisung von Verantwortlichkeit* an den Anbieter sowie eine größere Erhöhung der *wahrgenommenen Gerechtigkeit* und *wahrgenommenen Leistung* des Anbieters bewirken als schwach defensive Strategien (SIIa, SIIb), bei jeweils gegebener kompensatorischer Ausrichtung (Voll- vs. Überkompensation) bzw. als eine reine stark offensive Strategie (SIII). Für eine günstige Beeinflussung der *wahrgenommenen Problemschwere* kommt es dagegen auch auf die richtige Wahl der Kompensationshöhe an. Hier dominiert nur diejenige stark defensive Strategie alle anderen Strategien, die auf Überkompensation ausgerichtet ist. Vorhandene stark defensive kommunikative Elemente in der Bewältigungsstrategie sollten folglich durch einen stärkeren materiellen Gegenreiz ausgeglichen werden, um den gewünschten Effekt auf die Veränderung der wahrgenommenen Problemschwere herbeizuführen. Bei allen anderen reputationsrelevanten Rezipientenreaktionen (*wahrgenommene Leistung, wahrgenommene Gerechtigkeit und Verantwortlichkeitszuweisung*) stellt sich die erhoffte Bewältigungswirkung bei Wahl stark defensiver kommunikativer Bewältigungsmerkmale sowohl bei Voll- als auch bei Überkompensation ein, ist also offenbar unabhängig von der jeweils gewählten Kompensationshöhe. Dies lässt sich damit plausibel machen, dass die Kompensationshöhe als Bewältigungsmerkmal in Beschwerdesituationen grundsätzlich weniger relevant zu sein scheint, was mit der Art der thematisierten Produktprobleme in Zusammenhang gebracht werden kann.[663] In Beschwerdesituationen dominieren nicht-physische (etwa psychische) konkretisierte Produktrisiken, die einen materiellen Ersatz weniger stark erfordern; zentral für die Wirkung einer gemischten (realitätsnah sowohl aus kommunikativen wie kompensatorischen Elementen bestehenden) Strategie ist hier, dass sie Vorwürfe stark und konsequent abwehrt. Entgegen weit verbreiteter Literaturmeinungen schadet also starke Defensivität nicht grundsätzlich in allen Krisensituationen.

Die Analyse zeigt ferner, dass bei gegebener stark defensiver kommunikativer Strategieausrichtung ein *Übergang von einer Vollkompensation auf eine Überkompensation* in Beschwerdesituationen einen positiven (günstigen) Effekt auf die Veränderungen der *wahrgenommenen Leistung, wahrgenommenen Gerechtigkeit* und *wahrgenommenen Problemschwere* ausübt. Für die Variable *Verantwortlichkeitszuweisung* ist zwar die entsprechende Mittelwertdifferenz nicht signifikant, doch zeigt das Vorzeichen der Veränderung (vgl. *Tabellen 60 und 62*) in dieselbe Richtung. Bei stark defensiver kommunikativer Ausrichtung kann also Strategien einer Überkompensation eine stärker krisenbewältigende Wirkung in Beschwerdesituationen zugesprochen werden als Strategien der Vollkompensation. Das wird besonders deutlich an der Variable *wahrgenommene Problemschwere.* Hier bewirkt ein Übergang von einer Voll- auf eine Überkompensation (von SIb auf SIa), dass der Effekt von „neutral" auf „positiv" wechselt (vgl. *Tabelle 62*). Die in der Literatur weit verbreitete These hinsichtlich der Existenz eines *Plateau-Effektes*, wonach ein Übergang von einer Voll- auf eine Überkompensation keinerlei (günstige) Effekte mehr auf die Beeinflussung der Rezipientenreaktionen in einer Produktkrise zu entfalten vermag, kann angesichts des hier gegebenen empirischen Befundes nicht generell aufrecht erhalten werden. Die Ergebnisse zeigen, dass der Plateau-Effekt abhängig ist von der kommunikativen Ausgestaltung der Strategie. Speziell ist er abhängig davon, ob ein Unternehmen im Sinne einer stark defensiven Strategie die Existenz eines Produktproblems leugnet oder aber im Sinne der hier betrachteten schwach defensiven Strategie im Grundsatz anerkennt. Bei gegebener schwach defensiver Strategieausrichtung deuten nämlich die empirischen Ergebnisse für die Gruppe der Beschwerdesituation darauf hin, dass ein Übergang von einer Voll- auf eine Überkompensation (von SIIb auf SIIa) keinerlei günstige (bewältigende) Wirkung mehr auf den Abbau unerwünschter Rezipientenreaktionen zu erbringen scheint (vgl. *Tabelle 62*). Bezüglich der Variablen *wahrgenommene Leistung* und *wahrgenommene Gerechtigkeit* ergibt sich keinerlei günstigere Wirkung einer Über- im Vergleich zu einer Vollkompensation im Sinne des *Plateau-Effektes*. Hinsichtlich der Variablen Verantwortlichkeitszuweisung und *wahrgenommene Problemschwere* ergibt sich sogar ein *negativer Effekt*, der in der Literatur auch als *(doppelter) Abweichungseffekt* bezeichnet wird.

[663] Vgl. Smith, A. K.; Bolton, R. N.; Wagner, J. (1999), S. 356.

In Bezug auf die *wahrgenommene Problemschwere* ändert sich durch den Übergang von einer Voll- auf eine Überkompensation bei schwach defensiver kommunikativer Ausrichtung die Strategiewirkung von „neutral" nach „negativ"; bezüglich der Variable *Verantwortlichkeitszuweisung* wechselt die Wirkung sogar von „positiv" auf „negativ" (vgl. *Tabelle 62*). Es bleibt zu klären, wie sich diese Befunde theoretisch fundieren lassen.

Im Rückgriff auf die theoretischen Überlegungen im Rahmen der Hypothesenherleitung lässt sich argumentieren, dass in Beschwerdesituationen offenbar die *Überkompensation* durch eine in dieser Situation ohnehin stärker unglaubwürdige, *schwach defensive kommunikative Ausrichtung* wie ein unaufrichtiges, über alle Maßen großzügiges Versprechen wirkt, dem in dieser Situation nicht getraut wird. In diesem Zusammenhang versprechen speziell Forschungsbeiträge wertvolle Einsichten, die die Wirkungen unterschiedlicher Garantieformen auf ausgewählte Rezipientenreaktionen (vor und nach dem Kauf respektive eines Produktproblems) analysieren. Die Parallele kann darin erkannt werden, dass eine wie hier in der Bewältigungsstrategie zum Ausdruck kommende für den Produktversagensfall getroffene Kompensationszusage regelmäßig auch einen Teilbestandteil einer vom Anbieter ausgesprochenen Produktgarantie bildet. Theoretische Erklärungsansätze aus diesem Forschungszweig für den in den Daten gefundenen Effekt liefern *Shimp/Bearden* (1982) mit ihrer bereits erwähnten *„too good to be true"*-Hypothese.[664] *Smith/Bolton/Wagner* (1999) sowie *Garrett* (1999) rekurrieren auf gerechtigkeitstheoretische Überlegungen: Eine Überkompensation mag als positive Ungerechtigkeit (‚positive inequity') empfunden werden, die psychische Spannungszustände (sogar Schuldgefühle) in Konsumenten auszulösen vermag, die wiederum dazu motivieren, dieselben abzubauen, etwa durch kognitive Neubewertung der wahrgenommenen Situation bzw. der Strategie.[665] Ein dritter Erklärungsansatz deutet darauf hin, dass eine in der Beschwerdesituation gewährte bzw. in Aussicht gestellte Überkompensationen Attributionsprozesse der Rezipienten auszulösen oder zu verstärken vermag, die nun stärker nach Gründen für die (vermeintliche) Großzügigkeit des Anbieters suchen bzw. eine solche stärker hinterfragen.[666] Ein solcher Erklärungsansatz weist implizit auf eine Doppeldeutigkeit (*‚Janusköpfigkeit'*) besonders hoher Kompensationszusagen in Situationen mit geringem Problemausmaß hin, dergestalt dass hiermit Rezipienten auf etwaige (noch) größere Produktprobleme hingewiesen werden mögen, die noch im Verborgenen liegen. *Bei stark defensiver Ausrichtung* allerdings wirkt die Überkompensation wie ein eigenständiges (weiteres) stark defensives Signal, so dass hier, in Beschwerdesituationen, ein Abbau unerwünschter Reaktionen zu verzeichnen ist. Der Überkompensation kommt im Zusammenspiel mit der stark defensiven Ausrichtung der Strategie in der Wahrnehmung von Rezipienten nun offenbar keine

[664] Vgl. Shimp, T. A.; Bearden, W. O. (1982), S. 39.
[665] Vgl. Hunt, J. M.; Kernan, J. B.; Mizerski, R. W. (1983), S. 136 f.
[666] Vgl. Kerr, A. H. (2004), S. 36; Estelami, H.; DeMaeyer, P. (2002), S. 205 ff.

wirkliche Ausgleichsfunktion im Sinne einer Entschädigung für etwaige Produktprobleme (Verluste) mehr zu. Zu einem Plateau-Effekt kommt es (entgegen vielfacher Literaturmeinungen) nun nicht mehr. Dieses Ergebnis mag als neue Erkenntnis zur Rolle der Eignung der Überkompensation und zur Frage der Existenz eines Plateau-Effektes in Krisensituationen mit geringem Problemausmaß im Lichte der bereits hierzu ohnehin nur sehr spärlich vorliegenden Forschungsbeiträge betrachtet werden.

Als nächstes erfolgt die Testung der situationsspezifischen Hypothesen für die Gruppe der *Rückruf- und Reklamationssituationen (vgl. Tabelle 63).*

Um zu prüfen, welche Bewältigungsstrategien zu einer signifikanten Veränderung (Verbesserung bzw. Verschlechterung) der Reaktionen der Rezipienten auf die zu einer Gruppe zusammengefassten Rückruf- und Reklamationssituationen geführt haben, werden t-Tests bei gepaarten Stichproben durchgeführt. Hierbei werden zunächst wiederum die Mittelwerte der vier abhängigen Variablen im Zeitpunkt nach der Krise *vor* Einsatz der Strategien (nK) mit den Mittelwerten *nach* dem Einsatz der jeweiligen Strategien (nSIa/nSIb/nSIIa/nSIIb/nSIII) verglichen und auf Signifikanz getestet. Die Ergebnisse dieser Tests für die Gruppe der Rückruf- und Reklamationssituationen (N=400) zeigt *Tabelle 64*. Wie zu erkennen ist, weichen die Mittelwerte für jede Variable nach dem Einsatz aller Strategien signifikant von der jeweiligen Situation vor dem Einsatz der Strategien ab.

Hypothesen H3.1.2a-d postulieren eine höhere Wirksamkeit von Strategien SIII (offensive Strategie), SIIa und SIIb (schwach defensive Strategien) im Vergleich zu Strategien SIa und SIb (stark defensive Strategien) in Rückruf- und Reklamationssituationen im Hinblick auf die Verbesserung der Ausprägungen der jeweiligen Beurteilungsdimensionen der Rezipienten. *Hypothese H3.1.2a* betrifft die Reduzierung der *Verantwortlichkeitszuweisungen* an den Anbieter durch Rezipienten der negativen Publizität. Wie *Tabelle 64* entnommen werden kann, führen Strategien SIa ($t = -3{,}117$, $df = 399$, $p < 0{,}05$) und SIb ($t = -2{,}991$, $df = 399$, $p < 0{,}05$) zu einer signifikanten Erhöhung (Verschlechterung) der Verantwortlichkeitszuweisungen, alle übrigen Strategien dagegen zu einer signifikanten Reduzierung (Verbesserung) der Zuweisungen von Verantwortlichkeit an den Anbieter.

Hypothesengruppe H 3 – situationsspezifisch	
Hypothesennummer	**Postulierter Zusammenhang**
H3.1.2a	*In Rückruf- und Reklamationssituationen bewirken eine reine, stark offensive Strategie (SIII) sowie schwach defensive Strategien (SIIa, SIIb) eine stärkere Reduzierung der Zuweisung von Verantwortlichkeit an den Anbieter als stark defensive Strategien (SIa, SIb), bei jeweils gegebener kompensatorischer Ausrichtung (Voll- vs. Überkompensation).*
H3.1.2b	*In Rückruf- und Reklamationssituationen bewirken eine reine, stark offensive Strategie (SIII) sowie schwach defensive Strategien (SIIa, SIIb) eine stärkere Reduzierung der wahrgenommenen Problemschwere als stark defensive Strategien (SIa, SIb), bei jeweils gegebener kompensatorischer Ausrichtung (Voll- vs. Überkompensation).*
H3.1.2c	*In Rückruf- und Reklamationssituationen bewirken eine reine, stark offensive Strategie (SIII) sowie schwach defensive Strategien (SIIa, SIIb) eine stärkere Erhöhung der wahrgenommenen Gerechtigkeit als stark defensive Strategien (SIa, SIb), bei jeweils gegebener kompensatorischer Ausrichtung (Voll- vs. Überkompensation).*
H3.1.2d	*In Rückruf- und Reklamationssituationen bewirken eine reine, stark offensive Strategie (SIII) sowie schwach defensive Strategien (SIIa, SIIb) eine stärkere Erhöhung der wahrgenommenen Leistung des Anbieters als stark defensive Strategien (SIa, SIb), bei jeweils gegebener kompensatorischer Ausrichtung (Voll- vs. Überkompensation).*
H3.1.4a	*(I) In Rückruf- und Reklamationssituationen bewirken Strategien der Überkompensation (SIIa) eine stärkere Reduzierung der Zuweisung von Verantwortlichkeit an den Anbieter als Strategien der Vollkompensation (SIIb), jedoch nur bei jeweils gegebener schwach defensiver kommunikativer Ausrichtung; (II) bei stark defensiver kommunikativer Ausrichtung führt ein Übergang von einer Strategie der Vollkompensation (SIb) zu einer Strategie der Überkompensation (SIa) zu keiner stärkeren Reduzierung der Zuweisung von Verantwortlichkeit an den Anbieter.*
H3.1.4b	*(I) In Rückruf- und Reklamationssituationen bewirken Strategien der Überkompensation (SIIa) eine stärkere Reduzierung der wahrgenommenen Problemschwere als Strategien der Vollkompensation (SIIb), jedoch nur bei jeweils gegebener schwach defensiver kommunikativer Ausrichtung; (II) bei stark defensiver kommunikativer Ausrichtung führt ein Übergang von einer Strategie der Vollkompensation (SIb) zu einer Strategie der Überkompensation (SIa) zu keiner stärkeren Reduzierung der wahrgenommenen Problemschwere.*
H3.1.4c	*(I) In Rückruf- und Reklamationssituationen bewirken Strategien der Überkompensation (SIIa) eine stärkere Erhöhung der wahrgenommenen Gerechtigkeit als Strategien der Vollkompensation (SIIb), jedoch nur bei jeweils gegebener schwach defensiver kommunikativer Ausrichtung; (II) bei stark defensiver kommunikativer Ausrichtung führt ein Übergang von einer Strategie der Vollkompensation (SIb) zu einer Strategie der Überkompensation (SIa) zu keiner stärkeren Erhöhung der wahrgenommenen Gerechtigkeit.*
H3.1.4d	*(I) In Rückruf- und Reklamationssituationen bewirken Strategien der Überkompensation (SIIa) eine stärkere Erhöhung der wahrgenommenen Leistung als Strategien der Vollkompensation (SIIb), jedoch nur bei jeweils gegebener schwach defensiver kommunikativer Ausrichtung; (II) bei stark defensiver kommunikativer Ausrichtung führt ein Übergang von einer Strategie der Vollkompensation (SIb) zu einer Strategie der Überkompensation (SIa) zu keiner stärkeren Erhöhung der wahrgenommenen Leistung.*

Tab. 63: Situationsspezifische Hypothesen der Gruppe 3 mit Fokus auf die Gruppe der Rückruf- u. Reklamationssituationen   Quelle: Eigene Darstellung

Abhängige Variable \ Messzeitpunkte	nach Krise, vor Strategieeinsatz (X=nk)	nach Krise, nach SIa (X=nSIa)	nach Krise, nach SIb (X=nSIb)	nach Krise, nach SIIa (X=nSIIa)	nach Krise, nach SIIb (X=nSIIb)	nach Krise, nach SIII (X=nSIII)
Wahrgenommene Problemschwere (MEAN_X_risk)[667]	4,79	4,3125** [,47250]	4,0800** [,70500]	2,7981** [1,98688]	2,6538** [2,13125]	2,6544** [2,13063]
Wahrgenommene Leistung (MEAN_X_komp)[668]	2,90	2,2808** [,61833]	2,4033** [,49583]	3,9417** [-1,04250]	3,9075** [-1,00833]	4,0100** [-1,11083]
Wahrgenommene Gerechtigkeit (MEAN_X_ger)[669]	2,50	2,2938* [,20375]	2,2775** [,22000]	3,8250** [-1,32750]	3,7375** [-1,24000]	3,6850** [-1,18750]
Verantwortlichkeitszuweisung (MEAN_X_attr)[670]	4,08	4,2588* [-,17875]	4,2431* [-,16313]	2,9731** [1,10688]	2,9544** [1,12563]	2,9769** [1,10313]

Mittelwertdifferenzen in eckigen Klammern, Sig.(2-seitig)
* signifikante Mittelwertdifferenz (p<0,05)
** hoch signifikante Mittelwertdifferenz (p<0,01)

Tab. 64: Überprüfung der Mittelwertdifferenzen zwischen den Zeitpunkten nach Krise, vor Strategieeinsatz (nk) und nach Krise, nach Strategieeinsatz (nSIa bis III) in der aggregierten Gruppe der Rückruf- und Reklamationssituationen (N=400) Quelle: Eigene Darstellung

Den schwach defensiven Strategien SIIa und SIIb sowie der reinen stark offensiven Strategie SIII kann mithin eine höhere krisenbewältigende Wirkung im Hinblick auf die betrachtete Variable für die Gruppe der Rückruf- und Reklamationssituationen zugeschrieben werden. Angesichts des vorliegenden empirischen Befundes kann *Hypothese H3.1.2a* nicht verworfen werden. In *Hypothese H3.1.2b* wird auf die von Rezipienten *wahrgenommene Problemschwere* abgestellt. Die Ergebnisse der gepaarten t-Tests zeigen, dass alle fünf Bewältigungsstrategien zu einer signifikanten Reduzierung der wahrgenommenen Problemschwere führen. Die größte signifikante Reduzierung der wahrgenommenen Problemschwere bewirkt, *absolut gesehen*, Strategie SIIb ($t = 26{,}271$, $df = 399$, $p < 0{,}01$), gefolgt in absteigender Reihenfolge von Strategien SIII ($t = 23{,}622$, $df = 399$, $p < 0{,}01$), SIIa ($t = 23{,}571$, $df = 399$, $p < 0{,}01$), SIb ($t = 10{,}788$, $df = 399$, $p < 0{,}01$) und SIa ($t = 6{,}900$, $df = 399$, $p < 0{,}01$). Hiermit ist jedoch

[667] Niedrige (hohe) Mittelwerte stehen für eine geringe (hohe) *wahrgenommene Problemschwere*. Ein negatives (positives) Vorzeichen der Mittelwertdifferenz steht für eine Erhöhung (Reduzierung) der wahrgenommenen Problemschwere.

[668] Hohe (niedrige) Mittelwerte stehen für eine hohe (geringe) *wahrgenommene Leistung* des Anbieters. Ein negatives (positives) Vorzeichen der Mittelwertdifferenz steht für eine Erhöhung/Verbesserung (Verminderung/Verschlechterung) der wahrgenommenen Leistung.

[669] Hohe (niedrige) Mittelwerte repräsentieren eine hohe (geringe) *wahrgenommene Gerechtigkeit*. Ein negatives (positives) Vorzeichen der Mittelwertdifferenz steht für eine Erhöhung/Verbesserung (Verminderung/ Verschlechterung) der wahrgenommenen Gerechtigkeit.

[670] Niedrige (hohe) Mittelwerte stehen für eine niedrige (hohe) *Zuweisung von Verantwortlichkeit* an den Anbieter. Ein negatives (positives) Vorzeichen der Mittelwertdifferenz steht für eine Erhöhung (Reduzierung) der Verantwortlichkeitszuweisung.

noch nicht gesagt, ob und – falls ja – welche Strategien sich *relativ zueinander* im Hinblick auf die Beeinflussung der wahrgenommenen Problemschwere signifikant unterscheiden.

Die zum Teil sehr nah beieinander liegenden Mittelwerte legen den Schluss nahe, dass sich manche Strategien in ihrer Wirkung wohlmöglich nicht signifikant voneinander unterscheiden. Um die Vorteilhaftigkeit der fünf Strategien *relativ zueinander* näher zu untersuchen, werden weitere gepaarte t-Tests durchgeführt. Hierbei wird jeweils eine Strategie paarweise mit jeder anderen Strategie auf Signifikanz der Mittelwertunterschiede hinsichtlich der abhängigen Variable *wahrgenommene Problemschwere* untersucht. Die Ergebnisse dieser Tests können *Tabelle 65* entnommen werden.

	SIa	**SIb**	**SIIa**	**SIIb**	**SIII**
SIa	**4,3125**	[,23250]**	[1,51438]**	[1,65875]**	[1,65813]**
SIb		**4,0800**	[1,28188]**	[1,42625]**	[1,42563]**
SIIa			**2,7981**	*[,14438]*	*[,14375]*
SIIb				**2,6538**	*[-,00062]*
SIII					**2,6544**

Mittelwerte der Strategien in der Diagonale
Mittelwertdifferenzen in eckigen Klammern, Sig.(2-seitig)
** hoch signifikante Mittelwertdifferenz (p<0,01)

Tab. 65: Ergebnisse der t-Tests bei gepaarten Stichproben zur Überprüfung von Hypothese H3.1.2b – Mittelwerte und Mittelwertdifferenzen (N=400) für die Variable ‚wahrgenommene Problemschwere' Quelle: Eigene Darstellung

Diese Analyse der Mittelwertdifferenzen ergibt, dass sich die Strategien SIIa, SIIb und SIII *untereinander* nicht signifikant im Hinblick auf die Veränderung der *wahrgenommenen Problemschwere* unterscheiden (SIIa vs. SIIb: t = 1,871, df = 399, p = 0,62; SIIa vs. SIII: t = 1,743, df = 399, p = 0,82; SIIb vs. SIII: t = -0,009; df = 399, p = 0,992). Jede dieser Strategien unterscheidet sich jedoch signifikant von den Strategien SIa und SIb (p< 0,01). Die Mittelwerte nach dem Einsatz der Strategien SIIa, SIIb und SIII sind jeweils signifikant niedriger als die nach dem Einsatz der Strategien SIa und SIb; erstgenannte Strategien führen also zu einer relativ niedrigeren wahrgenommenen Problemschwere. Strategien SIa und SIb wiederum, so zeigt *Tabelle 65*, unterscheiden sich ebenfalls signifikant voneinander. Der Mittelwert für die wahrgenommene Problemschwere ist nach dem Einsatz von Strategie SIb signifikant geringerer als nach dem Einsatz von Strategie SIa ($t = 3{,}358$, $df = 399$, $p < 0{,}01$). Strategie SIb führt also zu einer relativ niedrigeren wahrgenommenen Problemschwere. Hieraus ergibt sich für die fünf Strategien die folgende Reihenfolge der Vorteilhaftigkeit: SIIb ~ SIII ~ SIIa > SIb > SIa. Dieses Ergebnis steht im Einklang mit *Hypothese H3.1.2b*, die somit nicht verworfen werden kann.

Hypothesen H3.1.2c und *H3.1.2d* betreffen die Wirkungen der Strategien auf die *wahrgenommene Gerechtigkeit* respektive die *wahrgenommene Leistung*. Aus *Tabelle 66* wird deutlich, dass Strategien SIIa, SIIb und SIII zu einer (aus Anbietersicht erwünschten) signifikanten Erhöhung der *wahrgenommenen Gerechtigkeit* (SIIa: $t = -23{,}081$, $df = 399$, $p < 0{,}01$; SIIb: $t = -18{,}970$, $df = 399$, $p < 0{,}01$; SIII: $t = -17{,}961$, $df = 399$, $p < 0{,}01$) bzw. *wahrgenommenen Leistung* (SIIa: $t = -15{,}963$, $df = 399$, $p < 0{,}01$; SIIb: $t = -13{,}617$, $df = 399$, $p < 0{,}01$; SIII: $t = -14{,}527$, $df = 399$, $p < 0{,}01$) beitragen. Umgekehrt führen Strategien SIa und SIb zu einer signifikanten Verschlechterung der *wahrgenommenen Gerechtigkeit* (SIa: $t = 3{,}476$, $df = 399$, $p < 0{,}05$; SIb: $t = 3{,}766$, $df = 399$, $p < 0{,}01$) und *wahrgenommenen Leistung* (SIa: $t = 9{,}242$, $df = 399$, $p < 0{,}01$; SIb: $t = 7{,}620$, $df = 399$, $p < 0{,}01$). Somit können auch *Hypothesen H3.1.2c* und *H3.1.2d* nicht verworfen werden.

Hypothesen H3.1.4a-d betreffen einen *Vergleich von Strategien der Überkompensation und Vollkompensation* in Rückruf- und Reklamationssituationen *bei jeweils gegebener kommunikativer Ausrichtung*. Der Tenor ist, dass Strategien der Überkompensation im Vergleich zu Strategien der Vollkompensation zwar bei gegebener schwach defensiver kommunikativer Ausrichtung wirksamer im Hinblick auf den Abbau unerwünschter Rezipientenreaktionen sind, jedoch nicht bei stark defensiver kommunikativer Ausrichtung der Strategie. Im letzteren Fall würde ein Übergang von einer Voll- auf eine Überkompensation keinen (signifikanten) Wirkungszuwachs im Hinblick auf die günstige Beeinflussung der betrachteten Typen von Rezipientenreaktionen erbringen.

Was den Vergleich von Strategien der Überkompensation zu Strategien der Vollkompensation bei *gegebener stark defensiver kommunikativer Ausrichtung* betrifft, so leitet sich aus *Tabelle 64* ab, dass beide Strategien (SIa wie SIb) in Bezug auf die Beurteilungsdimensionen der *wahrgenommenen Leistung, wahrgenommenen Gerechtigkeit* und *Verantwortlichkeitszuweisung* zu keinerlei positiven, sondern zu negativen (unerwünschten) Effekten führen. Da offensichtlich weder Strategie SIa, noch Strategie SIb zu einer Reduktion der Verantwortlichkeitszuweisungen bzw. Erhöhung der wahrgenommenen Leistung bzw. Gerechtigkeit beitragen, erübrigt sich die weitere Überprüfung der relativen Vorteilhaftigkeit beider Strategien zueinander. Was die günstige Beeinflussung der *wahrgenommenen Problemschwere* angeht, so ergibt sich aus den durchgeführten gepaarten t-Tests zu Hypothese H3.1.2b (vgl. *Tabelle 65*), dass ein Wechsel von Strategie SIb zu SIa mit einer Wirkungsverschlechterung verbunden ist. Für alle Variablen leitet sich somit ab, dass bei gegebener stark defensiver Strategieausrichtung die Steigerung der angekündigten Kompensationshöhe von einer Voll- auf eine Überkompensation zu keiner (stärkeren) *Reduzierung* der Verantwortlichkeitszuweisungen, der wahrgenommenen Problemschwere bzw. zu keiner (stärkeren) *Erhöhung* der wahrgenommenen Leistung bzw. wahrgenommenen Gerechtigkeit führt. Damit lässt sich der *zweite Teil* von *Hypothesen H3.1.4a-d nicht verwerfen.*

Für den Vergleich von Strategien der Vollkompensation zu Strategien der Überkompensation bei *schwach defensiver kommunikativer Ausrichtung* ergibt sich hinsichtlich der *wahrgenommenen Problemschwere* aus dem zu Hypothese H3.1.2b durchgeführten Paarvergleichstest der Mittelwerte, dass ein Übergang von Strategie SIIb auf Strategie SIIa keinen signifikanten Wirkungszuwachs erbringt. Der *erste Teil* von *Hypothese H3.1.4a* muss somit verworfen werden. Es bleibt zu prüfen, inwiefern sich Strategien SIIa und SIIb relativ zueinander in Bezug auf die Beeinflussung der übrigen drei Variablen verhalten gemäß der jeweils ersten Teilaussage von Hypothesen *H3.1.4b-d*. Das Ergebnis der zur Klärung dieser Frage durchgeführten gepaarten t-Tests kann *Tabelle 66* entnommen werden.

Messzeitpunkte / Abhängige Variable	nach Krise, nach SIIa (X=nSIIa)	nach Krise, nach SIIb (X=nSIIb)
Wahrgenommene Leistung (MEAN_X_komp)	3,9417	3,9075
	[,03417]*	
Wahrgenommene Gerechtigkeit (MEAN_X_ger)	3,8250	3,7375
	[,08750]**	
Verantwortlichkeits-zuweisung (MEAN_X_attr)	2,9731	2,9544
	[,01875]***	

Mittelwertdifferenzen in eckigen Klammern, Sig.(2-seitig)

* *nicht* signifikante Mittelwertdifferenz (t = 0,511, df = 399, p = 0,610 > 0,05)

** *nicht* signifikante Mittelwertdifferenz (t = 1,304, df = 399, p = 0,193 > 0,05)

*** *nicht* signifikante Mittelwertdifferenz (t = 0,294, df = 399, p = 0,769 > 0,05)

Tab. 66: Ergebnisse des t-Tests bei gepaarten Stichproben zur Überprüfung von Hypothesen H3.1.4b-d – Mittelwerte und Mittelwertdifferenzen (N=400) Quelle: Eigene Darstellung

Es zeigt sich, dass sich Strategien SIIa und SIIb hinsichtlich jeder der drei betrachteten abhängigen Variablen nicht signifikant voneinander unterscheiden. Damit lässt sich auch der *erste Teil* von Hypothesen *H3.1.4b-d* anhand der Daten nicht bestätigen. Insgesamt finden somit Hypothesen *H3.1.4a-d* nur zum Teil empirische Absicherung, sie müssen teilweise, nämlich in Bezug auf die Aussage (I), verworfen werden.

Die Ergebnisse der situationsspezifischen Analyse in Form von Strategieempfehlungen für die Gruppe der *Rückruf- und Reklamationssituationen* sind in *Tabelle 67* zusammengefasst.

Abhängige Variable	**Reihenfolge der Vorteilhaftigkeit**			**Strategie-empfehlung**
	positive *(=günstige)* ***Wirkung***	***neutrale Wirkung***	***negative*** *(=ungünstige)* ***Wirkung***	
Wahrgenommene Problemschwere	*SIIb ~ SIII ~ SIIa > SIb > SIa*			*schwach defensive Strategie der Vollkompensation (SIIb) [Überkompensation verpufft]; alternativ: reine stark offensive Strategie (SIII)*
Wahrgenommene Leistung	*SIIa ~ SIIb, SIII*	>	*SIa, SIb*	*schwach defensive Strategie der Vollkompensation (SIIb) [Überkompensation verpufft]; alternativ: reine stark offensive Strategie (SIII)*
Wahrgenommene Gerechtigkeit	*SIIa ~ SIIb, SIII*	>	*SIa, SIb*	*schwach defensive Strategie der Vollkompensation (SIIb) [Überkompensation verpufft]; alternativ: reine stark offensive Strategie (SIII)*
Verantwortlichkeitszuweisung	*SIIa ~ SIIb, SIII*	>	*SIa, SIb*	*schwach defensive Strategie der Vollkompensation (SIIb) [Überkompensation verpufft]; alternativ:reine stark offensive Strategie (SIII)*

~ = keine signifikanten Wirkungsunterschiede
> = signifikant größere Wirkung als…
< = signifikant kleinere Wirkung als…
, = nicht statistisch getestete Vorteilhaftigkeitsrelation

Tab. 67: Strategieempfehlungen für die Bewältigung von Rückruf- und Reklamationssituationen Quelle: Eigene Darstellung

Die Ergebnisse der Hypothesentests von Hypothesen H3.1.2a-d machen deutlich, dass in *Rückruf- und Reklamationssituationen* offenbar eine reine, stark offensive Strategie (SIII) sowie schwach defensive Strategien (SIIa, SIIb) eine stärkere Reduzierung der Zuweisung von Verantwortlichkeit an den Anbieter und wahrgenommenen Problemschwere sowie eine stärkere Erhöhung der wahrgenommenen Gerechtigkeit und wahrgenommenen Leistung des

Anbieters bewirken als stark defensive Strategien (SIa, SIb), *bei jeweils gegebener kompensatorischer Ausrichtung* (Voll- vs. Überkompensation), d.h. sowohl bei einer Voll- als auch bei einer Überkompensation. Im Zweifel sind in diesen Situationen also offensive und schwach defensive kommunikative Elemente stark defensiven Elementen im Hinblick auf eine Bewältigung von Produktkrisen mit manifesten (rechtlich relevanten) Problemen in Form der Reklamations- bzw. Rückrufsituationen vorzuziehen.

Die Ergebnisse machen zugleich deutlich, dass ein Übergang von einer Voll- auf eine Überkompensation sowohl bei gegebener stark defensiver kommunikativer Strategieausrichtung als auch bei gegebener schwach defensiver kommunikativer Strategieausrichtung nicht den erhofften Effekt im Sinne einer Verbesserung der reputationsrelevanten Rezipientenreaktionen erbringt. Dies gilt für alle vier untersuchten Typen von Rezipientenreaktionen. Es zeigt sich also ein relativ starker *Plateau-Effekt* sowohl bei gegebener stark defensiver als auch bei schwach defensiver kommunikativer Ausrichtung (vgl. *Tabelle 67*).

Im Hinblick auf die *wahrgenommene Problemschwere* kommt es durch den Übergang von der Voll- auf die Überkompensation sogar zu einer leichten Wirkungsverschlechterung, also einem der Krisenbewältigung abträglichen Effekt (vgl. *Tabelle 67:* SIb > SIa). Hieraus leitet sich die Handlungsempfehlung für einen von einer Produktkrise nach Art der Reklamations- bzw. Rückrufsituationen betroffenen Anbieter ab, auf den Einsatz überdurchschnittlicher Kompensationsankündigungen in seiner (stark wie schwach) defensiv ausgerichteten Bewältigungsstrategie zu verzichten. Dieser empirische Befund erstaunt insofern ganz besonders, als es sich bei Rückruf- bzw. Reklamationssituationen um solche Arten von Produktkrisen handelt, die regelmäßig mit manifesten Produktproblemen und, daraus resultierend, mit (bisweilen erheblichen) Einbußen an Sachen, an Vermögen und/oder an der Gesundheit für (potentielle) Kunden bzw. Dritte (mit dem Produkt in Kontakt kommende Personen) verbunden sind.

Der vorliegende Befund könnte damit plausibel gemacht werden, dass sich die erwähnten Personen (Rezipienten) in diesen Krisensituationen stärker durch die Rechtslage geschützt fühlen. Sie nehmen möglicherweise Kompensationsleistungen des Anbieters respektive damit korrespondierende (rechtliche) Ansprüche auf Kompensationsleistungen unabhängig von der Faktenlage, d.h. unabhängig davon, ob der Anbieter tatsächlich für die öffentlich diskutierten Produktprobleme verantwortlich ist oder nicht, als gegeben, berechtigt oder selbstverständlich wahr. Für den gefundenen Effekt kommt aber auch noch eine *andere Erklärung* in Betracht: Bei Einsatz (stark wie schwach) defensiv ausgerichteter Strategien der Überkompensation scheint die tatsächliche Einlösung des Kompensationsversprechens aus Rezipientensicht angesichts der defensiven (verteidigenden, Vorwürfe abwehrenden) Position des Anbieters nahezu unwahrscheinlich. Die in diesen Situationen angesichts des stärkeren materiellen Verlustes wichtige Funktion der Kompensation zur Abschwächung solcher Verlustkategorien kann nunmehr von einer Ankündigung der Überkompensation nicht mehr erfüllt werden. Damit verpufft die Wirkung zusätzlicher Kompensationsleistungen.

4.2.3.2 Situationsübergreifende Hypothesen

Eine Übersicht über die zu testenden situationsübergreifenden Hypothesen der Hypothesengruppe 3 gibt *Tabelle 68.* Die in den situationsübergreifenden Hypothesen der Hypothesengruppe 3 zum Ausdruck kommenden Zusammenhänge stellen auf einen Vergleich gegebener Bewältigungsstrategien *in zwei Experimentgruppen* ab: Zu vergleichen sind die auf den Einsatz der jeweiligen Strategien in den Gruppen zurückzuführenden Mittelwertdifferenzen der abhängigen Variablen (vor vs. nach Einsatz der Strategien) zwischen der Gruppe der *Beschwerdesituation* und der zu einer Gruppe fusionierten *Rückruf- und Reklamationssituationen*. Die Testung der Hypothesen erfolgt mittels t-Tests bei unabhängigen Stichproben. *Tabelle 69* zeigt die durch den Einsatz der jeweils gegebenen Strategien bewirkten Veränderungen in den Mittelwerten der abhängigen Variablen für beide Experimentgruppen sowie die Ergebnisse des t-Tests auf signifikante Unterschiede zwischen den beiden Gruppen, die in der Tabelle mit einem Stern markiert sind.[671]

[671] Vgl. Bühl, A.; Zöfel, P. (2005), S. 280 ff. Es werden also die durch den Strategieeinsatz bewirkten mittleren Differenzen zwischen den Gruppen analysiert (vgl. *Tabelle 69*). Die gewählte „Differenz-von-Differenzen"-Methode verbindet so die Eigenschaften des Vorher-Nachher-Vergleichs (Innergruppenvergleichs) mit denen des Kreuz-Vergleichs (Zwischengruppenvergleichs). Hierbei ergibt sich jedoch das Problem, dass die Messung der Strategiewirkung innerhalb der Gruppen durch Differenzenbildung zweier Mittelwerte (Vorher-Nachher-Vergleiche) erfolgt, wobei die Messungen (Messzeitpunkte) nicht unabhängig voneinander sind. Das Problem der Abhängigkeit der Messungen reduziert sich jedoch insofern als dass im Rahmen des Erhebungsdesigns Maßnahmen getroffen wurden, um etwaig auftretende Reihenfolge- bzw. Positionseffekte auf ein Minimum zu beschränken bzw. auszugleichen. Da die Messzeitpunkte zudem zeitlich nicht weit auseinander fallen, lässt sich die aus der Vorher-Nachher-Messung resultierende Mittelwertdifferenz so betrachten, als hätte man sie (direkt, unmittelbar) nur in einem Zeitpunkt erhoben. Vgl. hierzu die Kritik und Bemerkungen zur „Differenz-von-Differenzen-Methode" von Reinowski, E. (2004), S. 17. Smith/Bolton/Wagner (1999) weisen darauf hin, dass eine solche Vorgehensweise für die hier vorliegende Situation angemessen scheint, dass aufgrund der nur geringen Anzahl variierter Stimuli (Strategien) im within-Teil des gemischten Design-Experiments und angesichts der Bewertungsaufgabe der Probanden, die vergleichbar ist zu derjenigen im Rahmen einer konjunkten Analyse, nur eine relativ geringe Variation innerhalb der Gruppen zu erwarten ist. Vgl. Smith, A. K.; Bolton, R. N.; Wagner, J. (1999), S. 366.

Hypothesengruppe H 3 – situationsübergreifend	
Hypothesennummer	**Postulierter Zusammenhang**
H3.2.1a	*Strategien der Überkompensation (SIa, SIIa) führen bei jeweils gegebener kommunikativer Ausrichtung (stark vs. schwach defensiv) in Beschwerdesituationen zu einer relativ höheren Reduzierung der Zuweisung von Verantwortlichkeit an den Anbieter als in Reklamations- und Rückrufsituationen.*
H3.2.1b	*Strategien der Überkompensation (SIa, SIIa) führen bei jeweils gegebener kommunikativer Ausrichtung (stark vs. schwach defensiv) in Beschwerdesituationen zu einer relativ höheren Reduzierung der wahrgenommenen Problemschwere als in Reklamations- und Rückrufsituationen.*
H3.2.1c	*Strategien der Überkompensation (SIa, SIIa) führen bei jeweils gegebener kommunikativer Ausrichtung (stark vs. schwach defensiv) in Beschwerdesituationen zu einer relativ stärkeren Erhöhung der wahrgenommenen Gerechtigkeit als in Reklamations- und Rückrufsituationen.*
H3.2.1d	*Strategien der Überkompensation (SIa, SIIa) führen bei jeweils gegebener kommunikativer Ausrichtung (stark vs. schwach defensiv) in Beschwerdesituationen zu einer relativ stärkeren Erhöhung der wahrgenommenen Leistung des Anbieters als in Reklamations- und Rückrufsituationen.*
H3.2.2a	*Stark defensiv ausgerichtete Strategien (SIa, SIb) führen bei jeweils gegebener kompensatorischer Ausrichtung (Voll- vs. Überkompensation) in Rückruf- und Reklamationssituationen zu einer geringeren Reduzierung der Zuweisung von Verantwortlichkeit an den Anbieter als in Beschwerdesituationen.*
H3.2.2b	*Stark defensiv ausgerichtete Strategien (SIa, SIb) führen bei jeweils gegebener kompensatorischer Ausrichtung (Voll- vs. Überkompensation) in Rückruf- und Reklamationssituationen zu einer geringeren Reduzierung der wahrgenommenen Problemschwere als in Beschwerdesituationen.*
H3.2.2c	*Stark defensiv ausgerichtete Strategien (SIa, SIb) führen bei jeweils gegebener kompensatorischer Ausrichtung (Voll- vs. Überkompensation) in Rückruf- und Reklamationssituationen zu einer geringeren Erhöhung der wahrgenommenen Gerechtigkeit als in Beschwerdesituationen.*
H3.2.2d	*Stark defensiv ausgerichtete Strategien (SIa, SIb) führen bei jeweils gegebener kompensatorischer Ausrichtung (Voll- vs. Überkompensation) in Rückruf- und Reklamationssituationen zu einer geringeren Erhöhung der wahrgenommenen Leistung des Anbieters als in Beschwerdesituationen.*

Tab. 68: Situationsübergreifende Hypothesen der Gruppe 3 Quelle: Eigene Darstellung

Die Befunde werden in der rechten Tabellenspalte erläutert. In die Befunderläuterungen fließen die Ergebnisse aus der situationsspezifischen Analyse zur Hypothesengruppe 3 ein. Von einer relativ höheren Eignung einer gegebenen Strategie in der einen im Vergleich zu der anderen Krisensituation kann approximativ ausgegangen werden, wenn der t-Test signifikante Mittelwertunterschiede zwischen beiden Gruppen ausweist und die Differenz in die prognostizierte Richtung zeigt.

Sofern sich im Rahmen der situationsspezifischen Analyse der Daten gezeigt hat, dass eine der hier – im Rahmen der situationsübergreifenden Analyse – zur Disposition stehenden Strategien (SIa, SIIa, SIb) zu einer Verschlechterung in mindestens einer der Situationen im

Vorher-Nachher-Vergleich bei der jeweils interessierenden Variable geführt hat, kann eine weitere Prüfung auf relative Vorteilhaftigkeit der Strategie unterbleiben, da in allen Hypothesen (implizit) eine günstige Wirkungsrichtung der Strategien vorausgesetzt wird. Das Ergebnis der situationsspezifischen Analyse der Daten liefert also gewissermaßen eine Vorselektion von Strategien für die situationsübergreifende Analyse. Nur diejenigen Strategien sind weiter einer situationsübergreifenden Betrachtung zu unterziehen, die sich in der situationsspezifischen Analyse im Hinblick auf die Erreichung des Bewältigungsziels in beiden hier zu vergleichenden Situationen als vorteilhaft bzw. nicht kontraproduktiv erwiesen haben.[672] Nur für den Fall, dass sich anhand der vorliegenden Daten eine gegebene Strategie im Grundsatz in beiden hier betrachteten Situationsgruppen für eine Bewältigung eignet (also keinen adversen Effekt bewirkt), kann die situationsübergreifende Analyse gegenüber der situationsspezifischen Analyse weitergehende Erkenntnisse erbringen. Dies ist hier in der Tat der Fall (vgl. die grau unterlegten Befunde in Spalte E von *Tabelle 69*).

Wie *Tabelle 69* entnommen werden kann, üben Strategien SIa, SIb und SIIb auf die *wahrgenommene Problemschwere* sowohl in der Beschwerdesituation als auch in der Reklamations- bzw. Rückrufsituation keinen der Bewältigung abträglichen Effekt aus, was ein Ergebnis der situationsspezifischen Analyse darstellt. In beiden Krisensituationen kommt es durch den Einsatz dieser Strategien zu einem Abbau bzw. keiner Verschlechterung der wahrgenommenen Problemschwere, was an dem gleich gerichteten Vorzeichen der Mittelwertdifferenzen unter Berücksichtigung der Wirkungsrichtung (vgl. die Fußnotenerläuterungen zu *Tabelle 69*) abgelesen werden kann. In beiden Situationen günstig ist ebenfalls der Einsatz von Strategie SIIb zur Beeinflussung der *Verantwortlichkeitszuweisungen* der Rezipienten. Auch dies stellt ein Ergebnis der vorgelagerten situationsspezifischen Analyse dar.

[672] Ein unterschiedliches Vorzeichen der Mittelwertdifferenzen in *Tabelle 69* bei einer gegebenen Strategie im Situationsvergleich deutet also darauf hin, dass in mindestens einer der Situationen kein positiver (erwünschter) Bewältigungseffekt von der Strategie ausgeht. Dies ist entsprechend bei der Befundinterpretation der Mittelwertdifferenzen zu berücksichtigen.

Abhängige Variable	*Strategieinduzierte Veränderungen der abhängigen Variable in der...*		*Mittlere Differenz (C-B)*	*Erläuterung der Befunde*
	Be-schwer-desitu-ation (BE) (N=200)	**Rekla-mations- u. Rückruf-situation (RE/RÜ)** (N=400)		
A	B	C	D	E
Veränderung der wahrgenommenen Problemschwere (risk):[673]				
~durch SIa: Diff_nSIa_risk_nk_risk	,33125	,47250	*,14125*	***kein sig. Unterschied***
~durch SIIa: Diff_nSIIa_risk_nk_risk	-,85625	1,98688	2,84313*	*sig. Unterschied:* aber nur in der RE/RÜ-Situation positiver Bewältigungseffekt; adverser Effekt i. d. BE-Situation ➔ SIIa ist i. d. RE/RÜ-Situation rel. wirksamer
~durch SIb: Diff_nSIb_risk_nk_risk	,16875	,70500	,53625*	***sig. Unterschied:* in beiden Situationen positiver Bewältigungseffekt; jedoch höhere Wirkung in der RE/RÜ-Situation ➔ SIb i. d. RE/RÜ-Situation rel. wirksamer => *vgl. Prospect Theorie-Herleitung (umgekehrter Effekt)***
~durch SIIb: Diff_nSIIb_risk_nk_risk	,15625	2,13125	1,97500*	***sig. Unterschied:* in beiden Situationen positiver Bewältigungseffekt; jedoch höhere Wirkung in der RE/RÜ-Situation ➔ SIIb i. d. RE/RÜ-Situation rel. wirksamer => *vgl. Prospect Theorie-Herleitung (umgekehrter Effekt)***
Veränderung der wahrgenommenen Leistung (komp):[674]				
~durch SIa: Diff_nSIa_komp_nk_komp	-,67167	,61833	1,29000*	*sig. Unterschied:* aber nur in der BE-Situation positiver Bewältigungseffekt; adverser Effekt i. d. RE/RÜ-Situation ➔ SIa i. d. BE-Situation rel. wirksamer
~durch SIIa: Diff_nSIIa_komp_nk_komp	1,29833	-1,04250	-2,34083*	*sig. Unterschied:* aber nur in der RE/RÜ-Situation positiver Bewältigungseffekt, adverser Effekt i. d. BE-Situation ➔ SIIa i. d. RE/RÜ-Situation rel. wirksamer
~durch SIb: Diff_nSIb_komp_nk_komp	-,18000	,49583	,67583*	*sig. Unterschied:* aber nur in der BE-Situation positiver Bewältigungseffekt; adverser Effekt i. d. RE/RÜ-Situation ➔ SIb rel. wirksamer i. d. BE-Situation
~durch SIIb: Diff_nSIIb_komp_nk_komp	,94667	-1,00833	1,95500*	*sig. Unterschied:* aber nur in der RE/RÜ-Situation positiver Bewältigungseffekt; adverser Effekt i. d. BE-Situation ➔ SIIb i. d. RE/RÜ-Situation rel. wirksamer

* hoch signifikante Mittelwertdifferenz (p<0,01) Sig. (2-seitig)

Tab. 69: Ergebnisse des T-Tests bei unabhängigen Stichproben zur Prüfung von Hypothesen H3.2.1a-d und Hypothesen H3.2.2a-d

673 Ein negatives (positives) Vorzeichen der Mittelwertdifferenz steht für eine Erhöhung (Reduzierung) der wahrgenommenen Problemschwere.

674 Ein negatives (positives) Vorzeichen der Mittelwertdifferenz steht für eine Erhöhung/Verbesserung (Verminderung/ Verschlechterung) der wahrgenommenen Leistung.

Abhängige Variable	*strategieinduzierte Veränderungen der abhängigen Variable in der...*		*Mittlere Differenz* **(C-B)**	*Erläuterung der Befunde*
	Be-schwer-desitu-ation (BE) (N=200)	**Rekla-mations- u. Rückruf-situation (RE/RÜ)** (N=400)		
A	**B**	**C**	**D**	**E**
Veränderung der wahrgenommenen Gerechtigkeit (ger):[675]				
~durch SIa: Diff_nSIa_ger_nk_ger	-,80750	,20375	1,01125*	*sig. Unterschied:* aber nur in der BE-Situation positiver Bewältigungseffekt; adverser Effekt i. d. RE/RÜ-Situation → SIa rel. wirksamer i. d. BE-Situation
~durch SIIa: Diff_nSIIa_ger_nk_ger	1,04375	-1,32750	-2,37125*	*sig. Unterschied:* aber nur in der RE/RÜ-Situation positiver Bewältigungseffekt; adverser Effekt i. d. BE-Situation → SIIa i. d. RE/RÜ-Situation rel. wirksamer
~durch SIb: Diff_nSIb_ger_nk_ger	-,56000	,22000	,78000*	*sig. Unterschied:* aber nur in der BE-Situation positiver Bewältigungseffekt; adverser Effekt i. d. RE/RÜ-Situation → SIb rel. wirksamer i. d. BE-Situation
~durch SIIb: Diff_nSIIb_ger_nk_ger	,25000	-1,24000	1,49000*	*sig. Unterschied:* aber nur in der RE/RÜ-Situation positiver Bewältigungseffekt; adverser Effekt i. d. BE-Situation → SIIb i. d. RE/RÜ-Situation rel. wirksamer
Veränderung der Verantwortlichkeits-zuweisung (attr):[676]				
~durch SIa: Diff_nSIa_attr_nk_attr	,78750	-,17875	-3,26875*	*sig. Unterschied:* aber nur in der BE-Situation positiver Bewältigungseffekt; adverser Effekt i. d. RE/RÜ-Situation → SIa rel. wirksamer i. d. BE-Situation
~durch SIIa: Diff_nSIIa_attr_nk_attr	-,57750	1,10688	1,68438*	*sig. Unterschied: sig. Unterschied:* aber nur in der RE/RÜ-Situation positiver Bewältigungs-effekt; adverser Effekt i. d. BE-Situation → SIIa rel. wirksamer i. d. RE/RÜ-Situation
~durch SIb: Diff_nSIb_attr_nk_attr	,68500	-,16313	-,84813*	*sig. Unterschied:* aber nur in der BE-Situation positiver Bewältigungseffekt; adverser Effekt i. d. RERÜ-Situation → SIb rel. wirksamer i. d. BE-Situation
~durch SIIb: Diff_nSIIb_attr_nk_attr	,33875	1,12563	,78688*	*sig. Unterschied:* **in beiden Situationen positiver Bewältigungseffekt; jedoch höhere Wirkung in der RE/RÜ-Situation → SIIb i. d. RE/RÜ-Situation rel. wirksamer => vgl. Prospect Theorie-Herleitung (umgekehrter Effekt)**

* hoch signifikante Mittelwertdifferenz (p<0,01) Sig. (2-seitig)

Tab. 69: Ergebnisse des T-Tests bei unabhängigen Stichproben zur Prüfung von Hypothesen H3.2.1a-d und Hypothesen H3.2.2a-d (Forts.) Quelle: Eigene Darstellung

[675] Ein negatives (positives) Vorzeichen der Mittelwertdifferenz steht für eine Erhöhung/Verbesserung (Verminderung/Verschlechterung) der wahrgenommenen Gerechtigkeit.

[676] Ein negatives (positives) Vorzeichen der Mittelwertdifferenz steht für eine Erhöhung (Reduzierung) der Verantwortlichkeitszuweisung.

Im Rahmen der situationsübergreifenden Analyse gilt es nun, diese (durch die situationsspezifische Analyse gleichsam vorselektierten) Strategien einem situationsübergreifenden Vorteilhaftigkeitsvergleich zu unterziehen.

Hypothesen H3.2.1a-d postulieren eine relative Überlegenheit von Strategien der Überkompensation (SIa, SIIa) in Reklamations- und Rückrufsituationen im Vergleich zur Beschwerdesituation, unabhängig von der kommunikativen Ausgestaltung (stark vs. schwach defensiv).

In Bezug auf die *Verantwortlichkeitszuweisungen* an den Anbieter (*Hypothese H3.2.1a*) ergibt sich aus *Tabelle 69*, dass lediglich Strategie SIa, wie erwartet, zu einer Reduzierung (einem positiven Bewältigungseffekt) und damit auch zu einer höheren Reduzierung der Verantwortlichkeitszuweisungen in der Beschwerdesituation im Vergleich zur Reklamations- und Rückrufsituation führt ($t = -27{,}758$, $df = 465$, $p < 0{,}01$). Strategie SIIa ist hingegen relativ wirksamer in der Reklamations- bzw. Rückrufsituation ($t = 15{,}280$, $df = 598$, $p < 0{,}01$). Angesichts dieses, bereits aus der situationsspezifischen Analyse bekannten, Ergebnisses muss *Hypothese H3.2.1.a* verworfen werden.

Hinsichtlich der *wahrgenommenen Problemschwere* (*Hypothese H3.2.1b*) bewirkt Strategie SIa, wie die Ergebnisse des t-Tests belegen, keine signifikant unterschiedliche Veränderung (Reduzierung) im Gruppenvergleich ($t = 1{,}217$, $df = 598$, $p = 0{,}224 > 0{,}05$). Hierbei handelt es sich um eine neue Erkenntnis der situationsübergreifenden Analyse. Strategie SIIa ist dagegen, genau umgekehrt zur Aussage von Hypothese H3.2.1.b, relativ wirksamer in der Reklamations- bzw. Rückrufsituation als in der Beschwerdesituation ($t = 21{,}246$, $df = 449$, $p < 0{,}01$). Damit ist auch *Hypothese H3.2.1b* insgesamt zu verwerfen.

In Bezug auf die *wahrgenommene Gerechtigkeit* (*Hypothese H3.1.2c*) und *wahrgenommene Leistung* (*Hypothese H3.1.2d*) führt Strategie SIa nur in der Beschwerdesituation zu der erwünschten Erhöhung. In der Reklamations- bzw. Rückrufsituation kommt es dagegen durch den Einsatz dieser Strategie zu einer Verschlechterung bei dieser Beurteilungsdimension. Dieser Effekt ist also konform zu Hypothese H3.1.2c bzw. Hypothese H3.1.2d. Hinsichtlich des Einsatzes von Strategie SIIa ergibt sich jedoch die Vorteilhaftigkeit in beiden Fällen genau umgekehrt. Damit sind auch *Hypothesen H3.1.2c* und *H3.1.2d* insgesamt zu verwerfen.

In Anbetracht dieser Ergebnisse lässt sich nicht generell sagen, dass Strategien der Überkompensation unabhängig von ihrer kommunikativen Ausgestaltung eine relativ höhere bewältigende Wirkung in Beschwerdesituationen als in Reklamations- bzw. Rückrufsituationen entfalten. Dieses Ergebnis ist somit konträr zur Aussage der *Prospect Theorie*. Die situationsübergreifende Analyse macht deutlich, dass es auf die jeweilige kommunikative Ausgestaltung ankommt. Angesichts dieses Ergebnisses liegt die Vermutung nahe, dass Strategien der Überkompensation *nur* bei jeweils *situationsadäquat* gewählter kommunikativer Ausrichtung (etwa SIa in Beschwerdesituationen, SIIa in Reklamations- und Rückrufsituationen[677]) in Beschwerdesituationen zu einer relativ höheren Reduzierung der Zuweisung von Verantwortlichkeit an den Anbieter und wahrgenommenen Problemschwere bzw. Erhöhung von wahrgenommener Leistung und Gerechtigkeit führen als in Reklamations- und Rückrufsituationen. Dieses Ergebnis leitet sich jedoch nicht unmittelbar aus der den Hypothesen *H3.2.1a-d* zugrunde gelegten Prospect Theorie ab. Nach etwaigen theoretischen Erklärungsansätzen für einen solchen, sich möglicherweise in zukünftigen empirischen Untersuchungen erhärtenden, situationsübergreifenden Zusammenhang zwischen Kommunikation und Kompensation gilt es folglich Ausschau zu halten. Möglicherweise führt eine unterschiedliche schwach vs. stark defensive kommunikative Ausrichtung zu Rahmungseffekten bzw. einer Verschiebung des individuellen Referenzpunktes von Rezipienten, anhand dessen sie den Nutzen einer Bewältigungsmaßnahme beurteilen. In *Tabelle 69* sind zusätzlich auch die Mittelwerte bzw. -differenzen bei Einsatz von Strategie SIIb (schwach defensive Strategie der Vollkompensation) angeführt. Hinsichtlich der Variable *wahrgenommene Problemschwere* wird aus den Daten deutlich, dass Strategien der *Vollkompensation* unabhängig von ihrer kommunikativen Ausrichtung (SIb, SIIb) in Reklamations- und Rückrufsituationen relativ wirksamer erscheinen als in der Beschwerdesituation. Dieser Befund steht ebenfalls im Widerspruch zur Aussage der *Prospect Theorie*, wonach der relative Wirkungsbeitrag einer gegebenen Kompensationshöhe, also damit im Grundsatz auch einer Vollkompensation, zur Verbesserung der Anbieterbeurteilungen der Rezipienten in der Gruppe der Beschwerdesituationen im Vergleich zu den Gruppen der Reklamations- und Rückrufsituationen größer wäre.

Die Hypothesen H3.2.2.a-d stellen auf einen situationsübergreifenden Vergleich stark defensiv ausgerichteter Strategien bei gegebener kompensatorischer Ausrichtung (SIa, SIb) ab. Es wird behauptet, dass solche stark defensiv kommunikativ ausgerichteten Strategien in der Gruppe der Reklamations- und Rückrufsituationen weniger wirksam sind als in der Beschwerdesituation.

Betrachtet man diese beiden Strategien hinsichtlich ihrer Wirkung auf die abhängige Variable *Verantwortlichkeitszuweisung* (*Hypothese H3.2.2.a*), so ergibt sich lediglich eine bewältigende Wirkung beider Strategien, SIa und SIb, in der Gruppe der Beschwerdesituation. Hieraus lässt sich auf eine höhere Wirksamkeit beider Strategien in der Beschwerdesituation im Vergleich zur Gruppe der Reklamations- bzw. Rückrufsituation schließen. Damit kann *Hypothese H3.2.2.a* nicht verworfen werden.

[677] Vgl. hierzu Hypothesen H.3.1.1a-d i. V. m. H3.1.3a-d (II) für die Beschwerdesituation bzw. Hypothesen H3.1.2a-d i. V. m. H3.1.4a-d (I) für die Reklamations- bzw. Rückrufsituation.

Betrachtet man den Effekt von Strategien SIa und SIb auf die *wahrgenommene Problemschwere* (*Hypothese H3.2.2b*), so zeigt sich, dass Strategie SIa zu keiner grundsätzlich unterschiedlichen Wirkung in beiden Krisengruppen führt ($t = 1{,}217$, $df = 598$, $p = 0{,}224 > 0{,}05$). Strategie SIb bewirkt dagegen sowohl in der Beschwerde- als auch in der Reklamations- bzw. Rückrufsituation einen positiven, der Bewältigung förderlichen, Effekt. Anhand des Ergebnisses des t-Tests, das einen signifikanten Unterschied der entsprechenden Mittelwerte zwischen den Gruppen der Beschwerde- und Reklamations- bzw. Rückrufsituation anzeigt ($t = 4{,}768$, $df = 598$, $p < 0{,}01$), lässt sich auf eine unterschiedlich große bewältigende Wirkung dieser Strategie in den beiden Situationen schließen. Als Indiz für eine relativ höhere Wirkung der Strategie SIb in der Gruppe der Reklamations- bzw. Rückrufsituation lässt sich der höhere Mittelwert in dieser Gruppe ansehen. Eine stark defensive Strategie der Vollkompensation wäre hiernach also in der Gruppe der Beschwerdesituation im Situationsvergleich weniger wirksam. Diese Aussage ist konträr zu Hypothese H3.2.2b. Hypothese H3.2.2b muss somit verworfen werden.

Hypothese H3.2.2c, die die Strategiewirkungen auf die *wahrgenommene Gerechtigkeit* thematisiert, lässt sich anhand der Ergebnisse nicht verwerfen. Es zeigt sich, dass Strategie SIa nur in der Beschwerdesituation einen positiven Bewältigungseffekt bewirkt; sie kann somit als relativ weniger wirksam in der Reklamations- bzw. Rückrufsituation als in der Beschwerdesituation erachtet werden. Mit der gleichen Begründung lässt sich auch Strategie SIb als wirksamer in der Beschwerdesituation im Vergleich zur Reklamations- bzw. Rückrufsituation ansehen. Beide Aussagen stehen im Einklang mit Hypothese H3.2.2c. Der Effekt der beiden Strategien auf die *wahrgenommene Leistung* ist Gegenstand von *Hypothese H3.2.2d*. Es zeigt sich, dass Strategie SIa nur in der Beschwerdesituation einen Bewältigungseffekt entfaltet, jedoch nicht in der Reklamations- bzw. Rückrufsituation. Das gleiche gilt für Strategie SIb. Es bestehen also Anzeichen für eine relativ geringere bewältigende Wirkung beider Strategien in der Reklamations- bzw. Rückrufsituation im Vergleich zur Beschwerdesituation. Angesichts dieses Befundes lässt sich *Hypothese H3.2.2d* nicht verwerfen.

Als Quintessenz aus dieser krisensituationsübergreifenden Analyse kommunikativer Bewältigungselemente bei gegebener kompensatorischer Ausrichtung der Strategie bleibt festzuhalten, dass in *Rückruf- und Reklamationssituationen* offenbar stark defensiv ausgerichtete Strategien (SIa, SIb) unabhängig von der kompensatorischen Ausrichtung zu einer geringeren Reduzierung der *Zuweisung von Verantwortlichkeit* an den Anbieter sowie zu einer geringeren Erhöhung der *wahrgenommenen Gerechtigkeit* und *wahrgenommenen Leistung* des Anbieters führen als in *Beschwerdesituationen*. Hinsichtlich der *wahrgenommenen Problemschwere* lässt sich jedoch eine solche relativ geringere Wirkung stark defensiver Strategien in Reklamations- und Rückrufsituationen nicht nachweisen. Die Ergebnisse legen jedoch insgesamt den Schluss nahe, dass starke Defensivität offenbar in Situationen mit einem vergleichsweise geringen Spektrum konkretisierter Produktrisiken nicht schadet, wogegen ihr in Situationen mit manifesten Problemen eine im situativen Vergleich geringere Wirkung zugesprochen werden kann.

4.2.4 Überprüfung der Hypothesen der Gruppe 4

4.2.4.1 Situationsspezifische Hypothesen

Die situationsspezifischen Hypothesen der Hypothesengruppe 4 sind in der nachfolgenden *Tabelle 70* zusammengefasst. Die in den *Hypothesen H4.1a-d* zum Ausdruck kommenden Zusammenhänge erfordern eine Untersuchung sämtlicher als Aggregat betrachteter Krisengruppen (gewissermaßen als durchschnittliche Krisensituation), gestuft nach den zwei Ausprägungen des Faktors *Reputation* (hoch vs. niedrig).

Hypothesengruppe H4 – situationsspezifisch	
Hypothesennummer	**Postulierter Zusammenhang**
H4.1a	*Strategien der Überkompensation (SIa, SIIa) führen in allen Krisensituationen bei hoher im Vergleich zu niedriger vor der Krise gegebener Qualitätsreputation des Anbieters zu keiner unterschiedlichen Veränderung der Zuweisung von Verantwortlichkeit an den Anbieter.*
H4.1b	*Strategien der Überkompensation (SIa, SIIa) führen in allen Krisensituationen bei hoher im Vergleich zu niedriger vor der Krise gegebener Qualitätsreputation des Anbieters zu keiner unterschiedlichen Veränderung der wahrgenommenen Problemschwere.*
H4.1c	*Strategien der Überkompensation (SIa, SIIa) führen in allen Krisensituationen bei hoher im Vergleich zu niedriger vor der Krise gegebener Qualitätsreputation des Anbieters zu keiner unterschiedlichen Veränderung der wahrgenommenen Gerechtigkeit des Anbieters.*
H4.1d	*Strategien der Überkompensation (SIa, SIIa) führen in allen Krisensituationen bei hoher im Vergleich zu niedriger vor der Krise gegebener Qualitätsreputation des Anbieters zu keiner unterschiedlichen Veränderung der wahrgenommenen Leistung des Anbieters.*

Tab. 70: Situationsspezifische Hypothesen der Gruppe 4 Quelle: Eigene Darstellung

Zu vergleichen sind die auf den Einsatz der jeweiligen Strategien in den Gruppen zurückzuführenden Mittelwertdifferenzen der abhängigen Variablen (vor vs. nach Einsatz der Strategien) zwischen der Gruppe „Reputation hoch" und der Gruppe „Reputation niedrig". Da mit den Reputationsgruppen zwei unabhängige Stichproben vorliegen, erfolgt die Prüfung der Mittelwertunterschiede mittels t-Tests bei unabhängigen Stichproben für alle abhängigen Variablen je gegebener Strategie (SIa, SIIa), also zu jeweils einem Zeitpunkt. Die Ergebnisse dieser Tests können *Tabelle 71* entnommen werden.

Abhängige Variable	***strategieinduzierte Veränderungen der abhängigen Variable in der...***		***Mittlere Differenz***
	Gruppe Reputation hoch (N = 300)	**Gruppe Reputation niedrig** (N = 300)	
Veränderung der wahrgenommenen Problemschwere (risk):[678]			
~durch SIa: Diff_nSIa_risk_nk_risk	-,4075	-,4433	**,03583**
~durch SIIa: Diff_nSIIa_risk_nk_risk	-1,3533	-,7250	-,62833**
Veränderung der wahrgenommenen Leistung (komp):[679]			
~durch SIa: Diff_nSIa_komp_nk_komp	-,4089	,0322	-,44111**
~durch SIIa: Diff_nSIIa_komp_nk_komp	,0422	,4822	-,44000*
Veränderung der wahrgenommenen Gerechtigkeit (ger):[680]			
~durch SIa: Diff_nSIa_ger_nk_ger	-,1350	,4017	-,53667**
~durch SIIa: Diff_nSIIa_ger_nk_ger	,4442	,6300	**-,18583**
Veränderung der Verantwortlichkeitszuweisung (attr):[681]			
~durch SIa: Diff_nSIa_attr_nk_attr	-,0017	1,3450	-1,34667**
~durch SIIa: Diff_nSIIa_attr_nk_attr	-,3733	-,7175	,34417*

* signifikante Mittelwertdifferenz (p<0,05)   Sig. (2-seitig)
** hoch signifikante Mittelwertdifferenz (p<0,01)

Tab. 71: Ergebnisse der Prüfung der situationsspezifischen Hypothesen von Gruppe 4
Quelle: Eigene Darstellung

Wie zu erkennen ist, weist der Test nicht durchgängig für alle Strategien bzw. Variablen einen signifikanten Unterschied der Mittelwerte zwischen den Gruppen aus. D.h. nicht bei jeder der für beide Reputationsgruppen einheitlich gegebenen Strategien kommt es zu einer unterschiedlichen Veränderung der abhängigen Variablen durch den Faktor Reputation. Offenbar unbeeinflusst von der Reputationsausprägung wirkt die *Strategie SIa* hinsichtlich der *wahrgenommenen Problemschwere* ($t = 0{,}327$, $df = 598$, $p=0{,}744 > 0{,}05$) und *Strategie SIIa* in Bezug auf die *wahrgenommene Gerechtigkeit* ($t = -1{,}441$, $df = 598$, $p=0{,}105 > 0{,}05$). In allen anderen Fällen resultiert der Einsatz von ein und derselben Strategie der Überkompensation in

678 Ein negatives (positives) Vorzeichen der Mittelwertdifferenz steht für eine Reduzierung (Erhöhung) der *wahrgenommenen Problemschwere.*

679 Ein positives (negatives) Vorzeichen der Mittelwertdifferenz steht für eine Erhöhung/Verbesserung (Verminderung/Verschlechterung) der *wahrgenommenen Leistung.*

680 Ein positives (negatives) Vorzeichen der Mittelwertdifferenz steht für eine Erhöhung/Verbesserung (Verminderung/Verschlechterung) der *wahrgenommenen Gerechtigkeit.*

681 Ein negatives (positives) Vorzeichen der Mittelwertdifferenz steht für eine Reduzierung (Erhöhung) der *Verantwortlichkeitszuweisung.*

Abhängigkeit der Reputationsausprägung in signifikant unterschiedlichen Beurteilungen (respektive strategiebedingten Beurteilungsveränderungen) der Rezipienten.

Wie *Tabelle 71* zu entnehmen ist, wirkt etwa Strategie SIIa auf die *wahrgenommene Problemschwere* bei hoher gegebener Reputation stärker bewältigend auf die Krisensituationen ein als bei niedriger Reputation ($t = -3{,}703$, $df = 598$, $p < 0{,}01$). Die entsprechende Mittelwertdifferenz ist hoch signifikant. Doch nicht in allen Fällen ergibt sich durch den Übergang von niedriger auf hohe Reputation ein positiver Effekt auf die Wirkung der betrachteten Bewältigungsstrategien. So scheint beispielsweise Strategie SIIa unter der Bedingung niedriger Reputation eine größere bewältigende Wirkung auf die *Verantwortlichkeitszuweisungen* der Rezipienten zu erbringen als bei hoher Reputation ($t = 2{,}827$, $df = 598$, $p < 0{,}05$).

Zu einem ähnlichen Ergebnis gelangt man, wenn man die Wirkung des Faktors Reputation auf zwei bzw. mehrere *simultan* in die Analyse einbezogenen Messzeitpunkte bzw. korrespondierenden Strategien (SIa, SIIa) betrachtet. Im Rahmen von mehrfaktoriellen Varianzanalysen mit Messwiederholung lässt sich nun die Interaktion des Zwischensubjektfaktors *Reputation* in zwei Stufen (Reputation hoch vs. Reputation niedrig) mit dem in die Analyse einbezogenen Innersubjektfaktor *Strategie a* (= Überkompensation) in zwei Stufen (I = stark defensiv und II = schwach defensiv) bzw. auch unter Einbezug des Zeitpunktes vor dem Strategieeinsatz (nK) auf Signifikanz testen. Im Falle eines fehlenden Einflusses des Faktors Reputation auf den Innersubjektfaktor Strategie a, der sich in einem nicht signifikanten Interaktionsterm niederschlagen würde, könnte die These eines moderierenden Einflusses des Faktors Reputation zugunsten von *Hypothesen H4.1a-d* verworfen werden. Die durchgeführten Berechnungen für die einzelnen abhängigen Variablen ergeben jedoch insgesamt, dass, wie bereits der durchgeführte t-Test gezeigt hat, ein wirksamer moderierender Effekt der Reputation, abzulesen an den signifikanten Interaktionstermen, nicht ausgeschlossen werden kann.

Auf der Grundlage dieser Befunde lässt sich insgesamt die These eines moderierenden Effekts der vor der Krise gegebenen Qualitätsreputation des Anbieters auf die Wirkung gegebener Strategien der Überkompensation auf die Rezipientenreaktionen situationsspezifisch (für alle simultan betrachteten Krisensituationen) nicht verwerfen. Dies wiederum führt zur Ablehnung der *Hypothesen H4.1a-d*, die der Reputation einen solchen Effekt auf die besagten Strategien absprechen.

Den theoretischen Hintergrund dieser Hypothesen bildet die aus Garantiemodellen unter der Annahme unvollständiger Nachfragerinformation abgeleitete Vorstellung von einer substitutiven Beziehung zwischen einer (wie auch immer im Einzelfall kommunikativ ausgestalteten)

Strategie der Überkompensation und der vor der Krise gegebenen (hohen vs. niedrigen) Anbieterreputation, die dazu führt, dass sich die Effekte auf die Krisenbewältigung gegenseitig (partiell) aufheben oder behindern.[682] Die gefundenen empirischen Ergebnisse, die auf die Existenz sowohl positiver wie auch negativer moderierender Effekte der Reputation auf die Wirkung der Bewältigungsstrategien hindeuten, legen den Schluss nahe, dass die strategie- und variablenübergreifend globale Vorstellung von einem substitutiven Verhältnis zwischen Kompensation und Reputation so nicht aufrecht erhalten werden kann. Vielmehr bestehen Anzeichen für sowohl komplementäre als auch substitutive Beziehungen. Der Einsatz von Strategien der Überkompensation mag also auch bei einer gegebenen hohen Qualitätsreputation des Anbieters im Einzelfall durchaus sinnvoll im Hinblick auf die Bewältigung der hier vorliegenden Produktkrisen erscheinen. Abgeleitet aus *Tabelle 71* verdeutlicht die nachfolgende Übersicht (*Tabelle 72*), bei welchen Strategie-Variablen-Kombinationen es durch den Faktor Reputation zu einer Wirkungsverschlechterung respektive einer Wirkungsverbesserung der auf Überkompensation ausgerichteten Bewältigungsstrategien SIa bzw. SIIa kommt.

Wie *Tabelle 72* zeigt, *nützt* hohe im Vergleich zu niedriger vor der Krise gegebener Qualitätsreputation einem Anbieter in allen als Aggregat betrachteten Produktkrisensituationen in Bezug auf die Beeinflussung der *wahrgenommenen Problemschwere* durch Strategie SIIa und in Bezug auf die Beeinflussung der *Verantwortlichkeitszuweisungen* durch Strategie SIa. In beiden Fällen kommt es durch hohe im Unterschied zu niedriger Reputation zu einer Wirkungsverbesserung der jeweiligen Strategie. Der Faktor Reputation scheint die Wirkung der Bewältigungsstrategien auf die genannten Variablen zu komplementieren. Hohe im Vergleich zu niedriger Reputation *schadet* jedoch einem Anbieter beim Einsatz von Strategie SIa hinsichtlich der Beeinflussung der *wahrgenommenen Leistung* und der *wahrgenommenen Gerechtigkeit*.

[682] Vgl. von Ungern-Sternberg, T. R. (1984), S. 102.

abhängige Variablen / Strategien	Veränderung der ... *wahrgenommenen Problemschwere*	*wahrgenommenen Leistung*	*wahrgenommenen Gerechtigkeit*	*Verantwortlichkeitszuweisung*
SIa	*kein Wirkungsunterschied* bei hoher im Vergleich zu niedriger Reputation (kein moderierender Effekt)	*Wirkungsverschlechterung* bei hoher im Vergleich zu niedriger Reputation (negativer moderierender Effekt)	*Wirkungsverschlechterung* bei hoher im Vergleich zu niedriger Reputation (negativer moderierender Effekt)	*Wirkungsverbesserung* bei hoher im Vergleich zu niedriger Reputation (positiver moderierender Effekt)
SIIa	*Wirkungsverbesserung* bei hoher im Vergleich zu niedriger Reputation (positiver moderierender Effekt)	*Wirkungsverschlechterung* bei hoher im Vergleich zu niedriger Reputation (negativer moderierender Effekt)	*kein Wirkungsunterschied* bei hoher im Vergleich zu niedriger Reputation (kein moderierender Effekt)	*Wirkungsverschlechterung* bei hoher im Vergleich zu niedriger Reputation (negativer moderierender Effekt)

Tab. 72: Wirkungen von Strategien der Überkompensation (SIa, SIIa) in Abhängigkeit des Faktors Reputation Quelle: Eigene Darstellung

Außerdem schadet sie beim Einsatz von Strategie SIIa hinsichtlich der Beeinflussung von *wahrgenommener Leistung* und *Verantwortlichkeitszuweisung*. Hohe vs. niedrige Reputation scheint also in diesen Fällen die Wirkungen der genannten Strategien negativ zu beeinträchtigen, so dass die Vorstellung von einer substitutiven Beziehung plausibel erscheint. Auffällig an diesem Befund ist die ungünstige Wirkung hoher vs. niedriger Reputation auf die Wirkung *beider*, stark wie schwach kommunikativ ausgerichteter, Strategien der Überkompensation hinsichtlich der *wahrgenommenen Leistung*. Im Falle von Strategie SIIa verbleibt es bei einer bewältigenden Wirkung, die jedoch nunmehr abgeschwächt ist. Im Falle von Strategie SIa kehrt sich der Effekt sogar um (vgl. das entsprechende Vorzeichen der Mittelwertunterschiede in *Tabelle 71*). Der Einsatz dieser Strategie führt in Bezug auf die wahrgenommene Leistung unter der Bedingung hoher Reputation zu einer Verschlimmerung der Produktkrisensituationen. Über die Gründe für eine solche Wirkungsumkehr ist zu spekulieren. Die Anwesenheit zweier Qualitätssignale (die Ankündigung einer Überkompensation und die hohe vor der Krise gegebene Qualitätsreputation des Anbieters) scheint möglicherweise im Hinblick auf die *wahrgenommene Leistung* gerade bei starker Defensivität der Strategie problematisch. Es lässt sich vermuten, dass die defensive Ausrichtung der Strategie die Glaubwürdigkeit der in dieser Konstellation geballt vorliegenden Qualitätssignale zunichte macht. Denn auch im Falle der *wahrgenommenen Gerechtigkeit* kommt es bei einer stark defensiven im Unterschied zu einer schwach defensiven kommunikativen Ausrichtung der Überkompensationsstrategie nicht nur zu einer Wirkungsabschwächung der Strategie, sondern sogar zu einer Wirkungsumkehr hin zu einer kontraproduktiven, bewältigungsschädlichen Wirkung (vgl. *Tabelle 72*). Mit *Boulding/Kirmani* (1993) lässt sich argumentieren, dass es in beiden Fällen an der inadäquat gewählten, stark defensiven kommunikativen Strategieausrichtung liegt, dass es in diesen Strategie-Variablen-Konstellationen bei hoher Reputation an einer glaubwürdigen Selbstbindungskomponente der Anbieterreputation mangelt, so dass sich bei hoher im Unterschied zu niedriger Reputation ein der Bewältigung abträglicher Effekt entfaltet.[683]

4.2.4.2 Situationsübergreifende Hypothesen

Die situationsübergreifenden Hypothesen zu Hypothesengruppe 4 sind in der nachfolgenden Übersicht (vgl. *Tabelle 73*) zusammengestellt. Zur Prüfung des in den Hypothesen zum Ausdruck kommenden situationsübergreifend (nicht) variierenden Einflusses der Reputation werden für jede gegebene Bewältigungsstrategie, d.h. separat für jeden Messzeitpunkt nach Einsatz der Strategie, mehrfaktorielle Varianzanalysen gerechnet mit den beiden Faktoren *Reputation* und *Situation*.[684] Im Falle einer signifikanten Interaktion zwischen diesen beiden Faktoren ließe sich die These nicht verwerfen, dass eine gegebene Bewältigungsstrategie in unterschiedlichen Krisensituationen zu einer unterschiedlichen Veränderung bzw. Ausprägung der abhängigen Variablen bei hoher im Vergleich zu niedriger vor der Krise gegebener Qualitätsreputation des Anbieters führt. In diesem Falle wären die vorliegenden Hypothesen zu verwerfen und vice versa. Die Ergebnisse der zur Prüfung dieser Frage gerechneten Varianzanalysen verdeutlichen, dass nur bei insgesamt 7 Strategie-Variablen-Kombinationen nicht signifikante Wechselwirkungen zwischen dem Faktor *Situation* und dem Faktor *Reputation* vorliegen (vgl. *Tabelle 74*).[685] Die entsprechenden p-Werte sind in der Tabelle fett gedruckt. Da hinsichtlich jeder der abhängigen Variablen in der überwiegenden Mehrzahl signifikante Interaktionen zwischen den Faktoren *Situation* und *Reputation* vorliegen, lassen sich die *Hypothesen H4.2a-d* anhand der Daten nicht bestätigen. Die Berechnung mehrfaktorieller Varianzanalysen mit Messwiederholung mit dem Innersubjektfaktor *Strategie* (6 Messzeitpunkte als Stufen: nk; nSIa; nSIb; nSIIa; nSIIb; nSIII) und den Zwischensubjektfaktoren *Situation* und *Reputation* führen zu ähnlichen Ergebnissen. Auch hier ergeben sich signifikante Zweifach- bzw. Dreifach-Interaktionen der drei Faktoren.[686]

---

683 Vgl. Boulding, W.; Kirmani, A. (1993), S. 114.

684 Als abhängige Variable fungieren die Subtraktionen der Mittelwerte der entsprechenden Variablen im Zeitpunkt nach Krise, vor Strategieeinsatz (nK) vs. nach Strategieeinsatz (nSX).

685 Der Levene-Test auf Varianzhomogenität liefert für alle Variablen ein nicht signifikantes Ergebnis ($p > 0{,}05$).

686 Auf die Darstellung der umfangreichen Tabellen wird an dieser Stelle verzichtet, da sich keine fundamental anderen Aussagen ergeben.

Hypothesengruppe H 4 – situationsübergreifend	
Hypo-thesen-nummer	**Postulierter Zusammenhang**
H4.2a	*Der moderierende Einfluss der vor der Krise gegebenen Qualitätsreputation des Anbieters auf die Wirkung gegebener Bewältigungsstrategien variiert in den einzelnen Krisensituationen nicht: Eine gegebene Bewältigungsstrategie führt in Rückrufsituationen (Reklamationssituationen) im Vergleich zu Beschwerde- und Reklamationssituationen (Beschwerdesituationen) zu keiner unterschiedlichen Veränderung der Zuweisung von Verantwortlichkeit an den Anbieter bei hoher im Vergleich zu niedriger vor der Krise gegebener Qualitätsreputation des Anbieters.*
H4.2b	*Der moderierende Einfluss der vor der Krise gegebenen Qualitätsreputation des Anbieters auf die Wirkung gegebener Bewältigungsstrategien variiert in den einzelnen Krisensituationen nicht: Eine gegebene Bewältigungsstrategie führt in Rückrufsituationen (Reklamationssituationen) im Vergleich zu Beschwerde- und Reklamationssituationen (Beschwerdesituationen) zu keiner unterschiedlichen Veränderung der wahrgenommenen Problemschwere bei hoher im Vergleich zu niedriger vor der Krise gegebener Qualitätsreputation des Anbieters.*
H4.2c	*Der moderierende Einfluss der vor der Krise gegebenen Qualitätsreputation des Anbieters auf die Wirkung gegebener Bewältigungsstrategien variiert in den einzelnen Krisensituationen nicht: Eine gegebene Bewältigungsstrategie führt in Rückrufsituationen (Reklamationssituationen) im Vergleich zu Beschwerde- und Reklamationssituationen (Beschwerdesituationen) zu keiner unterschiedlichen Veränderung der wahrgenommenen Gerechtigkeit des Anbieters bei hoher im Vergleich zu niedriger vor der Krise gegebener Qualitätsreputation des Anbieters.*
H4.2d	*Der moderierende Einfluss der vor der Krise gegebenen Qualitätsreputation des Anbieters auf die Wirkung gegebener Bewältigungsstrategien variiert in den einzelnen Krisensituationen nicht: Eine gegebene Bewältigungsstrategie führt in Rückrufsituationen (Reklamationssituationen) im Vergleich zu Beschwerde- und Reklamationssituationen (Beschwerdesituationen) zu keiner unterschiedlichen Veränderung der wahrgenommenen Leistung des Anbieters bei hoher im Vergleich zu niedriger vor der Krise gegebener Qualitätsreputation des Anbieters.*

Tab. 73: Situationsübergreifende Hypothesen der Gruppe 4 Quelle: Eigene Darstellung

Insgesamt deuten diese Ergebnisse also darauf hin, dass der Einfluss der vor der Krise gegebenen Qualitätsreputation des Anbieters auf die Wirkungsweise der hier betrachteten Bewältigungsstrategien von Situation zu Situation variiert. Es kommt zu signifikanten Unterschieden bei der Beurteilung des Anbieters vor bzw. nach dem Einsatz gegebener Bewältigungsstrategien in Abhängigkeit einer hohen vs. niedrigen Reputation des Anbieters, wobei die Reputation im Situationsvergleich unterschiedliche Wirkungen auf die gegebenen Bewältigungsstrategien ausübt. Ein Anbieter hat also bei Einsatz seiner Bewältigungsstrategien auch die Wechselwirkungen seiner vor der Krise aufgebauten Reputation mit den Ausprägungen der Krisensituationen zu beachten. Allerdings fällt der Erklärungsbeitrag der signifikanten Interaktionen, abzulesen an den Werten für das Partielle Eta-Quadrat in *Tabelle 74*, größtenteils relativ gering aus. Weitere Forschung ist notwendig, um andere, bislang nicht untersuchte Einflussfaktoren aufzudecken und die Art der Interaktionen für unterschiedliche situative Kontexte zu ergründen.

abhängige Variable	Tests der Zwischensubjekteffekte - Einfluss der Interaktion Situation*Reputation auf die abhängige Variable X			
	F-Wert	Signifikanz	Partielles Eta²	R^2
Veränderung der wahrgenommenen Problemschwere (risk): X = ...				
Diff_nSIa_risk_nk_risk	1,164	**0,313**	0,004	0,016
Diff_nSIb_risk_nk_risk	0,590	**0,554**	0,002	0,041
Diff_nSIIa_risk_nk_risk	6,990	0,01	0,023	0,491
Diff_nSIIb_risk_nk_risk	5,218	0,006	0,017	0,392
Diff_nSIII_risk_nk_risk	11,530	0,000	0,037	0,527
Veränderung der wahrgenommenen Leistung (komp): X= ...				
Diff_nSIa_komp_nk_komp	0,809	**0,446**	0,003	0,209
Diff_nSIb_komp_nk_komp	8,201	0,000	0,027	0,117
Diff_nSIIa_komp_nk_komp	16,860	0,000	0,054	0,464
Diff_nSIIb_komp_nk_komp	24,196	0,000	0,075	0,368
Diff_nSIII_komp_nk_komp	18,226	0,000	0,058	0,420
Veränderung der wahrgenommenen Gerechtigkeit (ger): X= ...				
Diff_nSIa_ger_nk_ger	7,244	0,001	0,024	0,214
Diff_nSIb_ger_nk_ger	6,040	0,003	0,020	0,181
Diff_nSIIa_ger_nk_ger	3,375	0,035	0,011	0,512
Diff_nSIIb_ger_nk_ger	2,962	**0,052**	0,010	0,258
Diff_nSIII_ger_nk_ger	1,042	**0,353**	0,003	0,525
Veränderung der Verantwortlichkeits-zuweisung (attr): X= ...				
Diff_nSIa_attr_nk_attr	0,008	**0,992**	0,000	0,668
Diff_nSIb_attr_nk_attr	15,763	0,000	0,050	0,198
Diff_nSIIa_attr_nk_attr	6,778	0,001	0,022	0,320
Diff_nSIIb_attr_nk_attr	3,802	0,023	0,013	0,149
Diff_nSIII_attr_nk_attr	1,686	**0,186**	0,006	0,261

Tab. 74: Ergebnisse der univariaten mehrfaktoriellen Varianzanalysen zur Prüfung auf signifikante Wechselwirkungen zwischen dem Faktor Situation und dem Faktor Reputation
Quelle: Eigene Darstellung

Das Ergebnis der Hypothesentestung ist konsistent vor dem Hintergrund der Befunde der situationsspezifischen Analyse zu Hypothesengruppe 4, wonach Bewältigungsstrategien (insbesondere kompensatorische Bewältigungselemente) und die vor der Krise gegebene Reputation des Anbieters als nunmehr simultan vorhandene Qualitätssignale in einer aus Nachfrager- bzw. Rezipientensicht nicht durchgängig substitutiven Beziehung zueinander stehen. Infolge der bloßen Anwesenheit einer gegebenen Bewältigungsstrategie wird also die Wirksamkeit des aus der hohen Reputation abgeleiteten *Bestätigungseffektes* (*confirmatory bias effect*) in allen Situationen nicht durchgängig abgeschwächt.[687] Die situativen Unterschiede, die theoretisch für den Fall bei Abwesenheit von Bewältigungsstrategien hergeleitet wurden, werden

[687] Vgl. Büschken, J. (1999), S. 17.

nunmehr durch die bloße Anwesenheit von Bewältigungsstrategien eben gerade nicht – wie erwartet – nivelliert. Zu vergleichen ist dieser Befund mit den Ergebnissen der situationsübergreifenden Analyse zu Hypothesengruppe 2. Dort hat sich die These eines in unterschiedlichen Krisensituationen variierenden Einflusses der Reputation bei Abwesenheit von Bewältigungsstrategien *nicht* bestätigt. In der hier vorliegenden Analyse zu Hypothesengruppe 4, bei Anwesenheit von Bewältigungsstrategien, zeigt sich hingegen ein situationsspezifisch variierender Einfluss der Reputation. Offenbar trägt die Anwesenheit von Bewältigungsstrategien dazu bei, dass der Reputationsstimulus im Zusammenwirken mit den Krisensituationen eine eigenständige Bedeutung erhält, gleichsam einen eigenständigen Stimulus bildet, der die Wirkung gegebener Bewältigungsstrategien beeinflusst.

4.2.5 Zusammenfassung

Die nachfolgenden *Tabellen 75-78* zeigen im Überblick, welche Hypothesen anhand der Daten *nicht verworfen* werden können (empirische Absicherung finden), *teilweise verworfen werden* (nur zum Teil empirische Absicherung finden) und *verworfen werden* (keine empirische Absicherung finden). Sofern Hypothesen nur teilweise empirische Absicherung finden, wird der abweichende empirische Befund in der rechten Tabellenspalte näher erläutert.

Nr.	Postulierter Zusammenhang	Empirischer Befund
Hypothesengruppe H1 – situationsspezifisch:		
H1.1a	*In allen Krisensituationen ist die Verantwortlichkeitszuweisung an den Anbieter höher als in der Nicht-Krisensituation.*	**nicht verworfen**
H1.1b	*In allen Krisensituationen ist die wahrgenommene Problemschwere größer als in der Nicht-Krisensituation.*	**nicht verworfen**
H1.1c	*In allen Krisensituationen ist die wahrgenommene Gerechtigkeit des Anbieters geringer als in der Nicht-Krisensituation.*	**nicht verworfen**
H1.1d	*In allen Krisensituationen ist die wahrgenommene Leistung des Anbieters geringer als in der Nicht-Krisensituation.*	**nicht verworfen**

Tab. 75a: Zusammenfassung der Ergebnisse der Hypothesentests – Hypothesengruppe 1 – situationsspezifische Betrachtungsebene Quelle: Eigene Darstellung

Nr.	Postulierter Zusammenhang	Empirischer Befund
Hypothesengruppe H 1 – situationsübergreifend:		
H1.2a	*In Rückrufsituationen (Reklamationssituationen) ist die Verantwortlichkeitszuweisung an den Anbieter höher als in Reklamations- und Beschwerdesituationen (Beschwerdesituationen).*	**nicht verworfen**
H1.2b	*In Rückrufsituationen (Reklamationssituationen) ist die wahrgenommene Problemschwere größer als in Reklamations- und Beschwerdesituationen (Beschwerdesituationen).*	**teilweise verworfen:** keine signifikanten Unterschiede zwischen Reklamations- und Rückrufsituation
H1.2c	*In Rückrufsituationen (Reklamationssituationen) ist die wahrgenommene Gerechtigkeit des Anbieters geringer als in Reklamations- und Beschwerdesituationen (Beschwerdesituationen).*	**nicht verworfen**
H1.2d	*In Rückrufsituationen (Reklamationssituationen) ist die wahrgenommene Leistung des Anbieters geringer als in Reklamations- und Beschwerdesituationen (Beschwerdesituationen).*	**nicht verworfen**

Tab. 75b: Zusammenfassung der Ergebnisse der Hypothesentests – Hypothesengruppe 1 – situationsübergreifende Betrachtungsebene Quelle: Eigene Darstellung

Nr.	Postulierter Zusammenhang	Empirischer Befund
Hypothesengruppe H 2 – situationsspezifisch:		
H2.1a	*Der Einfluss der Krisensituationen auf die Rezipientenreaktionen wird in allen Krisensituationen moderiert von der vor der Krise gegebenen Qualitätsreputation des Anbieters: Bei gegebener hoher Qualitätsreputation des Anbieters vor der Krise ist die Verantwortlichkeitszuweisung an den Anbieter geringer als bei gegebener niedriger Qualitätsreputation des Anbieters vor der Krise.*	**nicht verworfen**
H2.1b	*Der Einfluss der Krisensituationen auf die Rezipientenreaktionen wird in allen Krisensituationen moderiert von der vor der Krise gegebenen Qualitätsreputation des Anbieters: Bei gegebener hoher Qualitätsreputation des Anbieters vor der Krise ist die wahrgenommene Problemschwere geringer als bei gegebener niedriger Qualitätsreputation des Anbieters vor der Krise.*	**verworfen**
H2.1c	*Der Einfluss der Krisensituationen auf die Rezipientenreaktionen wird in allen Krisensituationen moderiert von der vor der Krise gegebenen Qualitätsreputation des Anbieters: Bei gegebener hoher Qualitätsreputation des Anbieters vor der Krise ist die wahrgenommene Gerechtigkeit höher als bei gegebener niedriger Qualitätsreputation des Anbieters vor der Krise.*	**nicht verworfen**
H2.1d	*Der Einfluss der Krisensituationen auf die Rezipientenreaktionen wird in allen Krisensituationen moderiert von der vor der Krise gegebenen Qualitätsreputation des Anbieters: Bei gegebener hoher Qualitätsreputation des Anbieters vor der Krise ist die wahrgenommene Leistung des Anbieters höher als bei gegebener niedriger Qualitätsreputation des Anbieters vor der Krise.*	**nicht verworfen**

Tab. 76a: Zusammenfassung der Ergebnisse der Hypothesentests – Hypothesengruppe 2 – situationsspezifische Betrachtungsebene Quelle: Eigene Darstellung

Nr.	Postulierter Zusammenhang	Empirischer Befund
Hypothesengruppe H 2 – situationsübergreifend:		
H2.2a	*Der moderierende Einfluss der vor der Krise gegebenen Qualitätsreputation des Anbieters auf die Wirkung gegebener Krisensituationen variiert in den einzelnen Krisensituationen: Rückrufsituationen (Reklamationssituationen) führen im Vergleich zu Reklamations- und Beschwerdesituationen (Beschwerdesituationen) zu relativ geringeren Verantwortlichkeitszuweisungen an den Anbieter, wenn die Reputation des Anbieters hoch ist im Vergleich zu einer niedrigen Reputation.*	**teilweise verworfen:** relativ stärkerer moderierender Effekt der Reputation in Rückruf- und Beschwerde situationen im Vergleich zu Reklamationssituationen (U-förmiger Verlauf)
H2.2b	*Der moderierende Einfluss der vor der Krise gegebenen Qualitätsreputation des Anbieters auf die Wirkung gegebener Krisensituationen variiert in den einzelnen Krisensituationen: Rückrufsituationen (Reklamationssituationen) führen im Vergleich zu Reklamations- und Beschwerdesituationen (Beschwerdesituationen) zu einer relativ geringeren wahrgenommenen Problemschwere, wenn die Reputation des Anbieters hoch ist im Vergleich zu einer niedrigen Reputation.*	**verworfen**
H2.2c	*Der moderierende Einfluss der vor der Krise gegebenen Qualitätsreputation des Anbieters auf die Wirkung gegebener Krisensituationen variiert in den einzelnen Krisensituationen: Rückrufsituationen (Reklamationssituationen) führen im Vergleich zu Reklamations- und Beschwerdesituationen (Beschwerdesituationen) zu einer relativ höheren wahrgenommenen Gerechtigkeit, wenn die Reputation des Anbieters hoch ist im Vergleich zu einer niedrigen Reputation.*	**verworfen**
H2.2d	*Der moderierende Einfluss der vor der Krise gegebenen Qualitätsreputation des Anbieters auf die Wirkung gegebener Krisensituationen variiert in den einzelnen Krisensituationen: Rückrufsituationen (Reklamationssituationen) führen im Vergleich zu Reklamations- und Beschwerdesituationen (Beschwerdesituationen) zu einer relativ höheren wahrgenommenen Leistung, wenn die Reputation des Anbieters hoch ist im Vergleich zu einer niedrigen Reputation.*	**verworfen**

Tab. 76b: Zusammenfassung der Ergebnisse der Hypothesentests – Hypothesengruppe 2 – situationsübergreifende Betrachtungsebene Quelle: Eigene Darstellung

Nr.	Postulierter Zusammenhang	Empirischer Befund
Hypothesengruppe H 3 – situationsspezifisch:		
H3.1.1a	*In Beschwerdesituationen bewirken stark defensive Strategien (SIa, SIb) eine stärkere Reduzierung der Zuweisung von Verantwortlichkeit an den Anbieter als schwach defensive Strategien (SIIa, SIIb), bei jeweils gegebener kompensatorischer Ausrichtung (Voll- vs. Überkompensation), bzw. als eine reine stark offensive Strategie (SIII).*	**nicht verworfen**
H3.1.1b	*In Beschwerdesituationen bewirken stark defensive Strategien (SIa, SIb) eine stärkere Reduzierung der wahrgenommenen Problemschwere als schwach defensive Strategien (SIIa, SIIb), bei jeweils gegebener kompensatorischer Ausrichtung (Voll- vs. Überkompensation) bzw. als eine reine stark offensive Strategie (SIII).*	**teilweise verworfen:** Nur eine stark defensive Strategie, die auf Überkompensation ausgerichtet ist (SIa), trägt zur Bewältigung der Krise bei.
H3.1.1c	*In Beschwerdesituationen bewirken stark defensive Strategien (SIa, SIb) eine größere Erhöhung der wahrgenommenen Gerechtigkeit als schwach defensive Strategien (SIIa, SIIb), bei jeweils gegebener kompensatorischer Ausrichtung (Voll- vs. Überkompensation), bzw. als eine reine stark offensive Strategie (SIII).*	**nicht verworfen**

H3.1.1d	*In Beschwerdesituationen bewirken stark defensive Strategien (SIa, SIb) eine größere Erhöhung der wahrgenommenen Leistung des Anbieters als schwach defensive Strategien (SIIa, SIIb), bei jeweils gegebener kompensatorischer Ausrichtung (Voll- vs. Überkompensation), bzw. als eine reine stark offensive Strategie (SIII).*	**nicht verworfen**
H3.1.2a	*In Rückruf- und Reklamationssituationen bewirken eine reine, stark offensive Strategie (SIII) sowie schwach defensive Strategien (SIIa, SIIb) eine stärkere Reduzierung der Zuweisung von Verantwortlichkeit an den Anbieter als stark defensive Strategien (SIa, SIb), bei jeweils gegebener kompensatorischer Ausrichtung (Voll- vs. Überkompensation).*	**nicht verworfen**
H3.1.2b	*In Rückruf- und Reklamationssituationen bewirken eine reine, stark offensive Strategie (SIII) sowie schwach defensive Strategien (SIIa, SIIb) eine stärkere Reduzierung der wahrgenommenen Problemschwere als stark defensive Strategien (SIa, SIb), bei jeweils gegebener kompensatorischer Ausrichtung (Voll- vs. Überkompensation).*	**nicht verworfen**
H3.1.2c	*In Rückruf- und Reklamationssituationen bewirken eine reine, stark offensive Strategie (SIII) sowie schwach defensive Strategien (SIIa, SIIb) eine stärkere Erhöhung der wahrgenommenen Gerechtigkeit als stark defensive Strategien (SIa, SIb), bei jeweils gegebener kompensatorischer Ausrichtung (Voll- vs. Überkompensation).*	**nicht verworfen**
H3.1.2d	*In Rückruf- und Reklamationssituationen bewirken eine reine, stark offensive Strategie (SIII) sowie schwach defensive Strategien (SIIa, SIIb) eine stärkere Erhöhung der wahrgenommenen Leistung des Anbieters als stark defensive Strategien (SIa, SIb), bei jeweils gegebener kompensatorischer Ausrichtung (Voll- vs. Überkompensation).*	**nicht verworfen**
H3.1.3a	*(I) In Beschwerdesituationen bewirken Strategien der Vollkompensation (SIIb) eine stärkere Reduzierung der Zuweisung von Verantwortlichkeit an den Anbieter als Strategien der Überkompensation (SIIa), jedoch nur bei jeweils gegebener schwach defensiver kommunikativer Ausrichtung; (II) bei stark defensiver kommunikativer Ausrichtung führen Strategien der Überkompensation (SIa) zu einer stärkeren Reduzierung der Zuweisung von Verantwortlichkeit an den Anbieter als Strategien der Vollkompensation (SIb).*	**teilweise verworfen:** Aussage (I) anhand der Daten nicht verworfen; Aussage (II) hingegen verworfen: Strategie SIa führt nicht zu einer signifikant stärkeren Reduzierung der Zuweisung von Verantwortlichkeit als Strategie SIb.
H3.1.3b	*(I) In Beschwerdesituationen bewirken Strategien der Vollkompensation (SIIb) eine stärkere Reduzierung der wahrgenommenen Problemschwere als Strategien der Überkompensation (SIIa), jedoch nur bei jeweils gegebener schwach defensiver kommunikativer Ausrichtung; (II) bei stark defensiver kommunikativer Ausrichtung führen Strategien der Überkompensation (SIa) zu einer stärkeren Reduzierung der wahrgenommenen Problemschwere als Strategien der Vollkompensation (SIb).*	**teilweise verworfen:** Aussage (II) anhand der Daten nicht verworfen, Aussage (I) hingegen verworfen: Strategie SIIb führt nicht zu einer größeren Reduzierung der wahrgenommenen Problemschwere als Strategie SIIa. Beide Strategien leisten keinen Beitrag zur Bewältigung der Krise.
H3.1.3c	*(I) In Beschwerdesituationen bewirken Strategien der Vollkompensation (SIIb) eine stärkere Erhöhung der wahrgenommenen Gerechtigkeit als Strategien der Überkompensation (SIIa), jedoch nur bei jeweils gegebener schwach defensiver kommunikativer Ausrichtung; (II) bei stark defensiver kommunikativer Ausrichtung führen Strategien der Überkompensation (SIa) zu einer stärkeren Erhöhung der wahrgenommenen Gerechtigkeit als Strategien der Vollkompensation (SIb).*	**teilweise verworfen:** Aussage (I) verworfen: sowohl Strategie SIIb als auch Strategie SIIa führen zu einer signifikanten Verschlechterung; Aussage (II) nicht verworfen: relative Vorteilhaftigkeit von Strategie SIa gegenüber Strategie SIb
H3.1.3d	*(I) In Beschwerdesituationen bewirken Strategien der Vollkompensation (SIIb) eine stärkere Erhöhung der wahrgenommenen Leistung des Anbieters als Strategien der Überkompensation (SIIa), jedoch nur bei jeweils gegebener schwach defensiver kommunikativer Ausrichtung; (II) bei stark defensiver kommunikativer Ausrichtung führen Strategien der Überkompensation (SIa) zu einer stärkeren Erhöhung der wahrgenommenen*	**teilweise verworfen:** Aussage (I) verworfen: sowohl Strategie SIIb als auch Strategie SIIa führen zu einer signifikanten Verschlechterung; Aussage (II) nicht verworfen: rela-

	Leistung des Anbieters als Strategien der Vollkompensation (SIb).	tive Vorteilhaftigkeit von Strategie SIa gegenüber Strategie SIb
H3.1.4a	*(I) In Rückruf- und Reklamationssituationen bewirken Strategien der Überkompensation (SIIa) eine stärkere Reduzierung der Zuweisung von Verantwortlichkeit an den Anbieter als Strategien der Vollkompensation (SIIb), jedoch nur bei jeweils gegebener schwach defensiver kommunikativer Ausrichtung; (II) bei stark defensiver kommunikativer Ausrichtung führt ein Übergang von einer Strategie der Vollkompensation (SIb) zu einer Strategie der Überkompensation (SIa) zu keiner stärkeren Reduzierung der Zuweisung von Verantwortlichkeit an den Anbieter.*	**teilweise verworfen:** Aussage (I) verworfen: keine signifikanten Unterschiede zwischen Strategien SIIa und SIIb; Aussage (II) nicht verworfen: keine relative Vorteilhaftigkeit von Strategie SIb gegenüber Strategie SIa
H3.1.4b	*(I) In Rückruf- und Reklamationssituationen bewirken Strategien der Überkompensation (SIIa) eine stärkere Reduzierung der wahrgenommenen Problemschwere als Strategien der Vollkompensation (SIIb), jedoch nur bei jeweils gegebener schwach defensiver kommunikativer Ausrichtung; (II) bei stark defensiver kommunikativer Ausrichtung führt ein Übergang von einer Strategie der Vollkompensation (SIb) zu einer Strategie der Überkompensation (SIa) zu keiner stärkeren Reduzierung der wahrgenommenen Problemschwere.*	**teilweise verworfen:** Aussage (I) verworfen: keine signifikanten Unterschiede zwischen Strategien SIIa und SIIb; Aussage (II) nicht verworfen: keine relative Vorteilhaftigkeit von Strategie SIb gegenüber Strategie SIa
H3.1.4c	*(I) In Rückruf- und Reklamationssituationen bewirken Strategien der Überkompensation (SIIa) eine stärkere Erhöhung der wahrgenommenen Gerechtigkeit als Strategien der Vollkompensation (SIIb), jedoch nur bei jeweils gegebener schwach defensiver kommunikativer Ausrichtung; (II) bei stark defensiver kommunikativer Ausrichtung führt ein Übergang von einer Strategie der Vollkompensation (SIb) zu einer Strategie der Überkompensation (SIa) zu keiner stärkeren Erhöhung der wahrgenommenen Gerechtigkeit.*	**teilweise verworfen:** Aussage (I) verworfen: keine signifikanten Unterschiede zwischen Strategien SIIa und SIIb; Aussage (II) nicht verworfen: keine relative Vorteilhaftigkeit von Strategie SIb gegenüber Strategie SIa
H3.1.4d	*(I) In Rückruf- und Reklamationssituationen bewirken Strategien der Überkompensation (SIIa) eine stärkere Erhöhung der wahrgenommenen Leistung als Strategien der Vollkompensation (SIIb), jedoch nur bei jeweils gegebener schwach defensiver kommunikativer Ausrichtung; (II) bei stark defensiver kommunikativer Ausrichtung führt ein Übergang von einer Strategie der Vollkompensation (SIb) zu einer Strategie der Überkompensation (SIa) zu keiner stärkeren Erhöhung der wahrgenommenen Leistung.*	**teilweise verworfen:** Aussage (I) verworfen: keine signifikanten Unterschiede zwischen Strategien SIIa und SIIb; Aussage (II) nicht verworfen: keine relative Vorteilhaftigkeit von Strategie SIb gegenüber Strategie SIa

Tab. 77a: Zusammenfassung der Ergebnisse der Hypothesentests – Hypothesengruppe 3 – situationsspezifische Betrachtungsebene Quelle: Eigene Darstellung

Nr.	Postulierter Zusammenhang	Empirischer Befund
Hypothesengruppe H 3 – situationsübergreifend:		
H3.2.1a	*Strategien der Überkompensation (SIa, SIIa) führen bei jeweils gegebener kommunikativer Ausrichtung (stark vs. schwach defensiv) in Beschwerdesituationen zu einer relativ höheren Reduzierung der Zuweisung von Verantwortlichkeit an den Anbieter als in Reklamations- und Rückrufsituationen.*	**verworfen**
H3.2.1b	*Strategien der Überkompensation (SIa, SIIa) führen bei jeweils gegebener kommunikativer Ausrichtung (stark vs. schwach defensiv) in Beschwerdesituationen zu einer relativ höheren Reduzierung der wahrgenommenen Problemschwere als in Reklamations- und Rückrufsituationen.*	**verworfen**
H3.2.1c	*Strategien der Überkompensation (SIa, SIIa) führen bei jeweils gegebener kommunikativer Ausrichtung (stark vs. schwach defensiv) in Beschwerdesituationen zu einer relativ stärkeren Erhöhung der wahrgenommenen Gerechtigkeit als in Reklamations- und Rückrufsituationen.*	**verworfen**
H3.2.1d	*Strategien der Überkompensation (SIa, SIIa) führen bei jeweils gegebener kommunikativer Ausrichtung (stark vs. schwach defensiv) in Beschwerdesituationen zu einer relativ stärkeren Erhöhung der wahrgenommenen Leistung des Anbieters als in Reklamations- und Rückrufsituationen.*	**verworfen**
H3.2.2a	*Stark defensiv ausgerichtete Strategien (SIa, SIb) führen bei jeweils gegebener kompensatorischer Ausrichtung (Voll- vs. Überkompensation) in Rückruf- und Reklamationssituationen zu einer geringeren Reduzierung der Zuweisung von Verantwortlichkeit an den Anbieter als in Beschwerdesituationen.*	**nicht verworfen**
H3.2.2b	*Stark defensiv ausgerichtete Strategien (SIa, SIb) führen bei jeweils gegebener kompensatorischer Ausrichtung (Voll- vs. Überkompensation) in Rückruf- und Reklamationssituationen zu einer geringeren Reduzierung der wahrgenommenen Problemschwere als in Beschwerdesituationen.*	**verworfen**
H3.2.2c	*Stark defensiv ausgerichtete Strategien (SIa, SIb) führen bei jeweils gegebener kompensatorischer Ausrichtung (Voll- vs. Überkompensation) in Rückruf- und Reklamationssituationen zu einer geringeren Erhöhung der wahrgenommenen Gerechtigkeit als in Beschwerdesituationen.*	**nicht verworfen**
H3.2.2d	*Stark defensiv ausgerichtete Strategien (SIa, SIb) führen bei jeweils gegebener kompensatorischer Ausrichtung (Voll- vs. Überkompensation) in Rückruf- und Reklamationssituationen zu einer geringeren Erhöhung der wahrgenommenen Leistung des Anbieters als in Beschwerdesituationen.*	**nicht verworfen**

Tab. 77b: Zusammenfassung der Ergebnisse der Hypothesentests – Hypothesengruppe 3 – situationsübergreifende Betrachtungsebene Quelle: Eigene Darstellung

Nr.	Postulierter Zusammenhang	Empirischer Befund
Hypothesengruppe H 4 – situationsspezifisch:		
H4.1a	*Strategien der Überkompensation (SIa, SIIa) führen in allen Krisensituationen bei hoher im Vergleich zu niedriger vor der Krise gegebener Qualitätsreputation des Anbieters zu keiner unterschiedlichen Veränderung der Zuweisung von Verantwortlichkeit an den Anbieter.*	**verworfen**
H4.1b	*Strategien der Überkompensation (SIa, SIIa) führen in allen Krisensituationen bei hoher im Vergleich zu niedriger vor der Krise gegebener Qualitätsreputation des Anbieters zu keiner unterschiedlichen Veränderung der wahrgenommenen Problemschwere.*	**verworfen**
H4.1c	*Strategien der Überkompensation (SIa, SIIa) führen in allen Krisensituationen bei hoher im Vergleich zu niedriger vor der Krise gegebener Qualitätsreputation des Anbieters zu keiner unterschiedlichen Veränderung der wahrgenommenen Gerechtigkeit des Anbieters.*	**verworfen**
H4.1d	*Strategien der Überkompensation (SIa, SIIa) führen in allen Krisensituationen bei hoher im Vergleich zu niedriger vor der Krise gegebener Qualitätsreputation des Anbieters zu keiner unterschiedlichen Veränderung der wahrgenommenen Leistung des Anbieters.*	**verworfen**

Tab. 78a: Zusammenfassung der Ergebnisse der Hypothesentests – Hypothesengruppe 4 – situationsspezifische Betrachtungsebene Quelle: Eigene Darstellung

Nr.	Postulierter Zusammenhang	Empirischer Befund
Hypothesengruppe H 4 – situationsübergreifend:		
H4.2a	*Der moderierende Einfluss der vor der Krise gegebenen Qualitätsreputation des Anbieters auf die Wirkung gegebener Bewältigungsstrategien variiert in den einzelnen Krisensituationen nicht: Eine gegebene Bewältigungsstrategie führt in Rückrufsituationen (Reklamationssituationen) im Vergleich zu Beschwerde- und Reklamationssituationen (Beschwerdesituationen) zu keiner unterschiedlichen Veränderung der Zuweisung von Verantwortlichkeit an den Anbieter bei hoher im Vergleich zu niedriger vor der Krise gegebener Qualitätsreputation des Anbieters.*	**verworfen**
H4.2b	*Der moderierende Einfluss der vor der Krise gegebenen Qualitätsreputation des Anbieters auf die Wirkung gegebener Bewältigungsstrategien variiert in den einzelnen Krisensituationen nicht: Eine gegebene Bewältigungsstrategie führt in Rückrufsituationen (Reklamationssituationen) im Vergleich zu Beschwerde- und Reklamationssituationen (Beschwerdesituationen) zu keiner unterschiedlichen Veränderung der wahrgenommenen Problemschwere bei hoher im Vergleich zu niedriger vor der Krise gegebener Qualitätsreputation des Anbieters.*	**verworfen**
H4.2c	*Der moderierende Einfluss der vor der Krise gegebenen Qualitätsreputation des Anbieters auf die Wirkung gegebener Bewältigungsstrategien variiert in den einzelnen Krisensituationen nicht: Eine gegebene Bewältigungsstrategie führt in Rückrufsituationen (Reklamationssituationen) im Vergleich zu Beschwerde- und Reklamationssituationen (Beschwerdesituationen) zu keiner unterschiedlichen Veränderung der wahrgenommenen Gerechtigkeit des Anbieters bei hoher im Vergleich zu niedriger vor der Krise gegebener Qualitätsreputation des Anbieters.*	**verworfen**
H4.2d	*Der moderierende Einfluss der vor der Krise gegebenen Qualitätsreputation des Anbieters auf die Wirkung gegebener Bewältigungsstrategien variiert in den einzelnen Krisensituationen nicht: Eine gegebene Bewältigungsstrategie führt in Rückrufsituationen (Reklamationssituationen) im Vergleich zu Beschwerde- und Reklamationssituationen (Beschwerdesituationen) zu keiner unterschiedlichen Veränderung der wahrgenommenen Leistung des Anbieters bei hoher im Vergleich zu niedriger vor der Krise gegebener Qualitätsreputation des Anbieters.*	**verworfen**

Tab. 78b: Zusammenfassung der Ergebnisse der Hypothesentests – Hypothesengruppe 4 – situationsübergreifende Betrachtungsebene Quelle: Eigene Darstellung

5 Schlussbetrachtung

Die Bewältigung von Produktkrisen stellt einen in Wissenschaft und Praxis vielfach beachteten, jedoch insgesamt wenig tief durchdrungenen Problemkreis dar. Speziell für die hier betrachteten Formen von Produktkrisen in der Variante der Beschwerde-, Reklamations- und Rückrufsituationen als spezieller Formen negativer Publizität steht eine vergleichende Analyse geeigneter Bewältigungsmaßnahmen bislang noch aus. In *Beschwerdesituationen* konkretisieren sich durch bereits vermehrt eingetretene, öffentlich artikulierte schlechte Konsumerfahrungen in Form von rechtlich bzw. objektiv nicht substantiierter Produktprobleme (ein Mangel oder Schaden am Produkt liegt nicht vor) nicht-physische Produktrisiken bei Benutzern (Käufern) des Produktes. Zusätzlich zu den in Beschwerdesituationen thematisierten nicht-physischen Risiken konkretisieren sich in *Reklamationssituationen* nun auch physische Produktrisiken in Form von Sachmängeln und Sachschäden an dem Produkt bei Benutzern (Käufern) des Produktes. Bei *Rückrufsituationen* besteht aufgrund eines aufgetretenen Mangels bzw. Mangelschadens an dem betreffenden Produkt *und* vermeintlicher Mangelfolgeschäden (Schäden an anderen Rechtsgütern) ein öffentlich geäußerter Verdacht, dass vom Anbieter ausgelieferte Produkte mit besonderen physischen Risiken behaftet sind. Zusätzlich zu den bereits in Beschwerde- und Reklamationssituationen konkretisierten Produktrisiken tritt hier die Möglichkeit von Schäden im Produktumfeld, insbesondere auch von Personenschäden, nicht nur bei Benutzern (Käufern), sondern auch bei Dritten, mit dem Produkt in Kontakt kommenden Personen, deutlich hervor. Um die Verfügung über die mit solchen besonderen Schadensrisiken behafteten Produkte zwecks Elimination der Risiken zurückzubekommen, ist die Entscheidung für einen Produktrückruf bereits gefallen.

Das *Ziel* dieser Arbeit besteht darin, theoretisch fundierte Handlungsempfehlungen für die Bewältigung gegebener Produktkrisen in der Ausprägung von Beschwerde-, Reklamations- sowie Rückrufsituationen abzuleiten. Ein besonderer Forschungsbedarf hat sich dabei *zum einen* hinsichtlich des Verhältnisses kompensatorischer zu kommunikativen Elementen von Bewältigungsstrategien herauskristallisiert, auf das in dieser Arbeit ein Schwerpunkt gelegt wird.[688] Eine *zweite* hier zu schließende *Forschungslücke* tut sich hinsichtlich der Ergründung etwaiger Effekte der vor der Krise gegebenen Qualitätsreputation des Anbieters (als dessen Ansehen im Markt) als potentiell moderierender Einflussfaktor auf die Wirkung gegebener Krisensituationen und Bewältigungsstrategien hervor. Erste empirische Befunde deuten dar-

[688] Unter *kommunikativen Elementen* werden hier solche Bestandteile von Bewältigungsstrategien gefasst, die auf rein immaterieller Basis (jenseits bzw. anstelle materieller Entschädigungszusagen) durch eine reine Kommentierung der in den Situationen thematisierten Produktprobleme das Bewältigungsziel zu erreichen suchen. *Kompensatorische Bewältigungselemente* sind dagegen (primär) auf das Angebot eines materiellen Ausgleichs bzw. einer Gegenleistung im Sinne einer Entschädigung für ein (vermeintliches) Produktproblem ausgerichtet.

auf hin, dass ein und dieselbe Krisensituation wie auch ein und dieselbe Bewältigungsstrategie im Lichte unterschiedlicher Ausprägungsgrade der *vor der Krise gegebenen Qualitätsreputation* des jeweils betroffenen Anbieters zu unterschiedlich ausgeprägten Rezipientenreaktionen führen mögen.

In einem *ersten,* der Hypothesensuche vorgelagerten, *Schritt* werden aus theoretischen Überlegungen heraus potentiell für alle drei Krisensituationen geeignete Bewältigungsstrategien, bestehend aus kommunikativen wie kompensatorischen Bewältigungselementen, im Rahmen eines Auswahlprozesses selektiert. Das Ergebnis dieses Auswahlprozesses bilden fünf alternativ in allen hier betrachteten Krisensituationen grundsätzlich einsetzbare *Bewältigungsstrategien*: vier „gemischte" Strategien (SIa, SIb, SIIa, SIIb)[689], die sich jeweils systematisch in Ausprägungsgraden der Kompensationshöhe (Überkompensation vs. Vollkompensation) und Kommunikation (stark vs. schwach defensiv) unterscheiden sowie eine „reine" kommunikative, stark offensive Bewältigungsstrategie (SIII) als Referenzstrategie, bei der auf jedweden Einsatz kompensatorischer Merkmale verzichtet wird.

Diese fünf Strategien fließen ein in die im *zweiten Schritt* erfolgende Hypothesensuche zur Analyse der Wirkungsgeflechte zwischen den Elementen von Produktkrisen und ihrer Bewältigung: (a) die (Merkmale der) Produktkrisen selbst, (b) die Bewältigungsstrategien, (c) die Rezipientenreaktionen auf die Produktkrisen vor bzw. nach Einsatz von Bewältigungsstrategien sowie (d) die vor der Krise gegebene Qualitätsreputation des Anbieters als potentieller Einflussfaktor auf die Wirkungen zwischen (a) und (c) respektive zwischen (b) und (c). Die Dekomposition des komplexen Gesamtproblems in vier Teilprobleme korrespondiert mit *vier Hypothesengruppen*, die den Rahmen zur Ableitung von Hypothesen hinsichtlich der Beziehungen zwischen den Elementen von Produktkrisen und ihrer Bewältigung (Produktkrisensituationen und Bewältigungsstrategien als unabhängige Variablen, Rezipientenreaktionen als abhängige Variablen[690], der Einflussfaktor als potentiell moderierende Variable) bilden: Wirkungen von Produktkrisensituationen auf Rezipientenreaktionen (*Hypothesengruppe 1*), Wirkungen des Einflussfaktors auf die Wirkung von Produktkrisensituationen auf Rezipientenreaktionen (*Hypothesengruppe 2*), Wirkungen von Bewältigungsstrategien auf Rezipientenreaktionen (*Hypothesengruppe 3*) und Wirkungen des Einflussfaktors auf die Wirkung von

---

689 SIa = stark defensive Strategie der Überkompensation, SIb = stark defensive Strategie der Vollkompensation, SIIa = schwach defensive Strategie der Überkompensation, SIIb = schwach defensive Strategie der Vollkompensation.

690 Als abhängige Variablen zur Erfassung eines weiten Spektrums reputationsrelevanter Rezipientenreaktionen im Kontext von Produktkrisen dienen die *wahrgenommene Problemschwere*, in der sich das subjektiv empfundene Ausmaß der in den Krisensituationen thematisierten Produktprobleme reflektiert, die dem Anbieter *zugewiesene Verantwortlichkeit* für die Existenz des thematisierten Produktproblems, die *wahrgenommene Gerechtigkeit* des Anbieters und die *wahrgenommene Leistung* des Anbieters, in der sich Beurteilungen der Qualität der angebotenen Produkte reflektieren.

Bewältigungsstrategien auf Rezipientenreaktionen (*Hypothesengruppe 4*). Abhängig davon, ob man die von Produktkrisen bzw. Bewältigungsstrategien ausgehenden Wirkungen mit bzw. ohne Berücksichtigung des Einflussfaktors in einer gegebenen (gegebenenfalls mehrere Situationen gedanklich zu einer Gruppe zusammengefassten) Krisensituation untersucht oder aber unterschiedliche Krisensituationen vergleichend gegenüberstellt, um Besonderheiten der jeweiligen Krisensituationen aufzudecken, werden Hypothesen je Hypothesengruppe im ersten Fall auf der *situationsspezifischen Betrachtungsebene* und im zweiten Fall auf der *situationsübergreifenden Betrachtungsebene* abgeleitet. Das Ergebnis der Hypothesensuche bildet ein System aus Wirkungshypothesen, die in einem *dritten Schritt* empirisch getestet werden. Die Überprüfung der in vier Hypothesengruppen vorliegenden Hypothesen, bestehend aus einer Mehrzahl unabhängiger und abhängiger Variablen, erfordert ein *mehrfaktorielles, multivariates Untersuchungsdesign*. Die Gewinnung von Daten zur Überprüfung der Variationen der unabhängigen Variablen (Treatments) auf die abhängigen Variablen verlangt nach der Durchführung eines *Experiments*. Als Erhebungsmethode wird die Befragung in einem *Online-Access-Panel* gewählt. Als Produkte werden Fahrräder und elektrische Rasenmäher untersucht, die sich realitätsnah in allen drei betrachteten Krisensituationen als entsprechende Problemquellen ansehen lassen. Die Ergebnisse der empirischen Untersuchung, die sich der Analyse nach auf beide betrachteten Produktgruppen übertragen lassen, bieten Antworten auf die im Rahmen der Problemstellung aufgeworfenen Teilfragen, die mit den Inhalten der vier betrachteten Hypothesengruppen korrespondieren:

(1) Hinsichtlich welcher der betrachteten Rezipientenreaktionen unterscheiden sich die Produktkrisensituationen in welcher Weise voneinander?

- Die Ergebnisse der vorliegenden Untersuchung zeigen, dass das Vorhandensein eines der in den Krisensituationen thematisierten Produktprobleme in dem gewählten Kontext negativer Publizität offenbar die reputationsrelevanten Reaktionen der Rezipienten in den Dimensionen der *Verantwortlichkeitszuweisung,* der *wahrgenommenen Problemschwere, wahrgenommenen Gerechtigkeit und wahrgenommenen Leistung* signifikant in *negativer*, aus Sicht des Anbieters ungünstiger, Weise zu beeinflussen vermag. Hieraus lässt sich als *Handlungsempfehlung* für einen Anbieter ableiten, dass in allen Krisensituationen eine Bewältigung seitens des Anbieters angezeigt ist, ein Bewältigungsbedarf also mithin besteht. Die Beurteilungen des Anbieters durch Rezipienten fallen in allen betrachteten Reputationsdimensionen deutlich und signifikant unter die einer neutralen Nicht-Krisensituation zurück. Auffällig ist, dass gerade auch in *Beschwerdesituationen* als der vermeintlich mildesten Form einer Produktkrise eine Bewältigung angeraten scheint. Das Ansehen des Unternehmens mag auch in solchen Situationen einen Schaden nehmen, sofern das Unternehmen nicht angemessen reagiert.

- Im Allgemeinen bestätigt sich zudem der Eindruck, dass mit ansteigendem Spektrum thematisierter konkretisierter Produktrisiken im Sinne eines Übergangs von der Beschwerde-, zur Reklamations- bis hin zur Rückrufsituation (nahezu) alle Typen der hier betrachteten reputationsrelevanten Rezipientenreaktionen zunehmend negativer ausfallen. Hieraus wiederum lässt sich auf einen situationsspezifisch unterschiedlich großen Bewältigungsbedarf des Anbieters schließen, der in Rückrufsituationen größer erscheint als in Reklamationssituationen und dort wiederum größer als in Beschwerdesituationen.

(2) In welcher Weise verändern unterschiedliche Ausprägungsgrade des gegebenen Einflussfaktors die Rezipientenreaktionen auf die gegebenen Produktkrisensituationen?

- In Bezug auf die Variablen *wahrgenommene Gerechtigkeit*, *wahrgenommene Leistung* und *Verantwortlichkeitszuweisung* lässt sich ein den Negativitätseffekt der Krisensituationen *„moderierender“* (hier im Sinne von abschwächender) Einfluss der vor der Krise gegebenen Qualitätsreputation des Anbieters auf die reputationsrelevanten Rezipientenreaktionen nachweisen. Damit vermag eine *hohe vor der Krise gegebene Qualitätsreputation* des Anbieters die Reaktionen der (potentiellen) Kunden auf alle hier betrachteten Produktkrisen günstig zu beeinflussen; *niedrige Reputation* bewirkt in Bezug auf diese Variablen einen *gegenteiligen* Effekt.

- Allerdings scheint der Faktor Reputation zu keiner grundlegend anderen Beurteilung der *wahrgenommenen Problemschwere* aller hier betrachteten Krisensituationen durch Rezipienten zu führen. *Eine hohe Reputation schützt den Anbieter also offensichtlich nicht hinreichend vor einer Produktkrise in Bezug auf die Wahrnehmung der Problemschwere* durch Konsumenten. Ist einem von einer Produktkrise betroffenen Anbieter mit hoher Qualitätsreputation ganz besonders an einer günstigen Beeinflussung der wahrgenommenen Problemschwere von Rezipienten gelegen (aus Imagegründen, aufgrund einer bestimmten Positionierung als Anbieter besonders sicherer Produkte im Markt etc.), so wird er auf den Einsatz von Bewältigungsmaßnahmen hier weniger stark verzichten können als im Falle der übrigen betrachteten Typen von Rezipientenreaktionen.

- Die Analyse auf der situationsübergreifenden Betrachtungsebene verdeutlicht, dass (im Vergleich mit der wahrgenommenen Problemschwere) der vor der Krise gegebenen Qualitätsreputation des Anbieters in Bezug auf die *Verantwortlichkeitszuweisungen* der Rezipienten ein signifikanter und relativ starker Einfluss zukommt. Die bereits aufgebaute hohe Reputation vermag einen Teil der Bewältigungsarbeit für einen Anbieter zu übernehmen, und zwar dergestalt, dass diese für etwaig zusätzlich anstehende Bewältigungsaktivitäten eine günstigere Ausgangslage schafft. Hohe im Vergleich zu niedriger

Reputation bewirkt eine aus Anbietersicht günstigere Attributionstätigkeit der Rezipienten in allen Krisensituationen.

- Die Auswertungen zeigen, dass zwar auf alle drei, als Aggregat betrachtete, Krisensituationen moderierende Reputationseffekte auf alle abhängigen Variablen mit einer Ausnahme, nämlich der wahrgenommenen Problemschwere, vorliegen. Von Situation zu Situation divergierende, unterschiedlich starke Einflüsse des Einflussfaktors Reputation in der erwarteten Richtung zeigen sich jedoch nicht. Die wenigen in der situationsübergreifenden Analyse gefundenen moderierenden Effekte der Reputation stellen zumeist eine Umkehrung des in den Hypothesen postulierten Einflusses dar. Größtenteils ergeben sich jedoch nicht signifikante Interaktionseffekte bzw. im Hinblick auf die Erklärungskraft unbedeutende (vernachlässigbare) Effekte. Ein Anbieter kann somit nicht darauf bauen, dass ihn seine in früheren Zeiten (vor der Krise) aufgebaute hohe Reputation gegen Imageschäden in Zeiten heftiger Produktkrisen, etwa Rückrufsituationen, stärker schützt als in Situationen negativer Publizität, die vergleichsweise weniger substantielle und manifeste Produktprobleme ans Tageslicht befördern. Hoch signifikant sind dagegen die in allen Situationen wirksamen, gleichgerichteten Effekte der Reputation aus der situationsspezifischen Analyse.

(3) Wie verändern sich die Rezipientenreaktionen auf die Produktkrisensituationen durch den Einsatz gegebener Bewältigungsstrategien?

- In *Beschwerdesituationen* bewirken offenbar stark defensiv ausgerichtete Strategien (SIa, SIb) eine stärkere Reduzierung der *Zuweisung von Verantwortlichkeit* an den Anbieter sowie eine größere Erhöhung der *wahrgenommenen Gerechtigkeit* und *wahrgenommenen Leistung* des Anbieters als schwach defensive Strategien (SIIa, SIIb), bei jeweils gegebener kompensatorischer Ausrichtung (Voll- vs. Überkompensation), bzw. als eine reine stark offensive Strategie (SIII). Für eine günstige Beeinflussung der *wahrgenommenen Problemschwere* kommt es dagegen auch auf die richtige Wahl der Kompensationshöhe an. Hier dominiert nur diejenige stark defensive Strategie alle anderen Strategien, die auf Überkompensation ausgerichtet ist. Vorhandene stark defensive kommunikative Elemente in der Bewältigungsstrategie sollten folglich durch einen stärkeren materiellen Gegenreiz ausgeglichen werden, um den gewünschten Effekt auf die Veränderung der wahrgenommenen Problemschwere herbeizuführen. Bei allen anderen reputationsrelevanten Rezipientenreaktionen (*wahrgenommene Leistung*, *wahrgenommene Gerechtigkeit* und *Verantwortlichkeitszuweisung*) stellt sich die erhoffte Bewältigungswirkung bei Wahl stark defensiver kommunikativer Bewältigungsmerkmale sowohl bei Voll- als auch bei Überkompensation ein, ist also offenbar unabhängig von der jeweils gewählten Kompensationshöhe.

- Die Analyse zeigt ferner, dass bei gegebener stark defensiver kommunikativer Strategieausrichtung ein *Übergang von einer Vollkompensation auf eine Überkompensation* in *Beschwerdesituationen* einen positiven (günstigen) Effekt auf die Veränderungen der *wahrgenommenen Leistung, wahrgenommenen Gerechtigkeit* und *wahrgenommenen Problemschwere* ausübt. Hinsichtlich der Variable *Verantwortlichkeitszuweisung* ist zwar die entsprechende Mittelwertdifferenz nicht signifikant, doch zeigt das Vorzeichen der Veränderung in dieselbe Richtung. Bei stark defensiver kommunikativer Ausrichtung kann also Strategien einer Überkompensation eine stärker krisenbewältigende Wirkung in der Gruppe der Beschwerdesituationen zugesprochen werden als Strategien der Vollkompensation. Bei gegebener schwach defensiver Strategieausrichtung deuten die empirischen Ergebnisse für die Gruppe der Beschwerdesituation darauf hin, dass ein Übergang von einer Voll- auf eine Überkompensation (von SIIb auf SIIa) im Sinne eines Plateau-Effektes keinerlei günstige (bewältigende) Wirkung mehr auf den Abbau unerwünschter Rezipientenreaktionen zu erbringen vermag. Es lässt sich vermuten, dass *bei stark defensiver Strategieausrichtung* (im Unterschied zur schwach defensiven Strategieausrichtung) die Überkompensation wie ein eigenständiges (weiteres) stark defensives Signal wirkt, so dass es zu einer Reduktion unerwünschter Rezipientenreaktionen kommt. Der Überkompensation kommt im Zusammenspiel mit der stark defensiven Ausrichtung der Strategie in der Wahrnehmung von Rezipienten nun offenbar keine wirkliche Ausgleichsfunktion im Sinne einer Entschädigung für etwaige Produktprobleme (Verluste) mehr zu; zu einem Plateau-Effekt kommt es – entgegen vielfacher Literaturmeinungen – nun nicht mehr. Dieses Ergebnis mag als neue Erkenntnis zur Rolle der Eignung der Überkompensation und zur Frage der Existenz eines Plateau-Effektes in Krisensituationen mit geringem Problemausmaß im Lichte der bereits hierzu ohnehin nur sehr spärlich vorliegenden Forschungsbeiträge gewertet werden.

- Die Ergebnisse zeigen weiterhin, dass in *Rückruf- und Reklamationssituationen* offenbar eine reine, stark offensive Strategie (SIII) sowie schwach defensive Strategien (SIIa, SIIb) eine stärkere Reduzierung der *Zuweisung von Verantwortlichkeit* an den Anbieter und *wahrgenommenen Problemschwere* sowie eine stärkere Erhöhung der *wahrgenommenen Gerechtigkeit* und *wahrgenommenen Leistung* des Anbieters bewirken als stark defensive Strategien (SIa, SIb), *bei jeweils gegebener kompensatorischer Ausrichtung* (Voll- vs. Überkompensation). Im Zweifel sind in diesen Situationen also offensive und schwach defensive kommunikative Elemente stark defensiven Elementen im Hinblick auf eine Bewältigung von Produktkrisen mit manifesten (rechtlich relevanten) Problemen in Form der Reklamations- bzw. Rückrufsituationen vorzuziehen.

- Die Ergebnisse machen zugleich deutlich, dass ein Übergang von einer Voll- auf eine Überkompensation in *Reklamations- und Rückrufsituationen* sowohl bei gegebener stark defensiver kommunikativer Strategieausrichtung als auch bei gegebener schwach defensiver kommunikativer Strategieausrichtung nicht den erhofften Effekt im Sinne einer Verbesserung der reputationsrelevanten Rezipientenreaktionen erbringt. Dies gilt für alle vier untersuchten Typen von Rezipientenreaktionen. Es zeigt sich also ein relativ starker *Plateau-Effekt* sowohl bei gegebener stark defensiver als auch bei schwach defensiver kommunikativer Ausrichtung. Hieraus leitet sich die *Handlungsempfehlung* für einen von einer Produktkrise nach Art der Reklamations- bzw. Rückrufsituationen betroffenen Anbieter ab, auf den Einsatz überdurchschnittlicher Kompensationsankündigungen in seiner (stark wie schwach) defensiv ausgerichteten Bewältigungsstrategie zu verzichten.

- Die situationsübergreifende Analyse verdeutlicht, dass in *Rückruf- und Reklamationssituationen* offenbar stark defensiv ausgerichtete Strategien (SIa, SIb) unabhängig von der kompensatorischen Ausrichtung zu einer geringeren Reduzierung der *Zuweisung von Verantwortlichkeit* an den Anbieter sowie zu einer geringeren Erhöhung der *wahrgenommenen Gerechtigkeit* und *wahrgenommenen Leistung* des Anbieters führen als in *Beschwerdesituationen*. Hinsichtlich der *wahrgenommenen Problemschwere* lässt sich jedoch eine solche relativ geringere Wirkung stark defensiver Strategien in Reklamations- und Rückrufsituationen nicht nachweisen. Die Ergebnisse legen jedoch insgesamt den Schluss nahe, dass starke Defensivität offenbar in Situationen mit einem vergleichsweise geringen Spektrum konkretisierter Produktrisiken (Beschwerdesituationen) nicht schadet, wogegen ihr in Situationen mit manifesten Problemen (Reklamations- bzw. Rückrufsituationen) eine im situativen Vergleich geringere Wirkung zugesprochen werden kann.

(4) In welcher Weise verändern unterschiedliche Ausprägungsgrade des gegebenen Einflussfaktors die Wirkung von Bewältigungsstrategien auf die betrachteten Rezipientenreaktionen auf Produktkrisensituationen?

- Die These eines wirksam werdenden moderierenden Effekts der Reputation auf die Wirkung der Bewältigungsstrategien auf die Rezipientenreaktionen lässt sich nicht verwerfen. Die *globale* (strategie- und variablenübergreifende) Vorstellung einer substitutiven Beziehung zwischen Strategien der Überkompensation und der vor der Krise gegebenen

Qualitätsreputation des Anbieters, die dazu führt, dass sich die Effekte auf die Krisenbewältigung gegenseitig (partiell) aufheben oder behindern, lässt sich angesichts der Befunde jedoch so nicht stützen. Es bestehen Anzeichen für sowohl komplementäre als auch substitutive Beziehungen. Der Einsatz von Strategien der Überkompensation mag also auch bei einer gegebenen hohen Qualitätsreputation des Anbieters im Einzelfall durchaus sinnvoll im Hinblick auf die Bewältigung der hier vorliegenden Produktkrisen erscheinen. Hohe im Vergleich zu niedriger vor der Krise gegebener Qualitätsreputation *nützt* einem Anbieter in allen als Aggregat betrachteten Produktkrisensituationen in Bezug auf die Beeinflussung der *wahrgenommenen Problemschwere* durch Strategie SIIa und in Bezug auf die Beeinflussung der *Verantwortlichkeitszuweisungen* durch Strategie SIa. In beiden Fällen kommt es durch hohe im Unterschied zu niedriger Reputation zu einer Wirkungsverbesserung der jeweiligen Strategie. Der Faktor Reputation scheint die Wirkung der Bewältigungsstrategien auf die genannten Variablen zu komplementieren. Hohe im Vergleich zu niedriger Reputation *schadet* jedoch einem Anbieter beim Einsatz von Strategie SIa hinsichtlich der Beeinflussung der *wahrgenommenen Leistung* und der *wahrgenommenen Gerechtigkeit*. Außerdem schadet sie beim Einsatz von Strategie SIIa hinsichtlich der Beeinflussung von *wahrgenommener Leistung* und *Verantwortlichkeitszuweisungen*. Hohe vs. niedrige Reputation scheint also in diesen Fällen die Wirkungen der genannten Strategien negativ zu beeinträchtigen, so dass die Vorstellung von einer substitutiven Beziehung plausibel erscheint. Doch nicht bei jeder der gegebenen Strategien kommt es zu einer unterschiedlichen Veränderung der abhängigen Variablen durch den Faktor Reputation. Offenbar unbeeinflusst von der Reputationsausprägung wirkt die *Strategie SIa* hinsichtlich der *wahrgenommenen Problemschwere* und *Strategie SIIa* in Bezug auf die *wahrgenommene Gerechtigkeit*. Ein moderierender Effekt der Reputation liegt hier folglich nicht vor.

- Es kommt auch im Vergleich unterschiedlicher Krisensituationen zu signifikanten Unterschieden bei der Beurteilung des Anbieters vor bzw. nach dem Einsatz gegebener Bewältigungsstrategien in Abhängigkeit einer hohen vs. niedrigen Reputation des Anbieters. Ein Anbieter hat also bei Einsatz seiner Bewältigungsstrategien auch die Wechselwirkungen seiner vor der Krise aufgebauten Reputation mit den Ausprägungen der Krisensituationen zu beachten.

Hinsichtlich der *Übertragbarkeit* der gewonnenen Ergebnisse ist relativierend anzumerken, dass diese im Rahmen eines Laborexperiments, d.h. unter künstlich geschaffenen, kontrollierten Bedingungen, gewonnen wurden. Andererseits trägt die gewählte Methodik dazu bei, dass fast alle der bekannten Störeinflüsse kontrolliert werden können. Wie bei allen Experimenten, so steht auch das hier durchgeführte Experiment somit in der Dialektik zwischen hoher Verallgemeinerbarkeit als ein Vorteil von Feldexperimenten und hoher Kontrollmöglichkeit als ein Vorteil von Laborexperimenten.[691] Zur Steigerung der externen Validität der unter Laborbedingungen generierten Untersuchungsergebnisse wurden jedoch Maßnahmen getroffen. Neben einer Betrachtung unterschiedlicher Produkte wurde mit der Online-Erhebung auch eine der Realität angenäherte Untersuchungsumgebung geschaffen. In diesem Zusammenhang ist anzumerken, dass das Internet immer mehr auch als Informationsmedium zur Beurteilung der Güte von Produkten, insbesondere für Qualitätsvergleiche von Produkten, genutzt wird, etwa abzulesen an dem bereits reichhaltig vorhandenen und wachsenden Angebot von auf Produktvergleiche spezialisierter Suchmaschinen im Internet.[692] Zukünftigen Untersuchungen bleibt es jedoch vorbehalten, die hier gewonnenen Erkenntnisse unter realen Bedingungen, d.h. für reale Produktkrisensituationen, im Feld zu überprüfen. Die hier vorliegende Untersuchung lässt zudem einige Fragen unbeantwortet, die ebenfalls den Gegenstand *zukünftiger Forschung* bilden mögen:

- Zukünftige Studien könnten sich der Frage widmen, *wie die Reputation moderierend auf die wahrgenommene Verantwortlichkeit bzw. die Verantwortlichkeitszuweisungen* der Rezipienten in unterschiedlichen Produktkrisensituationen einwirkt. Die situationsübergreifende Analyse zu Teilproblem (2) lässt hier einige Fragen offen. Ein entsprechender Interaktionseffekt ist signifikant, in seiner Aussagekraft jedoch relativ gering. Die zum Teil niedrigen Werte des Bestimmtheitsmaßes legen es nahe, nach weiteren Erklärungsfaktoren zu suchen. Ob sich für andere Faktoren höhere Anteile der Varianzerklärung ergeben erscheint aber höchst ungewiss. Weitere Forschung ist zudem notwendig, um die Art der Interaktionen zwischen den Faktoren Situation und Reputation nach dem Einsatz ausgewählter Bewältigungsstrategien aufzudecken.

- Zukünftige Forschungsansätze könnten die hier vorliegende Analyse um eine explizite Betrachtung *unterschiedlicher Rezipiententypen* erweitern. So lassen sich etwa Rezipienten der negativen Publizität nach dem Grad ihrer Betroffenheit von einem öffentlich diskutierten Produktproblem unterscheiden und hinsichtlich ihrer Reaktionen auf die hier gewählten oder andere Produktkrisen und Bewältigungsstrategien vergleichen. Rezipienten im Sinne der *gegenwärtigen Käuferschaft* mögen sowohl aus *unmittelbar (direkt)* von dem Produktproblem betroffenen Konsumenten als auch aus *mittelbar* von dem Problem Betroffenen bestehen, die zwar das den Gegenstand der negativen Publizität bildende Produkt besitzen, bei denen sich ein Problem (bislang) jedoch nicht manifestiert hat. Rezipienten im Sinne der *potentiellen Käuferschaft* bestehen dagegen aus gegenwärtig nicht von dem Problem betroffenen Konsumenten, die jedoch als Ziel-

[691] Vgl. Rack, O.; Christophersen, T. (2006), S. 21.
[692] Vgl. (N)Onliner Atlas 2007.

gruppe im Sinne möglicher zukünftiger Käufer der Produkte des betroffenen Anbieters in Betracht kommen. Die möglicherweise aus der Zugehörigkeit der Rezipienten zu diesen unterschiedlichen Konsumentengruppen resultierende Reaktionsvarianz könnte in zukünftigen Studien zum Problem erhoben werden. Hierfür mag die hier vorliegende Analyse, bestehend aus mehreren, sachlogisch aufeinander aufbauenden, Hypothesengruppen einen fruchtbaren Forschungsrahmen bieten.

Anhang A Fragebogen

Die Befragung, an der Sie teilnehmen, ist Bestandteil eines Marktforschungsprojektes, das an der Universität Osnabrück durchgeführt wird. Ihre ehrlichen Antworten zu diesem Fragebogen sind sehr wichtig für das Gelingen dieses Projektes. Selbstverständlich werden Ihre Daten streng vertraulich und anonym behandelt. Wir möchten Sie bitten, den Fragebogen vollständig auszufüllen. Geben Sie zunächst bitte Ihr Alter und Ihr Geschlecht an.

Vielen Dank für Ihre Mitarbeit!

Alter:		Geschlecht:	☐ männlich ☐ weiblich

Teil A: Einleitungsfragen

In diesem ersten Teil des Fragebogens möchten wir Sie zu Ihren eigenen Gewohnheiten, Erfahrungen und Ansichten zu dem Produkt „Fahrrad" befragen.

1. Zunächst möchten wir gerne von Ihnen wissen, wie wichtig für Sie persönlich das Produkt Fahrrad ist. Kreuzen Sie bitte zu jeder Aussage dasjenige Kästchen an, das am besten Ihrer Meinung entspricht.

	trifft... überhaupt nicht zu 1	kaum zu 2	weniger zu 3	etwas zu 4	größtenteils zu 5	stark zu 6
a) Das Produkt „Fahrrad" ist für mich ein wichtiges Produkt.	☐	☐	☐	☐	☐	☐
b) Im Großen und Ganzen habe ich ein starkes Interesse an Fahrrädern.	☐	☐	☐	☐	☐	☐
c) Ich informiere mich regelmäßig über neue Produkte und Anbieter von Fahrrädern.	☐	☐	☐	☐	☐	☐

2. Sofern Sie selbst schon einmal Kontakt mit dem Produkt „Fahrrad“ gehabt haben: Welche Erfahrungen haben Sie bislang mit dem Produkt „Fahrrad“ gemacht? Nehmen Sie bitte Stellung zu den folgenden Fragen, indem Sie jeweils dasjenige Kästchen ankreuzen, das am ehesten Ihrer Erfahrung entspricht.

a) Haben Sie selbst schon einmal Qualitätsprobleme (z.B. Rahmen- oder Lenkerbruch, Materialmängel) bei einem Fahrrad erfahren? Ja ☐ Nein ☐

b) Falls Frage a) mit „Ja“ beantwortet wurde: Wie ernst schätzen Sie Ihr erfahrenes Qualitätsproblem ein?

überhaupt nicht ernst	nicht ernst	teils teils	ein wenig ernst	ziemlich ernst
1	2	3	4	5
☐	☐	☐	☐	☐

3. Bei den folgenden Aussagen geht es um Ihre Einschätzung zur allgemeinen Bedeutung von Qualitätsproblemen bei langlebigen Konsumgütern (z.B. Fahrrädern, Kaffeemaschinen) und um die Rolle von Anbietern dabei. Kreuzen Sie bitte zu jeder Aussage dasjenige Kästchen an, das am besten Ihre Meinung wiedergibt.

		lehne stark ab	lehne ab	lehne etwas ab	stimme etwas zu	stimme zu	stimme stark zu
		1	2	3	4	5	6
a)	Beim Auftreten von Qualitätsproblemen bei solchen Produkten sind zunächst einmal die Anbieter in der Pflicht, die Probleme schnell und für mich kostenlos zu beseitigen. Auf meine Mitwirkung bei der Problemlösung kommt es dabei grundsätzlich nicht an.	☐	☐	☐	☐	☐	☐
b)	Konsumenten haben heute sehr viel Macht wenn es darum geht, ihre Rechte (z.B. eine Nachbesserung im Falle eines Produktversagens) gegenüber den Anbietern solcher Produkte durchzusetzen.	☐	☐	☐	☐	☐	☐

Teil B: Szenario mit Fragen

Im Folgenden wird Ihnen ein realer Presseartikel aus der Zeitschrift „Radwelt“ zum Thema Fahrradtests präsentiert. Lesen Sie bitte den Artikel sorgfältig durch und beantworten Sie die nachfolgenden Fragen. Berücksichtigen Sie bitte sämtliche Informationen des Artikels bei Ihren Antworten!

(#Situationsstimulus, Reputationsstimulus, Produktstimulus #)

4. Beantworten Sie bitte die nachfolgenden Fragen zu dem in dem Text geschilderten <u>Problem</u> mit dem Produkt X-300 des Anbieters *Centuri*. Kreuzen Sie bitte zu jeder Aussage dasjenige Kästchen an, das am ehesten Ihrer Meinung entspricht.

	stimme... überhaupt nicht zu 1	kaum zu 2	weniger zu 3	etwas zu 4	größtenteils zu 5	stark zu 6
a) Das in dem Text beschriebene Problem halte ich für rechtlich relevant und eindeutig, d.h. der Hersteller ist zum Handeln verpflichtet.	☐	☐	☐	☐	☐	☐
b) Das beschriebene Problem besteht überwiegend in Sach- und Personenschäden.	☐	☐	☐	☐	☐	☐
c) Das beschriebene Problem mit dem Produkt schätze ich als sehr ernst ein.	☐	☐	☐	☐	☐	☐
d) Einen Rückruf des X-300-Produktes von *Centuri* halte ich momentan nicht für erforderlich.	☐	☐	☐	☐	☐	☐
e) Verglichen mit anderen Produkten derselben Produktklasse ist das Produkt X-300 von *Centuri* gefährlich.	☐	☐	☐	☐	☐	☐
f) Das Problem mit dem Produkt ist in Wirklichkeit schlimmer, als es sich in der Öffentlichkeit darstellt.	☐	☐	☐	☐	☐	☐

5. Wie schätzen Sie die <u>Produkte</u> des Anbieters *Centuri* ein? Nehmen Sie bitte Stellung zu den nachfolgenden Aussagen, indem Sie jeweils dasjenige Kästchen ankreuzen, das am besten Ihre Meinung widerspiegelt.

	sehr unwahrscheinlich 1	kaum wahrscheinlich 2	weniger wahrscheinlich 3	etwas wahrscheinlich 4	ziemlich wahrscheinlich 5	sehr wahrscheinlich 6
a) Dass *Centuri*-Produkte in punkto Sicherheit qualitativ hochwertig ausgestattet sind, halte ich für…	☐	☐	☐	☐	☐	☐

		stimme... überhaupt nicht zu 1	kaum zu 2	weniger zu 3	etwas zu 4	größtenteils zu 5	stark zu 6
b)	Die Firma *Centuri* hat sich in der *Vergangenheit* einen guten Ruf als Anbieter einwandfreier und zuverlässiger Produkte erworben.	☐	☐	☐	☐	☐	☐
c)	*Centuri* stellt *heute* einwandfreie, funktionstüchtige Produkte her.	☐	☐	☐	☐	☐	☐
d)	*Centuri* bietet Produkte mit einem schlechten Preis-Leistungs-Verhältnis an.	☐	☐	☐	☐	☐	☐

6. Welchen Eindruck haben Sie von dem Anbieter *Centuri*? Nehmen Sie bitte Stellung zu den nachfolgenden Aussagen, indem Sie jeweils dasjenige Kästchen ankreuzen, das am ehesten Ihrer Meinung entspricht.

		stimme... überhaupt nicht zu 1	kaum zu 2	weniger zu 3	etwas zu 4	größtenteils zu 5	stark zu 6
a)	*Centuri* behandelt seine Kunden im Ergebnis fair.	☐	☐	☐	☐	☐	☐
b)	Ich halte *Centuri* für einen ehrlichen Anbieter, der zu seinem Wort steht.	☐	☐	☐	☐	☐	☐
c)	*Centuri* behandelt seine Kunden mit Höflichkeit und Respekt.	☐	☐	☐	☐	☐	☐
d)	Der Anbieter *Centuri* nimmt seine Kunden nicht ernst.	☐	☐	☐	☐	☐	☐

7. Inwieweit ist der Anbieter *Centuri* für das beschriebene Problem an dem X-300-Produkt verantwortlich zu machen? Nehmen Sie bitte Stellung zu den nachfolgenden Aussagen, indem Sie jeweils dasjenige Kästchen ankreuzen, das am besten Ihre Meinung widerspiegelt.

		überhaupt nicht verantwortlich 1	kaum verantwortlich 2	weniger verantwortlich 3	etwas verantwortlich 4	größtenteils verantwortlich 5	voll verantwortlich 6
a)	In welchem Ausmaß ist *Centuri* verantwortlich für das beschriebene Kundenproblem?	☐	☐	☐	☐	☐	☐

		stimme...					
		überhaupt nicht zu 1	kaum zu 2	weniger zu 3	etwas zu 4	größtenteils zu 5	stark zu 6
b)	Das beschriebene Problem beruht auf einem Versagen des Anbieters *Centuri.* Er hätte bei der Produktion und Auswahl seiner Lieferanten besser aufpassen müssen.	☐	☐	☐	☐	☐	☐
c)	*Centuri* hätte das Auftreten des Problems mit vertretbarem Aufwand verhindern können.	☐	☐	☐	☐	☐	☐
d)	Ich glaube, dass *Centuri* nicht gewusst hat, dass es Probleme mit dem X-300-Produkt geben wird.	☐	☐	☐	☐	☐	☐

<u>Teil C: Anbieterreaktion I a und I b mit Fragen</u>

Im Folgenden wird Ihnen eine reale Stellungnahme der Firma *„Centuri"* zu dem von Ihnen gelesenen Artikel in der Zeitschrift „Radwelt" präsentiert. Lesen Sie sich bitte diese Presseerklärung sorgfältig durch und beantworten Sie die nachfolgenden Fragen. Berücksichtigen Sie bitte sämtliche Informationen des Artikels bei Ihren Antworten!

<u>(# Strategiestimulus SIa #)</u>

8. Wie schätzen Sie jetzt – <u>nach dem Lesen der Stellungnahme von *Centuri*</u> – die <u>Situation</u> ein?

		stimme...					
		überhaupt nicht zu 1	kaum zu 2	weniger zu 3	etwas zu 4	größtenteils zu 5	stark zu 6
a)	Das beschriebene Problem mit dem Produkt schätze ich als sehr ernst ein.	☐	☐	☐	☐	☐	☐
b)	Einen Rückruf des X-300-Produktes von *Centuri* halte ich momentan nicht für erforderlich.	☐	☐	☐	☐	☐	☐
c)	Verglichen mit anderen Produkten derselben Produktklasse ist das Produkt X-300 von *Centuri* gefährlich.	☐	☐	☐	☐	☐	☐

d)	Das Problem mit dem Produkt ist in Wirklichkeit schlimmer, als es sich in der Öffentlichkeit darstellt.	☐	☐	☐	☐	☐	☐

9. Wie schätzen Sie nun, nach dem Lesen der Stellungnahme des Anbieters, die Produkte von *Centuri* ein? Nehmen Sie bitte Stellung zu den nachfolgenden Aussagen, indem Sie jeweils dasjenige Kästchen ankreuzen, das am besten Ihre Meinung widerspiegelt.

		sehr unwahr-scheinlich 1	kaum wahr-scheinlich 2	weniger wahr-scheinlich 3	etwas wahr-scheinlich 4	ziemlich wahr-scheinlich 5	sehr wahr-scheinlich 6
a)	Dass *Centuri*-Produkte in punkto Sicherheit qualitativ hochwertig ausgestattet sind, halte ich für…	☐	☐	☐	☐	☐	☐

	stimme...	überhaupt nicht zu 1	kaum zu 2	weniger zu 3	etwas zu 4	größten-teils zu 5	stark zu 6
b)	*Centuri* stellt einwandfreie, funktionstüchtige Produkte her.	☐	☐	☐	☐	☐	☐
c)	*Centuri* bietet Produkte mit einem schlechten Preis-Leistungs-Verhältnis an.	☐	☐	☐	☐	☐	☐

10. Welchen Eindruck haben Sie nun, nach dem Lesen der Stellungnahme, von dem Anbieter *Centuri*? Nehmen Sie bitte Stellung zu den nachfolgenden Aussagen, indem Sie jeweils dasjenige Kästchen ankreuzen, das am ehesten Ihrer Meinung entspricht.

	stimme...	überhaupt nicht zu 1	kaum zu 2	weniger zu 3	etwas zu 4	größten-teils zu 5	stark zu 6
a)	*Centuri* behandelt seine Kunden im Ergebnis fair.	☐	☐	☐	☐	☐	☐
b)	Ich halte *Centuri* für einen ehrlichen Anbieter, der zu seinem Wort steht.	☐	☐	☐	☐	☐	☐
c)	*Centuri* behandelt seine Kunden mit Höflichkeit und Respekt.	☐	☐	☐	☐	☐	☐

d)	Der Anbieter *Centuri* nimmt seine Kunden nicht ernst.	☐	☐	☐	☐	☐	☐

11. Beurteilen Sie bitte erneut, nun unter Berücksichtigung der Stellungnahme von *Centuri,* die Verantwortlichkeit des Herstellers für das beschriebene Produktproblem. Nehmen Sie bitte Stellung zu den nachfolgenden Aussagen, indem Sie jeweils dasjenige Kästchen ankreuzen, das am besten Ihre Meinung widerspiegelt.

		überhaupt nicht verantwortlich 1	kaum verantwortlich 2	weniger verantwortlich 3	etwas verantwortlich 4	größtenteils verantwortlich 5	voll verantwortlich 6
a)	In welchem Ausmaß ist *Centuri* verantwortlich für das beschriebene Kundenproblem?	☐	☐	☐	☐	☐	☐

stimme...

		überhaupt nicht zu 1	kaum zu 2	weniger zu 3	etwas zu 4	größtenteils zu 5	stark zu 6
b)	Das beschriebene Problem beruht auf einem Versagen des Anbieters *Centuri.* Er hätte bei der Produktion und Auswahl seiner Lieferanten besser aufpassen müssen.	☐	☐	☐	☐	☐	☐
c)	*Centuri* hätte das Auftreten des Problems mit vertretbarem Aufwand verhindern können.	☐	☐	☐	☐	☐	☐
d)	Ich glaube, dass *Centuri* nicht gewusst hat, dass es Probleme mit dem X-300-Produkt geben wird.	☐	☐	☐	☐	☐	☐

„Stellen Sie sich vor, der Anbieter hätte anstelle eines Umtauschs gegen ein höherwertiges Produkt ein *gleichwertiges* Produkt angeboten…“ Bitte beantworten Sie die Fragen erneut!

(# Strategiestimulus SIb #)

(...)

Teil D: Anbieterreaktion IIa und IIb mit Fragen

Stellen Sie sich vor, das Unternehmen *Centuri* hätte auf das negative Testergebnis mit folgender Presseerklärung reagiert. Nehmen Sie bitte Stellung zu den nachfolgenden Fragen. Berücksichtigen Sie bitte sämtliche Informationen der Presseerklärung bei Ihren Antworten!

(# Strategiestimulus SIIa #)

(...)

„Stellen Sie sich vor, der Anbieter hätte anstelle eines Umtauschs gegen ein höherwertiges Produkt ein *gleichwertiges* Produkt angeboten…" Bitte beantworten Sie die Fragen erneut!

(# Strategiestimulus SII b #)

(...)

Teil E: Anbieterreaktion III und Fragen

Stellen Sie sich vor, der Anbieter *Centuri* hätte die folgende Presseerklärung als Reaktion auf die in dem Presseartikel geschilderten Probleme mit seinem Produkt veröffentlicht. Lesen Sie sich bitte den Text sorgfältig durch und beantworten Sie die nachfolgenden Fragen. Berücksichtigen Sie bitte sämtliche Informationen der Presseerklärung bei Ihren Antworten!

(# Strategiestimulus SIII #)

(...)

Anhang B Überprüfung der Untersuchungsvariablen auf Normalverteilung – Explorative Datenanalyse

Tests auf Normalverteilung

	Kolmogorov-Smirnov(a)			Shapiro-Wilk		
	Statistik	df	Signifikanz	Statistik	df	Signifikanz
MEAN_nk_risk	,143	650	,000	,917	650	,000
MEAN_nk_attr	,096	650	,000	,978	650	,000
MEAN_nk_ger	,104	650	,000	,975	650	,000
MEAN_nk_komp	,111	650	,000	,973	650	,000

a Signifikanzkorrektur nach Lilliefors

Tab. A-1: Tests auf Normalverteilung für die Untersuchungsvariablen (Messzeitpunkt: nach Krise, vor Bewältigung) Quelle: Eigene Darstellung

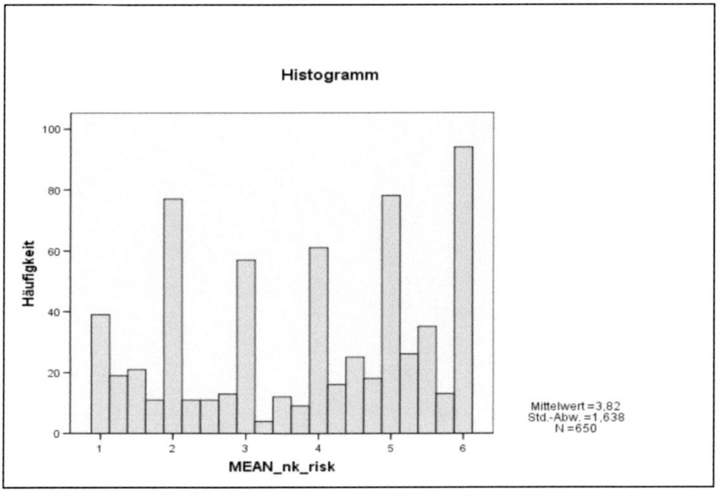

Abb. A-1: Histogramm zur Variable MEAN_nk_risk Quelle: Eigene Darstellung

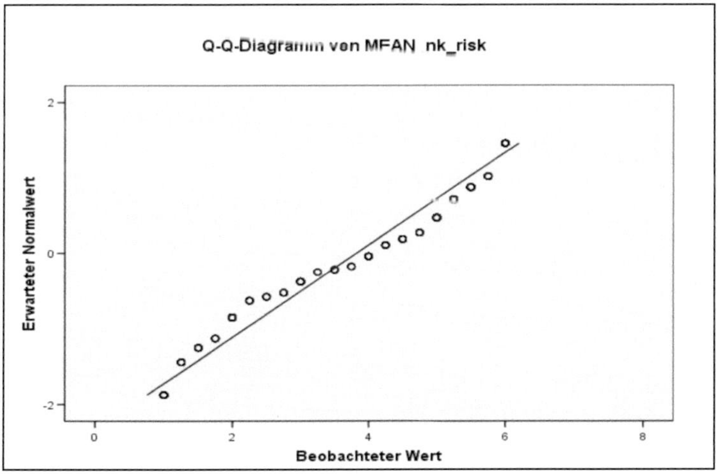

Abb. A-2: Normalverteilungsdiagramm[693] zur Variable MEAN_nk_risk
Quelle: Eigene Darstellung

[693] Im Normalverteilungsdiagramm (Q-Q-Diagramm) wird jeder beobachtete Wert mit seinem unter Normalverteilung erwarteten Wert gepaart. Unter der Voraussetzung einer exakten Normalverteilung liegen die Punkte auf einer Geraden.

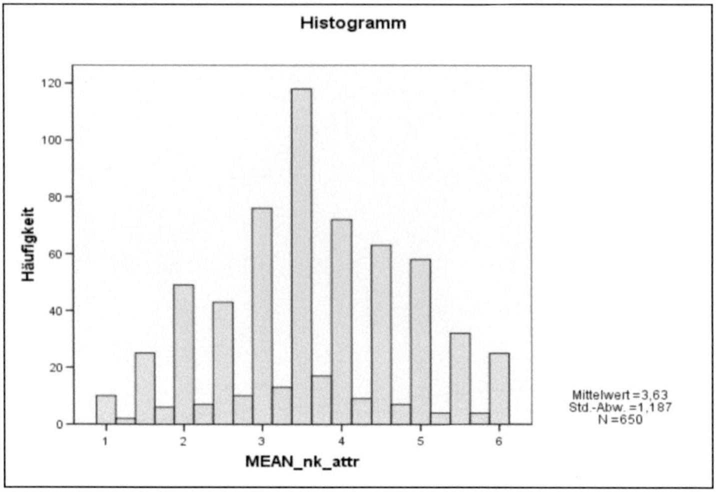

Abb. A-3: Histogramm zur Variable MEAN_nk_attr Quelle: Eigene Darstellung

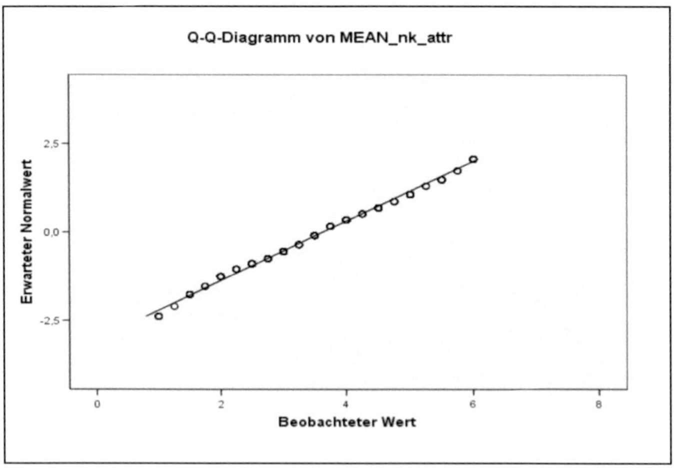

Abb. A-4: Normalverteilungsdiagramm zur Variable MEAN_nk_attr

Quelle: Eigene Darstellung

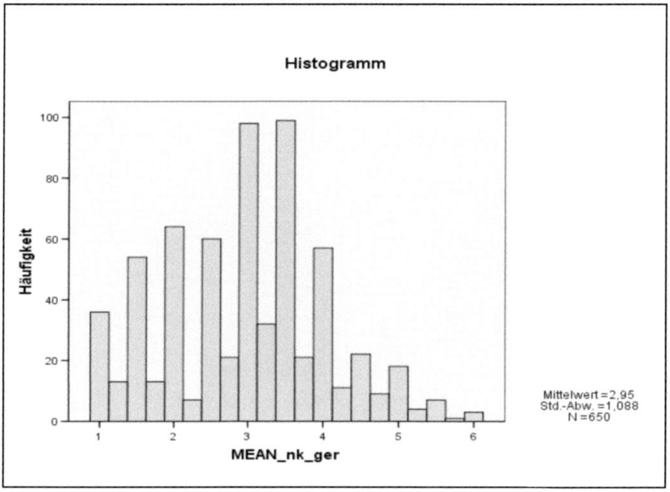

Abb. A-5: Histogramm zur Variable MEAN_nk_ger Quelle: Eigene Darstellung

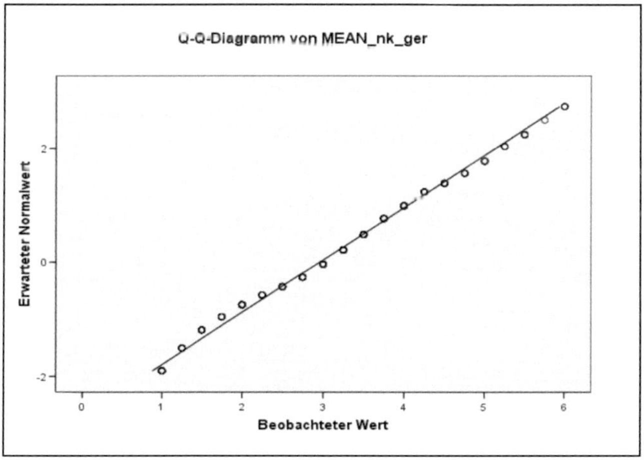

Abb. A-6: Normalverteilungsdiagramm zur Variable MEAN_nk_ger

Quelle: Eigene Darstellung

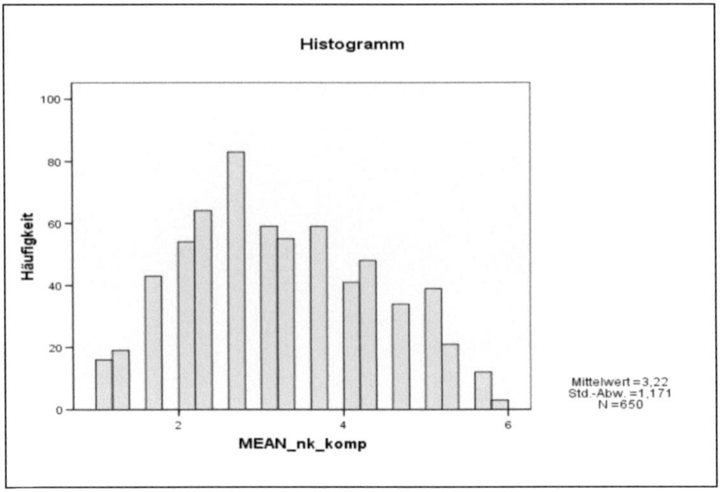

Abb. A-7: Histogramm zur Variable MEAN_nk_komp Quelle: Eigene Darstellung

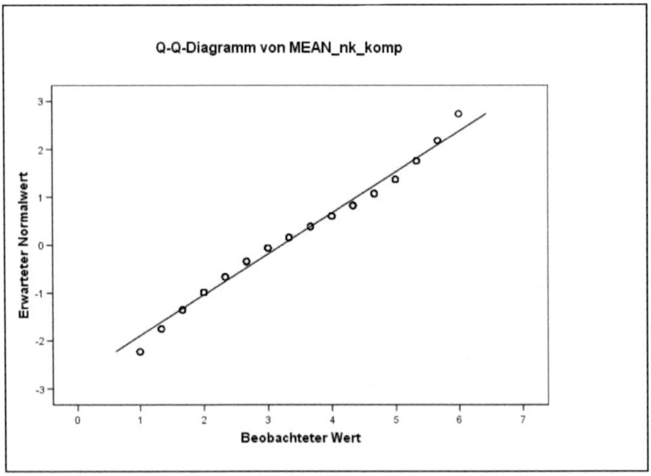

Abb. A-8: Normalverteilungsdiagramm zur Variable MEAN_nk_komp

Quelle: Eigene Darstellung

Literaturverzeichnis

Adams, J. S.: Inequity in Social Exchange, in: Berkowitz, L. (Hrsg.): Advances in Experimental Social Psychology, Vol. 2, 1965, New York: Academic Press, S. 267-299.

Akerlof, G. A.: The market for “lemons”: Quality uncertainty and the market mechanism, in: Quarterly Journal of Economics, 84, 1970, S. 488-500.

Al-Najjar, N. I.: Reputation, Product Quality, And Warranties, in: Journal of Economics & Management Strategy 3, 1995, 4, S. 605-637.

Ahluwalia, R.: How Prevalent is the Negativity Effect in Consumer Environments?, in: Journal of Consumer Research, Vol. 29, 2002, S. 270-279.

Ahluwalia, R.; Burnkrant, R. E.; Unnava, H. R.: Consumer Response to Negative Publicity: The Moderating Role of Commitment, in: Journal of Marketing Research, Vol. XXXVII, 2000, S. 203-214.

Ahluwalia, R.; Unnava, H. R.; Burnkrant, R. E.: The Moderating Role of Commitment on the Spillover Effect of Marketing Communications, in: Journal of Marketing Research, Vol. XXXVIII, 2001, S. 458-470.

v. Alvensleben, R.; Kafka, C.: Grundprobleme der Risikokommunikation und ihre Bedeutung für die Land- und Ernährungswirtschaft, Arbeitspapier, Universität Kiel, 1999.

Andaleeb, S. S.; Basu, A. K.: Do warranties influence perceptions of service quality? A Study of the automobile repair and service industry, in: Journal of Retailing and Consumer Service 5, 1998, 2, S. 87-91.

Anderson, E. W.: Customer Satisfaction and Word of Mouth, in: Journal of Service Research, Vol. 1, No. 1, 1998, S. 5-17.

Asche, T.: Das Sicherheitsverhalten von Konsumenten, Heidelberg 1990.

Backhaus, K.; Erichson, B.; Plinke, W.; Weiber, R.: Multivariate Analysemethoden, 8. Aufl., Berlin u.a. 1996.

Baer, R.; Hill, D. J.: Excuse Making: A Prevalent Company Response to Complaints?, in: Journal of Satisfaction, Dissatisfaction and Complaining Behavior, Vol. 7, 1994, S. 143-151.

Balachander, S.: Warranty Signalling and Reputation, in: Management Science 47, 2001, 9, S. 1282-1289.

Balderjahn, I.; Mennicken, C.: Der Umgang von Managern mit ökologischen Risiken und Krisen: Ein verhaltenswissenschaftlicher Ansatz, Lehr- und Forschungsbericht Nr. 2, Wirtschafts- und Sozialwissenschaftliche Fakultät, Lehrstuhl für Betriebswirtschaftslehre mit dem Schwerpunkt Marketing, Universität Potsdam, 1994.

Bearden, W. O.; Mason, J. B.: An Investigation of Influences on Consumer Complaint Reports, in: Advances in Consumer Research, 11, 1984, S. 490-495.

Bearden, W. O.; Teel, J. E.: Selected Determinants of Consumer Satisfaction and Complaint Reports, in: Journal of Marketing Research, Vol. XX (February 1983), S. 21-28.

Bell, C.; Zemke, R.: Service Breakdown, in: Management Review, Oct. 1987, S. 32-35.

Benoit, W. L.: Image Repair Discourse and Crisis Communication, in: Public Relations Review, Vol. 23, No. 2, 1997, S. 177-186.

Bies, R. J.: The Predicament of Injustice: The Management of Moral Outrage, in: Research in Organizational Behavior, vol. 9, 1987, S. 289-319.

Bitner, M. J.; Booms, B. H.; Tetreault, M. S.: The Service Encounter: Diagnosing Favorable and Unfavorable Incidents, in: Journal of Marketing, Vol. 54, 1990, S. 71-84.

Bitz, M.: Entscheidungstheorie, München 1981.

Blodgett, J. G.; Granbois, D. H.; Walters, R. G.: The Effects of Perceived Justice on Complainants` Negative Word-of-Mouth Behavior and Repatronage Intentions, in: Journal of Retailing, Vol. 69, No. 4, 1993, S. 399-428.

Blodgett, J. G.; Hill, D. J.; Tax, S. S.: The Effects of Distributive, Procedural, and Interactional Justice on Postcomplaint Behavior, in: Journal of Retailing, 1997, Vol. 73, 2, S. 185-210.

Blodgett, J. G.; Tax, S. S.: The effects of distributive and interactional justice on complainants` repatronage intentions and negative word-of-mouth intentions, in: Journal of Consumer Satisfaction, Dissatisfaction and Complaining Behavior, Vol. 6, 1993, S. 100-110.

Blodgett, J. G.; Wakefield, K. L.; Barnes, J. H.: The effects of customer service on consumer complaining behavior, in: Journal of Services Marketing, Vol. 9, No. 4, 1995, S. 31-42.

Böcker, F.: Marketing, 6. Aufl., Stuttgart 1996.

Borth, B.-O.: Beschwerdezufriedenheit und Kundenloyalität im Dienstleistungsbereich: Kausalanalysen unter Berücksichtigung moderierender Effekte, 1. Aufl., Wiesbaden 2004.

Bortz, J.: Statistik für Sozialwissenschaftler, 5. Aufl., Berlin u.a. 1999.

Boshoff, C.: An Experimental Study of Service Recovery Options, in: International Journal of Service Industry Management, 8 (2), 1997, S. 110-130.

Boshoff, C.: RECOVSAT – An Instrument to Measure Satisfaction With Transaction-Specific Service Recovery, in: Journal of Service Research, Vol. 1, No. 3, 1999, S. 236-249.

Boshoff, C.; Leong, J.: Empowerment, attribution and apologising as dimensions of service recovery. An experimental study, in: International Journal of Service Industry Management, Vol. 9, No. 1, 1998, S. 24-47.

Boulding, W.; Kirmani, A.: A Consumer-Side Experimental Examination of Signaling Theory: Do Consumers Perceive Warranties as Signals of Quality?, in: Journal of Consumer Research 20, 1993, S. 111-123.

Bradford, J. L.; Garrett, D. E.: The Effectiveness of Corporate Communicative Responses to Accusations of Unethical Behavior, in: Journal of Business Ethics 14, 1995, S. 875-892.

Brannon, L. A.; Brock, T. C.: Scarcity Claims Elicit Extreme Responding to Persuasive Messages: Role of Cognitive Elaboration, in: Personality and Social Psychology Bulletin, 27, 2001, S.365-375.

Brehm, J. W.: A Theory of Psychological Reactance, New York 1966.

Brock, T. C.: Implications of commodity theory for value change, in: Psychological foundations of attitudes, New York 1968, S.243-275.

Brock, T. C.; Brannon, L. A.: Liberalization of commodity theory, in: Basic and Applied Social Psychology, 13, 1992, S. 135-144.

Brown, S. W.; Cowles, D. L.; Tuten, T. L.: Service recovery: its value and limitations as a retail strategy, in: International Journal of Service Industry Management, Vol. 7, No. 5, 1996, S. 32-46.

Bruhn, M.: Konsumentenzufriedenheit und Beschwerden: Erklärungsansätze und Ergebnisse einer empirischen Untersuchung in ausgewählten Konsumbereichen, Frankfurt a. M. u.a. 1982.

Bruhn, M.: Kundenerwartungen – Theoretische Grundlagen, Messung und Managementkonzept, in: ZfB 70. Jg., H. 9, 2000, S. 1031-1054.

Büdel, S.: Aktives Beschwerdemanagement in Banken, Frankfurt u. a., 1997.

Bühl, A.; Zöfel, P.: SPSS 12 – Einführung in die moderne Datenanalyse unter Windows, 9. Aufl., München 2005.

Bühner, M.: Einführung in die Test- und Fragebogenkonstruktion, München 2004.

Büschken, J.: Reputation Networks and "Loose Linkages" between Reputation and Quality, Diskussionsbeitrag Nr. 141 der Katholischen Universität Eichstätt, Wirtschaftswissenschaftliche Fakultät Ingolstadt, Ingolstadt, September 2000.

Büschken, J.: Wirkung von Repuation zur Reduktion von Qualitätsunsicherheit, Diskussionsbeitrag Nr. 123 der Katholischen Universität Eichstätt, Wirtschaftswissenschaftliche Fakultät Ingolstadt, Ingolstadt, Oktober 1999.

Burns, D. J.; Perkins, D.: Accounts in Post-Purchase Behavior: Excuses, Justifications and

Meta-Accounts, in: Journal of Consumer Satisfaction, Dissatisfaction and Complaining Behavior, Vol. 9, 1996, S. 144-157.

Carman, J. M.: Consumer Perceptions of Service Quality: An Assessment of the SERVQUAL Dimensions, in: Journal of Retailing, Vol. 66, No. 1, 1990, S. 33-55.

Cezanne, M.: Krisenmanagement und Komplexität: Betriebswirtschaftliche Krisentheorien im Kontext multioptionalen Konsumentenverhaltens, Wiesbaden 1999.

Chandrashekaran, M.; Rotte, K.; Grewal, R.; Tax, S.S.: Defection-Despite-Trust: Customer Vulnerability and Loyalty Following Service Failures, Working Paper, Australian Graduate School of Management, University of New South Wales, Australia, May 2004.

Chang, C.: Cue Utilization and Consumer Epertise, in: American Marketing Association (Hrsg.): AMA Educator`s Proceedings: Enhancing Knowledge Development in Marketing, Vol. 17, 2006, S. 65-69.

Cho, H.; Boster, F. J.: Development and Validation of Value-, Outcome-, and Impression-Relevant Involvement Scales, in: Communication Research, Vol. 32, No. 2, 2005, S. 235-264.

Clark, T.: The Concept of a Marketing Crisis, in: Journal of the Academy of Marketing Science, Vol. 16, No. 2, 1988, S. 43-48.

Cohen, J.: Statistical power analysis for the behavioral sciences, Hillsdale, New York 1988.

Conlon, D. E.; Murray, N. M.: Customer Perceptions of Corporate Responses to Product Complaints: The Role of Explanations, in: Academy of Management Journal, 1996, Vol. 39, No. 4, S. 1040-1058.

Coombs, W. T.: An Analytic Framework for Crisis Situations: Better Responses From a Better Understanding of the Situation, in: Journal of Public Relations Research, Vol. 10 (3), 1998, S. 177-191.

Coombs, W. T.: Impact of Past Crisis on Current Crisis Communication, in: Journal of Business Communication, Vol. 41, No. 3, 2004, S. 265-289.

Cox, A. D.; Cox, D.; Zimet, G.: Understanding Consumer Responses to Product Risk Information, in: Journal of Marketing, Vol. 70, 2006, S. 79-91.

Crié, D.: Consumers` complaint behaviour. Taxonomy, typology and determinants: Towards a unified ontology, in: Database Marketing & Customer Strategy Management, Vol. 11, 1, S. 60-79.

Cronbach, L. J.: Coefficient Alpha and the internal structure of tests, in: Psychometrika, Vol. 16, No. 3, 1951, S. 297-334.

Cronin Jr., J. J.; Taylor, S. A.: Measuring Service Quality: A Reexamination and Extension, in: Journal of Marketing, Vol. 56, 1992, S. 55-68.

Davidow, M.: Service Recovery Compensation: Do we really know what we think we know?, in: Winter Educators` Conference 2002, Austin, Tex., American Marketing Association, 2002.

Davidow, M.: Organizational Responses to Customer Complaints: What Works and What Doesn`t, in: Journal of Service Research, Vol. 5, No. 3, 2003, S. 225-250.

Dawar, N.: Product-Harm Crises and the Signaling Ability of Brands, in: International Studies of Management & Organization, Vol. 28, No. 3, 1998, S. 109-119.

Dawar, N.; Pillutla, M. M.: Impact of Product-Harm Crises on Brand Equity: The Moderating Role of Consumer Expectations, in: Journal of Marketing Research, Vol. XXXVII, 2000, S. 215-226.

Dean, D. H.: Consumer Reaction to Negative Publicity. Effects of Corporate Reputation, Response, and Responsibility for a Crisis Event, in: Journal of Business Communication, Vol. 41, No. 2, 2004, S. 192-211.

Dietze, U.: Reklamationen als Chance nutzen, Landsberg/Lech 1997.

Diller, H.: Preispolitik, 2. Aufl., Stuttgart 1991.

Donabedian, A. (1980): The Definitions of Quality and Approaches to its Assessment, Explorations in Quality, Assessment and Monitoring, Vol. I, Ann Arbor 1980.

Douglas, E. J.; Glennon, D. C.; Lane, J. I.: Warranty, quality and price in the US automobile market, in: Applied Economics, 25, 1993, S. 135-141.

Dunning, J.; Pecotich, A.: Understanding the Role of Adequate Explanations Within the Post-Complaint Process, in: ANZMAC 2000 Visionary Marketing for the 21st Century: Facing the Challenge, S. 277-280.

Eckey, H.-F.; Mann, A.; Türck, M.: Zur Bedeutung der Datenbasis für Stichprobenerhebungen, in: Planung & Analyse, 5, 2006, S. 66-69.

Eggert, A.: Kulanzmanagement in der Kfz-Industrie, Frankfurt a. M. u.a. 2002.

Eisenegger, M.; Künstle, D.: Reputation und Wirtschaft im Medienzeitalter, in: Die Volkswirtschaft, 11, 2003, S. 58-62.

El-Menouar, Y.; Blasius, J.: Abbrüche bei Online-Befragungen: Ergebnisse einer Befragung von Medizinern, in: ZA-Information, 56, Köln, 2005, S. 70-92.

Emons, W.: The Theory of Warranty Contracts, in: Journal of Economic Surveys, Vol. 3, No. 1, 1989, S. 43-57.

Erevelles, S.; Leavitt, C.: A comparison of current models of consumer satisfaction/dissatisfaction, in: Journal of Consumer Satisfaction, Dissatisfaction and Complaining Behavior, Vol. 5, 1992, S. 104-114.

Erevelles, S.; Roy, A.; Yip, L. S. C.: The universality of the signal theory for products and services, in: Journal of Business Research 52, 2001, S. 175-187.

Eschweiler, M.; Evanschitzky, H.; Woisetschläger, D.: Laborexperimente in der Marketingwissenschaft – Bestandsaufnahme und Leitfaden bei varianzanalytischen Auswertungen, Arbeitspapier Nr. 45, Förderkreis für Industriegütermarketing e.V. an der Westfälischen Wilhelms-Universität Münster (Herausgeber: Prof. Dr. Dr. h.c. Klaus Backhaus), Münster 2007.

Estelami, H.; De Maeyer, P.: Customer Reactions to Service Provider Overgenerosity, in: Journal of Service Research, Vol. 4, No. 3, 2002, S. 205-216.

Fahrmeier, L.; Hamerle, A.: Multivariate statistische Verfahren, Berlin u.a. 1984.

Festinger, L.: A Theory of Cognitive Dissonance, New York 1957.

Fischer, M.: Möglichkeiten sozialwissenschaftlicher Surveys im Internet - Stand und Folgerungen für Online-Befragungen, Hefte zur Bildungs- und Hochschulforschung (46), Arbeitsgruppe Hochschulforschung, Universität Konstanz, November 2005.

Fisk, R. P.; Young, C. E.: Disconfirmation of Equity Expectations: Effects on Consumer Satisfaction with Services, in: Advances in Consumer Research, 12, 1985, S. 340-345.

Fiske, S. T.: Attention and weight in person perception: the impact of negative and extreme behaviour, in: Journal of Personality and Social Psychology, 38, 6, 1980, S. 889-906.

Folger, R.: A Referent Cognitions Theory of Relative Deprevation, in: Olson, J. M.; Herman, C. P.; Zanna, M. P. (Hrsg.): Relative Deprivation and Social Comparison, 1986, S. 33-55.

Folkes, V. S.: Consumer Reactions to Product Failure: An Attributional Approach, in: Journal of Consumer Research, Vol. 10, 3, 1984, S. 398-409.

Folkes, V. S.: Recent Attribution Research in Consumer Behavior: A Review and New Directions, in: Journal of Consumer Research, Vol. 14, 1988[a], S. 548-565.

Folkes, V. S.: The Availability Heuristic and Perceived Risk, in: Journal of Consumer Research, Vol. 15, 1988[b], S. 13-23.

Folkes, V. S.; Kotsos, B.: Buyers` and Sellers` Explanations for Product Failure: Who Done It?, in: Journal of Marketing, Vol. 50, 1986, S. 74-80.

Folkes, V. S.; Patrick, V.: Consumers` Perceptions of Blame in the Firestone Tire Recall, in: Marketing and Public Policy Conference Proceedings 2001, Vol. 11, S. 26-33.

Fombrun, C.; Shanley, M.: What`s in a Name? Reputation Building and Corporate Strategy, in: Academy of Management Journal, Vol. 33, No. 2, 1990, S. 233-258.

Ford, G. T.; Smith, D. B.; Swasy, J. L.: An Empirical Test of the Search, Experience and Credence Attributes Framework, in: Advances in Consumer Research, Vol. 15, 1988, S. 239-243.

Frey, D.; Greif, S.: Sozialpsychologie. Ein Handbuch in Schlüsselbegriffen, 3. Aufl., Weinheim 1994.

Gal-Or, E.: Warranties as a signal of quality, in: Canadian Journal of Economics, XXII, No.1,1989, S. 50-61.

Garrett, D. E.: The Effectiveness of Compensation given to Complaining Consumers: Is More Better?, in: Journal of Consumer Satisfaction, Dissatisfaction and Complaining Behavior, Vol. 12, 1999, S. 26-34.

Gerhard, A.: Die Unsicherheit des Konsumenten bei der Kaufentscheidung: Verhaltensweisen von Konsumenten und Anbietern, Wiesbaden 1995.

Gerner, J. L.; Bryant, W. K.: Appliance Warranties as a Market Signal?, in: The Journal of Consumer Affairs, Vol. 15, No. 1, 1981, S. 75-86.

Gerstner, E.: Do Higher Prices Signal Higher Quality?, in: Journal of Marketing Research, Vol. 22, No. 2, 1985, S. 209-215.

Giering, A.: Der Zusammenhang zwischen Kundenzufriedenheit und Kundenloyalität – Eine Untersuchung moderierender Effekte, Wiesbaden 2000.

Gilly, M. C.; Hansen, R. W.: Consumer Complaint Handling as a Strategic Marketing Tool, in: The Journal of Consumer Marketing, 2 (4), 1985, S. 5–16.

Gilly, M. C.; Gelb, B. D.: Post-Purchase Consumer Processes and the Complaining Consumer, in: Journal of Consumer Research, Vol. 9, 1982, S. 323-328.

Göritz, A. S.: Online-Panels, in: Theobald, A.; Dreyer, M.; Starsetzki, T. (Hrsg.): Online-Marktforschung: Theoretische Grundlagen und praktische Erfahrungen, 2. Aufl., Wiesbaden 2003, S.227-240.

Golden, L. L.; Alpert, M. I: Comparative Analysis of the Relative Effectiveness of one-sided and two-sided Communication for Contrasting Products, in: Journal of Advertising, 16, 1, 1987, S. 18-25.

Goodwin, C.; Ross, I.: Salient Dimensions of Perceived Fairness in Resolution of Service Complaints, in: Journal of consumer satisfaction, dissatisfaction and complaining behavior, Vol. 2, 1989, S. 87-92.

Goodwin, C.; Ross, I.: Consumer Responses to Service Failures: Influence of Procedural and Interactional Fairness Perceptions, in: Journal of Business Research, 25, 1992, S. 149-163.

Greenberg, J.: Looking Fair vs. Being Fair: Managing Impressions of Organizational Justice, in: Research in Organizational Behavior, Vol. 12, 1990, S. 111-157.

Griffin, M.; Babin, B. J.; Attaway, J. S.: Anticipation of Injurious Consumption Outcomes and Its Impact on Consumer Attributions of Blame, in: Journal of the Academy of Marketing Science, 24, 1996, S. 314-327.

Grötker, R.: Wir von der Stichprobe, in: brand eins, 4, 2006, S. 74-80.

Grossman, S. J.: The Informational Role of Warranties and Private Disclosure About Product Quality, in: Journal of Law and Economics 24, 1981, S. 461-483.

Gutteling, J. M.: Current views on risk communication and their implications for crisis and reputation management, in: Document Design 2(3), 2000/01, S. 236-246.

Haeske, U.: Beschwerden und Reklamationen managen, Weinheim u. Basel 2001.

Hahn, A.; Jerusalem, M.: Reliabilität und Validität in der Online-Forschung, in: Theobald, A.; Dreyer, M.; Starsetzki, T. (Hrsg.): Online-Marktforschung: Theoretische Grundlagen und praktische Erfahrungen, 2. Aufl., Wiesbaden 2003, S. 161-186.

Hammann, P.; Erichson, B.: Marktforschung, 3. Aufl., Stuttgart u.a. 1994.

Hansen, S. W.; Swan, J. E.; Powers, T. L.: Encouraging "Friendly" Complaint Behavior in Industrial Markets, in: Industrial Marketing Management, 25, 1996, S. 271-281.

Hart, C. W. L.: Extraordinary Guarantees: a new way to build quality throughout your company & ensure satisfaction for your customers, New York u.a. 1993.

Hartung, T.; Helten, E.: Wandel des Insurance Managements bei Produktions- und Produktrisiken, in: Blecker, T.; Gemünden, H. G. (Hrsg.): Innovatives Produktions- und Technologiemanagement, Festschrift für Bernd Kaluza, Berlin et al., 2001, S. 543-564.

Hauptmanns, P.; Lander, B.: Zur Problematik von Internet-Stichproben, in: Theobald, A.; Dreyer, M.; Starsetzki, T. (Hrsg.): Online-Marktforschung: Theoretische Grundlagen und praktische Erfahrungen, 2. Aufl., Wiesbaden 2003, S. 27-40.

Heckelmann, S.: Beschwerdemanagement in Versicherungsunternehmen, Karlsruhe 1997.

Heidenreich, K.: Grundbegriffe der Meß- und Testtheorie, in: Roth, E.; Heidenreich, K. (Hrsg.): Sozialwissenschaftliche Methoden: Lehr- und Handbuch für Forschung und Praxis, München, Wien 1984, S. 352-416.

Helm, R.: Implications from Cue Utilization Theory and Signalling Theory for Firm Reputation and the Marketing of New Products, in: Jenaer Schriften zur Wirtschaftswissenschaft, Friedrich-Schiller-Universität Jena, Wirtschaftswissenschaftliche Fakultät, Nr. 03/2006.

Hempelmann, B.: Qualitäts- und Kommunikationspolitik angesichts von Produktrisiken, Heidelberg 1993.

Hennig-Thurau, T.: Beschwerdemanagement: State-of-the-art der Beschwerdezufriedenheitsforschung, Lehr- und Forschungsbericht Nr. 43, Universität Hannover, Dezember 1998.

Henthorne, B. H.; Henthorne, T. L.: The Tarnished Image: Anticipating and Minimizing the Impact of Negative Publicity in Health Services Organizations, in: Journal of Consumer Marketing, Vol. 11, No. 3, 1994, S. 44-54.

Herbig, P.; Milewicz, J.: To be or not to be...credible that is: a model of reputation and credibility among competing firms, in: Marketing Intelligence & Planning, Vol. 13, No. 6, 1995, S. 24-33.

Herbig, P.; Milewicz, J.: Market Signalling: a review, in: Management Decision, 34/1, 1996, S. 35-45.

Herrmann, A.: Produktmanagement, München 1998.

Herrmann, A.; Huber, F.; Seilheimer, C.: Die Qual der Wahl: Die Bedeutung des Regret bei Kaufentscheidungen, in: ZfbF, 55, Mai 2003, S. 224-249.

Herrmann, A.; Seilheimer, C.: Varianz- und Kovarianzanalyse, in: Herrmann, A.; Homburg, C. (Hrsg.): Marktforschung: Methoden, Anwendungen, Praxisbeispiele, Wiesbaden 1999, S. 265-294.

Himme, A.: Gütekriterien der Messung: Reliabilität, Validität und Generalisierbarkeit, in: Albers, S. et al. (Hrsg.): Methodik der empirischen Forschung, Wiesbaden 2006, S. 383-400.

Hirst, D. E.; Joyce, E. J.; Schadewald, M. S.: Mental Accounting and Outcome Contiguity in Consumer-Borrowing Decisions, in: Organizational Behavior and Human Decision Processes, 58, 1994, S. 136-152.

Ho, T. H.; Lim, N.; Camerer, C. F.: Modeling the Psychology of Consumer and Firm Behavior with Behavioral Economics, in: Journal of Marketing Research, Vol. XLIII, 2006, S. 307-331.

Hocutt, M. A.; Chakraborty, G.; Mowen, J. C.: The Impact of Perceived Justice on Customer Satisfaction and Intention to Complain in a Service Recovery, in: Advances in

Consumer Research, Vol. 24, 1997, S. 457-463.

Homans, G.: Elementarformen sozialen Verhaltens, Köln, 1968.

Homburg, C.; Fürst, A.; Sieben, F.: Kundenrückgewinnung, in: Harvard Business Manager, Dezember 2003, S. 57-67.

Homburg, C.; Krohmer, H.: Marketingmanagement: Strategie – Instrumente – Umsetzung – Unternehmensführung, Wiesbaden 2003.

Homburg, C., Rudolph, B.: Theoretische Perspektiven der Kundenzufriedenheit, in: Simon, H., Homburg, C. (Hrsg.): Kundenzufriedenheit, Konzepte – Methoden – Erfahrungen, 2. Aufl., Wiesbaden 1997, S. 33-51.

Hovland, C. I.; Harvey, O. J.; Sherif, M.: Assimilation and contrast effects in communication and attitude change, in: Journal of Abnormal and Social Psychology, 55, 1957, 242-252.

Hüttner, M.: Grundzüge der Marktforschung, 4. Aufl., Berlin 1988.

Hunt, J. M.; Kernan, J. B.; Mizerski, R. W.: Causal Inference in Consumer Response to Inequitable Exchange: A Case of Deceptive Advertising, in: Advances in Consumer Research, Vol. 10, 1983, S. 136-141.

Ippolito, P. M.: Bonding and Nonbonding Signals of Product Quality, in: Journal of Business, Vol. 63, No. 1, 1990, S. 41-60.

Innis, D. E.; Unnava, H. R.: The Usefulness of Product Warranties for Reputable and New Brands, in: Advances in Consumer Research, Vol. 18, 1991, S. 317-322.

Jain, S. P.; Slotegraaf, R. J.; Lindsey, C. D.: Towards Dimensionalizing Warranty Information: The Role of Consumer Costs of Warranty Redemption, in: Journal of Consumer Psychology, Vol. 17, 1, 2007, S. 70–80.

Jeschke, K.: Nachkaufmarketing: Kundenzufriedenheit und Kundenbindung auf Konsumgütermärkten, Berlin u.a. 1995.

Johnston, R.: Service Failure and Recovery: Impact, Attributes and Process, in: Advances in Services Marketing and Management, 4, 1995, S. 211-288.

Jones, R. A.; Brehm, J. W.: Persuasiveness of one-sided and two-sided communication as a function of awareness that there are two sides, in: Journal of Experimental Psychology, 6, 1970, S. 47-56.

Jones, E.E.; Nisbett, R.E.: The Actor and Observer: Divergent Perceptions of the Causes of Behavior, in: E.E. Jones, E. Kanouse, H.H. Kelley, R.E. Nisbett, S. Valins, B. Wiener (Hrsg.): Attribution: Perceiving the Causes of Behavior, Morristown, NJ 1971, S. 79-94.

Jorgensen, B. K.: Consumer Reaction to Company-Related Disasters: The Effect of Multiple versus Single Explanations, in: Advances in Consumer Research, Vol. 21, 1994, S. 348-352.

Jorgensen, B. K.: Components of Consumer Reaction to Company-Related Mishaps: A Structural Equation Model Approach, in: Advances in Consumer Research, Vol. 23, 1996, S. 346-351.

Jungermann, H.; Pfister, H.-R.; Fischer, K.: Die Psychologie der Entscheidung, Heidelberg, Berlin 1998.

Jungermann, H.; Slovic, P.: Charakteristika individueller Risikowahrnehmung, in: Bayerische Rück (Hrsg.): Risiko ist ein Konstrukt, Reihe „Gesellschaft und Unsicherheit", Bd. 2, München 1993, S. 89-108.

Kahneman, D.; Knetsch, J. L.; Thaler, R. H.: Anomalies: The Endowment Effect, Loss Aversion and Status Quo Bias, in: Journal of Economic Perspectives, Vol. 5, No. 1, 1991, S. 193-206.

Kahneman, D.; Tversky, A.: Prospect Theory: An Analysis of Decision under Risk, in: Econometrica, Vol. 47, No. 2, 1979, S. 263-291.

Kanouse, D. E.: Explaining Negativity Biases in Evaluation and Choice Behavior: Theory and Research, in: Advances in Consumer Research, Vol. 11, 1984, S. 703-708.

Kashyap, R.: The Effects of Service Guarantees on External and Internal Markets, in: Academy of Marketing Science Review [online] 01 (10), 2001. http://www.amsreview.org/amsrev/theory/kashyap10-01.html

Kaya, M.; Himme, A.: Möglichkeiten der Stichprobenbildung, in: Albers, S. et al. (Hrsg.): Methodik der empirischen Forschung, Wiesbaden, 2006, S. 89-98.

Kelley, C. A.: An Investigation of Consumer Product Warranties as Market Signals of Product Reliability, in: Journal of the Academy of Marketing Science, Vol. 16, No. 2, 1988, S. 72-78.

Kelley, C. A.; Conant, J. S.: Extended Warranties: Consumer and Manufacturer Perceptions, in: Journal of Consumer Affairs 25, 1991, 1, S. 68-83.

Kelley, H. H.: Causal Schemata and the Attribution Process, in: Jones, E. E.; Kanouse, D. E.; Kelley, H. H.; Nisbett, R. E.; Valins, S.; Weiner, B. (Hrsg.): Attribution: Perceiving the causes of behaviour, Morristown, N.J. 1972, S. 1-24.

Kelley, H. H.: Processes of Causal Attribution, in: American Psychologist, 28, February, 1973, S. 107-128.

Kelley, H. H.; Michela, J. L.: Attribution theory and research, in: Annual Review of Psychology, 31, 1980, S. 457-501.

Kelley, S. W.; Hoffman, K. D.; Davis, M. A.: A Typology of Retail Failures and Recoveries, in: Journal of Retailing, Vol. 69, No. 4, 1993, S. 429-452.

Kerr, A. H.: Service Recovery and the Elusive Paradox: An examination of the effects of magnitude of service failure, service failure responsiveness, service guarantee and additional recovery effort on service recovery outcomes, a dissertation submitted to the Graduate Faculty of the Louisiana State University and Agricultural and Mechanical College in the E. J. Ourso College of Busniess Administration (Marketing), May 2004.

Klinger, E.: Gestaltung von Sicherheitskommunikation: Eine Wirkungsanalyse sicherheitsrelevanter Produktaufschriften, Wiesbaden 1998.

Konken, M.: Krisenkommunikation: Kommunikation als Mittel der Krisenbewältigung, Limburgerhof 2002.

Kroeber-Riel, W.; Weinberg, P.: Konsumentenverhalten, 6. Aufl., München 1996.

Krystek, U.: Unternehmenskrisen: Beschreibung, Vermeidung und Bewältigung überlebenskritischer Prozesse in Unternehmungen, Wiesbaden 1987.

Landert, C. E.: Krisenmanagement und Kommunikation im Wandel, Bamberg 2003.

Laufer, D.; Gillespie, K.; McBride, B.; Gonzales, S.: The Role of Severity in Consumer Attributions of Blame Defensive Attributions in Product-Harm Crises in Mexico, in: Journal of International Consumer Marketing, Vol. 17, 2005, S. 33-50.

Laurent, G.; Kapferer, J.-N.: Measuring Consumer Involvement Profiles, in: Journal of Marketing Research, 22, 2, 1985, S. 41-53.

Lütters, H.: Online-Marktforschung: Eine Positionsbestimmung im Methodenkanon der Marktforschung unter Einsatz eines webbasierten Analytic Hierarchy Process (webAHP), Wiesbaden 2004.

Lynch, Jr. J. G.: Theory and External Validity, in: Journal of the Academy of Marketing Science, Vol. 27, No. 3, 1999, S. 367-376.

Lyon, L.; Cameron, G. T.: Fess up or Stonewall? An Experimental Test of Prior Reputation and Response Style in the Face of Negative News Coverage, 1998, http://www.scripps.ohiou.edu/wjmcr/vol01/1-4a-B.htm

Lyon, L.; Cameron, G. T.: A Relational Approach Examining the Interplay of Prior Reputation and Immediate Response to a Crisis, in: Journal of Public Relations Research, Vol. 16 (3), 2004, S. 213-241.

Mahon, J. F.: Corporate Reputation – A Research Agenda Using Strategy and Stakeholder Literature, in: Business & Society, Vol. 41, No. 4, 2002, S. 415-445.

Mast, C.: Unternehmenskommunikation. Ein Leitfaden, Stuttgart 2002.

Matos, C. A. de; Veiga, R. T.: The effects of Negative Publicity and Company Reaction on Consumer Attitudes, Working Paper, Center for Management Research and Postgraduate Courses, Belo Horizonte, Brazil 2004.

Maute, M. F.; Forrester Jr., W. R.: The structure and determinants of consumer complaint intentions and behavior, in: Journal of Economic Psychology, 14, 1993, S. 219-247.

Maxham III, J. G.; Netemeyer, R. G.: A Longitudinal Study of Complaining Customers` Evaluations of Multiple Service Failures and Recovery Efforts, in: Journal of Marketing, Vol. 66, 2002[a], S. 57-71.

Maxham III, J. G.; Netemeyer, R. G.: Modeling customer perceptions of complaint handling over time: the effects of perceived justice on satisfaction and intent, in: Journal of Retailing 78, 2002[b], S. 239-252.

Maxham III, J. G.; Netemeyer, R. G.: Firms Reap What They Sow: The Effects of Shared Values and Perceived Organizational Justice on Customers` Evaluations of Complaint Handling, in: Journal of Marketing, Vol. 67, 2003, S. 46-62.

McCollough, M. A.; Berry, L. L.; Yadav, M. S.: An Empirical Investigation of Customer Satisfaction After Service Failure and Recovery, in: Journal of Service Research, Vol. 3, No. 2, 2000, S. 121-137.

McCollough, M. A.; Gremler, D. D.: A conceptual model and empirical examination of the effect of service guarantees on post-purchase consumption evaluations, in: Managing Service quality Vol. 14, No. 1, 2004, S. 58-74.

Menon, G.; Jewell, R. D.; Unnava, H. R.: When a Company Does Not Respond to Negative Publicity: Cognitive Elaboration vs. Negative Affect Perspective, in: Advances in Consumer Research, Vol. 26, 1999, S. 325-329.

Michalski, S.: Kundenabwanderungs- und Kundenrückgewinnungsprozesse, in: Bruhn, M. (Hrsg.): Basler Schriften zum Marketing, Wiesbaden 2002.

Michel, S.: Analyzing service failures and recoveries: a process approach, in: International Journal of Service Industry Management, Vol. 12, No. 1, 2001, S. 20-33.

Michel, S.: Perceived justice in service failure and recovery incidents. A multiple correspondence approach, Working Paper, Hochschule für Wirtschaft Luzern, Switzerland, 2002.

Miller, J. L.; Craighead, C. W.; Karwan, K. R.: Service recovery: a framework and empirical investigation, in: Journal of Operations Management, 18, 2000, S. 387-400.

Mitchell, A. A.: Involvement: A Potentially Important Mediator of Consumer Behavior, in: Advances in Consumer Research, 6, 1979, S. 191-196.

Mizerski, R. W.: An Attribution Explanation of the Disproportionate Influence of Unfavorable Information, in: Journal of Consumer Research, Vol. 9, 1982, S. 301-367.

Mowen, J. C.: Consumer Reactions to Product Recalls: An Empirical and Theoretical Examination, Unpublished Working Paper, Oklahoma State University, 1974.

Mowen, J. C.: Further Information on Consumer Perceptions of Product Recalls, in: Advances in Consumer Research, Vol. 7, 1980, S. 519-523.

Mowen, J. C.; Ellis, H. W.: The Product Defect: Managerial Considerations and Consumer Implications, in: Enis, B.; Roaring, K. (Hrsg.): The Annual Review of Marketing, 1981, S. 158-172.

Müller, D.: Moderatoren und Mediatoren in Regressionen, in: Albers, S. et al. (Hrsg.): Methodik der empirischen Forschung, Wiesbaden, 2006, S. 257-274.

Nell, M.: Garantien als Signale für die Produktqualität?, in: ZfbF 51, 1999, 10, S. 937-962.

Niemeyer, H.-G.: Begründungsmuster von Konsumenten. Attributionstheoretische Grundlagen und Einflussmöglichkeiten im Marketing, Heidelberg 1993.

Niemeyer, H.-G.; Stegmüller, B.: Wer hat Schuld? Marktanalyse aus attributionstheoretischer Perspektive?, in: Der Markt, 30. Jg., Nr. 116, 1991, S. 37-45.

Nunnally, J.: Psychometric Theory, New York 1967.

Oliver, R. L.: Effect of Expectation and Disconfirmation on Postexposure Product Evaluations: An Alternative Interpretation, in: Journal of Applied Psychology, Vol. 62, No. 4, 1977, S. 480-486.

Oliver, R. L.: A Cognitive Model of the Antecedents and Consequences of Satisfaction Decisions, in: Journal of Marketing Research, Vol. XVII, 1980, S. 460-469.

Oliver, R. L.: Consumer Perceptions of Interpersonal Equity and Satisfaction in Transactions: A Field Survey Approach, in: Journal of Marketing, Vol. 53, 1989, S. 21-35.

Oliver, R. L.: Satisfaction – A behavioral perspective on the consumer, New York et al. 1997.

Oliver, R. L.; DeSarbo, W. S.: Response Determinants in Satisfaction Judgments, in: Journal of Consumer Research, Vol. 14, 1988, S. 495-507.

Oliver, R. L.; Winer, R. S.: A Framework for the Formation and Structure of Consumer Expectations: Review and Propositions, in: Journal of Economic Psychology 8, 1987, S. 469-499.

Olshavsky, R. W.; Miller, J. C.: Consumer Expectations, Product Performance and Perceived Product Quality, in: Journal of Marketing Research, 9, 1972, S. 19-21.

Olson, J.; Jacoby, J.: Cue utilization in the quality perception process, in: Venkatesan, M. (Hrsg.): Proceedings of the Third Annual Conference of the Association for Consumer Research, Association for Consumer Research, Ann-Arbor, MI, 1972, S. 167-79.

O`Malley, M. N.; Greenberg, J.: Sex differences in restoring justice: The down payment effect, in: Journal of Research in Personality, Vol. 17, 1983, S. 174-185.

Ostrom, A. L.; Iacobucci, D.: The effect of guarantees on consumers` evaluation of services, in: The Journal of Services Marketing, Vol. 12, No. 5, 1998, S. 362-378.

o.V.: (N)Onliner Atlas 2007: Nutzung und Nichtnutzung des Internets, Strukturen und regionale Verteilung, TNS Infratest, Initiative D21, 2007.

Parasuraman, A.; Berry, L. L.; Zeithaml, V. A.: SERVQUAL: A Multiple-Item Scale for Measuring Consumer Perceptions of Service Quality, in: Journal of Retailing, Vol. 64, No. 1, 1988, S. 12-40.

Parasuraman, A.; Berry, L. L.; Zeithaml, V. A.: Understanding Customer Expectations of Service, in: Sloan Management Review, Spring 1991, S. 39-48.

Parasuraman, A.; Berry, L. L.; Zeithaml, V. A.: More on Improving Service Quality Measurement, in: Journal of Retailing, Vol. 69, No. 1, 1993, S. 140-147.

Parasuraman, A.; Zeithaml, V. A.; Berry, L. L.: A Conceptual Model of Service Quality and Its Implications for Future Research, in: Journal of Marketing, Vol. 49, 1985, S. 41-50.

Paschek, L.: Sprachliche Strategien in Unternehmenskrisen: Eine linguistische Analyse von PR-Anzeigen, Wiesbaden 2000.

Perdue, B. C.; Summers, J. O.: Checking the Success of Manipulations in Marketing Experiments, in: Journal of Marketing Research, Vol. XXIII, 1986, S. 317, 326.

Peter, J. P.: Reliability: A Review of Psychometric Basics and Recent Marketing Practices, in: Journal of Marketing Research, 16, 1979, S. 6-17.

Peter, J. P.: Construct Validity: A Review of Basic Issues and Marketing Practices, in: Journal of Marketing Research, 18, 1981, S. 133-145.

Petty, R. E.; Cacioppo, J. T.; Schumann, D.: Central and Peripheral Routes to Advertising Effectiveness: The Moderating Role of Involvement, in: Journal of Consumer Research, Vol. 10, 1983, S. 135-146.

Petty, R. E.; Cacioppo, J. T.: Attitude Change: Central and peripheral routes to persuasion, New York 1986.

Pospeschill, M.: SPSS für Fortgeschrittene – Durchführung fortgeschrittener statistischer Analysen, 5. vollst. überarb. Aufl. (SPSS Version 12.0), Saarbrücken 2005.

Prakash, V.: Intensity of Dissatisfaction and Consumer Complaint Behaviors, in: Journal of Satisfaction, Dissatisfaction and Complaining Behavior, Vol. 4, 1991, S. 110-122.

Price, L. J.; Dawar, N.: The Joint effects of brands and warranties in signaling new product quality, in: Journal of Economic Psychology 23, 2002, S. 165-190.

Puchan, H.: The Mercedes-Benz A-class crisis, in: Corporate Communications: An International Journal, Vol. 6, No. 1, 2001, S. 42-46.

Purohit, D.; Srivastava, J.: Effect of Manufacturer Reputation, Retailer Reputation and Product Warranty on Consumer Judgements of Product Quality: A Cue Diagnostic Framework, in: Journal of Consumer Psychology 10, 2001, 3, S. 123-134.

Rack, O.; Christophersen, T. (2006): Experimente, in: Albers, S. et al. (Hrsg.): Methodik der empirischen Forschung, Wiesbaden 2006, S. 19-36.

Rao, A. R.; Monroe, K. B.: The Effect of Price, Brand Name, and Store Name on Buyers' Perceptions of Product Quality: An Integrative Review, in: Journal of Marketing Research, Vol. 26, No. 3, 1989, S. 351-357.

Reinboth, C.: Auswirkungen der Stichprobengröße auf die Repräsentativität von Online-Befragungen, in: Beibst, G. (Hrsg.): Tagungsband zur 8. Nachwuchs-wissenschaftlerkonferenz mitteldeutscher Fachhochschulen, Jena 2007, S. 239-240.

Reinhold, A.: Garantie und Garantiepolitik – Die theoretischen Grundlagen garantiepolitischer Entscheidungen industrieller Anbieter, Mainz 1983.

Reinowski, E.: Mikroökonometrische Evaluation und das Selektionsproblem – Ein anwendungsorientierter Überblick über nichtparametrische Lösungsverfahren, Diskussionspapier Nr. 200, Institut für Wirtschaftsforschung Halle (IWH), Dezember 2004.

Renkema, J.; Hoeken, H.: The Influence of Negative Newspaper Publicity on Corporate Image in the Netherlands, in: The Journal of Business Communication, Vol. 35, No. 4, 1998, S. 521-535.

Renn, O.: Risiko- und Technikakzeptanz, in: Renn, O.; Zwick, M. M. (Hrsg.): Enquete-Kommission „Schutz des Menschen und der Umwelt" des 13. Deutschen Bundestages, Berlin u.a. 1997.

Rethans, A. J.; Hastak, M.: Representation of Product Hazards in Consumer Memory, in: Advances in Consumer Research, 9, 1982, S. 487-493.

Reynolds, B.; Seeger, M. W.: Crisis and Emergency Risk Communication as an Integrative Model, in: Journal of Health Communication, 10, 2005, S. 43-55.

Rhee, M.; Haunschild, P. R.: The Liability of Good Reputation: A Study of Product Recalls in the U.S. Automobile Industry, in: Organization Science, Vol. 17, No. 1, 2006, S. 101-117.

Richins, M. L.: Negative Word-of-Mouth by Dissatisfied Consumers: A Pilot Study, in: Journal of Marketing, Vol. 47, 1983, S. 68-78.

Richins, M. L.: Factors affecting the level of consumer-initiated complaints to marketing organizations, in: Day, R. L. (Hrsg.): Consumer satisfaction, dissatisfaction and complaining behavior, Bloomington, IN: Indiana University, 1985, S. 82-85.

Richins, M. L.; Bloch, P. H.: After the New Wears Off: The Temporal Context of Product Involvement, in: Journal of Consumer Research, Vol. 13, 1986, S. 280-285.

Richins, M. L.; Bloch, P. H.: Post-Purchase Product Satisfaction: Incorporating the Effects of Involvement and Time, in: Journal of Business Research 23, 1991, S. 145-158.

Rother, A.: Krisenkommunikation in der Automobilindustrie. Eine inhaltsanalytische Studie am Beispiel der Mercedes-Benz A-Klasse, Tübingen 2003.

Russell, D.: The Causal Dimension Scale: A Measure of How Individuals Perceive Causes, in: Journal of Personality and Social Psychology, 42, 1982, S. 1137-1145.

Rutsatz, U.: Kundenrückgewinnung durch Direktmarketing. Das Beispiel des Versandhandels, Wiesbaden 2004.

Scharr, F.: Erfolgsfaktoren unternehmerischer Krisen-PR: Diskursanalytische Untersuchungen zur Beeinflussung von Krisendiskursen am Beispiel von Pressemitteilungen, Mannheim 2006.

Scheffler, H.: Stichprobenbildung und Datenerhebung, in: Herrmann, A.; Homburg, C. (Hrsg.): Marktforschung: Methoden, Anwendungen, Praxisbeispiele, Wiesbaden 1999, S. 59-77.

Schierenbeck, H.; , Grüter, M. D.; Kunz, M. J.: Management von Reputationsrisiken in Banken, WWZ Discussion Paper, Abteilung Bankmanagement und Controlling, Wirtschaftswissenschaftliches Zentrum (WWZ) der Universität Basel, Juni 2004.

Schneider, C.: Präferenzbildung bei Qualitätsunsicherheit: das Beispiel Wein, Berlin 1997.

Schoefer, K.; Ennew, C.: Emotional Responses to Service Complaint Experiences: The Role of Perceived Justice, in: Journal of Services Marketing, Vol.19, 5, 2005, S. 261-270.

Schmitt, M.; Hauser, T.: Krisen-PR von Unternehmen – ein funktionaler Ansatz zur effizienten Gestaltung der Öffentlichkeitsarbeit in Krisensituationen, in: GfK Jahrbuch der Absatz- und Verbrauchsforschung, 2, 1994, S. 122-141.

Schwaiger, M.; Cannon, H. M.: Unternehmensreputation – Bestandsaufnahme und Messkonzepte, in: Jahrbuch der Absatz- und Verbrauchsforschung, 3, 2004, S. 237-261.

Schwalbach, J.: Image, Reputation und Unternehmenswert, Arbeitspapier, Humboldt-Universität zu Berlin, 10. Juni 2000.

Seeger, M. W.: Chaos and crisis: propositions for a general theory of crisis communication, in: Public Relations Review 28, 2002, S. 329-337.

Severt, D. E.: The Customer`s Path to Loyalty: A Partial Test of the Relationships of Prior Experience, Justice, and Customer Satisfaction, Dissertation submitted to the Faculty of the Virginia Polytechnic Institute and State University, Blacksburg (Virginia), 2002.

Shapiro, C.: Consumer Information, Product Quality, and Seller Reputation, in: The Bell Journal of Economics, Vol. 13, No. 1, 1982, S. 20-35.

Shapiro, C.: Premiums for high quality products as returns to reputations, in: The Quarterly Journal of Economics, 11, 1983, S. 659-679.

Shaver, K. G.: The Attribution of Blame – Causality, Responsibility, and Blameworthiness, New York u.a. 1985.

Sherrell, D. L.; Reidenbach, R. E.: A Consumer Response Framework for Negative Publicity: Suggestions for Response Strategies, in: Akron Business and Economic Review, Summer, 1986, S. 35-44.

Shimp, T. A.; Bearden, W. O.: Warranty and Other Extrinsic Cue Effects on Consumers` Risk Perceptions, in: Journal of Consumer Research, Vol. 9, 6, 1982, S. 38-46.

Shrivastava, P.: Managing Industrial Crises. Lessons of Bhopal, New Delhi 1987.

Sieben, F. G.: Rückgewinnung verlorener Kunden. Erfolgsfaktoren und Profitabilitätspotenziale, Wiesbaden 2002.

Siegrist, M.: Die Bedeutung von Vertrauen bei der Wahrnehmung und Bewertung von Risiken, Arbeitsbericht Nr. 197, Akademie für Technikfolgenabschätzung in Baden-Württemberg, Stuttgart, 2001.

Silberer, G.: Die Verbreitung neutraler Gütertestinformationen in der Bundesrepublik

Deutschland, in: Zeitschrift für Verbraucherpolitik/Journal of Consumer Policy 3, 1978, S.124-143.

Silberer, G.: Ansatzpunkte und Probleme einer Erfolgsbeurteilung beim neutralen Gütertest, in: Zeitschrift für Verbraucherpolitik/Journal of Consumer Policy 3, 1979, S. 110-126.

Silberer, G.: The Impact of Comparative Product Testing upon Consumers. Selected Findings of a Research Project, in: Journal of Consumer Policy 8, 1985, S. 1-27.

Silvera, D. H.; Laufer, D.: Recent Developments in Attribution Research and their Implications for Consumer Judgments and Behavior, Working Paper, The University of Tromsø / Norway; University of Cincinnati, Ohio/USA, 2005.

Siomkos, G.: Managing product-harm crises, in: Industrial Crisis Quarterly, 3, 1989, S. 41-60.

Siomkos, G.; Kurzbard, G.: Product harm crisis at the crossroads: monitoring recovery of replacement products, in: Industrial Crisis Quarterly, Vol. 6, No. 4, 1992, S. 279-294.

Siomkos, G.; Kurzbard, G.: The Hidden Crisis in Product-harm Crisis Management, in: European Journal of Marketing, Vol. 28, No. 2, 1994, S. 30-41.

Siomkos, G.; Malliaris, P.: Consumer Response to Company Communications During a Product Harm Crisis, in: Journal of Applied Business Research, Vol. 8, No. 4, 1992, S. 59-65.

Siomkos, G.; Shrivastava, P.: Responding to Product Liability Crises, in: Long Range Planning, Vol. 26, No. 5, 1993, S. 72-79.

Smith, A. K.; Bolton, R. N.: An Experimental Investigation of Customer Reactions to Service Failure and Recovery Encounters – Paradox or Peril?, in: Journal of Service Research, Vol. 1, No. 1, 1998, S. 65-81.

Smith, A. K.; Bolton, R. N.; Wagner, J.: A Model of Customer Satisfaction with Service Encounters Involving Failure and Recovery, in: Journal of Marketing Research, Vol. XXXVI, 1999, S. 356-372.

Somasundaram, T. N.: Consumer Reactions to Product Failure: Impact of Product Involvement and Knowledge, in: Advances in Consumer Research, Vol. 20, 1993, S. 215-218.

Spence, M.: Market Signaling: Informational Transfer in Hiring and Related Screening Processes, Cambridge u.a. 1974.

Spence, M.: Consumer Misperceptions, Product Failure, and Producer Liability, in: Review of Economic Studies 44, 1977, S. 561-572.

Spremann, K.: Reputation, Garantie, Information, in: ZfB 58 Jg., 1988, H. 5/6, S. 613-629.

Standop, D.: Manufacturers` Concern for Product Risks After the Sale: Do Product Recalls

Really Cause Consumers` Dissatisfaction?, in: Journal of Consumer Satisfaction, Dissatisfaction and Complaining Behavior, Vol. 4, 1991, S. 80-83.

Standop, D.: Sicherheitskommunikation, in: Berndt, R.; Hermanns, A. (Hrsg.): Handbuch Marketing-Kommunikation, Wiesbaden 1993, S. 946-964.

Standop, D.: Art. Produkthaftung, in: Tietz, B.; Köhler, R.; Zentes J. (Hrsg.): Handwörterbuch des Marketing, 2. Aufl., Stuttgart, 1995, Sp. 2102-2109.

Standop, D.: Side Effects of Product Recalls: Image-Shifts Due to a Recall of Potentially Dangerous Products?, in: Zeitschrift für Automobilwirtschaft 2, 1999, S. 28-31.

Standop, D.: Rückrufsituationen: Entscheidungsanalyse und die Frage bilanzieller Rückstellungen, in: Altenburger, O. A. (Hrsg.): Rechnungswesen, Revision und Steuern, Band 1: Reformbedarf bei der Abschlussprüfung – Umstrittene Rückstellungen, Wien, 2005, S. 119-143.

Standop, D.: Der Verlust von Konsumentenvertrauen gegenüber Anbietern: Der Fall von Produktrückrufen, in: Bauer, H.; Neumann, M.; Schüle, A. (Hrsg.): Konsumentenvertrauen: Konzepte und Anwendungen für ein nachhaltiges Kundenbindungsmanagement, München, 2006, S. 95-104.

Statistisches Bundesamt: Fakten und Trends: Deutschland aktuell – Ausgabe 2006, Wiesbaden 2006.

Stauss, B.; Seidel, W.: Beschwerdemanagement, 3. Aufl., München u. Wien 2002.

Stößlein, M.; Mertens, P.: Krisenkommunikation im Netz – Stand und Weiterentwicklungsmöglichkeiten, Arbeitspapier Nr. 5, Universität Erlangen-Nürnberg 2004.

Su, W.; Tippins, M. J.: Consumer Attributions of Product Failure to Channel Members and Self: The Impact of Situational Cues, in: Advances in Consumer Research, Vol. 25, 1998, 139-145.

Tadelis, S.: What`s in a Name? Reputation as a Tradeable Asset, in: The American Economic Review, Vol. 89, No. 3, 1999, S. 548-563.

Tan, S.-J.; Leong, W.-Y.: Warranty strategy: a solution to hybrid product woes?, in: International Marketing Review 16, 1999, 1, S. 40-64.

Tax, S. S.; Brown, S. W.; Chandrashekaran, M.: Customer Evaluations of Service Complaint Experiences: Implications for Relationship Marketing, in: Journal of Marketing, Vol. 62, 1998, S. 60-76.

Tax, S. S.; Brown, S. W.: Recovering and Learning from Service Failure, in: Sloan Management Review, Fall 1998, S. 75-88.

Taylor, S. E.: The availability bias in social perception, in: Kahneman D.; Slovic, P.; Tversky, A. (Hrsg.): Judgment under uncertainty: Heuristics and biases, Cambridge 1982, S. 190-200.

Taylor, S. E.: Asymmetrical Effects of Positive and Negative Events: The Mobilization-Minimization Hypothesis, in: Psychological Bulletin, Vol. 110, No. 1, 1991, S. 67-85.

Teas, R. K.: Expectations, Performance Evaluation, and Consumers` Perceptions of Quality, in: Journal of Marketing, Vol. 57, 1993, S. 18-34.

Tedeschi, J. T.; Reiss, M.: Verbal Strategies in Impression Management, in: Antaki, C. (Hrsg.): The Psychology of Ordinary Explanations of Social Behavior, 1981, S. 271-309.

Thaler, R.: Mental Accounting and Consumer Choice, in: Marketing Science, Vol. 4, No. 3, 1985, S. 199-214.

Töpfer, A.: Plötzliche Unternehmenskrisen – Gefahr oder Chance?: Grundlagen des Krisenmanagement, Praxisfälle, Grundsätze zur Krisenvorsorge, Neuwied, Kriftel 1999.

Tolle, E.: Informationsökonomische Erkenntnisse für das Marketing bei Qualitätsunsicherheit der Konsumenten, in: ZfbF 46, 1994, 11, S. 926-938.

Trommsdorff, V.: Konsumentenverhalten, Stuttgart u.a. 1989.

Tse, A. C. B.: Factors affecting consumer perceptions on product safety, in: European Journal of Marketing, Vol. 33, No. 9/10, 1999, S. 911-925.

Tucker, L.; Melewar, T. C.: Corporate Reputation and Crisis Management: The Threat and Manageability of Anti-corporatism, in: Corporate Reputation Review, Vol. 7, No. 4, 2005, S. 377-387.

Tversky, A.; Kahneman, D.: Judgement under uncertainty: Heuristics and biases, in: Science, 185, 1974, S. 1124-1131.

Tversky, A.; Kahneman, D.: Loss aversion and riskless choice: A reference dependent model, in: Quarterly Journal of Economics, CVII, 1991, S. 1039-1061.

Tversky, A.; Kahneman, D.: Advances in Prospect Theory: Cumulative representation of uncertainty, in: Journal of Risk and Uncertainty, 5, 1992, S. 297-323.

Valle, V.; Wallendorf, M.: Consumers` Attributions of the Cause of their Product Satisfaction and Dissatisfaction, in: Journal of Consumer Satisfaction, Dissatisfaction and Complaining Behavior, 1977, S. 26-30.

Van Heerde, H.; Helsen, K.; Dekimpe, M. G.: The Impact of a Product-Harm Crisis on Marketing Effectiveness, in: Marketing Science, Vol. 26, No. 2, 2007, S. 230-245.

Van Raaij, W. F.: The Formation and Use of Expectations in Consumer Decision Making, in: Robertson, T. S.; Kassarjian, H. H. (Hrsg.): Handbook of Consumer Behavior, Englewood Cliffs 1991, S. 401-418.

Van Trijp, H. C. M.; Hoyer, W. D.; Inman, J. J.: Why Switch? Product Category-Level Explanations for True Variety-Seeking Behavior, in: Journal of Marketing Research, 33, 1996, S. 281-292.

Van Waes, L.; van Wijk, C.: The influence of politeness on the perception of product recall notices, in: Document Design 2 (3), 2000/01, S. 272-279.

von Ungern-Sternberg, T. R.: Zur Analyse von Märkten mit unvollständiger Nachfragerinformation, Berlin u.a. 1984.

Wang, M.: Prospect-Theorie in Behavioral Finance, Working Paper Universität Zürich, August 2006.

Weinberger, M. G.; Dillon, W. R.: The Effects of Unfavorable Product Rating Information, in: Advances in Consumer Research, Vol. 7, 1980, S. 528-532.

Weiner, B.: Human Motivation, New York 1980.

Weiner, B.: An Attributional Theory of Achievement Motivation and Emotion, in: Psychological Review, Vol. 92, No. 4, 1985, S. 548-573.

Weiner, B.: Attributional Thoughts about Consumer Behavior, in: Journal of Consumer Research, Vol. 27, 2000, S. 382-387.

Westerhoff, N.: Vermittlung psychologischer Fachthemen im medialen Kontext: Qualitative Evaluation eines Medientrainings für Psychologie-Experten, Berlin 2006. http://www.diss.fu-berlin.de/2006/ 125/index.html

Wiedemann, P.M.: Krisenmanagement & Krisenkommunikation, Arbeiten zur Risiko-Kommunikation, Heft 41, Jülich, 1994.

Wiedemann, P.M.; Schütz, H.: Risikokommunikation im Überblick, in: Linneweber, V.; Lantermann, E.-D. (Hrsg.): Enzyklopädie der Psychologie: Umweltpsychologie, Vol. 2, Göttingen 2006.

Wiener, J. L.: Are Warranties Accurate Signals of Product Reliability?, in: Journal of Consumer Research 12, 1985, S. 245-250.

Winer, R. S.: Experimentation in the 21st Century: The Importance of External Validity, in: Journal of the Academy of Marketing Science, Vol. 27, No. 3, 1999, S. 349-358.

Wirtz, J.: Development of a service guarantee model, in: Asia Pacific Journal of Management, Vol. 15, 1998, S. 51-75.

Yoon, E.; Guffey, H. J.; Kijewski, V.: The Effects of Information and Company Reputation on Intentions to Buy a Business Service, in: Journal of Business Research, 27, 1993, S. 215-228.

Zaichkowsky, J. L.: Measuring the Involvement Construct, in: Journal of Consumer Research, Vol. 12, 1985, S. 341-352.

Zanger, C.; Gaus, H.; Weißgerber, A.: Markenbeziehung und Konsumentenreaktion auf negative Medieninformationen, Unveröffentlichtes Vortragspaper, Lehrstuhl für Marketing und Handelsbetriebslehre der Technischen Universität Chemnitz, präsentiert auf der 68. Wissenschaftlichen Jahrestagung des Verbandes der Hochschullehrer für Betriebswirtschaft e.V., Dresden, 8.-10.6.2006.

Zou, B.: Multimedia in der Marktforschung, Wiesbaden 1998.